工业企业清洁生产审核与案例

包 健 朱增银 陈赛楠 主编

中国环境出版集团·北京

图书在版编目（CIP）数据

工业企业清洁生产审核与案例/包健，朱增银，陈赛楠主编. —北京：中国环境出版集团，2019.12
ISBN 978-7-5111-4229-0

Ⅰ.①工… Ⅱ.①包…②朱…③陈… Ⅲ.①工业生产—无污染工艺—案例 Ⅳ.①X383

中国版本图书馆 CIP 数据核字（2019）第 282049 号

出 版 人　武德凯
责任编辑　黄　颖
文字编辑　林双双
责任校对　任　丽
封面设计　宋　瑞

出版发行　中国环境出版集团
　　　　　（100062　北京市东城区广渠门内大街 16 号）
　　　　　网　　址：http://www.cesp.com.cn
　　　　　电子邮箱：bjgl@cesp.com.cn
　　　　　联系电话：010-67112765（编辑管理部）
　　　　　发行热线：010-67125803，010-67113405（传真）
印　　刷　北京建宏印刷有限公司
经　　销　各地新华书店
版　　次　2019 年 12 月第 1 版
印　　次　2019 年 12 月第 1 次印刷
开　　本　787×1092　1/16
印　　张　26.75
字　　数　550 千字
定　　价　98.00 元

中国环境出版集团郑重承诺：
中国环境出版集团合作的印刷单位、材料单位均具有中国环境标志产品认证；
中国环境出版集团所有图书"禁塑"。

编 委 会

前　言

随着《中华人民共和国清洁生产促进法》的修订，清洁生产已逐渐成为各行各业提高效益、减少污染的重要手段。《中华人民共和国国民经济和社会发展第十三个五年规划纲要》明确提出，要支持绿色清洁生产，推进传统制造业绿色改造，推动建立绿色低碳循环发展产业体系。"十三五"期间，要把全面实施传统产业清洁化改造作为促进工业绿色转型升级，实现绿色发展的重要内容和抓手，作为协调推进经济发展和环境保护的根本途径。五部委《关于加强长江经济带工业绿色发展的指导意见》（工信部联节〔2017〕178号）指出，引导和支持沿江工业企业依法开展清洁生产审核工作，鼓励探索重点行业企业快速审核和工业园区、集聚区整体审核等新模式，全面提升沿江重点行业和园区清洁生产水平。

江苏省委、省政府将清洁生产、循环经济视为促进产业结构调整、优化经济结构的重要手段，先后制订并出台了一系列促进政策。江苏省清洁生产中心作为全省推进清洁生产工作的重要机构，在全省开展强制性清洁生产审核的同时，着力在江苏省重点地区开展清洁生产的宣传和咨询指导工作。经过多年的努力，江苏省先后培训了企业清洁生产审核人员近千人，积累了大量的清洁生产工作经验。

为促进全省清洁生产工作的进度，更加全面、系统地指导企业清洁生产审核工作的开展，我们选取了近年来在电力、有色金属冶炼、石化、钢铁等行业清洁生产审核的实例，编写了《工业企业清洁生产审核与案例》一书，以供有志于清洁生产的工作人员参考。本书共分五章，主要内容包括：清洁生产是控制工业污染的重要战略，清洁生产审核，清洁生产审核报告编制要求，重点行业清洁生产审核案例，清洁生产法律、法规和产业政策。

本书在编写过程中得到了各经信部门、生态环境部门及相关企业的大力支持，特别是本书在编写中应用了有关企业的实例资料，在此表示感谢！

由于我们水平有限，本书在编写中难免存在诸多不足之处，请广大读者批评指正。

编　者

2019 年 10 月

目　录

第一章 清洁生产是控制工业污染的重要战略

第一节 国内外对清洁生产进行的探索和进展

一、产生背景

发达国家在其工业化进程中，由于忽略了环境污染和资源衰竭问题，当其通过剥削环境和掠夺资源获取了大量财富之后，才发现原来环境容量是有限的，地球的大部分资源是不可再生的。从 1900 年到 2000 年，人类的总耗水量增加了 7.5 倍，其中工业用水增加了 62.3 倍。近 100 年来，世界能源消耗增长了 20 倍。从 20 世纪 50 年代到 80 年代，世界能源消耗量从 2.6 Gt 标准煤增加到 10 Gt 标准煤，其中，石油消耗量从 1953 年的 6.5 亿 t 增加到 1986 年的 38 亿 t。工业化时代，人口的迅速增长也加剧了人类对环境以及资源的压力。

面对日益凸显的资源与环境问题，人们开始反思人类的行为准则。1970 年以来，人们开始注意到，末端治理虽在一定时期内或局部地区起到了一定作用，但并未从根本上解决工业污染问题，其原因包括以下 4 个方面：

一是企业开销大，治理费用高。随着生产的发展和产品品种的不断增加，以及人们环境意识的提高，各个国家对工业生产所排污染物的种类检测也越来越多，规定控制的污染物（特别是有毒、有害污染物）的排放标准也越来越严格，从而对污染治理与控制的要求也越来越高。为达到排放要求，企业要花费大量资金，这就大大提高了治理费用，但即便如此，一些排放要求还是难以达到。

二是由于末端污染治理技术有限，很难达到彻底消除污染的目的，因为一般末端治理污染的办法是先通过必要的预处理，再进行生化处理后排放。而有些污染物是不能被生物降解的污染物，只是稀释排放，不仅污染环境，治理不当甚至还会造成二次污染；有的治理只是将污染物转移，如废气变废水，废水变废渣，废渣堆放填埋，污染土壤和地下水，形成恶性循环，破坏生态环境。

三是只着眼于末端处理的办法不仅需要投资，而且可能使一些可以回收的资源（包含未反应的原料）得不到有效的回收利用而流失，致使企业原材料消耗增高，产品成本增加，经济效益下降，从而影响企业治理污染的积极性和主动性。

四是实践已经证明，预防优于治理。澳大利亚一家最大的生产纱线的企业，原工艺每生产 1 kg 纱线需要使用 250 L 的水和 3 kg 化学药剂，必须支付高额的排污费。该企业自1992 年开始了清洁生产技术的探索，通过新技术的应用，投资 15 万美元对原工艺进行了50 项改良，其后 3 年所获得的总回报达到 110 万美元。

发达国家通过治理污染的实践，逐步认识到防治工业污染不能只依靠治理排污口（末端）的污染，要从根本上解决工业污染问题，必须预防为主，将污染物消除在生产过程之中，实行工业生产全过程控制。20 世纪 70 年代末以来，不少发达国家的政府和大企业集团（公司）都纷纷研究开发和采用清洁生产技术（少废、无废技术），开辟污染预防的新途径，把推行清洁生产作为经济和环境协调发展的一项战略举措。

二、发展历程

清洁生产的概念最早可追溯到 1976 年，这一年，欧共体（现欧盟）在巴黎举行了"无废工艺和无废生产国际研讨会"，会上提出"消除造成污染的根源"的思想。经过 20 多年的发展，清洁生产逐渐趋于成熟，并被各国政府和企业所普遍认可（表 1-1）。到 20 世纪90 年代末，一部分企业接受了清洁生产的理念并在技术和信息支持下开展了一些案例实践，大量的实践表明，清洁生产可以达到环境效益和经济效益的统一。

表 1-1　部分国家和组织对确立清洁生产理念的贡献

时间	国家或组织	内容
1976 年	欧共体	召开了"无废工艺和无废生产国际研讨会"，提出了"消除造成污染的根源"的思想
1977 年	欧共体	制定了关于"清洁工艺"的政策
1979 年	欧共体	宣布推行清洁生产政策
20 世纪 80 年代初	联合国工业发展组织	成立了"国际清洁工艺协会"
1980 年	法国	设立污染工厂的"奥斯卡奖"
1984 年	欧共体	出台促进"清洁生产"的法规
1986 年	德国	制订了避免废弃物产生和废弃物管理的法案
1988 年	荷兰	对荷兰国内的公司进行了防止废弃物产生和排放的大规模清查研究

时间	国家或组织	内容
1990 年	荷兰	实行"污染预防项目"(PRISMA),给予采用少废、无废(清洁生产)技术的工厂提供新设备费用补贴(15%~40%)
1990 年	美国	通过污染预防法,并将其作为美国的国家政策
1990 年	UNEP	召开第一次清洁生产研讨会,正式开始实施清洁生产计划。会中提出的清洁生产理念得到了各国的响应
1991 年	丹麦	颁布新的丹麦《环境保护法》《污染预防法》,其中包含了清洁工艺和废弃物循环利用的章节,规定了政府资助的具体方法
1992 年	联合国环发大会	正式将清洁生产写入《21 世纪议程》
1992 年	UNEP	召开了巴黎清洁生产部长级会议和高级研讨会
1994 年	UNEP	陆续在 26 个国家成立了国家清洁生产中心
1996 年	亚太经合组织	将清洁生产列为推动区域合作的重点工作之一
1998 年	UNEP	67 个发起国家和组织发表了《国际清洁生产宣言》

注:联合国环境规划署(United Nations Environment Programme,UNEP)。

第二节 清洁生产的概念与内涵

一、清洁生产的概念

1989 年,联合国环境规划署(UNEP)工业与环境规划活动中心提出了清洁生产的定义:清洁生产是指对工艺和产品不断运用综合性的预防战略,以减少其对人体和环境的风险。

1996 年联合国环境规划署对该定义作了进一步的完善:

"清洁生产是一种新的创造性的思想,该思想将整体预防的环境战略持续地应用于生产过程、产品和服务中,以增加生态效率和减少人类与环境的风险。

——对于生产过程,要求节约原材料和能源,淘汰有毒原材料,降低所有废弃物的数量和毒性;

——对于产品,要求减少从原材料提炼到产品最终处置的整个生命周期的不利影响;

——对于服务,要求将环境因素纳入设计和所提供的服务中。"

UNEP 的定义将清洁生产上升为一种战略,其特点为持续性、预防性和整体性。

1994 年,《中国 21 世纪议程》中清洁生产的定义是:清洁生产是指既可满足人们的需要,又可合理使用自然资源和能源,并保护环境的生产方法和措施,其实质是一种物料和能源消费最小的人类活动的规划和管理，将废弃物减量化、资源化和无害化，或消灭于生产过程之中。由此可见，清洁生产的概念不仅含有技术上的可行性，还包括经济上的可盈利性，体现了经济效益、环境效益和社会效益的统一。

2012 年，《中华人民共和国清洁生产促进法》（2012 年修改）中指出，清洁生产是指不断采取改进设计、使用清洁的能源和原料、采用先进的工艺技术与设备、改善管理、综合利用等措施，从源头削减污染，提高资源利用效率，减少或者避免生产、服务和产品使用过程中污染物的产生和排放，以减轻或者消除对人类健康和环境的危害。

从清洁生产的定义可以看出，实施清洁生产体现了 4 个方面的原则：①减量化原则，即资源消耗最少、污染物产生和排放最小；②资源化原则，即"三废"最大限度地转化为产品；③再利用原则，即对生产和流通中产生的废弃物，作为再生资源充分回收利用；④无害化原则，尽最大可能减少有害原料的使用以及有害物质的产生和排放。

二、清洁生产的内容

1. 清洁生产的内容

清洁生产主要包括三方面的内容：

①清洁的能源。清洁的能源是指新能源的开发以及各种节能技术的开发利用、可再生能源的利用、常规能源的清洁利用，如使用型煤、煤制气和水煤浆等洁净煤技术。

②清洁的生产过程。尽量少用和不用有毒、有害的原料；采用无毒、无害的中间产品；选用少废、无废工艺和高效设备；尽量减少或消除生产过程中的各种危险性因素，如高温、高压、低温、低压、易燃、易爆、强噪声、强振动等；采用可靠和简单的生产操作和控制方法；对物料进行内部循环利用；完善生产管理，不断提高科学管理水平。

③清洁的产品。产品设计应考虑节约原材料和能源，少用昂贵和稀缺的原料；利用二次资源做原料产品；在使用过程中以及使用后不产生危害人体健康和破坏生态环境的物质；产品的包装合理；产品使用后易于回收、重复使用和再生；使用寿命和使用功能合理。

2. 清洁生产的全过程控制

清洁生产内容包含两个全过程控制：

①产品的生命周期全过程控制。即从原材料加工、提炼到产品产出、使用直到报废处置的各个环节，采取必要的措施，实现产品整个生命周期资源和能源消耗的最小化。

②生产的全过程控制。即从产品开发、规划、设计、建设、生产到运营管理的全过程，采取措施，提高效率，防止生态破坏和污染的发生。

清洁生产的内容既体现于宏观层次上的总体污染预防战略中，又体现于微观层次上的企业预防污染措施中。在宏观上，清洁生产的提出和实施使污染预防的思想直接体现在行业的发展规划、工业布局、产业结构调整、工艺技术以及管理模式的完善等方面。如我国许多行业、部门提出严格限制和禁止能源消耗高、资源浪费大、污染严重的产业和产品发展，对污染重、质量低、消耗高的企业实行关、停、并、转等措施，都体现了清洁生产战略对宏观调控的重要影响。在微观上，清洁生产通过具体的手段措施达到生产全过程污染预防。如应用生命周期评价、清洁生产审核、环境管理体系、产品环境标志、产品生态设计、环境会计等各种工具，这些工具都要求在实施时必须深入组织的生产、营销、财务和环保等各个环节。

对企业而言，推行清洁生产主要进行清洁生产审核，对企业正在进行或计划进行的工业生产进行预防污染分析和评估。这是一套系统的、科学的、可操作性很强的程序。从原材料和能源、工艺技术、设备、过程控制、管理、员工、产品、废弃物产生这 8 条途径，通过全过程定量评估，运用投入-产出的经济学原理，找出不合理排污点位，确定削减排污方案，从而获得企业环境绩效的不断改进以及企业经济效益的不断提高。

三、清洁生产与循环经济

清洁生产是在组织层次上将环境保护延伸到组织的一切有关领域，循环经济则将环境保护延伸到国民经济的一切有关领域。清洁生产是循环经济的基石，循环经济是清洁生产的扩展。在理念上，它们有共同的时代背景和理论基础；在实践中，它们有相通的实施途径，应相互结合。20 世纪末，资源与环境问题日益成为威胁人类可持续发展的主要问题，世界各国日益重视清洁生产，并且开始将视角延伸到整个社会，"3R"（reduce：减量；reuse：重复利用；recycle：再生利用）的理念开始成为社会形态重建的重要指南，由此逐渐形成了影响更为广泛和深远的循环经济（recycle economy 或 circular economy）理念。在一些发达国家，建设"循环型社会"成为社会发展的重要目标，并从法律上确立了其重要地位。

循环经济融合资源综合利用、清洁生产、生态设计和可持续消费等为一体，把经济活动重组为"资源利用—产品资源再生"的封闭流程和"低开采、高利用、低排放"的循环模式，强调经济系统与自然生态系统和谐共生，并非仅属于经济学范畴，而是集经济、技术和社会于一体的系统工程，包括大、中、小三个层面，即企业、区域和社会。

虽然清洁生产在产生初始时，着重的是预防污染，在其内涵中包括了实现不同层次上的物料再循环外，还包括减少有毒、有害原材料的使用，削减废料及污染物的生成和排放以及节约能源、能源脱碳等要求，与循环经济主要着眼于实现自然资源特别是不可再生资源的再循环的目标是完全一致的。

从实现途径来看，循环经济和清洁生产也有很多相通之处。清洁生产的实现途径可以归纳为两大类，即能源削减和再循环，包括减少资源和能源的消耗，重复使用原料、中间产品和产品，对物料和产品进行再循环，尽可能利用可再生资源，采用对环境无害的替代技术等。循环经济的"3R"原则就源于此。

循环经济和清洁生产两者最大的区别是在实施的层次上。在企业层次实施清洁生产就是小循环的循环经济，一个产品、一台装置、一条生产线都可采用清洁生产方案，在园区、行业或城市的层次上，同样可以实施清洁生产。而广义的循环经济是需要相当大的范围和区域的，如日本称要努力建设"循环型社会"。由于推行循环经济覆盖的范围较大、关联的部门较广、涉及的因素较多、见效的周期较长，无论是哪个单独的部门恐怕都难以独立担当这项筹划和组织的工作。就实际运作而言，在推行循环经济的过程中，需要解决一系列技术问题，清洁生产为此提供了必要的技术基础。

清洁生产和循环经济都是为了协调经济发展和环境资源之间的矛盾而产生的。我国的生态脆弱性远在世界平均水平之上，人口趋向高峰、耕地减少、用水紧张、粮食缺口、能源短缺、大气污染加剧、矿产资源不足等不可持续因素造成的压力进一步增加，其中有些因素逼近极限值。面对无可置疑的生存威胁，推行清洁生产和循环经济是克服我国可持续发展"瓶颈"的唯一选择。多年来，循环经济在我国受到了广泛关注。2004年，经国务院同意，国家发展和改革委员会发布了《节能中长期专项规划》，这是改革开放以来我国制定的第一个在节能方面的中长期规划。随着《节约和替代石油规划》《节水专项规划》《海水利用专项规划》《资源综合利用专项规划》的发布，不仅优化了资源结构，而且标志着我国节能工作又进入了新的阶段。到2010年，我国建立起比较完善的循环经济法律法规体系、政策支持体系、技术创新体系和有效的约束激励机制。发展循环经济将成为政府投资的重点领域，并成为中央和各地制定规划的重要指导方针。2016年国务院发布的《"十三五"节能减排综合性工作方案》中，明确指出要大力发展循环经济，全面推行清洁生产，实施重点区域、重点流域清洁生产水平提升行动。

由此可见，清洁生产、循环经济等人类为了解决自身面临的环境和资源问题所提出的理念和方法已经逐渐发展成为具有法律地位的、综合性的社会行为。在不远的将来，随着循环经济体系的不断发展和完善，清洁生产有可能从指导性方针向强制性方针发展。在全球化的经济体系下，清洁生产必将日益成为企业不得不选择的发展之路。

第三节　清洁生产的理论基础

一、可持续发展理论

（一）可持续发展理论的概念和形成过程

地球环境的"承载能力"是否有界限？发展的道路与地球环境的"负荷极限"如何相适应？人类社会的发展应如何规划才能实现人类与自然的和谐，既保护人类，也维护地球的健康？试图回答这些问题的是由知识分子组成的名为"罗马俱乐部"的一个组织。1972年他们发表了题为《增长的极限》的报告，报告根据数学模型预言：在未来一个世纪中，人口和经济需求的增长将导致地球资源耗竭、生态破坏和环境污染。除非人类自觉限制人口增长和工业发展，否则这一悲剧将无法避免。这项报告发出的警告启发了后来者。从20世纪 80 年代开始，最早见于《寂静的春天》中的"可持续发展"一词，逐渐成为流行的概念。1987 年，世界环境与发展委员会在题为《我们共同的未来》的报告中，第一次阐述了"可持续发展"的概念。在可持续发展思想形成的历程中，最具国际化意义的是 1992年 6 月在巴西里约热内卢举行的联合国环境与发展大会，在这次大会上，来自世界 178 个国家和地区的领导人通过了《21 世纪议程》《联合国气候变化框架公约》等一系列文件，明确把发展与环境密切联系在一起，使可持续发展走出了仅仅在理论上探索的阶段，响亮地提出了可持续发展的战略，并将之扩展为全球的行动。

可持续发展的思想是人类社会发展的产物，它体现着对人类自身进步与自然环境关系的反思。这种反思反映了人类对以前走过的发展道路的怀疑和抛弃，也反映了人类对今后选择的发展道路和发展目标的憧憬和向往。人们逐步认识到过去的发展道路是不可持续的，或至少是持续不够的，因而是不可取的，唯一可供选择的道路是走可持续发展之路。人类的这一次反思是深刻的，反思所得的结论具有划时代的意义。这正是可持续发展的思想在全世界不同经济水平和不同文化背景的国家能够获得共识和普遍认同的根本原因。

可持续发展是发展中国家和发达国家都可以实现的目标，广大发展中国家积极投身到可持续发展的实践中也正是可持续发展理论风靡全球的重要原因。美国、德国、英国等发达国家和中国、巴西这样的发展中国家都先后提出了自己的 21 世纪议程或行动纲领，尽管各国侧重点有所不同，但都不约而同地强调要在经济和社会发展的同时注重保护自然环境，正因如此，很多人类学家指出，"可持续发展"思想的形成是人类在 20 世纪中对自身前途、未来命运与所赖以生存的环境之间最深刻的一次警醒。

如今，环境保护成了当代企业发展的口号。在能源领域，发达国家不约而同地将技术重点转向水能、风能、太阳能和生物能等可更新能源上；在交通运输领域，研制燃料电池车或其他清洁能源车辆已成为各大汽车商技术开发能力的标志；在农业领域，无化肥、无农药和无毒害的生态农产品已成为消费者的首选；在城市规划和建筑业中，尽量减少能源和水的消耗，同时，减少废水废弃物排放的"生态设计"和"生态房屋"已成为近年来发达国家建筑业的招牌。

（二）可持续发展的含义

可持续发展包括三层含义：

1．需求与限制的矛盾

可持续发展包含两个基本要素或两个关键组成部分："需求"和对需求的"限制"。满足需求，首先是要满足贫困人民的基本需求。对需求的限制主要是指对未来环境需求的能力构成危害的限制，这种能力一旦被突破，必将危及支持地球生命的自然系统如大气、水体、土壤和生物。决定两个要素的关键性因素是：①收入再分配以保证不会为了短期存在需求而被迫耗尽自然资源；②降低穷人对遭受自然灾害和农产品价格暴跌等损害的脆弱性；③普遍提供可持续生存的基本条件，如卫生、教育、水和新鲜空气，保护和满足社会最脆弱人群的基本需要，为全体人民，特别是为贫困人民提供发展的平等机会和选择自由。

2．三大原则

可持续发展的内涵十分丰富，内容十分广博，涉及领域既有广度又有深度，主要体现在公平性原则、持续性原则和共同性原则中。

公平性原则。可持续发展要满足当代所有人的基本需求，给他们机会以满足他们要求过美好生活的愿望。可持续发展不仅要实现当代人之间的公平，也要实现当代人与未来各代人之间的公平，因为人类赖以生存与发展的自然资源是有限的。从伦理上讲，未来各代人应与当代人有同样的权利提出他们对资源与环境的需求。可持续发展要求当代人在考虑自己的需求与消费的同时，也要对未来各代人的需求与消费负起历史责任，因为与后代人相比，当代人在资源开发和利用方面处于一种无竞争的主宰地位。各代人之间的公平要求任何一代都不能处于支配的地位，即各代人都应有同样选择的机会空间。

持续性原则。持续性是指生态系统受到某种干扰时能保持其生产力的能力。资源环境是人类生存与发展的基础和条件，资源的持续利用和生态系统的可持续性是保持人类社会可持续发展的首要条件。这就要求人们根据可持续性的条件调整自己的生活方式，在生态可能的范围内确定自己的消耗标准，要合理开发、合理利用自然资源，使再生性资源能保持其再生产能力，非再生性资源不至过度消耗并能得到替代资源的补充，环境自净能力能得以维持。

共同性原则。可持续发展关系到全球的发展，要实现可持续发展的总目标，必须争取全球共同的配合行动，这是由地球整体性和相互依存性所决定的。因此，致力于达成既尊重各方的利益，又保护全球环境与发展体系的国际协定至关重要。正如《我们共同的未来》中指出的"今天我们最紧迫的任务也许是要说服各国，认识回到多边主义的必要性"，"进一步发展共同的认识和共同的责任感，是这个分裂的世界十分需要的"。这就是说，实现可持续发展就是人类要共同促进自身之间、自身与自然之间的协调，这是人类共同的道义和责任。

3. 多元化特征

可持续发展理论的基本特征可以简单地归纳为经济可持续发展（基础）、生态（环境）可持续发展（条件）和社会可持续发展（目的）。通过节约能源、减少废弃物、改变传统生产消费方式来提高质量和效益。生产持续发展是以保护自然为基础，与资源和环境的承受能力相协调，是人类的发展不超出地球的环境容量。社会持续发展是以改善和提高生活质量为目的，创造一个保障人们平等、自由、安全、健康的社会环境。经济、生态和社会的持续发展之间相互关联不可分割。

（三）可持续发展与清洁生产

走可持续发展的道路，必须实施环境保护政策，在我国进行经济建设，必须实施清洁生产。因此，走可持续发展的道路和实施清洁生产是辩证统一的。

推行清洁生产是现代科学技术和生产力发展的必然结果，也是考虑到工业企业的环境风险、成本和经济效益，在环境管理手段发展到一定阶段的产物，是从资源、能源和环境等宏观上考虑，要求工业企业的经济行为必须符合经济与环境相协调发展的目标。

推行清洁生产，改变落后的生产增长方式。我们应该认识到发展生产与环保是相辅相成的，二者相互制约、相互促进。发展是硬道理，发展生产必须注意环境保护，环境保护必须以促进生产为目的。许多企业实践经验证明，凡是能正确认识和处理发展生产与保护环境的关系，实行一手抓生产、一手抓环保的企业，尽管原来生产污染很严重，也能很快改变面貌，生产得到迅速发展。反之，将二者对立起来，认为抓生产是硬任务，尽管生产暂时搞上去，但由于污染十分严重，引起人民群众强烈不满，最终结果是得不偿失。若要实现良性循环，根据现阶段我国的实际情况，必须发展自身需要的清洁生产。其原因有以下3点：

（1）社会经济持续发展客观上要求经济增长的速度、质量、数量必须符合且服务于社会长远利益的需求，靠落后、陈旧的生产工艺浪费大量的能源和资源从事生产经营活动，既难获取高质量的社会消费产品，又会造成资源、能源巨大消耗，最终导致环境效益和社会效益综合性矛盾的发生和发展。

（2）经济的持续发展除了社会生产力中的重要因素——技术进步标志的清洁生产工艺外，还必须有足够的能源和资源作保证，离开足够的能源和资源去实现经济的持续发展必然是无源之水、无本之木。而采用清洁生产工艺，不断增加生产经营之中的科技含量，才会有效地实现现有的能源和资源的最佳效益，同时能极大地减少和避免能源和资源的浪费，为实现经济持续发展准备充足而坚实的后备基础。

（3）经济持续发展的同时，要求与环境、资源、能源高度统一和协调。有效发展经济，提供丰富健康的环保社会产品，同时推行清洁生产，减少环境污染，优化环境是人类幸福生存的重要组成部分。经济发展以改善人民的生活质量为目标，发展不仅表现为经济的增长，国民经济总产值的提高，人民生活的改善，还表现为文学、艺术、科学的昌盛，人民生活水平的提高，社会秩序的和谐，国民素质的改进等。所以在实现可持续发展战略的同时，强化清洁生产工艺的推新和使用，不断生产出高质量的社会消费产品，最大限度地保证人类生态环境质量，才能实现清洁生产和可持续发展的协调统一。

清洁生产是实施可持续发展战略的重要组成部分，实施清洁生产是中国走向可持续发展的必然选择，这与国民经济整体发展规划是一致的。开展清洁生产活动，可以使发展规划更快、更好、更健康地得以实现。

二、工业生态学理论

（一）工业生态学的定义

对于工业生态学的定义，不同的学者对其表述各有不同。目前，比较有代表性的定义主要由以下三种。

1.《工业生态学》杂志的定义

《工业生态学》杂志认为工业生态学是迅速发展的一个领域，它从局地、区域和全球三个层次上系统研究产品、工艺、产业部门和经济部门中的物质与能量的使用与流动，它集中研究工业在降低产品生命周期环境压力方面的潜在作用，产品生命周期包括原材料采掘、产品执照、产品使用和废弃物管理。

2. 美国跨部门工作组报告的定义

美国跨部门工作组的报告认为工业生态学这一术语把工业和生态学两个熟悉的词结合为一个新的概念，它研究工业、服务及使用部门中原料与能源流动和这些流动对环境的影响，它阐明工业过程如何与生态系统中天然过程发生相互作用。自然生态系统的物质和能源使用及其循环的重建指出了可持续工业生态学的道路。工业生态学提供了一个研究技术、效率、资源的供应、环境质量、有毒废弃物以及重复利用诸多方面互相关联的框架。

3. 工业生态学国际学会的定义

2000 年成立的工业生态学国际学会（The International Society for Industrial Ecology）认为工业生态学提供了一个强有力的多视角工具，通过它，可审视工业和技术的影响及其在社会和经济中的相关变化。工业生态学研究产品、过程、工业部门和经济活动中的原料和能源在局地、区域和全球范围的使用与流动，关注工业通过产品生命周期及与之相关的问题在减少环境负荷方面的潜在作用。

工业生态学是一门新兴的蓬勃发展的综合交叉学科，是一门研究人类工业系统和自然环境之间的相互作用、相互关系的学科，工业生态学为研究人类工业社会与自然环境提供了一种全新的理论框架，为协调各学科与社会各部门共同解决工业系统与自然生态系统之间提供了具体可操作的方法，为可持续发展的理论奠定了厚实的基础。工业生态学追求的是人类社会和自然生态系统的和谐发展，寻求经济效益、生态效益和社会效益的统一，最终实现人类社会的可持续发展。

工业生态学思想的主旨是促使现代工业体系向高级生态系统的转换。转换战略的实施包括四个方面：废料作资源重新利用，封闭物质循环系统，尽量减少消耗性材料的使用，工业产品与经济活动的非物质化。

（二）工业生态学理论的形成和基本原理

1. 工业生态学的形成

自 20 世纪 50 年代开始，人们将生态学引入产业政策，认为复杂的工业生产和经济活动中存在与自然生态学相似的问题与现象，可以运用生态学的理论和方法来研究现代工业的运行机制。

工业生态学的概念最早是在 1989 年的《科学美国人》（*Scientific American*）杂志上由通用汽车研究实验室的罗伯特·弗罗斯彻（Robert Frosch）和尼古拉斯·格罗皮乌斯（Nicholas E. Gallopoulous）提出的。他们的观点是"为什么我们的工业行为不能像生态系统一样，在自然生态系统中一个物种的废弃物也许就是另一个物种的资源，而为何一种工业的废弃物就不能成为另一种的资源？如果工业也能像自然生态系统一样就可以大幅减少原材料需求和环境污染并能减少废弃物垃圾的处理过程。"其实弗罗斯彻和格罗皮乌斯的思想只是对更早的观点的发展，如巴克敏斯特·富勒（Buckminster Fuller）和他的学生（如 J. Baldwin）提出的节约理论，以及其他同时代人提出的相似观点，如艾莫里·洛温斯（Amory Lovins）和落基山学院（Rocky Mountain Institute）。此后不同研究人员对工业生态学亦提出了自己的理解，1995 年，加拿大的 Cote 曾对工业生态学的定义做了统计，共有 20 多种，其中较具代表性的主要为上面所提到的《工业生态学》杂志、美国跨部门工作组以及工业生态学国际学会提出的定义。

进入 20 世纪 90 年代后，工业生态学的研究不再停留在概念的探讨上，其理论与实践进入了蓬勃发展的阶段。工业生态学的研究以美国最为积极，20 世纪 90 年代初美国科学院就曾举行多次会议，对工业生态学的概念、内容、方法和应用前景等问题进行了研讨，形成了工业生态学的基本框架，此后在 1993 年成立的美国可持续发展总统委员会还专门召开会议对工业生态学重要实践领域——生态工业园进行探讨。除此之外，《清洁生产》杂志以及《生命周期评价》杂志等期刊还经常刊载工业生态学方面的内容。工业生态学的研究在美国政府、学术界以及工业界都受到了高度的关注，这引起了世界其他发达国家的重视，从而使工业生态学出现了全球性的研究热潮。影响这一热潮的主要事件有两个：一个是 1997 年麻省理工学院出版了全球第一份《工业生态学》杂志，专门发表工业生态学的研究论文，使得工业生态学研究人员从此有了独立发表自己研究成果并进行学术思想交流的园地；另一个是美国工业生态学派的崛起，其中以 Iddo K.Wernick 和 Jesse H.Ausubel 等 16 人组成的维世奴帮（Vishnu Group）为代表。进入 21 世纪，工业生态学研究更是进入了一个崭新的发展时期，2000 年成立了工业生态学国际学会，工业生态学研究的全球普及化得到了提高。

2. 工业生态学的基本原理

工业生态学把整个工业系统作为一个生态系统来看待，工业系统中的物质、能源和信息的流动与储存不是孤立的简单叠加关系，而是可以像在自然生态系统中那样循环运行，它们之间相互依赖、相互作用、相互影响，形成复杂的、相互连接的网络系统。工业生态学通过"供给链网"分析（类似食物链网）和物料平衡核算等方法分析系统结构变化，进行功能模拟和分析产业流（输入流、产出流）来研究工业生态系统的代谢机理和控制方法。

工业生态学的思想包含了"从摇篮到坟墓"的全过程管理系统观，即在产品的整个生命周期内不应对环境和生态系统造成危害，产品生命周期包括原材料采掘、原材料生产、产品制造、产品使用以及产品用后处理。系统分析是产业生态学的核心方法，在此基础上发展起来的工业代谢分析和生命周期评价是目前工业生态学中普遍使用的有效方法。

工业生态学以生态学的理论观点考察工业代谢过程，即从取自环境到返回环境的物质转化全过程研究工业活动和生态环境的相互关系，来研究调整、改进当前工业生态链结构的原则和方法，建立新的物质闭路循环，使工业生态系统与生物圈兼容并持久生存下去。

（三）工业生态学的研究领域与内容

20 世纪 80 年代以来，国外学术界和工业界开始从不同角度开展工业生态学的理论研究与实践，逐步形成了工业生态学研究的概念和方法论体系。1989 年 Frosch 和 Gallopulos 正式提出工业生态学概念，他们认为工业系统应向自然生态系统学习，并且可以建立类似自然生态系统的工业生态系统。此后，众多研究人员通过系统、定性、定量等多种方法对工业生态学进行了深入的研究，涉及的研究领域相当广泛。

1．原料与能量流动（工业代谢）

研究焦点集中于工业系统、区域和全球原料与能源流向的量化，原料与能源流动的环境影响以及减少环境影响的理论和技术方法。Ayres 等对经济运行中原料与能源流动对环境的影响进行了开拓性的研究，提出了工业代谢的概念并进行系统研究，奠定了原料与能源流分析的基本理论。其他一些学者则结合钢铁工业、化学工业、森林工业等部门对原料和能源流动的循环、转换、优化模式等做出了富有成效的探索。综合而言，目前工业代谢只是停留在概念层次，主要关注代谢事实的发现与代谢方法的发展，在理论与实际操作上仍有待深入。

原料与能源流动研究采用 3 种基本分析方法：质量平衡方法（mass balance）、输入—输出分析方法（input-output analysis，IOA）、生命周期评价（life cycle assessment，LCA）。近年来一些学者提出了研究原料与能量流动更具体的新方法，Joosten 等于 1999 年提出了原料流动分析新方法 STREAM（Statistical Research for Analyzing Material Streams），并采用这种方法对荷兰的塑料流动进行了分析；Michaelis 等采用熵（Exergy）分析方法研究了英国钢材部门的原料与能量流动，这些方法无疑为原料与能源流动分析开创了新的思路。然而，目前主要原料与能源流动分析研究方法局限于物质、能量在各个生产环节的流通，较少考虑物质、能量的转化问题，由此难以进行定量分析研究，如何进行定量化分析是今后一个富有吸引力和挑战性的问题。

2．物质减量化

物质减量系统化研究和物质减量与经济发展的关系研究是工业生态学家们关注的两个重要问题。Cleveland 和 Ruth 指出，对于特定企业、工业的原材料使用范围、运行机制、使用模式、物质减量引起经济层面的影响以及物质替代对环境的影响程度等问题也应引起重视。到目前为止，有关物质减量化的研究大多基于技术和经济因素，而产品和服务等物质减量化的理论框架尚未完善，缺乏有效的实施方法。如何对物质减量化进行评估一直是众多学者所关注的问题。迄今为止，基于物质利用强度 IU（Intensity of Use）这一主要评估指标，形成两种分析方法：环境库兹涅茨曲线（Environmental Kuznets Curve，EKC）理论和长波理论（Material Use and Long Waves）。除 EKC 和长波理论这两种主要评估方法外，物质分解分析（Material Decomposition Analysis）、输入—输出分析、物质利用强度的统计分析，以及动力学模型、综合国家物质利用分析等方法亦是物质减量化评估的有效手段。需要指出的是，上述方法都存在不同程度的不足，特别对综合物质利用方面的研究还存在不少问题，这无疑是未来研究需要面临的课题。

3. 环境设计（DfE）

环境设计（DfE）研究从一开始就十分重视实用性。较早地进行 DfE 研究的是美国国家环境保护局，其为企业在设计或重新设计产品和工艺时考虑环境问题。为了使企业产品的经济效益与环境效益达到最佳的结合，美国环境保护局提出了整套的实施方法。Braden Allenby 也对 DfE 进行了系统的研究，构建了 DfE 在整个产品生命周期内的实施框架。与此同时，Glantschnig W. J. 和 Sekutowski J. C.则对 DfE 的设计原则、步骤程序以及设计领域等进行深入分析，取得了可喜的成果。这些研究成果对实践具有直接指导意义。

4. 延伸生产者的责任

延伸生产者责任是工业生态学的一种方法，它通过促使生产者对其产品的整个生命周期特别是产品的回收、循环利用和最终处置承担责任，从而降低产品总体的环境影响。如何推行延伸生产者责任政策是人们关注的热点。目前，推行延伸生产者责任政策已形成 3 种途径：强制立法，自愿参与，自愿与强制立法相结合。强制立法起源于德国，其在 1991 年就颁布了《德国包装材料条例》，要求包装行业的包装材料生产者负责处理包装废弃物；这种政策的成本虽高，且存在诸多问题，但延伸生产者责任这一观点却被认为是行之有效的，这种理念在欧洲其他国家迅速传播，其应用范围已超出包装废弃物管理的范畴，开始向电子以及汽车领域延伸。相比欧洲的强制性延伸生产者责任政策代价太大的问题，美国则形成了自愿性的环境保护政策，其他国家亦根据本国国情采取相应的方法。

（四）工业生态园区建设

生态工业园是工业生态学的核心研究内容之一。Ernest Lowe 教授最早提出了生态工业园概念，并且发展了工业生态园的基础理论和实践准则。与此同时，在借鉴卡伦堡工业共生体经验基础上，许多国家积极开展生态工业园实践，在美国、加拿大、西欧、日本等国家和地区已经有了一些初具规模的或刚刚启动的生态工业园项目。

与传统工业园相比，生态工业园有以下特征：

（1）具有鲜明的主题，但不仅仅只是围绕单一主题而设计、运行，在设计工业园的同时考虑了当地社区；

（2）通过毒物替代、二氧化碳吸收、材料交换和废弃物统一处理来减少环境影响或生态破坏，但生态工业园不单纯是环境技术公司或绿色产品公司的集合；

（3）通过共生和层叠实现能量效率最大化；

（4）通过回用、再生和循环对材料进行可持续利用；

（5）在生态工业园定位的社区以供求关系形成网络，而不是单一的副产品或废弃物交换模式或交换网络；

（6）具有环境基础设施或建设，企业、工业园和整个社区的环境状况得到持续改善；

（7）拥有规范体系，允许一定灵活性而且鼓励成员适应整体运行目标；

（8）应用减废减污的经济型设备；

（9）应用便于能量与物质在密封管线内流动的信息管理系统；

（10）准确定位生态工业园及其成员的市场，同时吸收那些能填补适当位置和开展其他业务环节的企业。

（五）工业生态学理论与清洁生产

在生态工业园区内，企业开展清洁生产是十分必要的，生态工业链的构建是在企业实施了清洁生产的前提下进行的。在工业生态园区的管理指标内有一项指标，即要求60%以上的企业开展清洁生产。

广西贵港国家生态工业（制糖）示范园区是我国较成功的生态园区，其支柱产业是甘蔗制糖业。贵港市 GDP 的30%来自制糖及其辐射产业。其中贵糖（集团）股份有限公司是我国最大的甘蔗化工企业，制糖、酒精、造纸等是该公司的主导产业。该园区以贵糖（集团）股份有限公司为核心，由蔗田、制糖、酒精、造纸、热电联产、环境综合处理6个系统组成，各系统之间通过中间产品和废弃物的交换而互相衔接，形成一个比较完整和闭合的生态工业网络。为解决长期以来的污染严重、治理难度大的问题，1999年以来，贵糖（集团）股份有限公司共投入资金7 000多万元，实施清洁生产改造，构建成两条主要的工业生态链：甘蔗制糖—废蜜糖制造酒精—酒精废液制造有机复合肥，甘蔗制糖—蔗渣造纸—黑液碱回收。此外，还形成了用制糖滤泥制水泥，造纸中段废水用于锅炉除尘、脱硫、冲灰等多条副线生态工业链。企业通过实施清洁生产，创造了非常可观的经济效益和环境效益，"九五"期间该企业"三废"综合利用产值达13.35亿元，占公司工业总产值的53%，创造利润7 000多万元。

工业生态学理论为清洁生产提供了有力支撑，实施清洁生产加速了生态学理论的实践，为生态学理论提供了深化研究和创新发展的平台。

三、生命周期评价理论

全球性生态环境的迅速恶化是20世纪人类发展过程中出现的重大问题，也是21世纪人类生存和发展所面临的重大危机，且已成为国际社会普遍关注的焦点之一。面对当今人口、资源、环境与经济发展带来的一系列尖锐矛盾，人们需要重新认识环境问题与人类活动方式以及消费模式之间的关系，从而通过制度创新、技术进步以及管理变革来协调人与自然之间的关系，促进人类社会的可持续发展，而对产品进行生命周期评价（Life Cycle Assessment，LCA）正是一种有效途径。

（一）生命周期评价理论的概念

生命周期评价（LCA）是一种评价产品、工艺或活动从原材料采集，到产品生产、运输、销售、使用、回用、维护和最终处置整个生命周期阶段有关的环境负荷的过程。它首先辨识和量化整个生命周期阶段中能量和物质的消耗以及环境释放，然后评价这些消耗和释放对环境的影响，最后辨识和评价减少这些影响的机会。

从生命周期评价的发展历程来看，对它做过许多定义，其中，国际标准化组织（ISO）、国际环境毒理学与环境化学学会（SETAC）的定义最具有权威性。ISO对生命周期评价的定义是：汇总和评估一个产品或服务体系在其整个寿命周期内所有投入及产出对环境造成潜在影响的方法。1990年国际环境毒理学与环境化学学会将生命周期评价定义为：生命周期评价是一种对产品、生产工艺以及活动带给环境的压力进行评价的客观过程，它是通过对能量和物质利用，以及废弃物排放对环境的影响，寻求改善环境影响的机会及如何利用这种机会。这种评价贯穿于产品、工艺和活动的整个生命周期，包括：原材料提取与加工；产品制造、运输以及销售；产品的使用、再利用和维护；废弃物循环和最终废弃物弃置。

（二）生命周期评价理论的形成和基本原理

1. 生命周期评价理论的形成

生命周期评价最早出现在20世纪60年代末70年代初的美国。作为生命周期评价开始的标志是1969年美国中西部研究所对可口可乐公司的饮料包装瓶进行的评价研究，该研究从原材料采掘到废弃物最终处置，进行了全过程的跟踪与定量研究，揭开了生命周期评价的序幕。当时把这一分析方法称为资源与环境状况分析（Resource and Environmental Profile Analysis，REPA）。从1970年至1974年，整个REPA研究的焦点就是包装品废弃物问题。

20世纪70年代中期由于能源危机，REPA有关能源分析的工作备受关注。进入20世纪80年代后，公众的环境意识进一步提高，产品的环境性能成为市场竞争的重要因素。生命周期评价作为扩展和强化环境管理、评价产品性能、开发绿色产品的有效工具，得到了学术界、企业界和政府的一致认同，其应用领域也从饮料容器、食品包装盒、毛巾、洗涤剂等包装材料和日用品扩展到电冰箱、洗衣机等家用电器以及建材、铝材、塑料等原材料。

1993 年 6 月，ISO 正式成立了"环境管理标准技术委员会"（TC207），并在 ISO 14000 系列中为 LCA 预留了 10 个标准号，即 ISO 14040—ISO 14049。其中 ISO14040 标准将 LCA 的实施步骤分为目的与范围的确定、清单分析、影响评价和结果解释四个阶段。LCA 成为 ISO 14000 系列标准中产品评价标准的核心和确定环境标志和产品环境标准的基础，它同时作为一种环境评估工具用于清洁生产审计，可以保证更全面地分析企业生产过程及其上游（原料供给方）和下游（产品及废物接受方）产品全过程的资源消耗和环境状况，找出存在的问题，提出解决的方案。

我国对生命周期评价的工作也极为重视，并于 1999 年和 2000 年相继推出了《环境管理　生命周期评价　原则与框架》（GB/T 24040—1999）及《环境管理　生命周期评价　目标与范围的确定和清单分析》（GB/T 24041—2000），2002 年相继推出了《环境管理　生命周期评价　生命周期影响评价》（GB/T 24042—2002）及《环境管理　生命周期评价　生命周期解释》（GB/T 24043—2002）等国家标准。

2．生命周期评价理论的基本原理

1993 年 SETAC 把 LCA 描述成 4 个相互关联的组分组成的三角形模型。它们分别是目标定义和范围界定、清单分析、影响评价和改进评价，如图 1-1 所示。1997 年 ISO 14040 进一步把 LCA 的实施步骤分为目标和范围定义、清单分析、影响评价和结果解析 4 个部分，如图 1-2 所示。

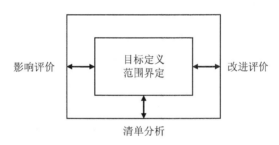

图 1-1　生命周期评价的技术框架（SETAC，1993）

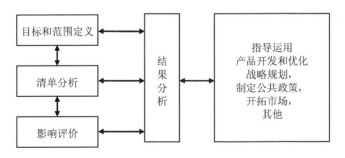

图 1-2　LCA 实施步骤（ISO 14040，1997）

（1）目标定义和范围界定

确定目标和范围是 LCA 研究的第一步。一般需要先确定 LCA 的评价目标，然后根据评价目标来界定研究对象的功能、功能单位、系统边界、环境影响类型等，这些工作随研究目标的不同变化很大，没有一个固定的标准模式可以套用，但必须要反映出资料收集和影响分析的根本方向。另外，LCA 研究是一个反复的过程，根据收集到的数据和信息，可能会修正最初设定的范围来满足研究的目标。在某些情况下，由于某种没有预见到的限制条件、障碍或其他信息，研究目标本身也可能需要修正。

（2）清单分析

清单分析的任务是收集数据，并通过一些计算给出该产品系统各种输入/输出，作为下一步影响评价分析的依据。输入的资源包括物料和能源，输出的除了产品外，还有向大气、水体和土壤的排放物。在计算能源时要考虑使用的各种形式的燃料与电力、能源的转化和分配效率，以及与该能源相关的输入输出。这一过程应根据图 1-3 所示的步骤进行。

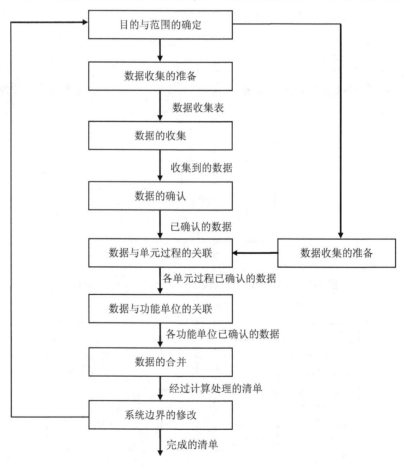

图 1-3   LCA 清单分析程序（ISO，1998）

（3）生命周期影响评价

在 LCA 中，影响评价是对清单分析中所辨识出来的环境负荷的影响作定量或定性的描述和评价。影响评价方法目前正在发展之中，ISO 和 SETCA 都倾向于把影响评价作为一个"三步走"的模型，即影响分类、特征化和量化评价。影响分类是将从清单分析得来的数据归到不同的环境影响类型。影响类型通常包括资源耗竭、人类健康影响和生态影响 3 个大类。每一大类下又包含有许多小类，如在生态影响下又包含有全球变暖、臭氧层破坏、酸雨、光化学烟雾和富营养化等。另外，一种具体类型可能会同时具有直接和间接两种影响效应。特征化是以环境过程的有关科学知识为基础，将每一种影响大类中的不同影响类型汇总。目前，完成特征化的方法有负荷模型、当量模型等，重点是不同影响类型的当量系数的应用，对某一给定区域的实际影响量进行归一化，这样做是为了增加不同影响类型数据的可比性，然后为下一步的量化评价提供依据。量化评价是确定不同影响类型的贡献大小即权重，以便能得到一个数字化的可供比较的单一指标。

（4）改善评价

根据一定的评价标准，对影响评价结果做出分析解释，识别出产品的薄弱环节和潜在改善机会，为达到产品的生态最优化目的提出改进建议。

近年来，一些国家和国际组织相继在环境立法上开始反映产品和产品系统相关联的环境影响。生命周期评价在工业中的应用正日益广泛。生命周期评价在工艺选择、设计和最优化过程中的应用更是引起工业领域的极大兴趣。国际上一些著名的跨国企业正积极开展各种产品，尤其是高新技术产品的生命周期研究。美国的一些企业开展了磁盘驱动器、汽车和电子数字设备部件的生命周期评价研究；欧盟的一些企业则广泛开展了电器设备和清洗器等产品的生命周期评价研究；我国在国家"863 计划"的资助下，成立了材料生命周期评价中心，对钢材、铝材、水泥、陶瓷以及建筑材料等的生产制造技术和工艺进行生命周期评价。

（三）生命周期评价理论与清洁生产

1. LCA 在清洁生产中发挥的作用

国际标准化组织（ISO）对生命周期评价的定义是"汇总和评估一个产品（或服务）体系在其整个生命周期内的所有投入及产出对环境造成的潜在影响的方法"。这种评价贯穿于产品、工艺和活动的整个生命周期，包括原材料提取与加工，产品制造、运输以及销售，产品的使用、再利用和维护，废弃物的再生循环和最终废弃物的处置。生命周期评价只是一种方法和工具，它必须与企业具体的生产和管理活动相结合才能发挥作用。

清洁生产则是支持企业可持续发展的重要一环，它是企业改进技术，提高绿色度的一种行为。虽然在不同的国家有不同的叫法，但其基本内涵是一致的，都体现了通过对产品生命周期运用整体预防的环保策略来实现工业可持续发展的战略要求。清洁生产包含了四层含义：一是清洁生产的目标是节省能源、降低原材料消耗、减少污染物的产生和排放；二是清洁生产的基本手段是改进工艺、强化企业管理，最大限度地提高资源、能源的利用水平和改善产品体系，更新设计观念，争取废弃物最少排放及将环境因素纳入服务中去；三是清洁生产的方法是排污审计，即通过审计发现排污部位、排污原因，并筛选消除或减少污染物的措施；四是清洁生产的终极目标是保护人类和环境。

可见，清洁生产无论从目标到方法都与 LCA 基本一致，而 LCA 更能体现对产品及工艺从"摇篮到坟墓"的评价，将它用于清洁生产会取得较好的效果。

2. 用 LCA 实现清洁生产的步骤

企业清洁生产工作程序包括准备、审计、制定方案和实施方案 4 个基本阶段。其中审计阶段是清洁生产的核心阶段。其目的是在对企业生产现状全面调查、分析及研究的基础上，确定企业开展清洁生产审计的对象，分析审计对象的物料和能源损失及污染物产生和排放原因，为寻求清洁生产机会和制定清洁生产方案奠定基础。利用生命周期评价方法评估和实施清洁生产，一般模式见图 1-4。

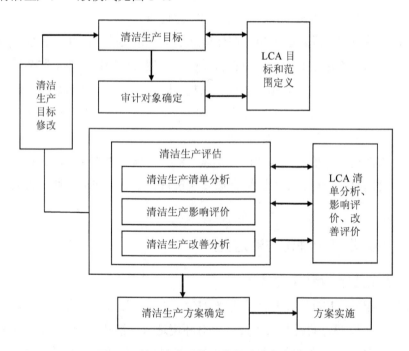

图 1-4　基于生命周期评价的清洁生产模式

该模式主要包括以下内容：

（1）清洁生产系统边界确定

在确定系统边界时，根据 LCA 的思想，应包括从原材料的获取直到产品最终废弃处置的全部过程，企业可根据研究目的和重点目标只考虑某个生产过程，但是必须包括与这个过程关系密切的其他系统。

（2）清洁生产清单分析

清洁生产中需要编制审计对象的工艺流程图，它是审计对象实际生产状况的形象说明。应按 LCA 的要求，对审计对象建立详细的数据清单。数据分配程序应依据具体问题来决定，但应遵循 ISO 14040 所规定的分配原则：

①研究中必须识别与其他产品系统公用的过程，并按照规定的程序加以处理；

②单元过程中分配前与分配后的输入、输出的总和必须相等；

③如果存在若干个可采用的分配程序，必须进行敏感性分析，以说明采用其他方法与所选用方法在结果上的差别；

④必须将每个要进行分配的单元过程所采用的分配程序形成文件并加以论证。

（3）清单数据处理

清洁生产中要收集系统的输入、输出等数据，与 LCA 的要求一致。但 LCA 对数据的处理更为全面，它一般要求对系统资源消耗和环境排放进行更为详细的分类和定量评价，其影响分析主要侧重于产品和生产活动对全球变暖、酸化、富营养化、光化学臭氧合成及资源耗竭的贡献，而清洁生产审计一般只涉及数据的收集，不对其进行进一步的分类、汇总及评估。

（4）清洁生产方案确定

根据数据分析和影响评价结果，寻找整个生命周期内削减能源、资源消耗以及环境释放的机会。方案内容一般包括原材料的重新选择、生产工艺及相关技术的改进、消费方式及废弃物处理的合理化等。清洁生产审计得出的方案也应该被评价，以确保它们不产生额外的影响而削弱企业环境表现的机会。

（5）清洁生产方案实施

清洁生产方案实施后，随着技术和管理手段的进步，又会产生新的清洁生产方案，可利用该模式重复进行审计，从而实现持续清洁生产。

生命周期评价理论为实施清洁生产发挥了巨大作用，实施清洁生产为生命周期评价理论提供深化研究和创新发展的平台。

四、废弃物与资源转化理论

（一）废弃物与资源转化理论概念

清洁生产的废弃物与资源转化理论是以物质不灭定律和能量守恒定律为基础的。在生产过程中，所有的物料都遵循物质平衡原则。生产过程中产生的废弃物越多，则原料即资源消耗越大，也就是说，所有的废弃物都是由原料转化而来的。清洁生产可使废弃物产生量最小化，也就等于使原料得到了最有效的利用。所以，提高资源效率是清洁生产的一个重要内容。此外，资源和废弃物是一个相对的概念，一个生产过程所产生的废弃物可作为另一个生产过程的原料，使废弃物再生循环利用，从另一方面体现了废弃物与资源转化理论。

举例来说，粉煤灰是从煤燃烧后烟气中收捕下来的细灰，为燃煤电厂排出的主要固体废弃物。我国火电厂粉煤灰的主要氧化物组成为 SiO_2、Al_2O_3、FeO、Fe_2O_3、CaO、TiO_2 等。粉煤灰是我国当前排量较大的工业废渣之一，随着电力工业的发展，燃煤电厂的粉煤灰排放量逐年增加。大量的粉煤灰若不加处理直接排入大气，就会形成扬尘，污染大气；若排入水系会造成河流淤塞，而其中的有毒化学物质还会对人体和生物造成危害。但某厂用粉煤灰制砖，年产粉煤灰砖 8 200 万块。经计算，该厂获得的社会经济效益（包括砖块实现的利润、节约堆灰场地价及基建费用、粉煤灰运输费用和管理费用等）为 292.58 万元/a，收效明显。

（二）废弃物与资源转化理论的形成和基本原理

1. 自然环境与经济系统的物质流动

固体废弃物资源化是指采取管理和工艺措施从固体废弃物中回收有用的物质和能源的活动。早在 12 世纪，中国南宋时期的著名学者朱熹就提出"天无弃物"的观点。从图 1-5 中可以看出，如果产品和商品消费过程中不存在积累，投入的自然资源（或环境物品）最终必然以污染物的形式返回自然环境。在这个物质流动过程中，自然资源投入的唯一功能就是为人类社会提供了服务。

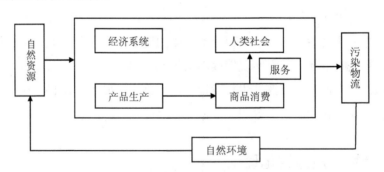

图 1-5　自然环境与经济系统的物质流动关系

近年来，环境问题日益尖锐，资源日益短缺，处置固体废弃物并把它转化为可供人类利用的资源也越来越引起人们的重视。主要表现在两个方面：

（1）加强固体废弃物资源的管理。许多国家都制定了有关固体废弃物的法规，在立法上可以看出由消极处置转到积极利用的发展趋势，并且建立了专业化的废弃物交换和回收机构，开展废弃物交换和回收的活动。

（2）采取固体废弃物资源化的工艺措施。固体废弃物是一种资源，如城市垃圾中含有大量有机物，经过分选和加工处理，可作为煤的辅助燃料，也可经过高温分解制取人造燃料油，也可利用微生物的降解作用制取沼气和优质肥料。固体废弃物除从中回收有用的金属材料、非金属材料和能源外，主要是用于生产建筑材料。

2．废弃物资源化途径

随着社会经济的发展，如何在循环经济中使废弃物变为资源逐渐成为工业持续发展的基础。因此，人类应做到：

（1）废弃物回收利用：包括分类收集、分选和回收。

（2）废弃物转换利用：即通过一定技术，利用废弃物中的某些组分制取新形态的物质。如利用垃圾微生物分解产生可堆腐有机物生产肥料；用塑料裂解生产汽油或柴油等。

（3）废弃物转化能源：即通过化学或生物转换，释放废弃物中蕴藏的能量，并加以回收利用。如垃圾焚烧发电或填埋气体发电等。

其中，生物质能源是可再生的清洁型能源，是化石能源理想的替代产品，它以优良的环保性能被称为"绿色能源"，受到世界各国的普遍关注。

生物质发电。截至 2015 年，全球生物质发电装机容量约 1 亿 kW，其中美国 1 590 万 kW、巴西 1 100 万 kW。生物质热电联产已成为欧洲，特别是北欧国家重要的供热方式。生活垃圾焚烧发电发展较快，其中日本垃圾焚烧发电处理量占生活垃圾无害化处理量的 70% 以上。

生物质成型燃料。截至 2015 年，全球生物质成型燃料产量约 3 000 万 t，欧洲是世界最大的生物质成型燃料消费地区，年均约 1 600 万 t。北欧国家生物质成型燃料消费比重较大，其中瑞典生物质成型燃料供热约占供热能源消费总量的 70%。

生物质燃气。截至 2015 年，全球沼气产量约为 570 亿 m^3，其中德国沼气年产量超过 200 亿 m^3，瑞典生物天然气满足了全国 30% 车用燃气需求。

生物液体燃料。截至 2015 年，全球生物液体燃料消费量约 1 亿 t，其中燃料乙醇全球产量约 8 000 万 t，生物柴油产量约 2 000 万 t。巴西甘蔗燃料乙醇和美国玉米燃料乙醇已规模化应用。

我国生物质资源丰富，能源化利用潜力大。全国可作为能源利用的农作物秸秆及农产品加工剩余物、林业剩余物和能源作物、生活垃圾与有机废弃物等生物质资源总量每年约 4.6 亿 t 标准煤。截至 2015 年，生物质能利用量约 3 500 万 t 标准煤，其中商品化的生物质能利用量约 1 800 万 t 标准煤。生物质发电和液体燃料产业已形成一定规模，生物质成型燃料、生物天然气等产业已起步并呈现良好发展势头。

生物质发电。截至 2015 年，我国生物质发电总装机容量约 1 030 万 kW，其中，农林生物质直燃发电约 530 万 kW，垃圾焚烧发电约 470 万 kW，沼气发电约 30 万 kW，年发电量约 520 亿 kW·h，生物质发电技术基本成熟。

生物质成型燃料。截至 2015 年，生物质成型燃料年利用量约 800 万 t，主要用于城镇供暖和工业供热等领域。生物质成型燃料供热产业处于规模化发展初期，成型燃料机械制造、专用锅炉制造、燃料燃烧等技术日益成熟，具备规模化、产业化发展基础。

生物质燃气。截至 2015 年，全国沼气理论年产量约 190 亿 m^3，其中户用沼气理论年产量约 140 亿 m^3，规模化沼气工程约 10 万处，年产气量约 50 亿 m^3，沼气正处于转型升级关键阶段。

生物液体燃料。截至 2015 年，燃料乙醇年产量约 210 万 t，生物柴油年产量约 80 万 t。生物柴油处于产业发展初期，纤维素燃料乙醇加快示范，我国自主研发生物航煤成功应用于商业化载客飞行示范。

（三）废弃物和资源转化理论与清洁生产

《清洁生产促进法》中清洁生产的定义：清洁生产是指不断采取改进设计，使用清洁的能源和原料，采用先进的工艺技术与设备，改善管理，综合利用等措施，从源头削减污染，提高资源利用效率，减少或者避免生产服务和产品使用过程中污染物的产生和排放，以减轻或者消除对人类健康和环境的危害。

清洁生产的所有内容都围绕一个核心，即在工艺过程中减少环境污染，实现经济效益、环境效益和社会效益的统一，最后实现可持续发展的工业生产。物质循环和能量的梯级利用是清洁生产的重要内容，所用的方法工具就是物料和能量平衡分析，而质量（能量）守恒原理就是它的理论基石。

废弃物与资源转化理论表明，人们在组织生产的过程中，物质是遵照平衡定理来运转的，生产过程中的废弃物越多，原料和资源的消耗也就越大，所以减少生产过程中的废弃物，实际上就实现了原料和资源的合理消耗。这就降低了生产成本，同时也保护了环境。

清洁生产减少生产物耗和有效控制环境污染是同一过程。它是将综合预防的环境策略持续地应用于生产过程和产品之中，进而减少对人类和环境的风险性的一种积极措施。对生产过程而言，清洁生产包括节约原料和能源，淘汰有毒原料，并在全部排放和废弃物离开生产过程之前减少他们的数量和毒性。对产品而言，清洁生产可减少产品在整个寿命周期中（包括从原料提炼到产品的最终处置），对人类和环境的影响。清洁生产不包括末端治理技术，清洁生产通过专门技术、改进工艺技术和改变管理态度来实现，只有提高企业的环境意识，才能使其自觉地实施清洁生产。

第四节　推行清洁生产的作用和意义

一、清洁生产的作用

清洁生产的作用可从宏观和微观方面加以理解。

（一）清洁生产的宏观作用

推行清洁生产是一项全社会都应参与的系统工程。推动社会进步与自然的和谐发展是清洁生产的宏观作用。具体表现是：第一，清洁生产是预防工业污染、促进社会和经济发展、改善环境质量的全新理念和指导思想，它应贯彻于社会经济发展的各个领域，达到保护环境和发展经济的双赢目的。第二，清洁生产是一套预防性、综合性的系统方法，为减少污染物的产生和排放，人们的生产和生活需按清洁生产的途径方法进行审核，筛选并实施污染预防的方案。第三，清洁生产是一个目标，社会各界，尤其是工业企业都应实现这个目标，做到使用清洁的原料、能源、工艺、设备和采用无污染、少污染的生产方式，生产清洁的产品，实施清洁的服务，实现全社会可持续发展的宏伟目标。

（二）清洁生产的微观作用

实施清洁生产是每个企业或组织都应参与的系统工程，推动企业进步、实现企业三个效益共赢是清洁生产的微观作用。企业通过实施清洁生产，提升了企业管理水平、装备水平和技术水平；优化了企业的产品结构和资源消耗结构；提高了企业或组织参与全球化市场竞争的能力，尤其是企业通过清洁生产审核这个有效途径达到核对有关单元操作、原材料、能源、用水、产品和废料产生的资料；确定废弃物的数量、来源和类型，确定废弃物削减的目标，制定经济有效的废弃物控制措施；判定企业效率低下的制约点和管理不完善的地方；提高企业对由削减废弃物获得效益的认识；提高企业产品质量，实现经济效益、环境效益和社会效益的全面改善。

二、实施清洁生产的意义

（一）推行清洁生产是实施可持续战略的重要突破

第一，推广清洁生产使得人们的思想与观念发生根本性的转变，是保护环境以及生态自然资源可持续发展从被动向主动的一种转变。第二，清洁生产从资源节约和环境保护两个方面对工艺产品生产设计从开始到产品使用后直至最终处置，给予了全过程的考虑和要求，它不但对生产，而且对服务也要求考虑对环境的影响。第三，它对工业废物实行费用有效的源削减，与传统的末端处理相比，它可以提高企业的生产效率和经济效益，从而成为受到企业欢迎或可接受的一种新生事物。第四，清洁生产是通过产品设计、原料选择、工艺改革、技术管理、生产过程内部循环利用等环节的科学化与合理化，使工业生产最终产生的污染物最少的一种工业生产方法和管理思路。它体现了工业可持续发展的战略，保障了环境与经济协调发展。

（二）清洁生产是促进经济发展方式转变，提高经济增长质量和效益的有效途径和客观要求

清洁生产可减少企业成本，增强竞争力。一方面，开展清洁生产可以减少末端治理的污染负荷，降低项目投资和运行成本，提高企业防治污染的自觉性和积极性；另一方面，企业通过清洁生产可以节约能源、降低消耗、减少污染和降低成本，从而增加企业的利润率，提高企业的市场竞争力。

清洁生产可以提高资源的利用率。清洁生产通过循环或重复利用可以大大提高原料的转化率，最大限度地将资源和能源转化为企业目标产品，在生产过程之中把能耗和污染降至最低。清洁生产可以刺激新设备及新工艺的产生，达到节约资源与能源，提高能源利用率的要求，从而实现企业利益与环境效益"双赢"。

清洁生产可以减少二次污染。清洁生产主要采用源头削减的方法，这样既可减少含有毒成分原料的使用量，又可以提高原材料的利用率，降低物料损耗，减少废弃物的产生与排放，因此可以减少或避免因末端治理不彻底而造成的二次污染。

实施清洁生产，可以为企业和工业发展提出全新的目标，即最大限度地提高资源和能源的利用率，减少污染物的产生和排放，要实现这一目标，就必须加强企业结构调整、科学管理、革新工艺技术、优化生产过程控制、提高员工素质和技能，使企业真正走上合理、高效配置资源与能源的节约型经济模式。因此，清洁生产包含了企业深化改革、转变经济发展方式的丰富内涵，是实现粗放型经营向节约型发展模式转变的方式，也必将有力地促进经济的运行质量和企业经济效益的提高。

（三）清洁生产是现代工业发展的基本模式和现代文明的重要标志，是企业树立良好社会形象的内在要求

首先，清洁生产克服了末端治理的固有缺陷，无论是思想观念、管理方式，还是技术工艺革新和设备维护与生产控制，都会得到较大的改善和提高，体现可持续发展的要求，

是工业文明的重要标志。

其次，清洁生产有利于提高企业的整体素质，提高企业的管理水平。清洁生产不仅可为生产控制和管理提供重要的基础资料和数据，而且要求全员参加，帮助管理人员、工程技术人员和劳动生产人员业务素质和技能的提高。

再次，清洁生产的开展还有利于改善企业工作环境，减少对职工健康的不利影响，消除安全隐患，减轻末端治理负担，改善环境质量。

最后，企业要生产、发展和壮大，离不开社会各界的理解和支持。如果仍采用浪费资源、污染环境的粗放型经营模式，不仅会给企业带来沉重的经济负担，而且会造成更加严重的环境污染，给企业带来巨大的社会压力。采用清洁的、无害或低害的原材料，清洁的生产过程，生产无害或低害的产品，实现少废或无废排放，不仅可提高企业竞争力，而且有助于在社会树立良好的环保形象，得到公众的认可和支持。

（四）实施清洁生产有利于消除国际环境贸易壁垒

在国际贸易中环境贸易壁垒是发达国家手中的一个贸易"杀手锏"。发达国家凭借高新技术，在国际贸易中对发展中国家的产品提高环境标准要求，使发展中国家在国际贸易中处于不利地位。经济全球化在进一步推动中国与国际市场接轨的同时，也要求中国企业不断扩大对环境技术的要求，提高企业的环境保护水平，改善环境质量和产品的环境质量要求。由于我国产业结构不尽合理，高污染行业较多，面对日益严峻的资源和环境形势以及国际市场激烈的竞争，同时面对"绿色贸易壁垒"的压力，加快推行清洁生产势在必行。在发达国家中清洁生产产品等同于环境标志产品，在国际市场上颇具竞争力。开展清洁生产，不仅可改善环境质量和产品性能，增加国际市场准入的能力，减少贸易壁垒的影响，还可帮助企业赢得更多的用户，提高产品的竞争力，可谓一举多得。

（五）开展清洁生产是促进环保产业发展的重要举措

清洁生产提出"源头削减""过程控制""循环利用"等一系列新的要求，为我国环保产业提供了广阔的市场发展契机。清洁生产的这些新要求，激发了我国环保产业的创新热潮，我国环保产业将研制出许多服务于"源头削减""过程控制""循环利用"等领域的新工艺、新技术、新设备，以适应清洁生产的要求；反过来，环保产业的发展，又可以促进清洁生产更好发展。

因此，我国的环保产业应加强服务于清洁生产的工艺技术及其设备的研究与开发，并尽快适应国内市场的需求，同时总结改进、消化吸收国外新技术、新成果，创新形成中国式的先进适用的技术体系，以便在日趋激烈的国际竞争中占有一席之地。

第五节　工业企业清洁生产在我国的发展

一、推行清洁生产的必要性

清洁生产是从源头提高资源利用效率、减少或避免污染物产生的有效措施。当前，我国工业污染物减排压力有增无减，工业领域清洁生产技术水平提升仍有较大潜力，清洁生产管理服务体系尚需进一步完善。《中华人民共和国国民经济和社会发展第十三个五年规划纲要》明确提出，要支持绿色清洁生产，推进传统制造业绿色改造，推动建立绿色低碳循环发展产业体系。因此，"十三五"期间，要把全面实施传统产业清洁化改造，作为促进工业绿色转型升级，实现绿色发展的重要内容和抓手，作为协调推进经济发展和环境保护的根本途径。

（一）清洁生产是实现节能减排的有效途径

20 世纪 90 年代从国外引入清洁生产概念之初，我国就创造性地将清洁生产的基本原则确定为"节能、降耗、减污、增效"。

"十一五"期间，国务院《节能减排综合性工作方案》（国发〔2007〕15 号）中提出了工程减排、结构调整减排、管理减排三大措施。其中工程减排和结构调整减排需要大量的投资或调动行政资源，管理减排主要是利用严格排放标准、安装实时在线监测仪器和实施清洁生产等措施，不需要付出多少社会成本，而清洁生产是管理减排的主要措施之一。因此，节能减排是清洁生产的宗旨和直接目的，清洁生产是污染物减排最直接、最有效的方法，也是实现"十一五"节能减排目标的重要举措。

"十二五"期间，我国工业领域全面落实《工业清洁生产推行"十二五"规划》，实现由重点抓技术推广应用向设计开发、工艺技术进步、有毒有害物质替代全过程全面推行清洁生产的转变。通过组织实施清洁生产技术示范与推广，大力推进工业产品绿色设计，开展有毒有害原料（产品）替代，引导重点行业清洁生产技术改造方向，共发布了钢铁、建材、石化、化工、有色等 35 个重点行业的清洁生产技术推行方案，涵盖 310 项行业关键共性技术。在中央财政资金支持下，实施了 304 项清洁生产技术示范，一批行业关键技术取得了产业化突破，在钢铁、有色、轻工、石化、纺织等行业形成了 70 个重大技术案例，出台了太湖、鄱阳湖、湘江和京津冀周边等重点流域、重点区域的清洁生产实施方案和计划，加大区域和流域层面推行力度，实现了工业领域清洁生产全面推行。五年来，工业化学需氧量、氨氮、二氧化硫、氮氧化物排放量分别下降28%、15%、6.7%和4.1%，工业清洁生产水平实现了从点、线、面的多维度提升，为国家"十二五"污染物减排目标完成做出了重要贡献。

（二）开展清洁生产可有效提高企业的市场竞争力

清洁生产帮助企业以最小的成本达到污染控制标准，而且清洁生产可复制，能为行业提供一种科学的方法。按清洁生产标准改造和优化工艺流程，对企业节能减排帮助很大。清洁生产不是把注意力放在末端，而是把压力消解在生产全过程中。通过清洁生产标准规定的定量和定性指标，一个企业可以与国际同行进行比较，找出企业自身的差距，从而找到努力的方向。

清洁生产是一个系统工程。一方面它提倡通过工艺改造、设备更新、废物回收利用等途径，实现节能、降耗、减污、增效，从而降低生产成本，提高企业的综合效益；另一方面它强调提高企业的管理水平，提高包括管理人员、工程技术人员、操作工人在内的所有员工在经济观念、环境意识、参与管理意识、技术水平、职业道德等方面的素质。同时，清洁生产还可有效改善操作工人的劳动环境和操作条件，减轻生产过程对员工健康的影响，为企业树立良好的社会形象，促使公众对其产品的支持，从而提高企业的市场竞争力。

国内外推行清洁生产的实践说明，在投入少量资金的条件下，短期内即可减少原材料消耗 5%～10%，污染物排放减少 10%～50%，经济效益明显提高。对企业而言，清洁生产是企业实施节能减排工作的重要平台，企业用实施清洁生产的方法综合地解决包括节能减排在内的各种问题，与单独地去解决某个问题相比，其效果大不相同。因此，对企业而言实施清洁生产是实现降低成本、提升市场竞争力的最佳途径和"抓手"。

二、推行清洁生产的政策保障体系

推进清洁生产工作，需要各方面的共同努力。要充分发挥各方面的积极性，形成国家有关部门引导支持，地方政府组织协调，协会、科研机构积极服务，企业主体推动的清洁生产促进机制。因此，需要建立一个较为系统的清洁生产保障体系。可以考虑包括以下几个方面：

（一）完善清洁生产政策、法规、标准体系

清洁生产首先在工业领域开展，目前其重点亦在工业领域。下一步将进一步完善工业领域清洁生产标准和审核指南的制定工作。我国已制定的清洁生产标准基本上是针对工业领域的，第三产业清洁生产标准很少，只有宾馆酒店业批准实施了清洁生产标准。一些省

市，如北京市第三产业已经成为全市经济发展的主导力量，清洁生产应逐步从第一、第二产业向第三产业转移，目前亟须国家有关主管部门制定第三产业重点行业（消耗相对较多、污染相对较重）清洁生产标准。

（二）建立清洁生产考核评价体系

通过对主要省市清洁生产审核验收管理办法的研究，结合清洁生产评价指标体系以及各地方清洁生产审核验收过程中存在的主要问题，建立清洁生产考核评价体系框架。

（三）加快建立我国重点领域、重点企业清洁生产审核评估体系

（1）建立全国重点企业清洁生产审核三级责任体系，各司其职，各负其责，全面展开。

（2）加强清洁生产技术服务队伍建设，提高咨询服务机构业务素质。

（3）建立重点企业清洁生产审核公报制度。

（4）落实清洁生产审核评估与验收规定，加强考核、及时监督。

（四）促进清洁生产全面推行的产业政策

制定促进清洁生产全面推行的产业政策。如提出大力发展节能环保产业，促进清洁生产向更广阔的领域发展。要积极开发节能、环保、资源综合利用技术，以及为低碳经济服务的先进实用技术；积极发展环保监测检测仪器设备等；积极开发无毒无害材料，加快新型环保节能材料的应用等。

（五）促进清洁生产全面推行的经济政策制定

促进清洁生产全面推行，提高企业实施清洁生产积极性的经济政策。如地方主管部门要加强与地方有关部门的协调配合，积极落实清洁生产促进政策，建立清洁生产专项资金，加大地方财政对清洁生产的支持力度。

加强与银行等金融机构的沟通和衔接，将企业清洁生产中/高费项目列入绿色信贷支持计划，对通过清洁生产审核评估的企业优先发放贷款。

工业主管部门在会同有关部门安排中央投资技术改造项目时，将优先支持通过审核评估的中/高费清洁生产项目；对已通过省级主管部门清洁生产审核评估的中小企业节能减排项目，中小企业发展专项资金将优先支持。

（六）加强推行清洁生产的支撑体系建设

首先对现有推行清洁生产的支撑体系进行梳理，如应充分发挥已有清洁生产咨询服务机构的作用，为清洁生产审核、方案实施、后评估等提供技术支撑服务。地方主管部门要

支持各类清洁生产服务机构与节能机构的协作，为企业开展清洁生产提供高效、专业化的服务。建立咨询机构业绩考评机制，促进咨询服务质量的提高。要建立和完善清洁生产信息系统，向社会提供清洁生产技术和方法、可再生利用的废物供求以及清洁生产政策等方面的信息和服务。

然后，根据对现有支撑体系的分析，提出更具建设性的建议，如提高水资源、能量测试工作能力；开展能效对标工作，建立能效评估体系；加强清洁生产推行工作前后环境监测及评估工作等。

（七）清洁生产技术的研发与推广

根据国内外形势和已有行业发展规划，提出节能、节水、环境保护等清洁生产技术研发方向；提出重点行业清洁生产技术；提出清洁生产技术推广相关建议，如对实施国家清洁生产重点技术改造项目及自愿参加削减污染物排放技改项目的企业给予专项资金扶持等。

三、不同领域推行清洁生产的工作重点

（一）工业领域推行清洁生产工作的重点

我国较早在工业中开展清洁生产工作，已经取得了明显成效，国家通过采取产业结构调整、技术升级换代、末端治理、环境监管等手段，基本控制了工业领域的污染问题。

实施清洁生产技术改革，正在改变我国工业长期以来以大量消耗资源能源、粗放经营为特征的传统发展模式。"十三五"期间，围绕国家污染物减排要求，按照全生命周期污染防治理念，以提升工业清洁生产水平为目标，针对产品生命周期的各个环节创新清洁生产推行方式，从点（重点企业）、线（重点行业）向面（重点区域、重点流域）转变，从关注常规污染物（烟粉尘、二氧化硫、氮氧化物、化学需氧量、氨氮）减排向特征污染物（挥发性有机物、持久性有机物和重金属）减排转变，深入开展绿色设计、有毒有害原料替代、生产过程清洁化改造和绿色产品推广，创新清洁生产管理和市场化推进机制，强化激励约束作用，突出企业主体责任，实现减污增效，绿色发展。

2016 年，《工业绿色发展规划（2016—2020 年）》提出，扎实推进清洁生产技术改造，积极引导重点行业企业实施清洁生产技术改造，逐步建立基于技术进步的清洁生产高效推行模式。

2017 年发布的《关于加强长江经济带工业绿色发展的指导意见》（工信部联节〔2017〕178 号）指出，引导和支持沿江工业企业依法开展清洁生产审核，鼓励探索重点行业企

业快速审核和工业园区、集聚区整体审核等新模式，全面提升沿江重点行业和园区清洁生产水平。在沿江有色、磷肥、氮肥、农药、印染、造纸、制革和食品发酵等重点耗水行业，加大清洁生产技术推行方案实施力度，从源头减少水污染。实施中小企业清洁生产水平提升计划，构建"互联网+"清洁生产服务平台，鼓励各地政府购买清洁生产培训、咨询等相关服务，探索免费培训、义务诊断等服务模式，引导中小企业优先实施无费、低费方案，鼓励和支持实施技术改造方案。

党的十九大报告提出，要推进绿色发展，构建面向市场导向的绿色技术创新体系，发展绿色金融，壮大节能环保产业、清洁生产产业、清洁能源产业。

2018 年 6 月发布的《中共中央　国务院关于全面加强生态环境保护坚决打好污染防治攻坚战的意见》提出，促进经济绿色低碳循环发展，大力发展节能环保产业、清洁生产产业、清洁能源产业，大力提高节能、环保、资源循环利用等绿色产业技术装备水平。

（二）农业推行清洁生产工作的重点

目前，由农业污染引起的水体、土壤等污染仍未消除，农业生态环境依然十分严峻。由于农业污染以面源污染为主，很难采用工业中的末端治理方式进行治理。因此，农业必须实行清洁生产，强调在污染产生前予以削减，从源头抓起，预防为主。

但全国农业清洁生产基本上还处于一种思考和探索阶段。"十三五"期间，应大力推广节约型农业技术，推进农业清洁生产。促进畜禽养殖场粪便收集处理和资源化利用，建设秸秆、粪便等有机废弃物处理设施，加强分区分类管理，依法关闭或搬迁禁养区内的畜禽养殖场（小区）和养殖专业户并给予合理补偿。开展农膜回收利用，到 2020 年农膜回收率达到80%以上，率先实现东北黑土地大田生产地膜零增长。深入推广测土配方施肥技术，提倡增施有机肥，开展农作物病虫害绿色防控和统防统治，推广高效低毒低残留农药使用，到 2020 年实现主要农作物化肥农药使用量零增长，化肥利用率提高到 40%以上，京津冀、长三角、珠三角等区域提前一年完成。研究建立农药使用环境影响后评估制度，推进农药包装废弃物回收处理。建立逐级监督落实机制，疏堵结合、以疏为主，加强重点区域和重点时段秸秆禁烧。

（三）第三产业推行清洁生产工作的重点

第三产业的迅猛发展，对环境的压力越来越大。服务行业的快速发展更造成了该行业进行清洁生产的紧迫感。因此，亟须开展服务业清洁生产工作，首先应对如何在服务业开展清洁生产进行深入研究。结合可持续发展的社会发展目标，在总结前期第二产业清洁生产的成果基础上，针对城市化率较高的北京、上海等地，将清洁生产的重点从工业向服务业转移。研究服务业清洁生产的内涵、实施程序和范围，制定服务业清洁生产的标准和审核指南，以及清洁生产审核的评价指标体系是本研究的重点。

在此基础上，扩大第三产业推行清洁生产范围：一是重点行业全面推行，如交通运输、医疗卫生、餐饮业（宾馆、酒店等）、旅游、娱乐、公共建筑等；二是一般行业抓重点企业或重点项目推行清洁生产；三是其他行业、企业，如消耗很小、污染很小或无污染的企业可按自愿协议方式推行。

第二章　清洁生产审核

第一节　清洁生产审核概述及要点

一、清洁生产审核的概念

（一）清洁生产审核定义

清洁生产审核最早是来源于美国的废弃物最小化评估。1988 年，根据美国化工行业开展污染预防的分析，美国环保局为了加强重点行业的环境管理，编写了《废弃物最小化机会评估指南》（*Waste Minimization Opportunity Assessment Manual*）。经过实践、示范和不断完善，1992 年修改为《企业预防污染指南》（*Facility Pollution Prevention Guide*），提出了评估的程序，由 12 个步骤组成。

此后，这种预防污染的分析方法很快在美国和欧洲工业发达国家应用于环境管理。1993 年，荷兰将这种预防分析的程序进行了改变与发展，把评估程序整理为 7 个。联合国环境规划署把它推荐给各国作为清洁生产审核程序，并定义清洁生产审核为："清洁生产审核是对企业现在的或计划要进行的工业生产过程和产品实行污染预防分析和评估，从而持续改进环境和能效。"

多年来，我国在全国各地开展的清洁生产审核实践，完善了清洁生产审核的定义。《中华人民共和国清洁生产促进法释义》第二十八条指出，清洁生产审核也称清洁生产审计（Cleaner Production Audit），是一套对正在运行的生产过程进行系统分析和评价的程序；是通过对一家公司（工厂）的具体生产工艺、设备和操作的诊断，找出能耗高、物耗高、污染重的原因，掌握废弃物的种类、数量以及产生原因的详尽资料，提出如何减少有毒和有害物料的使用和产生以及减少废弃物产生的方案，经过对备选方案的技术经济及环境可行性分析，选定可供实施的清洁生产方案的分析过程。

《清洁生产审核办法》（国家发展和改革委员会、环境保护部令　2016 年第 38 号）中规定，清洁生产审核，是指按照一定程序，对生产和服务过程进行调查和诊断，找出能耗高、物耗高、污染重的原因，提出降低能耗、物耗、废弃物产生以及减少有毒有害物料的使用、产生和废弃物资源化利用的方案，进而选定并实施技术经济及环境可行的清洁生产方案的过程。

以上定义均表明，清洁生产审核工作的重点在于找出问题，并提出可行的清洁生产实施方案。因此，清洁生产审核定义可简单概括为：组织（一般为企业）运用以文件支持的一套系统化的程序方法，进行生产全过程评价、污染预防机会识别、清洁生产方案筛选的综合分析活动过程。

目前，现有的清洁生产审核方法主要还是针对单一企业，并侧重于以生产过程及其运行管理改进为特征的污染预防活动。若将基于产品生命周期的环境影响评价融入清洁生产审核过程中，将会极大地促进清洁生产审核向着深层次发展，深化企业的清洁生产。

需要说明的是，清洁生产审核只是实施清洁生产的一种主要技术方法，而不是唯一的方法，这种方法能够为企业提供技术上的便利，但对于一些生产过程相对简单的企业，系统的清洁生产审核方法就显得过于烦琐。因此，企业应当根据自己的实际需要，依据国家行业和地方规定，统筹参考开展清洁生产审核。

（二）清洁生产审核的作用

（1）查清企业各生产单元原材料、产品、用水、能源和废弃物的现状及问题的成因；
（2）确定废弃物削减目标，制定经济有效的削减废弃物的对策；
（3）提高企业对因削减废弃物而获得效益的认识；
（4）判定企业效率低的"瓶颈"和管理不善的地方；
（5）帮助企业厘清改进思路，获得经济效益、环境效益和社会效益。

（三）清洁生产审核的目的

清洁生产审核的主要目的是评定出企业不符合清洁生产要求的地方和做法，并提出解决方案，达到节能、降耗、减污、增效和安全健康的目的。

有效的清洁生产审核，可以系统地指导企业：

（1）全面评价企业生产全过程及其各个过程单元或环节的运行管理现状，掌握生产过程的原材料、能源与产品、废弃物（污染物）的输入/输出状况；
（2）分析识别影响资源能源有效利用、造成废弃物产生以及制约企业生态效益的原因或"瓶颈"问题；
（3）产生并确定企业从产品、原材料、技术工艺、生产运行管理以及废弃物循环利用等多途径进行综合污染预防的机会、方案与实施计划；

（4）不断提高企业管理者与广大职工清洁生产的意识和参与程度，促进清洁生产在企业的持续改进。

（四）清洁生产审核的类型

清洁生产审核分为自愿性审核和强制性审核。

1. 自愿性审核

污染物排放达到国家或者地方排放标准的企业，可以自愿组织实施清洁生产审核，提出进一步节约资源、削减污染物排放的目标。

2. 强制性审核

有下列情形之一的企业，应当实施强制性清洁生产审核：

（1）污染物排放超过国家或者地方规定的排放标准，或者虽未超过国家或者地方排放标准，但超过重点污染物排放总量控制指标的；

（2）超过单位产品能源消耗限额标准构成高耗能的；

（3）使用有毒有害原料进行生产或者在生产中排放有毒有害物质的。

其中有毒有害原料或物质包括以下几类：

第一类，危险废弃物。包括列入《国家危险废弃物名录》的危险废弃物，以及根据国家规定的危险废弃物鉴别标准和鉴别方法认定的具有危险特性的废弃物。

第二类，剧毒化学品、列入《重点环境管理危险化学品目录》的化学品，以及含有上述化学品的物质。

第三类，含有铅、汞、镉、铬等重金属和类金属砷的物质。

第四类，《关于持久性有机污染物的斯德哥尔摩公约》附件所列物质。

第五类，其他具有毒性、可能污染环境的物质。

（五）清洁生产审核标准

清洁生产审核标准是在达到国家和地方环境标准的基础上，根据当前行业技术、装备水平和管理水平，由行业技术主管部门或行业协会制定的工艺技术、原辅料消耗、能耗、综合利用、单位产品污染物产生量、排放量等阶段性先进指标体系，经环境保护行政主管部门和有关经济行政主管部门备案后发布的阶段性先进指标体系。原环境保护部制定的清洁生产标准有 60 项，清洁生产指标体系有 34 项。阶段性先进指标体系将指标分为三级：一级代表国际清洁生产先进水平；二级代表国内清洁生产先进水平；三级代表国内清洁生产基本水平。

二、清洁生产审核的思路

清洁生产审核的思路可以用一句话来概括，即判明废弃物产生的部位，分析废弃物产生的原因，提出减少或消除废弃物的方案。图 2-1 所示为清洁生产审核思路。

图 2-1　清洁生产审核思路

（一）判明废弃物的来源

通过现场调查和物料平衡找出废弃物（各种废弃物和排放物）的产生部位并确定产生量，也可以找出存在问题的地点和环节，列出相应的废弃物和问题清单，并加以简单描述。

（二）分析废弃物产生的原因

从生产过程的原辅料和能源、工艺技术、管理、过程控制、设备、员工、产品和废弃物八个方面分析产生废弃物和问题的原因。

（三）提出削减或消除废弃物的方法

针对每种废弃物产生的原因，设计相应的清洁生产方案，包括无/低费方案和中/高费方案，方案可以是一个、几个甚至十几个，通过实施这些清洁生产方案来消除这些废弃物的产生，从而达到减少废弃物产生的目的。

审核思路中提出要分析废弃物产生的原因和提出预防或减少废弃物产生的方案。这两项工作如何去做？可用生产过程框图概括，如图 2-2 所示。

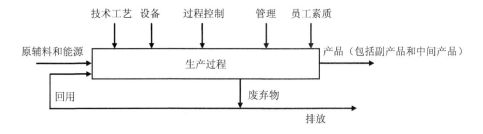

图 2-2　生产过程

从图 2-2 可以看出，一个生产和服务过程可抽象成八个方面，即原辅料和能源、技术工艺、设备、过程控制、管理、员工素质六个方面的输入，得出产品和废弃物两个方面的输出。不得不产生的废弃物，要优先采用回收和循环使用措施，剩余部分才向外界环境排放。

根据图 2-2，对废弃物的产生原因分析要针对这八个方面进行。废弃物的产生数量往往与能源、资源利用率密切相关。清洁生产审核的一个重要内容就是通过提高资源、能源利用效率，减少废弃物产生量，达到环境与经济"双赢"的目的。当然，对生产过程八个方面的划分并不是绝对的，在许多情况下存在相互交叉和渗透的情况。

从图 2-2 可以看出，尽管生产和服务过程千差万别，但是任何生产和服务过程的污染物产生途径都可以归结为八个方面，也就是说废弃物产生都能从这八个方面的某一方面或几个方面找到原因。

（1）原辅料和能源。原材料和辅助材料本身的特性，例如毒性、难降解性等，在一定程度上决定了产品及其生产过程对环境的危害程度，因而选择对环境无害的原辅料是清洁生产所要考虑的重要方面。同样，能源作为每个企业的动力基础，能源（如煤、油等的燃烧）在使用过程中直接或间接产生废弃物，因而在生产过程中节约能源、使用二次能源和清洁能源有利于减少污染物的产生。

（2）技术工艺。工艺是实现从原材料到产品转化的流程解体。生产工艺水平基本上决定了废弃物的产生和状态，先进高效的技术可以提高原材料的利用效率，减少废弃物的产生，结合技术改造的预防污染是实现清洁生产的一条重要途径。

（3）设备。设备作为技术工艺具体体现在生产过程中也具有重要作用，设备的适用性及其维护、保养等情况均会影响废弃物的产生。

（4）过程控制。过程控制对许多生产过程是极为重要的，例如化工、炼油及其他类似的生产过程，反应参数的受控状态和优化水平对产品或优质品的产率具有直接的影响，因而也就影响废弃物的产生量。

（5）产品。产品的要求决定了生产过程，产品性能、种类和结构等的变化往往要求生产过程做相应的改变和调整，因而也会影响废弃物的产生，另外产品的包装、体积等也会对生产过程及其废弃物的产生造成影响。

（6）废弃物。废弃物本身所具有的特性和所处的状态直接关系到它是否可现场再用和循环使用。废弃物只有当其离开生产过程时才称其为废弃物，否则仍为生产过程中的有用材料和物质。

（7）管理。加强管理是企业发展的永恒主题，任何管理上的松懈均会严重影响废弃物的产生。

（8）员工。任何生产过程，无论自动化程度多高，均需要人的参加，员工素质及积极性的提高也是有效控制生产过程和废弃物产生的重要因素。

当然，上述八个方面的划分并不是绝对的，只是各有侧重点，在分析原因和产生清洁生产方案时存在相互交叉和渗透。例如一套大型设备可能就决定了技术工艺水平；过程控制不仅与仪器、仪表有关，还与管理及员工有很大的关系。废弃物产生的原因分析时，应全面考虑这八个方面，不疏漏任何一个清洁生产机会。分析废弃物产生的原因要全面考虑以上八个方面，但并不是每个废弃物产生源都存在八个方面的原因，但必须归结到主要原因上。

三、清洁生产审核的主要程序

基于我国清洁生产审核示范项目的经验，并根据国外有关废弃物最小化评价和废弃物排放审核方法与实施的经验，国家清洁生产中心开发了我国清洁生产的审核程序，共 7 个阶段、35 个步骤。其中第二阶段预评估、第三阶段评估、第四阶段方案产生和筛选以及第六阶段方案实施是整个审核过程中的重点阶段。

整个清洁生产审核过程可分为两个时段审核，即第一时段审核和第二时段审核。

第一时段审核包括筹划与组织、预评估、评估和方案产生与筛选 4 个阶段。第一时段审核完成后应总结阶段性成果，提供清洁生产审核中期报告，以利于清洁生产审核的深入进行。

第二时段审核包括方案的可行性分析、方案实施和持续清洁生产 3 个阶段。第二时段审核完成后应对清洁生产审核全过程进行总结，提交清洁生产审核（最终）报告，并展开下一阶段清洁生产审核工作。

第二节　清洁生产审核工作程序

一、筹划和组织

筹划和组织是企业进行清洁生产审核工作的第一个阶段。目的是通过宣传教育使企业的领导和职工对清洁生产有一个初步的、比较正确的认识，消除思想上和观念上的障碍；了解企业清洁生产审核的工作内容、要求及其工作程序。本阶段工作的重点是取得企业高层领导的支持和参与，组建清洁生产审核小组，制订审核工作计划和宣传清洁生产思想。

这一阶段的工作具体可以分为以下四个步骤进行：取得领导支持→组建审核小组→制

订工作计划→开展宣传教育。

（一）取得领导支持

清洁生产审核是一件综合性很强的工作，涉及企业的各个部门，而且随着审核工作阶段的变化，参与审核工作的部门和人员可能也会变化，因此，只有取得企业高层领导的支持和参与，由高层领导动员并协调企业各个部门和全体职工积极参与，审核工作才能顺利进行。高层领导的支持和参与关乎审核过程中提出的清洁生产方案是否符合实际、容易实施的关键。

那么，如何来取得企业领导的支持和参与呢？从推进我国清洁生产项目的经验来看，主要有两种方法。一是由各地生态环境局、经信委等管理部门委托当地环科院，直接对企业高层领导进行有关清洁生产知识的培训，使他们了解清洁生产知识，认识清洁生产的重要性，从而实现"由生态环境部门要我们搞清洁生产"到"我们自己想搞清洁生产"的思想认识转变。二是由生态环境局或工艺部门对企业负责环保的人员和工艺技术人员进行培训，由他们再向企业的高层领导进行宣传和鼓动。

了解清洁生产审核可能给企业带来的巨大好处，是企业高层领导支持和参与清洁生产审核的动力和重要前提。因此，上述两种方法，无论采取哪一种，都必须向企业领导详细阐明两方面的内容。一是要有宣讲效应，即阐述清洁生产审核可以提高企业经济效益、环境效益、无形资产和推动技术进步等多方面的好处，从而增强企业市场竞争能力，同时也可介绍其他企业实施清洁生产的成功案例。二是要阐明投入，即清洁生产审核过程中企业的成本，包括管理人员、技术人员和操作工人的时间投入，设备和监测费用的投入，编制审核报告的费用，以及聘请行业专家的费用，但与清洁生产审核可能带来的效益相比，这些投入是很小的。

（二）组建审核小组

计划开展清洁生产审核的企业，首先要在本企业内组建一个有权威的审核小组，这是顺利实施企业清洁生产审核的组织保证。

首先推选组长。审核小组组长是审核小组的核心，一般由企业高层领导人兼任组长，或由企业高层领导任命一位具有如下条件的人员担任，并授予必要权限。组长的条件是：具备企业的生产、工艺、管理与新技术知识和经验；掌握污染防治的原则和技术，并熟悉有关环保法规；了解审核工作程序，熟悉审核小组成员情况，具备领导和组织工作的才能并善于和其他部门合作等。

其次选择成员。审核小组的成员数目根据企业的实际情况来定，一般情况下全时制的成员由 3～5 人组成。小组成员的条件是：具备企业清洁生产审核的知识或工作经验；掌握企业的生产、工艺、管理等方面的情况及新技术信息；熟悉企业的废弃物产生、治理和管理情况以及国家和地区环保法规和政策；具有宣传、组织工作的能力和经验等。

如有必要，审核小组的成员在确定审核重点之前可及时调整。审核小组必须有一位成员来自本企业的财务部门，该成员不一定全时制地投入审核，但要了解审核的全部过程，且不宜中途换人。

审核小组成员确定后，明确成员分工及任务。审核小组的任务包括：制订工作计划，开展宣传教育，确定审核重点和目标，组织和实施审核工作，编写审核报告，总结经验并提出持续清洁生产的建议。

审核小组成员职责与投入时间等应列表说明，表中要列出审核小组成员的姓名、小组中担任的职务、专业、职称、应投入的时间，以及具体职责等，如表 2-1 所示。

表 2-1 清洁生产审核小组成员表

姓名	审核小组职务	职称/职务	专业	工作单位/部门	具体职责	投入时间/h
××	组长	厂长	管理	厂长室	筹划与组织，协调各部门工作	20
××	副组长	科长	环保	环保科	协调本部门工作，参与现场调查，提出方案	50
××	组员	工程师	××	车间	收集资料，物料平衡，提出清洁生产方案	60
……	……	……	……	……	……	……

（三）制订审核计划

制订一个比较详细的清洁生产审核工作计划，有助于审核工作按一定的程序和步骤进行，组织好人力与物力，各司其职，协调配合，审核工作才会获得满意的结果，企业的清洁生产目标才能逐步实现。

审核小组成立后，要及时编制审核工作计划表，该表应包括审核过程的主要工作，如工作的序号、内容、进度、负责人姓名、参与部门名称、参与人姓名以及各项工作的产出等，如表 2-2 所示。

表 2-2　审核工作计划表

阶段	工作内容	完成时间	责任部门/人	考核部门/人
筹划与组织	中层干部会议、出黑板报、贴宣传资料，下达文件学习清洁生产意义、内容等，建立审核小组	×月×日—×月×日	厂办、审核小组/×××	厂长室/×××
预评估	收集资料、现场考察，确定审核重点，设置目标，提出无/低费方案	×月×日—×月×日	审核小组/×××	厂长室/×××
评估	实测输入、输出，建物料平衡，评估、分析废弃物产生原因	×月×日—×月×日	审核小组、车间/×××	×××
方案产生和筛选	面向全体员工征求方案，对审核重点的中/高费方案进行分析与筛选，编写中期审核报告	×月×日—×月×日	审核小组、车间/×××	×××
可行性分析	对备选方案进行技术环境经济评估，确定推荐的实施方案	×月×日—×月×日	审核小组	×××
方案实施	组织、计划、实施推荐的可实施方案	×月×日—×月×日	厂办、审核小组/×××	×××
持续清洁生产	制订长期的污染防治规划，编写总结报告，选择下一轮审核重点	×月×日—×月×日	审核小组	×××

（四）开展宣传教育

高层领导的支持和参与固然十分重要，但是没有中层干部和操作工人的实施，清洁生产审核也很难取得重大成果。只有当全厂上下都将清洁生产思想自觉地转化为指导本岗位生产操作实践的行动时，清洁生产审核才能顺利持久地开展下去。也只有这样，清洁生产审核才能给企业带来更大的经济和环境效益，推动企业技术进步，更大限度地支持企业高层领导的管理工作。因此，广泛开展宣传教育活动，争取企业内各部门和广大职工的支持，尤其是现场操作工人的积极参与，是清洁生产审核工作顺利进行和取得更大成效的必要条件。

宣传可采用的方式有：企业领导、中层干部或管理人员可利用企业各种例会来下达开展清洁生产审核的正式文件；对全体职工可通过内部广播、电视、黑板报、组织报告会、研讨班、培训班来开展各种咨询进行宣传教育。

宣传教育内容一般包括：技术发展、清洁生产以及清洁生产审核的概念；清洁生产和末端治理的内容及其利与弊；国内外企业清洁生产审核的成功实例；清洁生产审核中的障碍及其克服的可能性；清洁生产审核工作的内容与要求；本企业鼓励清洁生产审核的各种措施；如已经实施过清洁生产审核，可宣传各部门已取得的审核效果及具体措施等。宣传教育的内容要随审核工作阶段的变化而做相应调整。

企业开展清洁生产审核往往会遇到很多障碍,如果无法克服这些障碍则很难达到企业清洁生产审核的预期目标。各个企业可能有不同的障碍,首先需要调查清楚存在的障碍以方便进行工作,一般有四种类型的障碍,即思想观念障碍、技术障碍、资金和物资障碍,以及政策法规障碍。四者中思想观念障碍是遇到最多的,也是最主要的。审核小组在审核过程中要始终把及时发现不利于清洁生产审核的思想观念障碍和尽早解决这些障碍当作一件大事抓好。如表 2-3 所示,列出企业清洁生产审核中常见的一些障碍和解决办法。

表 2-3　企业清洁生产审核常见障碍及解决办法

障碍类型	障碍表现	解决办法
思想观念障碍	清洁生产审核无非是过去环保管理办法的老调重弹	阐明清洁生产审核与过去的污染预防政策、八项管理制度、污染物流失总量管理、三分治理七分管理之间的关系
	我国的企业真有清洁生产潜力吗	用事实说明我国大部分企业的巨大清洁生产潜力以及中央号召"两个转变"的现实意义
	没有资金、不更新设备,一切都是空谈	用国内外实例讲明无/低费方案巨大而现实的经济与环境效益,阐明无/低费方案与设备更新方案的关系,强调企业清洁生产审核的核心思想是"从我做起、从现在做起"
	清洁生产审核工作比较复杂,是否会影响生产	阐明审核的工作量和它可能带来的各种效益之间的关系
	企业内各部门独立性强,协调困难	由厂长直接参与,各主要部门领导与技术骨干组成审核小组,授予审核小组相应职权
技术障碍	缺乏清洁生产审核技能	聘请并充分向外部清洁生产审核专家咨询、参加培训班、学习有关资料等
	不了解清洁生产工艺	聘请并充分向外部清洁生产工艺专家咨询
资金物资障碍	没有进行清洁生产审核的资金	企业内部提供,与当地环保、工业、经贸等部门协调解决部分资金问题,先筹集审核所需资金,再从审核效益中拨还
	缺乏物料平衡现场实测的计量设备	积极向企业高层领导汇报
	缺乏资金实施需较大投资的清洁生产工艺	从无/低费方案的效益中积累资金(企业财务要为清洁生产的投入和效益专门建账)
政策法规障碍	实施清洁生产无现行的具体的政策法规	用清洁生产优于末端治理的成功经验促进国家和地方尽快制定相关的政策与法规
	实施清洁生产与现行的环境管理制度中的规定有矛盾	

点评:本过程通过宣传教育企业的领导和职工使他们对清洁生产有一个初步的、基本的认识,消除思想上和观念上的障碍,了解企业清洁生产审核的工作内容、要求及其工作程序。它是开展清洁生产的基础。本阶段最重要的工作是取得企业高层领导的支持和参与,这样员工们开展工作就能游刃有余。

二、预评估

预评估是清洁生产审核的第二阶段,目的是对企业现状进行调查分析,分析和发现清洁生产的潜力和机会,从而确定本轮审核的重点。本阶段工作重点是评价企业的产污排污状况,确定审核重点,并针对审核重点设置清洁生产目标。

预评估是从生产全过程出发,对企业现状进行调研和考察,摸清污染现状和产污重点并通过定性比较或定量分析,确定审核重点。

这一阶段的工作具体可以分为以下六个步骤:进行现场调研→进行现场考察→评价产污排污状况→确定审核重点→设置清洁生产目标→提出和实施无/低费方案。

(一) 进行现场调研

本阶段主要通过搜集资料、查档案、与有关人士座谈等方式来进行,收集的资料是全厂的和宏观的,主要内容有以下几点:

1. 企业概况

包括企业发展历史、规模、产值、利税、组织结构、人员状况和发展规划;企业所在地的地理、地质、水文、气象、地形和生态环境等基本情况。

2. 企业的生产状况

包括企业主要原辅料、主要产品、能源及用水情况,要求以表格形式列出总耗及单耗,并列出主要车间或分厂的情况;企业的主要工艺流程,要求以框图表示主要工艺流程,标出主要原辅料、水、能源及废弃物的流入、流出和去向;企业设备水平及维护状况,如完好率,泄漏率等。

3. 企业的环境保护状况

包括主要污染源及其排放情况,其中要有状态、数量、毒性等;主要污染源的治理现状,包括处理方法、效果、问题及单位废弃物的年处理费等;"三废"的循环/综合利用情况,包括方法、效果、效益以及存在的问题;企业涉及的有关环保法规与要求,如排污许可证,区域总量控制,行业排放标准等。

4. 企业的管理状况

包括从原料采购和库存、生产及操作、直到产品出厂的全面管理水平。

(二) 进行现场考察

随着生产的发展,一些工艺流程、装置和管线可能已做过多次调整和更新,这些可能无法在图纸、说明书、设备清单及有关手册上反映出来。此外,实际生产操作和工艺参数控制等往往和原始设计及规程不同。因此，需要进行现场考察，以便对现状调研的结果加以核实和修正，并发现生产中的问题。同时，通过现场考察，在全厂范围内找出无/低费清洁生产方案。

现场考察的内容包括以下几点：对整个生产过程进行实际考察，即从原料开始，逐一考察原料库、生产车间、成品库、直到"三废"处理设施；重点考察各产污排污环节，水耗和（或）能耗大的环节，设备事故多发的环节或部位；实际生产管理状况，如岗位责任制执行情况，工人技术水平及实际操作状况，车间技术人员及工人的清洁生产意识等。

现场考察方法包括：核查分析有关设计资料和图纸，工艺流程图及其说明，物料衡算、能（热）量衡算的情况，设备与管线的选型与布置等；另外，还要查阅岗位记录、生产报表（月平均及年平均统计报表）、原料及成品库存记录、废弃物报表、监测报表等；与工人和工程技术人员座谈，了解并核查实际的生产与排污情况，听取意见和建议，发现关键问题，同时，征集无/低费方案。

（三）评价产排污状况

在资料调研、现场考察及专家咨询的基础上，汇总国内外同类工艺、同等装备、同类产品先进企业的生产、消耗、产污排污及管理水平，与本企业的各项指标相对照，并列表说明。

在进行分析评价时，对比国内外同类企业的先进水平，结合本企业的原料、工艺、产品、设备等实际状况，确定本企业的理论产污排污水平，调查汇总企业目前的实际产污排污状况。

从影响生产过程的八个方面出发，对产污排污的理论值与实际状况之间的差距进行初步分析，在现状条件下，分析企业的产污排污状况是否合理。同时，还应对企业污染物的达标排放情况、缴纳排污费及处罚等情况做出评价。

评价企业须执行的国家及当地环保法规和行业排放标准，包括达标情况、缴纳排污费及处罚情况等。

（四）确定审核重点

通过前面三步的工作，已基本探明了企业现存的问题及薄弱环节，可从中确定出本轮审核的重点。审核重点的确定，应结合企业的实际情况综合考虑。由于本节内容主要适用于工艺复杂的大中型企业，对工艺简单、产品单一的中小企业，可不必经过备选审核重点阶段，而是依据定性分析，直接确定审核重点。

企业生产通常由若干单元操作构成。单元操作指具有物料的输入、加工和输出功能来完成某一特定工艺过程的一个或多个工序或工艺设备。原则上，所有单元操作均可作为潜在的审核重点。根据调研结果，通盘考虑企业的财力、物力和人力等实际条件，选出若干车间、工段或单元操作作为备选审核重点。

审核小组先根据所获得的信息，列出企业主要问题，从中选出若干问题或环节作为备选审核重点。选择备选审核重点时主要着眼于是否具有清洁潜力，要特别注意以下几个环节：污染严重的环节或部位，消耗大的环节或部位，环境及公众压力大的环节或问题，有明显的清洁生产机会的应优先考虑作为备选审核重点。

将所收集的数据，进行整理、汇总和换算，并列表说明，以便为后续步骤"确定审核重点"服务。填写数据时，应注意消耗及废弃物量应以各备选重点项目的月或年总发生量进行统计，能耗一栏根据企业实际情况调整，可以是标煤、电、油等能源形式。表 2-4 给出某公司的备选审核重点情况。

表 2-4 某公司备选审核重点情况汇总表

序号	备选审核	废弃物量/(t/a)		主要消耗								环保费用/（万元/a）					
				原料消耗		水耗		能耗				厂内末端治理费	场外处理处置费	排污费	罚款	其他	小计
		水	渣	总量/(t/a)	费用/(万元/a)	总量/(万t/a)	费用/(万元/a)	标煤总量/(t/a)	费用/(万元/a)	小计/(万元/a)							
1	一车间	1 000	6	1 000	30	10	20	500	6	56		40	20	60	15	5	140
2	二车间	600	2	2 000	50	25	50	1 500	18	118		20	0	40	0	0	60
3	三车间	400	0.2	800	40	20	40	750	9	89		5	0	0	0	0	15

注：以工业用水 3 元/t，标煤 220 元/t 计算。

在分析、综合各审核重点后，就要采用一定方法，把备选审核重点排序，从中确定本轮审核的重点。同时，也为今后的清洁生产审核提供优选名单。本轮审核重点的数量取决于企业的实际情况，一般一次选择一个审核重点。

确定审核重点的方案有多种，可用简单比较法、权重总和记分排序法、打分法、投票法、头脑风暴法等。简单比较法是对各备选重点的废弃物排放量、毒性和消耗等情况，进行对比、分析和讨论，通常污染最严重、消耗最大、清洁生产机会最显明的部位定为第一轮审核重点。简单比较一般只能提供本轮审核的重点，难以为今后的清洁生产提供足够的依据。常用方法为权重总和计分排序法。

权重总和计分排序法，是综合考虑这一因素的权重及其得分，指出每一个因素的加权得分值，然后将这些加权得分值进行叠加，以求出权重总和进行比较做出选择的方法。工艺复杂，产品品种和原材料多样的企业，往往难以通过定性比较确定出重点。为提高决策的科学性和客观性，常采用半定量方法进行分析。

根据我国清洁生产的实践及专家讨论结果，在筛选审核重点时，通常考虑下述几个因素，各因素的重要程度，即权重值（W），可参照以下数值：

废弃物量　$W=10$

主要消耗　$W=7\text{-}9$

市场发展潜力　$W=4\text{-}6$

车间积极性　$W=1\text{-}3$

环保费用　$W=7\text{-}9$

上述权重值仅为一个范围，实际审核时每个因素必须确定一个数值，一旦确定，在整个审核过程中不得改动，可根据企业实际情况增加废弃物毒性因素等。统计废弃物量时，应选取企业最主要的污染形式，而不是把水、气、渣累计起来，也可根据实际增补，如COD总量等因素。

审核小组或有关专家，根据收集的信息，结合有关环保要求及企业发展规划，对每个备选重点，就上述各因素，按备选审核重点情况汇总表（类似于表 2-4）提供的数据或信息打分，分值（R）从 1～10，以最高者为满分（10 分）。将打分与权重值相乘（$R\times W$），并求所有乘积之和（$\Sigma R\times W$），即为该备选重点总得分，再按总分排序，最高者即为本次审核重点，余者类推，见表 2-5。

表 2-5　某公司权重总和计分排序法确定审核重点表

因素	权重值 W（1～10）	备选审核重点得分					
		一车间		二车间		三车间	
		R（1～10）	R×W	R（1～10）	R×W	R（1～10）	R×W
废弃物量	10	10	100	6	60	4	40
主要消耗	9	5	45	10	90	8	72
环保费用	8	10	80	4	34	1	8
废弃物毒性	7	4	28	10	70	5	35
市场发展潜力	5	6	30	10	50	8	40
车间积极性	2	5	10	10	20	7	14
总分 ΣR×W			293		322		209
排序			2		1		3

如某公司有三个车间为备选重点（见表 2-4）。厂方认为废水是最重要污染形式，其废水量依次为一车间为 1 000 t/a，二车间为 600 t/a，三车间为 400 t/a。因此，一车间废弃物量最大，定为满分（10 分），乘权重后为 100；二车间废弃物量是一车间的 6/10，得分即为 60，三车间则为 40，其余各项得分依次类推，把得分相加即为该车间的总分。打分时应注意：严格根据数据打分，避免随意性和倾向性；没有定量数据的项目，集体讨论后打分。

（五）设置清洁生产目标

设置定量化的硬性指标，才能使清洁生产真正落实，并根据此指标检验与考核，达到通过清洁生产预防污染的目的。

清洁生产目标是针对审核重点的、定量化、可操作并有激励作用的指标。要求不仅有减污、降耗或节能的绝对量，还要有相对量指标，并与现状对照。目标具有时限性，要分近期和远期，近期一般指到本轮审核基本结束并完成审核报告时为止。中远期目标则可成为企业长期发展规划的一个重要组成部分，更富挑战性，一般为 2～3 年，甚至可长达 4～5 年。表 2-6 为某化工厂一车间设置的清洁生产目标。

表 2-6　某化工厂一车间清洁生产目标一览表

序号	项目	现状/（t/a）	近期目标（1996 年底）		远期目标（2000 年）	
			绝对量/（t/a）	相对量/%	绝对量/（t/a）	相对量/%
1	多元醇 A 得率	68%	—	增加 1.8	—	增加 3.2
2	废水排放量	150 000	削减 30 000	削减 20	削减 60 000	削减 40
3	COD 排放量	1200	削减 250	削减 20.8	削减 600	削减 50
4	固体废弃物排放量	80	削减 20	削减 25	削减 80	削减 100

清洁生产目标设置必须有充分的依据，审核小组制定后，经企业上层领导充分讨论后方可通过。设置目标时应根据外部的环境管理要求，如达标排放，限期治理等；或根据本企业历史最好水平；亦可参照国内外同行业、类似规模、工艺或技术装备的厂家的水平。

（六）提出和实施无/低费方案

预评估过程中，在全公司范围内各个环节发现的问题，有相当部分可迅速采取措施解决。对这些无须投资或投资很少，容易在短期（如审核期间）见效的措施，称为无/低费方案。

无/低费方案的发现和提出在不同审核阶段是不同的。在预评估阶段的无/低费方案是通过调研，特别是现场考察和座谈，而不必对生产过程做深入分析便能发现的方案，是针对全厂的；在评估阶段的无/低费方案，是必须深入分析物料平衡结果才能发现的，是针对审核重点的；在方案产生和筛选阶段的无/低费方案，更需对深化重点的生产过程进行分析，并向行业专家咨询后提出，相对而言，技术性强、实施难度较大。

清洁生产机会和清洁生产方案产生于清洁生产的全过程，企业应贯彻清洁生产边审核边实施的原则，及时取得成效，滚动式推进审核工作。在预评估阶段，无/低费方案可采用座谈、咨询、现场查看、请职工填写清洁生产建议表等方式征求，及时改进、及时实施、及时总结，对于涉及重大改变的无/低费方案，应遵循企业正常的技术管理程序。常见的无/低费方案可从下列几个方面发现。

（1）原辅料及能源。如采购量与需求相匹配，加强原料质量（如纯度、水分等）的控制，根据生产操作调整包装的大小及形式等。

（2）工艺。如改进备料方法，增加捕集装置以减少物料或成品损失，改用易于处理处置的清洗剂等。

（3）过程控制。如选择在最佳配料比下进行生产，增加检测计量仪表，校准检测计量仪表，调整优化温度、压力等反应参数，改善过程控制及在线监控等。

（4）设备。如改进并加强设备定期检查和维护、减少跑冒滴漏，及时修补完善输热、输汽管线的隔热保温等。

（5）产品。如改进包装及其标志或说明，加强库存管理等。

（6）管理。如清扫地面时改用干扫法或拖地法取代水冲洗法，减少物料溅落并及时收集，严格岗位责任制及操作规程等。

（7）废弃物。如冷凝液的循环利用，现场分类收集可回收的物料与废弃物，余热利用，清污分流等。

（8）员工。如加强员工技术与环保意识的培训，采用各种形式的精神与物质激励措施等。

点评：本过程是企业从生产全过程出发，对现状进行调研和考察，摸清污染现状和产污重点并通过定性比较或定量分析，确定出审核目标和重点。本阶段工作重点是评价企业的产污排污状况，确定审核重点，并针对审核重点设置清洁生产目标。需要对企业所有环保状况、能耗、物耗、清洁生产水平等做详细的调查。

三、评估

评估是企业清洁生产审核工作的第三阶段。目的是通过审核重点的物料平衡，发现物料流失的环节，找出废弃物产生的原因，查找物料储运、生产运行、管理以及废弃物排放等方面存在的问题，寻找与国内外先进水平的差距，为清洁生产方案的产生提供依据。本阶段工作重点是实测输入/输出物流，建立物料平衡，分析废弃物产生原因。审核小组会在这一阶段花费较长的时间。

这一阶段的工作具体可以分为以下五个步骤：准备审核重点资料→实测输入输出物流→建立物料平衡→分析废弃物产生的原因→提出和实施无/低费方案。这些步骤并不是截然分开的，有些步骤可以相互穿插进行。

(一) 准备审核重点资料

工艺流程图是以图解的方式整理、标示工艺过程及进入和排出系统的物料、能源以及废弃物流的情况，它是分析生产过程中物料、能量损失和污染物产生及排放原因的基础依据。在编制工艺流程图前，审核重点的资料必须充足完善。因此，审核小组须进一步收集审核重点及其相关工序或工段的有关资料，并对所有资料作认真综合分析，确保准确无误。这些资料包括以下几种：

1. **工艺资料**

如工艺流程图，工艺设计的物料、热量平衡数据，工艺操作手册和说明，设备技术规范和运行维护记录，管道系统布局图（寻找可能的物料泄漏点以及无效管道等），车间内平面布置图等。

2. **原辅料和产品及生产管理资料**

如产品的组成及月度、年度产量表，物料消耗统计表，产品和原材料库存记录，原辅料进厂检验记录，能源费用，车间成本费用报告，生产进度表（分析设备停产、检修期间原辅料与能源消耗情况）等。

3. **废弃物资料**

如年度废弃物排放报告，废弃物（水、气、渣）分析报告，废弃物管理、处理和处置费用，排污费；废弃物处理设施运行和维护费等。

4. **国内外同行业资料**

如国内外同行业单位产品原辅料消耗情况（审核重点）；国内外同行业单位产品排污情况（审核重点）等。

收集完上述资料，还必须到现场进行调查，进一步补充验证已有的数据。现场调查采用不同操作周期的取样、化验；现场提问；现场考察、记录；追踪所有物流；建立产品、原料、添加剂及废弃物的物流记录等方式进行。

为了更充分和较全面地对审核重点进行实测和分析，首先应掌握审核重点的工艺过程和输入/输出物流情况。图 2-3 是审核重点工艺流程示意图。

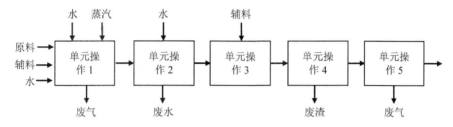

图 2-3 审核重点工艺流程示意图

当审核重点包含较多的单元操作，而一张审核重点流程图难以反映各单元操作的具体情况时，应在审核重点工艺流程图的基础上，分别编制各单元操作的工艺流程图（标明进出单元操作的输入/输出物流）和功能说明表。图 2-4 是对应单元操作 1 的工艺流程示意图。

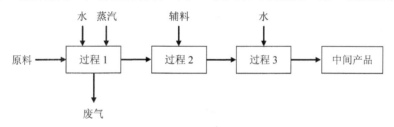

图 2-4 单元操作 1 的工艺流程示意图

表 2-7 为某啤酒厂审核重点（酿造车间）各单元操作功能说明表。

表 2-7 单元操作功能说明表

单元操作名称	功 能 简 介
粉 碎	将原辅料粉碎成粉、粒，以利于糖化过程物质分解
糖 化	利用麦芽所含酶，将原料中高分子物质分解制成麦汁
麦汁过滤	将糖化醪中原料溶出物质与麦糟分开，得到澄清麦汁
麦汁煮沸	灭菌、灭酶、蒸出多余水分，使麦汁浓缩至要求浓度
旋流澄清	使麦汁静置，分离出热凝固物
冷 却	析出冷凝固物，使麦汁吸氧、降到发酵所需温度
麦汁发酵	添加酵母，发酵麦汁成酒液
过 滤	去除残存酵母及杂质，得到清亮透明的酒液

此外，还可画出工艺设备流程图，工艺设备流程图主要是为实测和分析服务。与工艺

流程图主要强调工艺过程不同，它强调的是设备和进出设备的物流。设备流程图要求按工艺流程，分别标明重点设备输入/输出物流及监测点。

（二）实测输入/输出物流

为在评估阶段对审核重点做更深入更细致的物料平衡和废弃物产生原因分析，必须实测审核重点的输入/输出物流。而在实测审核重点的输入/输出物流前，首先要制订周密的现场实测计划，包括确定实测项目、实测点；确定实测时间和周期；校验实测仪器和计量器具等。

实测项目应对审核重点全部的输入/输出物流进行实测，包括原料、辅料、水、产品、中间产品及废弃物等。物流成分的测定根据实际工艺情况而定，原则是实测项目满足对废弃物物流的分析。

实测点的设置须满足物料衡算的要求，即主要的物流进出口要实测，但对因工艺条件所限无法监测的某些中间过程，可用理论计算数值代替。实测时间和周期应按正常一个生产周期（一次配料由投入到产品产出为一个生产周期）进行逐个工序的实测，而且至少实测三个周期。对于连续生产的企业，应连续（跟班）监测 72 小时。输入/输出物流的实测注意同步性。即在同一生产周期内完成相应的输入/输出物流的实测。数据收集的单位要统一，并注意与生产报表和年度、月度统计表的可比性。间歇操作的产品，采用单位产品进行统计，如 t/t、t/m 等，连续生产的产品，可用单位时间产量进行统计，如 t/a，t/月，m/d 等。正常工况，按正确的检测方法进行实测。

在抓好实测准备后，就可进入现场实测。边实测边记录，及时记录原始数据，并标出测定时的工艺条件（温度、压力等）。实测输入物流指所有投入生产的输入物，包括进入生产过程的原料、辅料、水、汽以及中间产品、循环利用物等。输出物流指所有排出单元操作或某台设备、某一管线的排出物，包括产品、中间产品、副产品、循环利用物以及废弃物（废气、废渣、废水）等。

将现场实测的数据经过整理、换算、按输入/输出汇总在一张或几张表上，如表2-8所示。

表2-8 各单元操作数据汇总

单元操作	输入物					输出物					去向
	名称	数量	成分			名称	数量	成分			
			名称	浓度	数量			名称	浓度	数量	
单元操作1											
单元操作2											
单元操作3											

注：①数量按单位产品的量或单位时间的量填写；
②成分指输入和输出物中含有的贵重成分或（和）对环境有毒有害成分。

在单元操作数据的基础上，将审核重点的输入和输出数据汇总成表，使其更加清楚，如表 2-9 所示。对于输入、输出物料不能简单加和的，可根据组分的特点自行编制类似表格。

表 2-9　审核重点输入/输出数据汇总（单位：　）

输入		输出	
输入物	数量	输出物	数量
原料 1		产品	
原料 2		副产品	
辅料 1		废水	
辅料 2		废气	
水		废渣	
……		……	
合计		合计	

（三）建立物料平衡

进行物料平衡的目的，旨在准确地判断审核重点的废弃物流，定量地确定废弃物的数量、成分以及去向，从而发现过去无组织排放或未被注意的物料流失，并为产生和研制清洁生产方案提供科学依据。从理论上讲，根据质量守恒定律，物料平衡应满足公式：输入=输出。

根据物料平衡原理和实测结果，考察输入/输出物流的总量和主要组分达到的平衡情况。一般来说，如果输入总量与输出总量之间的偏差在 5%以内，则可以用物料平衡的结果进行随后的有关评估与分析，但对于贵重原料、有毒成分等的平衡偏差应更小或应满足行业要求；反之，则须检查造成较大偏差的原因，可能是实测数据不准或存在无组织物料排放等情况，这种情况下应重新实测或补充监测。

物料平衡图是针对审核重点编制的，即用图解的方式将预平衡测算结果标示出来。但在此之前须编制审核重点的物料流程图，即把各单元操作的输入/输出标在审核重点的工艺流程图上。图 2-5 和图 2-6 分别为某啤酒厂审核重点（酿造车间）的物料流程图和物料平衡图。当审核重点涉及贵重原料和有毒成分时，物料平衡图应标明其成分和数量，或每一成分单独编制物料平衡图。

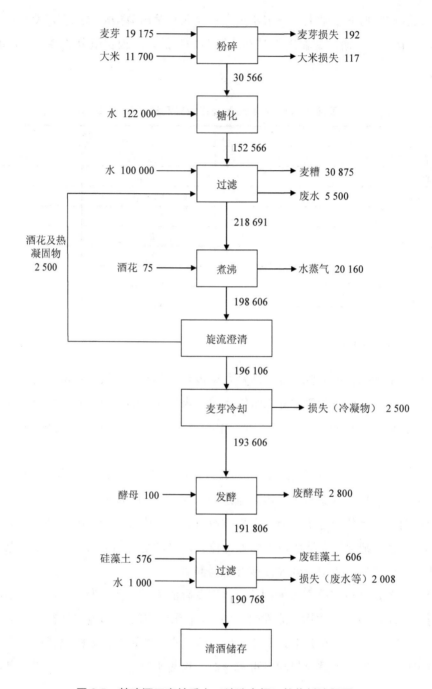

图 2-5 某啤酒厂审核重点（酿造车间）的物料流程图

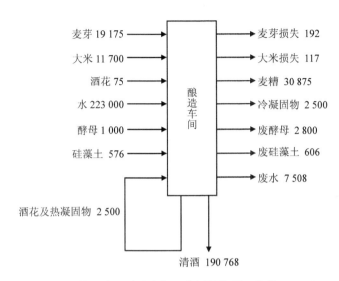

图 2-6　审核重点（酿造车间）物料平衡图（单位：kg/d）

　　物料流程图以单元操作为基本单位，各单元操作用方框图表示，输入画在左边，主要的产品、副产品和中间产品按流程标示，而其他输出则画在右边。

　　物料平衡图以审核重点的整体为单位，输入画在左边，主要的产品、副产品和中间产品标在右边、气体排放物标在上边，循环和回用物料标在左下角，其他输出则标在下边。

　　从严格意义上说，水平衡是物料平衡的一部分。水若参与反应，则是物料的一部分，但在许多情况下，它并不直接参与反应，而是作为清洗和冷却用。在这种情况下并当审核重点的耗水量较大时，为了了解耗水过程，寻找减少水耗的方法，应另外编制水平衡图。有些情况下，审核重点的水平衡并不能全面反映问题或水耗在全厂占有重要地位，可考虑就全厂编制一个水平衡图。

　　在实测输入/输出物流及物料平衡的基础上，寻找废弃物及其产生部位，阐述物料平衡结果，对审核重点的生产过程作出评估。主要内容有：物料平衡的偏差；实际原料利用率；物料流失部位（无组织排放）及其他废弃物产生环节和产生部位；废弃物（包括流失的物料）的种类、数量和所占比例以及对生产和环境的影响部位等。

（四）分析废弃物产生的原因

　　分析废弃物产生的原因，是为制定清洁生产方案做准备。针对每一个物料流失和废弃物产生部位的每一种物料和废弃物进行分析，找出它们产生的原因。分析可从如下影响生产过程的八个方面来进行。

1．原辅料和能源

　　原辅料是指生产中主要原料和辅助用料（包括添加剂、催化剂、水等）；能源指维持正常生产所用的动力源（包括电、煤、蒸汽、油等）。因原辅料及能源产生废弃物主要有以下几个方面的原因：原辅料不纯或（和）未净化；原辅料储存、发放、运输的流失；原辅料的投入量和（或）配比的不合理；原辅料及能源的超定额消耗；有毒、有害原辅料的使用；未利用清洁能源和二次资源等。

2．技术工艺

因技术工艺产生废弃物有以下几个方面的原因：技术工艺落后，原料转化率低；设备布置不合理，无效传输线路过长；反应及转化步骤过长；连续生产能力差；工艺条件要求过严；生产稳定性差；需使用对环境有害的物料。

3．设备

因设备产生废弃物有以下几个方面的原因：设备破旧、漏损；设备自动化控制水平低；有关设备之间配置不合理；主体设备和公用设施不匹配；设备缺乏有效维护和保养；设备的功能不能满足工艺要求。

4．过程控制

因过程控制产生废弃物有以下几个方面的原因：计量检测、分析仪表不齐全或监测精度达不到要求；某些工艺参数（如温度、压力、流量、浓度等）未能得到有效控制；过程控制水平不能满足技术工艺要求。

5．产品

产品包括审核重点内生产的产品、中间产品、副产品和循环利用物。因产品产生废弃物有以下几个方面的原因：产品储存和搬运中的破损、漏失；产品的转化率低于国内外先进水平；不利于环境的产品规格和包装。

6．废弃物

因废弃物本身具有的特性而未加利用导致产生废弃物主要有以下几个方面原因：对可利用废弃物未进行再用和循环使用；废弃物的物理化学性状不利于后续的处理和处置；单位产品废弃物产生量高于国内外先进水平。

7．管理

因管理而产生废弃物有以下几个方面的原因：有利于清洁生产的管理条例、岗位操作规程等未能得到有效执行；岗位操作规程不够严格；生产记录（包括原料、产品和废弃物）不完整；信息交换不畅；缺乏有效的奖惩办法。

8．员工

因员工而产生废弃物有以下几个方面的原因：缺乏优秀管理人员；缺乏专业技术人员；缺乏熟练操作人员；员工的技能不能满足本岗位的要求；缺乏对员工主动参与清洁生产的激励措施。

分析时可列表，以防疏漏，表2-10为审核重点废弃物产生原因分析表。

表 2-10　重点废弃物产生原因分析表

废弃物产生部位	废弃物名称	影响因素							
		原辅料和能源	技术工艺	设备	过程控制	产品	废弃物	管理	员工

根据废弃物产生原因，分析针对审核重点提出并实施无/低费方案。在审核中时刻应牢记清洁生产机会存在于企业清洁生产开展和实施的全过程中，不管处于审核的哪个阶段，一旦发现问题就应及时解决，做到边审核边实施。

点评：本过程是对预评估已确定的审核重点的物料投入、生产过程、产品产出和废物产生等进行详细分析，并通过建立审核重点的物料平衡、水平衡以及能源平衡，找出物料流失环节和污染物产生的原因，查找物料储运、生产运行、管理以及废弃物排放等方面存在的问题。本过程仅仅对预评估阶段所确定的审核重点进行全面的剖析，从八个方面来分析，以发现不足之处。

四、方案产生和筛选

方案产生和筛选是企业进行清洁生产审核工作的第四个阶段。本阶段的目的是通过方案的产生、筛选、研制，为下一阶段的可行性分析提供足够的中/高费清洁生产方案。本阶段的工作重点是根据评估阶段的结果，制定审核重点的清洁生产方案；在分类汇总基础上（包括已产生的非审核重点的清洁生产方案，主要是无/低费方案），经过筛选确定出两个以上中/高费方案供下一阶段进行可行性分析，同时对已实施的无/低费方案实施效果进行核定与汇总；最后编写清洁生产中期审核报告。

这一阶段的工作具体可以细分为以下七个步骤进行：方案产生→分类汇总方案→方案筛选→方案研制→继续实施无/低费方案→核定并汇总无/低费方案实施效果→编写清洁生产中期审核报告。

（一）方案产生

清洁生产方案的数量、质量和可实施性直接关系到企业清洁生产审核的成效，是审核过程的一个关键环节，因而应发动广大员工提出合理化建议，产生各类方案。

为了获得更多更好的清洁生产方案，在全厂范围内利用各种渠道和多种形式，进行宣传动员，鼓励全体员工提出清洁生产方案或合理化建议。通过实例教育，克服思想障碍，制定奖励措施以鼓励创造性思想和方案的产生。同时，要根据物料平衡和针对废弃物产生原因进行分析为清洁生产方案的产生提供依据。因而方案的产生要紧密结合这些结果，只有这样才能使所产生的方案具有针对性。

类比是方案产生的一种快捷、有效的方法。应组织技术人员广泛收集国内外同行业的先进技术，并以此为基础，结合本企业的实际情况，制定清洁生产方案。当企业利用本身的力量难以完成某些方案时，可以借助于外部力量，组织行业专家进行技术咨询，这对启发思路、畅通信息将会很有帮助。

清洁生产涉及企业生产和管理的各个方面，虽然物料平衡和废弃物产生原因分析将大大有助于方案的产生，但是在其他方面可能也存在一些清洁生产机会，因而可从影响生产过程的八个方面全面系统地分析并生成方案。

（二）分类汇总方案

对所有的清洁生产方案，包括已实施的、未实施的、审核重点的、非审核重点的，均按原辅料和能源替代、技术工艺改造、设备维护和更新、过程优化控制、产品更换或改进、废弃物回收利用和循环使用、加强管理、员工素质的提高以及积极性激励八个方面列表简述其原理和实施后的预期效果。如表 2-11 所示。

表 2-11　清洁生产方案汇总表

方案类型	方案编号	方案名称	方案简介	预计投资	预计效果	
					环境效益	经济效益
原辅料和能源替代						
技术工艺改造						
设备维护和更新						
过程优化控制						
产品更换或改进						
废弃物回收利用和循环使用						
加强管理						
员工素质的提高以及积极性激励						

（三）方案筛选

因为方案的可行性研究花费较大，不可能对所有的方案都进行可行性分析，所以在进行方案筛选时可采用两种方法，一是用比较简单的方法进行初步筛选，二是采用权重总和计分排序法进行筛选和排序。

初步筛选是按技术可行性、环境效果、经济效益、实施难易程度对已产生的所有清洁生产方案进行简单检查和评估，从而分出可行的无/低费方案、初步可行的中/高费方案和不可行方案三大类。其中，可行的无/低费方案可立即实施；初步可行的中/高费方案供下一步研制和进一步筛选；不可行的方案则搁置或否定。

在方案初步筛选时，可采用简易筛选方法，即组织企业领导和工程技术人员进行讨论来决策。方案的简易筛选方法基本步骤如下：第一步，参照前述筛选因素方法，结合本企业的实际情况确定筛选因素；第二步，确定每个方案与这些筛选因素之间的关系，若是正面影响关系，则打"√"，若是反面影响关系则打"×"；第三步，综合评价，得出结论。具体见表 2-12。

表 2-12　方案简易筛选方法

筛选因素	方案编号				
	F_1	F_2	F_3	……	F_n
技术可行性	√	×	√	……	√
环境效果	√	√	√	……	×
经济效果	√	√	×	……	√
……				……	
结论	√	×	×	……	×

权重总和计分排序法适合于处理方案数量较多或指标较多、相互之间进行比对有困难的情况，一般仅用于中/高费方案的筛选和排序。方案的权重总和计分排序法基本同第二节审核重点的权重总和计分排序法，只是权重因素和权重值可能有些不同。权重因素和权重值的选取可参照以下执行，具体方法见表 2-13。

（1）环境效果，权重值 W=8–10。主要考虑是否减少对环境有害物质的排放量及其毒性；是否减少了对工人安全和健康的危害；是否能够达到环境标准等。

（2）经济可行性，权重值 W=7–10。主要考虑费用效益比是否合理。

（3）技术可行性，权重值 W=6–8。主要考虑技术是否成熟、先进；能否找到有经验的技术人员；国内外同行业是否有成功的先例；是否易于操作、维护等。

（4）可实施性，权重值 $W=4\text{--}6$。主要考虑方案实施过程中对生产的影响大小；施工难度，施工周期；员工是否易于接受等。

表 2-13　方案的权重总和计分排序

权重因素	权重值（W）	方案得分							
		方案 1		方案 2		方案 3		……	方案 n	
		R	$R\times W$	R	$R\times W$	R	$R\times W$		R	$R\times W$
环境效果										
经济可行性										
技术可行性										
可实施性										
总分（$\Sigma R\times W$）										
排序										

对方案筛选的结果进行汇总，按可行的无/低费方案、初步可行的中/高费方案和不可行方案汇总成一张表。

（四）方案研制

经过筛选得出的初步可行的中/高费清洁生产方案，因为投资额较大，而且一般对生产工艺过程有一定程度的影响，因而需要进一步研制，主要是进行一些工程化分析，如方案的工艺流程详图、主要设备清单、方案的费用和效益估算以及包括技术原理、主要设备、主要的技术及经济指标、可能的环境影响等内容在内的一个方案说明，从而提供两个以上方案供下一阶段进行可行性分析。

（五）继续实施无/低费方案

实施经筛选确定的可行的无/低费方案。

（六）核定并汇总无/低费方案实施效果

对于筛选出来的可行的无/低费方案，继续贯彻边审核边实施的原则。同时把所有前几个阶段已实施的无/低费方案一起汇总，核定其实施效果。

（七）编写清洁生产中期审核报告

在完成方案产生和筛选工作后，部分无/低费方案已实施的情况下，审核小组应编写清洁生产中期审核报告，总结一下前面四个阶段的工作，把审核工作以及已取得的成效向企业领导及全体员工做汇报。

> **点评**：本阶段工作重点是在分类汇总方案的基础上(包括已产生的非审核重点的清洁生产方案，主要是无/低费方案)，经过筛选确定出 2 个以上中/高费方案供下一阶段进行可行性分析；同时对已实施的无/低费方案进行效果核定与汇总。

五、可行性分析

可行性分析是企业进行清洁生产审核工作的第五个阶段。本阶段的目的是对筛选出来的中/高费清洁生产方案进行分析和评估，以选择最佳的、可实施的清洁生产方案。本阶段工作重点是，在结合市场调查和收集一定资料的基础上，进行方案的技术、环境、经济的可行性分析和比较，从中选择和推荐最佳的可行方案。

最佳的可行方案是指该项投资方案在技术上先进适用、在经济上合理有利、又能保护环境的最优方案。这一阶段的工作具体划分为以下五个步骤：市场调查→技术评估→环境评价→经济评估→推荐可实施方案。

（一）市场调查

清洁生产方案涉及以下情况时，需首先进行市场调查，为方案的技术与经济可行性分析奠定基础：拟对产品结构进行调整；有新的产品（或副产品）产生；将得到用于其他生产过程的原材料。

市场调查需调查国内同类产品的价格、市场总需求量、当前同类产品的总供应量、产品进入国际市场的能力、产品的销售对象（地区或部门）以及市场对产品的改进意见等，并预测国内外市场发展趋势、产品开发生产销售周期与市场发展的关系等，从而对原来方案的技术直接做相应的调整。

在进行技术、环境、经济评估之前，要最后确定方案的技术途径。每一方案中应包括 2～3 种不同的技术途径，以供选择，其内容应包括：方案技术工艺流程详图；方案实施途径及要点；主要设备清单及配套设施要求；方案所达到的技术经济指标；可产生的环境、经济效益预测；方案的投资总费用等。

（二）技术评估

技术评估的目的是研究项目在预定条件下，为达到投资目的而采用的工程是否可行。是对审核重点筛选出来的中/高费清洁生产方案技术的先进性、适用性、可操作性和可实施性等进行系统地研究和分析。

技术评估应着重评价以下几方面：方案设计中采用的工艺路线、技术设备在经济合理的条件下的先进性、适用性；与国家有关的技术政策和能源政策的相符性；技术引进或设备进口要符合我国国情，引进技术后要有消化吸收能力；资源的利用率和技术途径合理；技术设备操作上安全、可靠；技术成熟（如国内有实施的先例）等。

表2-14为某公司方案技术可行性分析举例。

表2-14　某公司方案技术可行性分析

项　目	分析内容	项　目	分析内容
技术先进性		对生产能力影响	
成熟程度		对生产管理影响	
安全可靠性		资源的利用率	
应用实例介绍		安装设备的要求	
对产品质量影响		运行操作及培训要求	

（三）环境评估

对技术评估可行的方案，再进行环境评估。任何一种清洁生产方案都应有显著的环境效益，但要防止在方案实施后会对环境产生新的影响，环境评估是方案可行性分析的核心。

环境评估应全面研究、讨论和分析如下内容：方案在资源消耗与可永续利用的关系、生产中废弃物排放量的变化、污染物组分的毒性及其降解情况、污染物的二次污染、操作环境对人员健康的影响以及废弃物的复用、循环利用和再生回收等。其目的是预测、评价某方案实施后污染物的排放、资源能源消耗和对环境影响的变化情况。环境评估侧重于方案实施后对环境造成的不利影响。在进行环境评估时，审核小组可聘请有关行业专家和环保专家一起参加。表2-15为环境评估表。

表 2-15 环境评估表

项目	参数（供参考）	目前情况	实施后情况预测	变化情况
废水	COD BOD SS 废水排放量 废水再利用 二次污染物			
废气	SO_2 NO_x TSP 废气排放量 二次污染物			
固体废物	废渣 污泥 生活垃圾 建筑垃圾 固废再利用 二次污染物			
噪声				
能源	电 煤 蒸汽			
水资源	新鲜水使用等			

注：废弃物再利用是指废弃物的复用（第二次利用）、循环利用和回收再生（处理后再用）。

（四）经济评估

本阶段的经济评估是从企业的角度，按照国内现行市场价格，计算出方案实施后在财务上的获利能力和清偿能力。经济评估的基本目标是要说明资源利用的优势。它是以项目投资所能产生的效益为评价内容，通过分析比较，选择效益最佳的方案，为投资决策提供依据。清洁生产既有直接的经济效益，也有间接的经济效益，要完善清洁生产经济效益的统计方法，独立建账，明细分类（图 2-7）。

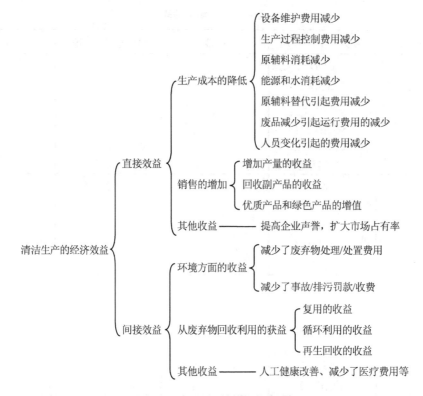

图 2-7　清洁生产经济效益

经济评估主要采用现金流量分析和财务动态获利性分析方法。评价指标为以下六个：

1．总投资费用（*I*）

$$总投资费用（I）=总投资 - 补贴$$

$$总投资=建设投资+建设期利息+流动资金$$

其中，建设投资包括固定资产投资、无形资产投资、开办费及不可预见费，具体内容如表 2-16 所示。

表 2-16　方案投资费用统计表

项目	内容		金额
1. 基建投资	固定资产投资	设备购置	
		物料和场地准备	
		与公共设施连接费用（配套工程费）	
	无形资产投资	专利或技术转让费	
		土地使用费	
		增容费	

项目	内容		金额
1. 基建投资	开办费	项目前期费用	
		筹建管理费	
		人员培训费	
		试车和验收的费用	
	不可预见费		
2. 建设期利息			
3. 项目流动资金	原辅料、燃料占用资金的增加		
	在制品占用资金的增加		
	产成品占用资金的增加		
	库存资金的增加		
	应收账款的增加		
总投资=1+2+3			
4. 补贴			
总投资费用=1+2+3-4			

2．年净现金流量（F）

从企业角度出发，企业的经营成本、工商税和其他税金，以及利息支付都是现金流出。销售收入是现金流入，企业从建设总投资中提取的折旧费可由企业用于偿还贷款，也是企业现金流入的一部分。净现金流量是现金流入和现金流出的差额，年净现金流量就是一年内现金流入和现金流出的代数和。

$$年净现金流量（F）=销售收入-经营成本-各类税+年折旧费$$
$$=年净利润+年折旧费$$

年折旧费通常情况下计入经营成本内，且不用缴税，因此在计算年现金流量（F）时还需加上年折旧费，它也是企业现金流入的一部分。

3．投资偿还期（N）

这个指标是指项目投产后，以项目获得的年净现金流量来回收项目建设总投资所需的年限。可用下列公式计算：

$$投资偿还期（N）=总投资费用（I）/年净现金流量（F）$$

4．净现值（NPV）

净现值是指在项目经济寿命期内（或折旧年限内），将每年的净现金流量按规定的贴现率折现到期初的基年（一般为投资期初）现值之和。净现值是动态获利性分析指标之一，其计算公式为：

$$NPV = \sum_{j=1}^{n} \frac{F}{(1+i)^j} - I$$

式中：i——贴现率；

　　　n——项目寿命周期（或折旧年限）；

　　　j——年份。

5. 净现值率（NPVR）

净现值率为单位投资额所得到的净收益现值。如果两个项目投资方案的净现值相同，投资额不同时，则应以单位投资能得到的净现值进行比较，即以净现值率进行选择。

净现值和净现值率均按规定的贴现率进行计算确定，它们无法体现项目本身内在的实际投资收益率。因此，还需采用内部收益率指标来判断项目的真实收益水平。其计算公式为：

$$NPVR = 净现值（NPV）/总投资费用（I）$$

6. 内部收益率（IRR）

项目的内部收益率（IRR）是在整个经济寿命期内（或折旧年限内）累计逐年现金流入的总额等于现金流出的总额，即投资项目在计算期内，使净现值为零的贴现率。内部收益率（IRR）是项目投资的最高盈利率，也是项目投资所能支付贷款的最高临界利率，如果贷款利率高于内部收益率，则项目投资就亏损。内部收益率（IRR）可判断项目实际的投资收益水平，按下式计算：

$$NPV = 0$$

计算内部收益率（IRR）的简易方法可用试差法，计算公式如下：

$$IRR = i_1 + \frac{NPV_1(i_2 - i_1)}{NPV_1 + |NPV_2|}$$

式中：i_1——当净现值 NPV_1 为接近于 0 的正值时的贴现率；

　　　i_2——当净现值 NPV_2 为接近于 0 的负值时的贴现率。

NPV_1，NPV_2 分别为试算贴现率 i_1 和 i_2 时，对应的净现值。i_1 与 i_2 可查表获得，i_1 与 i_2 的差值在 1%～2%。

经济评估的准则：①投资偿还期（N）应小于定额投资偿还期（视项目不同而定）。一般要求：中费项目 $N<2\sim3$ 年，较高费项目 $N<5$ 年，高费项目 $N<10$ 年；投资偿还期小于定额偿还期，项目投资方案可接受。②当项目的净现值（NPV）大于或等于 0 时（为正值）则认为此项目投资可行；如净现值为负值，就说明该项目投资收益率低于贴现率，则应放弃此项目投资；在两个以上投资方案进行选择时，则应选择净现值最大的方案。③净现值率最大：在比较两个以上投资方案时，不仅要考虑项目的净现值大小，而且要求

选择净现值率为最大的方案。④内部收益率（IRR）应大于基准收益率或银行贷款利率，内部收益率反映了实际投资效益，可用来确定能接受投资方案的最低条件。表 2-17 为清洁生产示范项目中某个方案的经济评估预测。

表 2-17　经济评估预测表

经济评价指标	方案一	方案二	方案三
固定资产投资	131.4	68.9	170.94
投资回收期/a	3.03	2.08	1.98
净现值（NPV）	111.68	276.81	480.63
净现值率（NPVR）	1.0	4.95	4.0
内部收益率（IRR）/%	47	430	135

综合评估结果，方案二为推荐方案。

（五）推荐可实施方案

这一阶段的最后工作是将各投资方案的技术、环境、经济评估结果汇总成表，已确定最佳可行的推荐方案。表 2-18 为方案的可行性分析结果表。

表 2-18　可行性分析结果表

方案名称/类型		受影响的废弃物	
方案的基本原理		受影响的原料和添加剂	
方案简述		受影响的产品	
获得何种效益		技术评估结果简述	
国内外同行业水平		环境评估结果简述	
方案投资		经济评估结果简述	

点评： 本过程是对筛选出来的中/高费方案进行分析、评估和比较，以选择技术上可行、既有经济效益又有环境效益的最佳可实施的清洁生产方案。本阶段工作重点是在结合市场调查和收集一定资料的基础上，进行方案的技术、环境、经济的可行性分析和比较，从中选择和推荐最佳的可行方案。中/高费方案论证是否可行要慎重。

六、方案实施

方案实施是企业清洁生产审核的第六个阶段。目的是通过推荐方案（经分析可行的中/高费最佳可行方案）的实施，使企业实现技术进步，获得显著的经济和环境效益；通过评估已实施的清洁生产方案成果，激励企业推行清洁生产。本阶段工作重点是：总结前几个审核阶段已实施的清洁生产方案的成果，统筹规划推荐方案的实施。

这一阶段的工作具体可以分为四个步骤：组织方案实施→汇总已实施的无/低费方案的成果→验证已实施的中/高费方案的成果→分析总结实施方案时对企业的影响。

（一）组织方案实施

推荐方案经过可行性分析，在具体实施前还需要周密准备制订详细的实施计划和时间进度表，确保方案有效实施。一般来说，先要筹措资金、进行工程设计、征地和现场开发、申请施工许可，然后新建厂房、设备选型、调研、设计、加工或订货以及落实配套公共设施和设备安装、组织操作、维修、确定管理班子、制定各项规程，最后进行人员培训、原辅料准备、制订应急计划（突发情况或障碍）、协调施工与企业正常生产、试运行与验收以及正常运行与生产。

统筹规划时建议采用甘特图①形式制订实施进度表。表 2-19 是某建材企业的实施方案进度表。

表 2-19 某建材企业实施方案进度表

方案名称：采用微震布袋除尘器回收立窑烟尘

内容	××××年												负责单位或部门
	1 月	2 月	3 月	4 月	5 月	6 月	7 月	8 月	9 月	10 月	11 月	12 月	
1. 设计	▬	▬											专业设计院
2. 设备考察			▬										环保科
3. 设备选型、订货				▬									环保科
4. 落实公共设施服务			▬										电力车间
5. 设备安装					▬	▬							专业安装队
6. 人员培训						▬							烧成车间
7. 试车							▬	▬					环保科
8. 正常生产										▬	▬		烧成车间

---

① 又称为横道图、条状图。以图示的方式通过活动列表和时间刻度形象地表示出任何特定项目的活动顺序与持续时间。

在方案的实施过程中，资金筹措是比较重要的，主要资金来源分为企业内部自筹资金和外部资金。企业内部自筹分为两部分，一是现有资金，二是企业积累的资金、技改资金、正常运行费用以及实施的无/低费方案逐步累积的资金。外部资金包括国内外银行或其他金融机构贷款。与此同时，还应合理安排有限的资金保证几个方案的滚动实施。

推荐方案的立项、设计、施工、验收等，按照国家、地方或部门的有关规定执行。无/低费方案的实施过程也要符合企业的管理和项目的组织、实施程序。

（二）汇总已实施的无/低费方案的成果

已实施的无/低费方案的成果有两个主要方面：环境效益和经济效益。可通过调研、实测和计算，分别对比各项环境指标，包括物耗、水耗、电耗等资源消耗指标以及废水量、废气量、固废量等废弃物产生指标在方案实施前后的变化，从而获得无/低费方案实施后的环境效果；分别对比产值、原材料费用、能源费用、公共设施费用、水费、污染控制费用、维修费、税金以及净利润等经济指标在方案实施前后的变化，从而获得无/低费方案实施后的经济效益，最后对本轮清洁生产审核中无/低费方案的实施情况做阶段性总结。

（三）评价已实施的无/低费方案的成果

对已实施的中/高费方案所取得的成果，进行技术、环境、经济和综合评价。分别对比方案实施前后的各项技术指标、环境指标、经济指标，得出中/高费方案实施后产生的效益，把这些成果汇总成表。

1. 技术评价

主要评价各项技术指标是否达到原设计要求，若没有达到要求，如何改进等。

2. 环境评价

环境评价主要对中/高费方案实施前后各项环境指标进行追踪，并与方案的设计值相比较，考察方案的环境效果以及企业环境形象的改善。

通过方案实施前后的比较，可以获得方案的环境效益，又通过方案的设计值与方案实施后的实际值比对，即方案理论值与实际值进行对比，可以分析两者差距，相应地对方案进行完善。

3. 经济评价

经济评价是评价中/高费清洁生产方案实施效果的重要手段。分别对比产值、原辅料费用、能源费用、公共设施费用、水费、污染控制费用、维修费、税金以及净利润等经济指标在方案实施前后的变化以及实际值与设计值的差距，从而获得中/高费方案实施后所产生的经济效益情况。

4．综合评价

通过对每一个中/高费清洁生产方案进行技术、环境、经济三方面分别进行评价，可以对已实施的各个方案成功与否作出综合、全面的评价结论。

表 2-20 和表 2-21 为已实施方案的经济效益汇总表。

表 2-20　已实施方案的环境效果汇总表

类型		资源消耗（削减量）			废弃物产生（削减量）		
		物耗	水耗	能耗	废水量	废气量	固体废物量
无/低费方案							
小计	削减量						
	削减率						
中/高费方案							
小计	削减量						
	削减率						
总计	削减量						
	削减率						

表 2-21　已实施方案的经济效益汇总表

类型	名称	产值	原辅料费用	能源费用	公共设施费用	水费	污染控制费用	污染排放费用	维修	税金	其他支出	净利润
无/低费方案												
小计												
中/高费方案												
小计												
总计												

（四）分析总结已实施方案对企业的影响

无/低费和中/高费清洁生产方案经过征集、设计、实施等环节，使企业面貌有了改观，有必要进行阶段性总结，以巩固清洁生产成果。

虽然可以定性地从技术工艺水平、过程控制水平、企业管理水平、员工素质等众多方面考察清洁生产带给企业的变化，但最有说服力、最能体现清洁生产效益的是考察审核前后企业各项单位产品指标的变化情况。通过定性、定量分析，企业可以从中体会清洁生产的优势，总结经验以利于在企业内推行清洁生产；另外也要利用以上方法，从定性、定量两方面与国内外同类型企业的先进水平进行对比，寻找差距，分析原因以利改进，从而在深层次上寻求清洁生产机会。

在总结已实施的无/低费和中/高费方案清洁生产成果的基础上，组织宣传材料，在企业内宣传，为继续推行清洁生产打好基础。

点评：本过程是通过推荐方案（经分析可行的中/高费最佳方案）的实施，使企业实现技术进步，获得显著的经济和环境效益；通过评估已实施的清洁生产方案成果，激励企业自觉主动推行清洁生产。经过可行性分析论证最后确定的方案，只有付诸实施才能真正体现效益。本阶段工作重点是总结前几个审核阶段已实施的清洁生产方案的成果，统筹规划推荐方案的实施，并用具体数据来描述所有方案实施的效果。

七、持续清洁生产

持续清洁生产是企业清洁生产审核的最后一个阶段。目的是使清洁生产工作在企业内长期、持续地推行下去。清洁生产是一个动态的、相对的概念，是一个连续的过程，因而须有一个固定的机构、稳定的工作人员来组织和协调这方面工作，巩固已取得的清洁生产成果，并使清洁生产工作持续地开展下去。

这一阶段的工作具体可细分为以下四个步骤：建立和完善清洁生产组织机构→建立促进实施清洁生产的管理制度→制订持续清洁生产计划→编写清洁生产审核终期报告。

（一）建立和完善清洁生产组织

这一轮清洁生产审核工作是由第一阶段筹建的审核小组负责开展的，为了使清洁生产工作在企业得以持续下去，必须在总结本轮审核小组工作的基础上，进一步完善清洁生产组织，明确职责和任务，调整补充人员。

企业清洁生产组织的任务有以下四个方面：①组织协调并监督实施本次审核提出的清洁生产方案；②经常性地组织对企业职工的清洁生产教育和培训；③选择下一轮清洁生产审核重点，并启动新的清洁生产审核；④负责清洁生产活动的日常管理。

清洁生产组织若要起到应有的作用，及时完成任务，必须落实其归属问题。企业的规模、类型和现有机构等千差万别，因而清洁生产机构的归属也有多种形式，各企业可根据自身的实际情况具体掌握。可考虑以下几种形式：单独设立清洁生产办公室，直接归厂长领导；在环保部门中设立清洁生产机构；在管理部门或技术部门中设立清洁生产机构。

无论是以何种形式设立的清洁生产机构，企业的高层领导要直接领导该机构的工作，因为清洁生产涉及生产、环保、技术、管理等各个部门，必须有高层领导的协调才能有效地开展工作。为避免清洁生产机构流于形式、确定专人负责是很有必要的。该职员须具备以下能力：熟练掌握清洁生产审核知识；熟悉企业的环保情况；了解企业的生产和技术情况；较强的工作协调能力；较强的工作责任心和敬业精神。

（二）建立和完善清洁生产管理制度

在建立完善清洁生产组织的同时，还应建立完善清洁生产的管理制度，将审核成果纳入企业的日常管理轨道、建立激励机制和保证稳定的清洁生产资金来源。

将清洁生产的审核成果及时纳入企业的日常管理轨道，是巩固清洁生产成效、防止走过场的重要手段，特别是通过清洁生产审核产生的一些无/低费方案，如何使它们形成制度显得尤为重要。

（1）把清洁生产审核提出的加强管理的措施文件化，形成制度；

（2）把清洁生产审核提出的岗位操作改进措施，写入岗位的操作规程，并要求严格遵照执行；

（3）把清洁生产审核提出的工艺过程控制的改进措施，写入企业的技术规范；

（4）建立和完善清洁生产激励机制，在奖金、工资分配，提升、降级、上岗、下岗、表彰、批评等诸多方面，充分与清洁生产挂钩，建立清洁生产激励机制，以调动全体职工参与清洁生产的积极性。

清洁生产的资金来源可以有多种渠道，例如贷款、集资等，但是清洁生产管理制度的一项重要作用是保证实施清洁生产所产生的经济效益，全部或部分地用于清洁生产和清洁生产审核，以持续滚动地推进清洁生产。建议企业财务对清洁生产的投资和效益单独建账。

（三）制订持续清洁生产计划和目标

清洁生产并非一朝一夕就可完成，因而应制订持续清洁生产计划，使清洁生产有组织、有计划地在企业中进行下去。持续清洁生产计划应包括：

（1）清洁生产审核工作计划：指下一轮的清洁生产审核。新一轮清洁生产审核的启动并非一定要等到本轮审核的所有方案都实施以后才进行，只要大部分可行的无/低费方案得到实施，取得初步的清洁生产成效，并在总结已取得的清洁生产经验的基础上，即可开始新的一轮审核。

（2）清洁生产方案的实施计划：指经本轮审核提出的可行的无/低费方案和通过可行性分析的中/高费方案。

（3）清洁生产新技术的研究与开发计划：根据本轮审核发现的问题，研究与开发新的清洁生产技术。

（4）企业职工的清洁生产培训计划。如表 2-22 所示。

表 2-22 持续清洁生产计划

计划分类	主要内容	起止时间	负责部门
下一轮审核工作计划			
本轮审核方案的实施计划			
清洁生产新技术的研究开发计划			
企业职工的清洁生产培训计划			

（四）编制清洁生产审核报告

本轮清洁生产审核结束后，应对所做的工作进行回顾和总结，总结归纳清洁生产已取得的成果和经验，特别是中/高费方案实施后，所取得的经济、环境效益，发现并找出影响正常生产效率、影响经济效益、带来环境问题的不利环节、组织机构操作规范、管理制度等因素，及时修正这些不利因素，使其适应清洁生产的需要，将清洁生产持续地进行下去。

> **点评**：本过程的目的是使清洁生产工作在企业内长期、持续地推行下去。清洁生产是个不断改进的过程，而不是结果；只有起点，没有终点。本阶段工作重点是建立推行和管理清洁生产工作的组织，建立促进实施清洁生产的管理制度、制订持续清洁生产计划以及编写清洁生产审核报告。

第三节　实施清洁生产的途径、方法与步骤

一、清洁生产审核的方式

清洁生产审核是科学的、系统的和可操作性很强的工作，《清洁生产审核办法》对清洁生产审核的类型提出了明确要求，将清洁生产审核分为自愿性审核和强制性审核两类。这两类企业在实施审核过程中要求和重点都有所不同，强制性的要求则更高更严格。

国家鼓励污染物排放达标的企业自愿开展清洁生产审核，提出进一步节约资源、削减污染物排放量的目标。

而污染物排放超过国家和地方排放标准，或者污染物排放总量超过地方人民政府核定的排放总量控制指标的污染严重企业，以及使用有毒有害原料进行生产或者在生产中排放有毒有害物质的企业，由所在地的环境保护行政主管部门按照程序确定强制性审核企业名单，进行强制性审核。其中，有毒有害原料或物质主要指《危险货物品名表》（GB 12268）、《危险化学品名录》《国家危险废物名录》和《剧毒化学品目录》中的剧毒、强腐蚀性、强刺激性、放射性（不包括核电设施和军工核设施）、致癌、致畸等物质。

进入实施强制性清洁生产审核名单的企业和自愿实施清洁生产审核的企业均应按照清洁生产审核计划的内容、程序组织清洁生产审核。

清洁生产审核以企业自行组织开展为主。不具备独立开展清洁生产审核能力的企业，可以委托行业协会、清洁生产中心、工程咨询单位等咨询服务机构协助开展清洁生产审核。

《清洁生产审核办法》第十六条规定：协助企业组织开展清洁生产审核工作的咨询服务机构，应当具备下列条件：

（1）具有独立法人资格，具备为企业清洁生产审核提供公平、公正和高效率服务的质量保证体系和管理制度。

（2）具备开展清洁生产审核物料平衡测试、能量和水平衡测试的基本检测分析器具、设备或手段。

（3）拥有熟悉相关行业生产工艺、技术规程和节能、节水、污染防治管理要求的技术人员。

（4）拥有掌握清洁生产审核方法并具有清洁生产审核咨询经验的技术人员。

二、工业生产中清洁生产实施的方法与途径

清洁生产是一个系统工程，需要对生产全过程以及产品的整个生命周期采取污染预防和资源消耗减量的各种综合措施，不仅涉及生产技术问题，而且涉及管理问题。推进清洁生产就是在宏观层次上（包括清洁生产的计划、规划、组织、协调、评价、管理等环节）实现对生产的全过程调控和在微观层次上（包括能源和原材料的选择、运输、储存，工艺技术和设备的选用、改造，产品的加工、成型、包装，回收处理、服务的提供以及对废弃物进行必要的末端处理等环节）实现对物料转化的全过程控制，通过将综合预防的环境战略持续地应用于生产过程、产品和服务中，尽可能地提高能源和资源的利用效率，减少污染物的产生量和排放量，从而实现生产过程、产品流通过程和服务对环境影响的最小化，同时实现社会经济效益的最大化。

（一）生产原料闭路循环，资源综合利用

工业生产中产生的"三废"污染物质从本质上讲，都是生产过程中流失的原材料、中间产物和副产物。因此，对"三废"污染物进行有效的处理和回收利用，既可以创造财富，又可以减少污染。开展"三废"综合利用是消除污染、保护环境的一项积极而有效的措施，也是企业挖潜、增效截污的一个重要方面。

在企业的生产过程中，流失的原材料必须加以回收返回流程中经过适当处理后作为原料返回生产中，尽可能提高产品的利用率和降低回收的成本，实现原料闭路循环。在生产过程中比较容易实现物料闭路循环的是生产用水的闭路循环。根据清洁生产的要求，工业用水组成原则上应是供水、用水和净水组成的一个紧密的体系。根据生产工艺要求，一水多用，按照不同的水质需求分别供水，净化后的水重复利用。我国已经开展了一些实用的综合利用技术，如小化肥厂冷却水、造气水闭路循环技术，可以大大节约水资源，减少水体热污染；电镀漂洗水无排或微排技术，实行了漂洗水的闭路循环，因而不产生电镀废水和废渣；利用硝酸生产尾气制造亚硝酸钠；利用硫酸生产尾气制造亚硫酸钠等，这些综合利用技术都取得了明显的环境和经济效益。

此外，一些工业企业产生的废弃物，有时难以在本厂有效利用，有必要组织企业间的横向联合，使废弃物进行复用和工业废弃物在更大的范围内资源化。肥料厂可以利用食品厂的废弃物，如味精废液 COD 很高，而其丰富的氨基酸和有机质可以加工成优良的有机肥料。目前一些城市已经建立了废弃物交换中心，为跨行业的废弃物利用协作创造了条件。

（二）改进产品设计，调整产品结构

在当前科学技术迅猛发展的形势下，产品的更新换代速度越来越快，新产品不断问世。人们开始认识到，工业污染不但发生在生产产品的过程中，也发生在产品的使用过程中，有些产品使用后废弃、分散在环境中，也会造成始料未及的危害。如作为制冷设备中的冷冻剂以及喷雾剂、清洗剂的氟氯烃，生产工艺简单，性能优良，曾经成为广泛应用的产品，但自 1985 年发现其为破坏臭氧层的主要元凶后，现已被限制生产和限期使用，由氨、环丙烷等其他对环境安全的物质代替氟氯烃。

改进产品设计的目的在于将环境因素纳入产品开发的全过程，使其在使用过程中效率高、污染少，在使用后易回收再利用，在废弃后对环境危害小。近年来，产品的"绿色设计""生态设计"等设计理念的贯彻实施，已逐渐成为清洁生产实施的重要手段。

目前，这种以"不影响产品的性能和寿命前提下尽可能体现环境目标"为核心的产品设计主要涉及以下几方面：

（1）产品的更新设计。使产品在生产中、使用中及报废处置后对环境无害。鼓励生产绿色产品。

（2）调整产品结构。从产品的生命周期整体设计，优化生产，如造纸工业流程：种速生林—制纸浆—造纸—废纸—废纸回收利用与纸浆的循环利用，整体布局"一条龙"生产。

（3）延长产品生命周期设计。包括加强产品的耐用性、适应性、可靠性等以利长效使用以及易于维修和维护等。

（4）合理的使用功能。盲目追求"多功能""万能"，往往造成资源浪费。

（5）简化包装，易降解、易处理。产品报废后，应易处理，可降解，并且对环境无害。鼓励采用可再生材料制作包装材料，包装物可回收重复使用等，避免使用处置后仍有污染和不易降解的材料做包装用。

（6）可回收性设计，即设计时应考虑这种产品的未来回收及再利用问题。包括可回收材料及其标志、可回收工艺及方法、可回收经济性等，并与可拆卸设计息息相关。如一些公司已开始执行"汽车拆卸回收计划"，即在制造汽车零件时，就在零件上标出材料的代号，以便在回收废旧汽车时，进行分类和再生利用。

（三）改革工艺设备，开发全新流程

我国经济发展中普遍存在技术含量低、技术装备和工艺水平不高、创新能力不强、高新技术产业化比重低、能耗高、能源消费结构不合理、国际竞争力不强等问题，这些问题已经成为制约我国经济可持续发展的主要因素，目前亟须利用高新技术进行改造和提升。

工艺是从原材料到产品实现物质转化的基本要素。一个理想的工艺是：工艺流程简单，原材料消耗少，无（或少）废弃物排出，安全可靠，操作简便，易于自动化，能耗低，设备简单等。设备的选用是由工艺决定的，它是实现物料转化的基本硬件。改革工艺和设备是预防废弃物产生、提高生产效率和效益、实现清洁生产最有效的方法之一，但是工艺技术和设备的改革通常需要投入较多的人力和资金，因而实施时间较长。所以，改革工艺和设备可以局部进行，也可从整个生产线的技术改造，视企业情况和资金能力决定，包括以下几种情况：

（1）局部关键设备的革新。采用先进、高效设备，提高产量减少废弃物的产生。

（2）改进设备局部。避免操作中工件的传递带来的污染物流失，减少运转过程造成的产品损失。

（3）生产线采用全新流程。建立连续、闭路生产流程，减少物料损失、提高产量、提高物料转化率，减少废弃物的生成。

（4）工艺操作参数优化。在原有工艺基础上，适当改变操作条件，如浓度、温度、压力、时间、pH、搅拌条件、必要的预处理等，可延长工艺溶液使用寿命，提高物料转化率，减少废弃物的产生。

（5）工艺更新。开发并采用低废或无废生产工艺和设备来替代落后的老工艺，提高生产效率和原料利用率，消除或减少废弃物，这是生产工艺改革的基本目标。如采用最新的科学技术成果，如机电一体化技术、高效催化技术、生化技术、膜分离技术等，提高物料利用率，从根本上杜绝废弃物的产生。

（6）配套自动控制装置。采用自动控制系统调节工作操作参数，维持最佳反应条件，加强工艺控制，可增加生产量、减少废弃物和副产品的产生。如安装计算机控制系统监测和自动复原工艺操作参数，实施模拟结合自动设定点调节。在间歇操作中，使用自动化系统代替手工处置物料，减少操作失误，降低产生废弃物及泄漏的可能性。

（四）发展环保技术，搞好末端处理

在目前技术和经济发展水平的条件下，实行完全彻底的无废生产是很困难的，废弃物的产生和排放也难以避免，因此需要对它们进行必要的处理和处置，使其对环境的危害降至最低。末端处理是实现清洁生产不得已而采用的最终污染控制手段，往往是作为集中处理前的预处理措施，其具体实施的技术要求更高。在这种情况下，它的目标不再是达标排放，而只需处理到集中处理设施可接纳的程度。因此，对生产过程也许提出一些新的要求。

（1）必须清浊分流，减少处理量，有利于组织再循环；

（2）必须开展综合利用，从排放物中回收有用物质；

（3）必须进行适当的预处理和减量化处理，如脱水、浓缩、包装、焚烧等。

为实现有效的末端处理，必须开发一些技术先进、处理效果好、投资少、见效快、可

回收有用物质、有利于组织物料再循环的实用环保技术。目前，我国已经开发了一批适合国情的实用环保技术，需要进一步推广，如粉煤灰处理及综合利用技术、钢渣处理及综合利用技术、苯系列有机气体催化净化技术、电石炉、炭黑炉炉气除尘等。同时，有一些环保难题尚未得到很好的解决，需要环保部门、有关企业和工程技术人员继续共同努力。

（五）开展环境审计，分步实施清洁生产

生产企业的环境审计是推行清洁生产，实行全过程污染控制的核心。它是推行清洁生产的基础。环境审计要对企业生产全过程的每个环节，每道工序可能产生的污染进行定量监测，以便找出生产过程中原材料消耗高、能源消耗高以及产生污染的原因，有的放矢地提出对策，减少和防止污染。

（六）加强管理体系建设，系统推进清洁生产

有关资料表明，目前的工业污染约有 30%以上是因生产过程中管理不善造成的，只要加强生产过程的科学管理，改进操作，无须花费很大的成本，便可获得明显减少废弃物和污染的效果。在企业管理中要建立一套健全的环境管理体系，使环境管理落实到企业中的各个层次，分解到生产过程的各个环节，贯穿于企业的全部经济活动中，与企业的计划管理、生产管理、财务管理、建设管理等专业管理紧密结合起来，使人为的资源浪费和污染物排放减至最小。

第三章　清洁生产审核报告编制要求

企业在完成一轮清洁生产审核工作时，需要编写清洁生产审核报告。清洁生产审核报告是衡量企业推进清洁生产，完成清洁生产审核过程和取得绩效的重要标志之一，清洁生产审核报告的编写需规范、全面、完整、准确地反映企业实施清洁生产审核的情况和成效。

第一节　端正清洁生产审核报告的编写态度

一、企业推进清洁生产的记载——清洁生产审核报告

清洁生产的先进理念引进我国并在企业进行清洁生产审核已经二十多年的时间，实践证明，企业推进清洁生产的最佳手段是清洁生产审核。多年来，清洁生产审核作为企业实现"节能减排"重要而有效的途径，得到了各级政府和工业企业的认可和重视。

通过清洁生产审核过程中的各项活动，企业取得系列节能、降耗、减排绩效，清洁生产审核报告作为记录并体现其成果的重要载体，忠实地总结和记录了这一过程。因此审核报告的编写同样是审核过程中必不可少的一项重要工作，其内容、质量直接影响企业清洁生产成果的体现，非常重要，需企业决策层给予高度的重视。

二、企业编写清洁生产审核报告的作用与意义

清洁生产审核报告对企业的作用与意义体现在：

一是围绕企业生产现状，结合其生产技术、工艺装备、管理控制水平，对相关资源、能源利用效率、污染物产生水平的全方位诊断和定位过程的真实写照；

二是按照清洁生产审核技术方法针对企业目前存在的清洁生产潜力点（问题），进行科学分析、寻找并确定解决问题的对策过程的翔实记载；

三是对本行业的各种技术进行一次全方位的搜索和论证，为企业的发展和技术升级指

明方向，进行技术储备的系统汇总；

四是企业推进清洁生产、进行清洁生产审核、取得"节能、降耗、减污、增效"成果的全面展示；

五是作为企业遵守相关环境保护法规政策，符合相关要求的证明材料，为企业的生存发展而服务，包括企业新建、改建、扩建项目审批，申领排污许可证，申请上市（再融资）的环保核查，有毒有害化学品进出口登记，进口固体废物、经营危险废物许可证，申请各级环保专项资金、节能减排专项资金和污染防治等各方面环保资金，是国家环境保护模范城市的考核及创建等工作的重要依据；

六是政府清洁生产管理部门依据法规要求向社会公告企业清洁生产绩效的重要信息来源。

综上，清洁生产审核报告对企业起着总结过去、改变现状、规划未来的重大作用，应引起企业管理人员，特别是决策层的高度重视。

三、企业是清洁生产审核报告编写的主体

清洁生产审核报告是对企业开展清洁生产审核全过程进行的系统全面的分析和总结。企业是开展清洁生产审核的主体，清洁生产审核的实质性工作全部由企业完成，所以清洁生产审核报告应由企业编写。

企业在编写审核报告时审核技术咨询机构应进行重点指导，同时，技术咨询机构还应承担对企业审核报告进行初步核对和评价的职责，以确保审核报告的真实性和规范性，督促和要求企业按技术咨询机构意见，修改和完善审核报告。

四、产生高质量清洁生产审核报告的基础——规范深入的审核

规范深入的审核是产生高质量清洁生产审核报告的基础，只有规范、严格地按照 7 个阶段、35 个步骤、3 个层次、8 条途径对生产和服务过程进行调查和诊断，并借助各种技术方法和手段展开深入的分析，找出能耗高、物耗高、污染重的原因，提出减少有毒有害物料的使用，降低能耗、物耗以及废弃物和有毒有害物料产生的方案，选定技术经济及环境可行的清洁生产方案予以实施，使企业切实获得"节能、降耗、增效"的清洁生产成果，才能编写出高质量清洁生产报告。因此清洁生产审核"不是编报告，而是做审核"！

第二节　规范地编写清洁生产审核报告

企业完成一轮清洁生产审核须完成两个审核报告，即清洁生产中期审核报告和清洁生产审核报告。依据《企业清洁生产审核手册》附录四《企业清洁生产审核报告编写大纲》编写。

一、清洁生产审核中期报告

清洁生产审核中期报告是在方案的产生和筛选工作完成之后，部分无/低费方案已实施的情况下编写。汇总分析筹划和组织、预评估、评估及方案产生和筛选这四个阶段的清洁生产审核工作成果，及时总结经验和发现问题，为后续各个阶段的改进和继续工作打好基础。

编写大纲及要求如下（例）：

前言

第 1 章　筹划和组织

1.1　审核小组

1.2　审核工作计划

1.3　宣传和教育

本章要求有如下图表：

（1）审核小组成员表；

（2）审核工作计划表。

第 2 章　预评估

2.1　企业概况

包括产品、生产、人员及环保等情况。

2.2　产污和排污现状分析

包括国内外情况对比，产污原因初步分析以及企业的环保执法情况等，并予以初步评价。

2.3　确定审核重点

2.4　清洁生产目标

2.5　提出和实施无/低费方案

本章要求有如下图表：

（1）企业平面布置图；

（2）企业组织机构图；

（3）企业主要工艺流程图；

（4）企业输入物料汇总表；

（5）企业产品汇总表；

（6）企业主要废弃物汇总表；

（7）企业历年废弃物流情况表；

（8）企业废弃物产生原因分析表；

（9）清洁生产目标一览表。

第3章 审核

3.1 审核重点情况

包括审核重点的工艺流程图、工艺设备原理图和各单元操作流程图。

3.2 输入输出物流的测定

3.3 物料平衡

3.4 废弃物产生原因分析

本章要求有如下图表：

（1）审核重点平面布置图；

（2）审核重点组织机构图；

（3）审核重点工艺流程图；

（4）审核重点各单元操作流程图；

（5）审核重点单元操作功能说明表；

（6）审核重点工艺设备流程图；

（7）审核重点物流实测准备表；

（8）审核重点物流实测数据表；

（9）审核重点物料流程图；

（10）审核重点物料平衡图；

（11）审核重点废弃物产生原因分析表。

第4章 方案的产生和筛选

4.1 方案汇总

包括所有的已实施、未实施方案和可行、不可行的方案。

4.2 方案筛选

4.3 方案研制

主要针对中/高费清洁生产方案。

4.4 无/低费方案的实施效果分析

仅对已实施的方案进行核定和汇总。

本章要求有如下图表：

（1）方案汇总表；

（2）方案的权重总和计分排序表（实际使用时）；

（3）方案筛选结果汇总表；

（4）方案说明表；

（5）无/低费方案实施效果的核定与汇总表。

二、清洁生产审核报告

在本轮审核全部完成之时，编写清洁生产审核报告。总结企业清洁生产审核成果，汇总分析各项调查、实测结果，寻找废弃物产生原因和清洁生产机会，实施并评估清洁生产方案，建立和完善持续推行清洁生产机制。

清洁生产审核报告的前言、第 1 章、第 2 章、第 3 章和第 4 章基本同"中期审核报告"，只需要根据实际工作进展加以补充、改进和深化。

编写大纲及要求如下（例）：

第 1 章　筹划和组织（补充和改进"中期报告"）

第 2 章　预评估（补充和改进"中期报告"）

第 3 章　审核（补充和改进"中期报告"）

第 4 章　方案的产生和筛选（补充和改进"中期报告"并将"无/低费方案的实施效果分析"归到第 6 章）

第 5 章　可行性分析

5.1　市场调查和分析

5.2　技术评估

5.3　环境评估

5.4　经济评估

5.5　确定推荐方案

本章要求有如下图表：

（1）方案经济评估指标汇总表；

（2）方案简述及可行性分析结果表。

第 6 章　方案实施

6.1　方案实施情况简述

6.2　已实施的无/低费方案的成果汇总

6.3 已实施的中/高费方案的成果汇总

6.4 已实施的方案对企业的影响分析

本章要求有如下图表：

（1）已实施的无/低费方案环境效果对比一览表；

（2）已实施的无/低费方案经济效益对比一览表；

（3）已实施的中/高费方案环境效果对比一览表；

（4）已实施的中/高费方案经济效益对比一览表；

（5）已实施的清洁生产方案实施效果的核定与汇总表；

（6）审核前后企业各项单位产品指标对比表。

第 7 章 持续清洁生产

7.1 清洁生产的组织

7.2 清洁生产的管理制度

7.3 持续清洁生产计划

结论

（1）企业产污、排污现状（审核结束时）所处水平及其真实性、合理性评价；

（2）是否达到所设置的清洁生产目标；

（3）已实施清洁生产方案的成果总结；

（4）拟实施的清洁生产方案的效果预测；

（5）存在问题及持续改进的方向。

第三节   突出清洁生产审核报告的编写要求

审核工作完成后，依据审核报告编写大纲编写本轮的审核报告，作为企业审核实际工作的体现，审核报告要如实报告以下内容：

（一）企业工艺技术现状、装备配置和物料、能源消耗水平及产品产量

以年为单位，统计近三年产品产量及各项物料、能源消耗总量及单位产品消耗等技术经济指标。

（二）现状污染物产生部位、产生量、排放浓度和排放总量

要依据企业生产工艺流程的各个环节，明确各类污染物的产生部位，根据监测数据查清污染物的产生量和排放浓度及年度排放总量。

（三）企业法律法规合规性与清洁生产水平定位，明确其存在"双超、双有""两高一重"问题的环节和部位

企业现状与国家相关法规、政策进行合规性分析，生产现状与清洁生产行业标准或清洁生产评价指标体系进行对比，没有以上标准、指标的企业，应采用同行业同类型企业类比的方法进行对照分析。根据对比分析结果予以定位，从而找出企业"双超、双有""两高一重"问题的清洁生产潜力点，进而确定审核的重点。

（四）减少或消除污染物及提高物料、能源效率的清洁生产目标

通过现状分析和清洁生产水平定位结果，提出清洁生产目标，审核目标要解决未达到清洁生产三级标准指标的项目；浓度或总量超标的"双超"企业要制定限期达标的目标；使用有毒、有害原料进行生产或者在生产中排放有毒、有害物质的"双有"企业要针对其使用的有毒有害原辅料或排放的有毒有害物质设定明确的减量化目标。

（五）问题产生的分析结果

以审核重点实测结果建立物料、污染因子、水、能耗等相关平衡，进行平衡测算，结合生产过程的各个环节，包括原辅料及能源、技术工艺、设备、过程控制、产品、污染物、管理、员工八个方面进行深层次的问题原因分析，得到分析结果。

（六）提出和实施清洁生产无/低费和中/高费方案

针对每一个"双超、双有""两高一重"问题产生的原因，提出相应的无/低费和中/高费清洁生产方案，对无/低费方案遵循边审核、边实施、边见效原则，及时落实实施。对中/高费方案要进行技术、环境、经济可行性评估，确定可实施的中/高费方案，以及无/低费、中/高费方案的实施计划与落实情况。

（七）清洁生产审核对企业影响的分析

主要分析以下内容：①审核前后企业物料、能源消耗，污染物产生量、排放量的变化分析；②通过实施清洁生产方案，企业取得的环境效益和经济效益；③清洁生产目标的实现情况；④清洁生产水平指标的变化情况；⑤对企业管理水平和员工素质的影响等。

在各主要章节要突出以下重点：

1．筹划与组织

要点提示：为启动清洁生产审核企业做了哪些筹备工作？

主要内容如下：

（1）企业决策层为清洁生产审核做出的决策与承诺；

（2）为启动审核做的准备工作；

（3）采取的具体措施和行动；

（4）取得的作用与效果。

2．预评估

要点提示：预评估"发现哪些问题，解决什么问题"？本章需重点总结企业自身生产、环保、管理现状等方面"发现问题"的过程。

主要内容如下：

（1）通过审核的调查和分析。

（2）发现了哪些问题？

（3）重点问题是什么？

（4）通过审核企业预期实现的目标是什么？

（5）应从以下几点展示：

a）生产工艺与装备；

b）物耗、能耗与产品和成本；

c）污染物的产生控制与排放；

d）有毒有害物质控制、使用与排放；

e）全面管理控制与执法、达标合规性；

f）企业清洁生产水平总体定位。

（6）提出和实施的清洁生产无/低费方案。

3．评估

要点提示：本章针对重点问题环节，发现了哪些深层次问题？原因是什么？需重点总结"分析问题"的过程。

主要内容如下：

（1）审核重点的详细现状；

（2）为分析问题做了哪些准备工作；

（3）利用技术手段去展示和剖析问题的过程；

（4）得到的分析结果；

（5）提出和实施的清洁生产无/低费方案。

4．方案的产生与筛选

要点提示：本章针对重点问题产生了哪些对策？需重点总结方案产生、筛选与研制的过程。

主要内容如下：

（1）审核中征集和提出的方案汇总；

（2）所有方案的筛选、分类结果；

（3）初步可行中/高费方案的研制过程与方案说明；

（4）继续提出和实施清洁生产无/低费方案；

（5）汇总已实施无/低费方案的环境、经济效果；

（6）中期审核报告。

5．可行性分析

要点提示：本章重点总结保证企业取得双赢绩效、围绕中/高费方案进行的分析工作与评估结果。

主要内容如下：

（1）方案技术评估内容和结果；

（2）方案环境评估内容和结果；

（3）方案经济评估指标和结果；

（4）推荐实施的中/高费清洁生产方案。

6．方案的实施

要点提示：本章要突出中/高费方案实施计划与已实施方案的绩效给企业带来的影响。

主要内容如下：

（1）中/高费方案实施计划；

（2）已实施无/低费方案环境效益；

（3）已实施无/低费方案经济效益；

（4）已实施中/高费方案环境效益；

（5）已实施中/高费方案经济效益；

（6）清洁生产审核对企业产生的影响。

7．持续清洁生产

要点提示：本章重点是对企业为持续推进清洁生产所做的工作加以总结。

主要内容如下：

（1）本企业如何设置清洁生产常设机构；

（2）建立了那些清洁生产管理制度，如何融入日常生产；

（3）清洁生产持续推进的具体计划。

第四章　重点行业清洁生产审核案例

第一节　水泥行业

　　水泥是国民经济建设的重要基础原材料,目前国内外尚无一种材料可以替代它的地位。作为国民经济的重要基础产业,水泥工业已经成为国民经济社会发展水平和综合实力的重要标志。然而由于建筑材料需求大幅下降,经济放缓软着陆以及房地产依赖性经济结构的转变,导致水泥产业整体负增长,产能全面过剩,同时水泥工业作为典型"两高一重"行业,即生料均化、熟料生产阶段的高物耗、高能耗和生产过程重污染,在 2011 年水泥被国家列为淘汰落后产能重点对象。其对环境的影响主要是水泥、熟料生产过程中造成的环境污染及矿山开采造成的生态破坏,因此在水泥工业实施清洁生产不仅可以降低能耗、物耗,减少污染物的排放,而且有助于减缓矿山生态的破坏,企业通过产品结构升级,加快转变方式,淘汰落后工艺,采用先进技术,提高水泥工业发展质量和效益,成为水泥行业寻求发展之路的重要方式。

一、水泥行业清洁生产审核行业依据

　　(1)《水泥行业清洁生产评价指标体系》(国家发展和改革委、环境保护部、工业和信息化部 2014 年第 3 号公告)

　　(2)《工业信息化部关于提升水泥质量保障能力的通知》(工信部原〔2017〕290 号)

　　(3)《水泥生产企业质量管理规程》(T/CBMF 17—2017)

　　(4)《水泥工业污染防治技术政策》(环境保护部　2013 年第 31 号公告)

　　(5)《水泥工业大气污染物排放标准》(GB 4915—2013)

　　(6)《水泥行业规范条件(2015 年本)》

　　(7)《水泥生产防尘技术规程》(GB/T 16911—2008)

　　(8)《水泥企业能耗等级定额》(GB/T 16780—1997)

　　(9)《水泥单位产品能源消耗限额》(GB/T 16780—2012)

（10）《水泥行业能源管理体系实施指南》（GB/T 30259—2013）

（11）《水泥制造能耗评价技术要求》（GB/T 33650—2017）

二、水泥行业清洁生产推广技术

（1）大力发展大型新型干法水泥生产工艺

新建、扩建、改建窑外分解窑，增加新型干法生产水泥的比重是提高水泥生产技术水平，降低能耗的主要途径。

（2）纯低温余热发电技术的运用

充分利用窑炉预热器和篦冷机的排风余热。该项技术使能源回收水平可达 35～40 kW·h/t 熟料。

（3）采用低阻高效的多级预热器系统和控流式新型篦冷机以及多通道喷煤管的应用，都可有效地降低水泥熟料的生产热耗。

（4）用高效粉磨机取代低效的球磨机，降低粉磨电耗。粉磨是水泥生产中主要的耗电工序，约占综合耗电量的 70%。我国水泥企业原来大多是采用低效的球磨机，效率只有 3%～5%，现在普遍采用立式磨、辊压磨、挤压磨、高细磨等代替原有的球磨机；以大磨机取代小磨机，淘汰直径小于 1.83 m 的小型球磨机；改进粉磨工艺流程，增添预破碎机、选粉机；采用耐磨钢球、耐磨衬板及节能型衬板等。

根据《大气污染防治重点工业行业清洁生产技术推行方案》（工信部节〔2014〕273 号），在建材行业采用先进适用清洁生产技术，实施清洁生产技术改造，推广技术如表 4-1 所示。

三、水泥行业审核过程关注点分析

（1）目前我国水泥行业的特点仍然是粗放式的管理方式，企业员工人数多、产品结果不尽合理、生产工艺落后、物耗、能耗高，在清洁生产八个审核方面重点关注技术工艺、设备、管理以及员工素质。

水泥行业属于产能过剩行业，需重点关注企业产能状况，对照环评批复，是否存在超产能情况。

表 4-1   水泥行业清洁生产推广技术

序号	技术名称		适用范围	技术主要内容	解决的主要问题	应用前景分析
1	水泥窑氮氧化物减排组合技术	节能型多通道低氮燃烧器技术	新型干法水泥生产线	该技术采用新型结构,增加燃烧器风道,最内层净风出口装置旋流器,最外层外流净风管端部装一组可调换的环形喷嘴口。该技术降低火焰燃烧过程温度不均齐性,控制局部高温大量形成氮氧化物,减少氮氧化物排放	与传统工艺技术相比,该技术通过增加低氮燃烧器,一次风量仅占燃烧空气量8%~10%,能耗降低1%~3%,NO_x削减效率5%~10%	水泥行业利用该技术进行技改,可以满足新标准要求。预计2017年行业普及率80%,可年削减氮氧化物40万t。该技术目前普及率50%,潜在普及率100%,按2017年100%的生产线使用该技术计算,水泥行业可年削减氮氧化物94万t
		分解炉分级燃烧技术	新型干法水泥生产线	该技术采用分级燃烧技术,利用助燃风分级或燃料分级加入,降低分解炉形成氮氧化物,并通过燃烧过程控制,尽可能还原炉内氮氧化物,减少氮氧化物排放	与原有工艺技术相比,该技术通过改进分解炉燃烧方式,降低燃烧过程形成氮氧化物,削减效率达10%~30%	
		选择性非催化还原(SNCR)脱硝技术	新型干法水泥生产线	该技术通过在分解炉中下部喷入氨水或尿素溶解液,与分解炉内烟气充分混合,与氮氧化物发生化合反应将其还原成氮气和水,减排氮氧化物	大幅度削减氮氧化物排放,削减效率达30%~50%	
2	浮法玻璃熔窑零号喷枪全氧助燃技术		浮法玻璃生产线	该技术应用全氧助燃系统,并调整生产线工艺参数,包括全氧燃烧系统配套技术及装备,管路和控制系统	利用全氧助燃系统,改善窑炉热效率,改善玻璃质量。烟气氮氧化物量大为减少,烟尘减少10%~15%,粉尘减少20%	目前,仅极少企业采用该技术,预计2017年行业普及率30%,可年削减氮氧化物7万t、烟(粉)尘5万t
3	窑炉烟气脱硫脱硝除尘发电一体化系统		玻璃、陶瓷等行业窑炉以及锅炉的烟气脱硫脱硝除尘	该技术回收烟气余热,再经选择性催化还原(SCR)脱硝,脱硝烟气经余热利用后,经循环半干法烟气脱硫(RSD),脱硫烟气进入布袋除尘器除尘排放	二氧化硫去除率可达70%;烟尘含量小于50 mg/m³;脱硝效率在85%以上,氮氧化物浓度低于600 mg/m³	目前,平板玻璃生产线应用不到10%。预计2017年行业普及率60%,可年削减氮氧化物6万t、粉尘6万t
4	高效低阻袋除尘器技术	大型高效低阻袋除尘器	水泥窑头、窑尾烟气净化	通过合理的气流分布设计,高性能、低阻力过滤材料的选用,高强度的清灰措施,智能化的清、卸灰控制及优化的除尘器本体设计,达到最优的布袋除尘效果	通过采取高效低阻袋除尘器技术或电除尘器改造成高效低阻袋除尘器技术,以达到最好的改造效果。粉尘排放浓度可以控制在30 mg/m³以下	目前,该技术行业普及率30%,潜在普及率100%,按2017年水泥行业75%的生产线使用该技术,预计可年削减粉尘80万t
		电除尘器改造成高效低阻袋除尘器技术	水泥窑头、窑尾烟气净化	利用现有电除尘器壳体等部件改造为袋除尘器。在电除尘器内部空间,通过优化组合,布置适当的滤袋,利用多孔袋状过滤元件从含尘气体中捕集粉尘		

（2）水泥行业的主要大气污染物为烟粉尘、SO_2、NO_x。

水泥行业粉尘主要来源于水泥窑、烘干机和粉磨系统。在清洁生产审核过程中关注烘干机中物料的翻滚过程；在粉磨系统生料磨和水泥磨工作中，当存在粉磨细度、产量、通风量与气流流速不匹配的情况，工人操作不当或输送装置密封程度不良，会导致粉尘产生量增大。

SO_2主要产生于燃料的燃烧，主要燃料为煤炭。水泥行业的直接煤炭消耗环节在熟料烧成阶段，另有少量的原料烘干用煤等。减少SO_2排放，主要关注节煤途径，考虑降低熟料煅烧过程中的热耗以及降低生产全过程的电耗等技术节能。

氮氧化物主要源于熟料阶段，新型干法水泥虽具有效率高、能耗低、污染物排放量少等优点，但其独特的熟料生产阶段采用的预分解技术会产生大量的氮氧化物，水泥工业已经成为我国总氮氧化物重点减排领域之一。根据《水泥工业大气污染物排放标准》（GB 4915—2013）要求：现有水泥生产线氮氧化物排放限值由 800 mg/m³ 降低至 400 mg/m³，重点地区排放限值降低至 300 mg/m³。同时也有部分地区出台了更加严格的地方标准，因此在水泥行业清洁生产审核过程中需根据最新的环保要求，关注企业排放的氮氧化物排放情况。

（3）《清洁生产标准　水泥工业》（HJ 467—2009）已于 2014 年 4 月 1 日废止，目前水泥行业清洁生产按照《水泥行业清洁生产评价指标体系》进行评价。对照指标体系分析企业的生产工艺及装备指标、资源能源消耗指标、资源综合利用指标、污染物产生指标、产品特征指标和清洁生产管理指标等六类逐一分析企业的清洁生产指标等级。企业大多在生产工艺及装备指标、资源能源消耗指标和资源综合利用指标上，无法满足基准值要求，从而影响清洁生产水平的定级。

四、水泥行业清洁生产审核案例

实例一

（一）企业概况

企业名称：江苏某水泥有限公司

所属行业：水泥制造

主要产品：生产 32.5、42.5、52.5 等级水泥。

产能：300 万 t/a 水泥粉磨生产线。

环保手续：2004 年取得环评批复，2007 年通过竣工环保验收。

（二）清洁生产潜力分析

1. 公司现状调查

职工人数 240 人，公司下属总经办、财务处、质控处、供应处、销售处、生技处、保全工段、粉磨工段、码头工段、发运工段等。

（1）主要工艺流程

公司主要生产 32.5、42.5、52.5 等级水泥，生产工艺流程如图 4-1 所示。

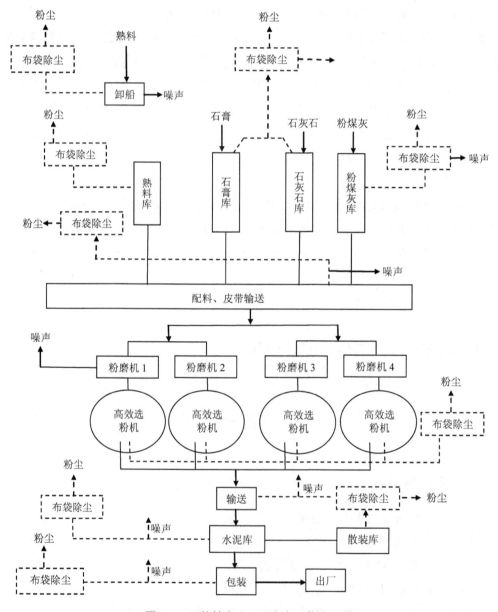

图 4-1 江苏某水泥公司生产工艺流程图

　　主要生产工艺流程包括以下几部分：①熟料、粉末、石膏卸船输送及除尘；②原材料输送及除尘；③水泥粉磨调配；④水泥粉磨；⑤水泥储存及散装；⑥水泥包装及发运。

（2）主要原辅料及能源消耗

　　水泥生产中的主要能源消耗情况见表4-2，生产过程原辅料情况见表4-3。

表4-2　近三年来主要能源消耗情况表

年度	使用环节	近三年年消耗量			近三年吨产品消耗量		
		水/（t/a）	电/（万 kW·h/a）	柴油/（t/a）	水/t	电/kW·h	柴油/kg
2015 年	整个生产、办公	99 810	11 329.9	32.48	0.035	39.2	0.01
2016 年	整个生产、办公	96 508	10 504.5	31.91	0.035	38.1	0.01
2017 年上半年	运输车辆	45 220	4 932.6	15.47	0.034	37.1	0.01

表4-3　三年来主要原辅料消耗情况表

名称	使用环节	近三年年消耗量/（万 t/a）			近三年吨产品消耗量/kg		
		2015 年	2016 年	2017 年上半年	2015 年	2016 年	2017 年上半年
熟料	生产过程	764	754	741	764	754	741
脱硫石膏	生产过程	13.03	12.51	5.86	45	45	44
粉煤灰	生产过程	22.86	22.08	10.55	79	80	79
粉末	生产过程	22.31	21.55	10.28	77	78	77
火山灰	生产过程	10.91	10.49	2.84	38	38	21
矿渣粉	生产过程	3.88	3.62	1.76	13	13	13

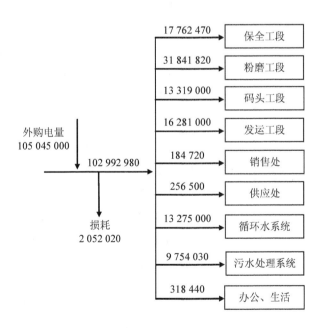

图4-2　审核前全公司电平衡图（kW·h/a）

（3）企业生产排污状况

企业主要污染物及来源见表4-4。

表4-4　主要污染物及处理措施

污染物	来源	处理措施
废水	生活污水	污水处理站后外排
废气	生产流程中粉磨、储存、转运等过程产生的粉尘	高效袋式除尘器处理
	熟料卸货运输过程中无组织排放粉尘及码头袋装装船过程中产生的无组织排放粉尘	全封闭卸料廊道，卸料机带收尘装置
噪声	磨机、空压机、主排风机、磨尾风机、负压吸灰机	减振措施
固体废物	粉尘、污水处理站污泥、生活垃圾	回用；用作肥料；环卫部门处理

2. 存在的问题分析

公司粉磨工段产生的粉尘量较大，是全公司最主要的污染源，公司从建厂至今不断地改造设备提高除尘效率，目前采用高效袋式除尘器处理，除尘效率99.97%，达到《水泥工业大气污染物排放标准》的排放浓度（20 mg/m³），实际排放浓度为15 mg/m³（2016年的监测报告），粉磨工段粉尘排放量为144 t/a，已经达到较高水平。

江苏某水泥公司1号包装栈台自2014年对自动装车机进行收尘改造后，现场扬尘治理取得了一定成效，特别是装车机头部收尘效果明显，但操作过程中还有部分需进一步完善，如包装水泥从皮带机转入装车机溜槽部位仍有扬尘，装车空间较大，还存在一定的串风，影响收尘效果，需对现有的扬尘点进行进一步治理，提高现场整体工作环境。根据预评估，装车过程产生的无组织粉尘量为1 250 t/a，经过一定的收集措施，排放量为55 t/a。主要存在的问题：一是包装水泥在皮带机转入装车机溜槽部位产生扬尘，主要是水泥包在运行过程中排气所带出的浮尘经溜槽落到装车机上冲击产生的，因此需在各转入装车机溜槽部位增加一个吸尘罩，就可以解决；二是装车过程中车厢两侧产生的扬尘，在装车码包过程中，因高出车箱板部位两侧存在冒灰现象，特别是装拖拉机时两侧冒灰现象更严重；三是从现场观察看，现场串风时产生的收尘效果较差，应对各车道进行封堵处理。

公司绿化覆盖率达到60%，绿化用水量为3 050 t/a，一直使用自来水，江苏某水泥公司产生的废水只有生活废水，产生量为15 040 t/a。生活污水通过该公司污水处理站处理后的废水浓度较低，COD浓度为16 mg/L，SS浓度为23 mg/L，氨氮浓度为0.1 mg/L，污水处理站尾水能够满足绿化的要求，可以利用这部分尾水作为绿化用水，减少新鲜水使用量。

点评：通过污染源排查，寻找废气污染物排放量最大的生产环节，通过现场踏勘发现目前企业粉尘排放量主要来自装车阶段，针对这一问题提出方案，解决现场串风问题。

3．提出和实施无/低费方案

详见表 4-5。

表 4-5　无/低费方案一览表

序号	方　　案	预计投资/万元	预计效果	
			环境效益	经济效益
1	1#煤灰库顶煤灰管道弯头改造	3	减少污染物的排放	节约费用 4 万元/a
2	八嘴包装机小型继电器用胶密封处理	4	不对周围环境产生影响	节约用电 2.8 万 kW·h/a，节约费用 1.68 万元/a，单耗下降 0.01 kW·h
3	在提升机头轮平台平面上，靠近减速机及电机部位两侧分别开长条通风孔，让自然风在室内循环，形成对流，降低室内温度	3	不对周围环境产生影响	节约用电 15 万 kW·h/a，节约费用 10.5 万元/a，单耗下降 0.06 kW·h
4	粉煤灰输送管道弯头改造	2.5	减少粉煤灰的泄漏	—
5	码头增加皮带机将工业石膏送入堆场，经皮带机后入混合材输送系统进磨头仓使用	4.5	不对周围环境产生影响	产生经济效益 18.8 万元/a
6	磨机进风口处增加轴流风机	3	不对周围环境产生影响	节约用电 45 万 kW·h/a，节约费用 31.5 万元/a，单耗下降 0.17 kW·h
7	气动闸板阀截流	1	消除漏料现象	共产生经济效益 4 万元/a
8	水泥库顶主斜槽闸板后增加风管	2	减少了库顶现场环境污染	潜力大
9	水泥磨内检修用风工艺改造	4	不对周围环境产生影响	节约用电 3.2 万 kW·h/a，节约费用 2.24 万元/a，单耗下降 0.01 kW·h
10	主收尘器上盖板密封	3	减少粉尘的排放 2 t/a	—
11	负压吸灰机噪声治理	4.5	降低噪声	—

（三）清洁生产方案及效益

清洁生产审核小组成员根据清洁生产审核程序，对清洁生产审核重点工序的员工进行专题培训，明确了清洁生产方案产生与实施清洁生产无/低费方案的相互关系。根据清洁生产审核重点工序环境效益、经济效益情况，明确清洁生产方案对清洁生产审核工作的意义，并下发清洁生产合理化建议表，广泛征集清洁生产方案。然后，部门集中汇总至审核小组，审核小组经过认真研究、筛选、分类汇总后报领导小组确定（表4-6）。

表4-6　清洁生产审核中/高费方案汇总表

方案编号	方案	预计投资/万元	预计效果	
			环境效益	经济效益
F15	包装栈台装车粉尘治理	20.7 万元	装车过程产生的粉尘由无组织改变成有组织排放，粉尘排放浓度经内部初步测定为 18 mg/m^3，达到《水泥工业大气污染物排放标准》的排放浓度（20 mg/m^3），粉尘的排放量由 55 t/a 减少为 9 t/a，减少量为 46 t/a	能够有效地减少粉尘排放量为 46 t/a，这样可以回收水泥原料 46 t/a，根据水泥原料 2017 年均价 0.041 万元/t，能够产生效益 1.886 万元/a，能够节约人工 5 人，根据人员成本 4.2 万元/人，能够产生效益 21 万元/a，共能产生经济效益 22.886 万元/a
F17	挖人工湖，使用处理后的生活污水进行绿化	5.4 万元	减少废水的排放 3 050 t/a，减少 COD 的排放 0.049 t/a，减少 SS 的排放 0.07 t/a，减少氨氮的排放 0.000 3 t/a	能够节约成本 0.976 万元/a
F18	粉磨工段粉尘吸收滤袋的更换	5.692 万元	粉磨工段粉尘处理效率预计能达到 99.98%，排放浓度降低到 10 mg/m^3，粉尘减少量为 47.5 t/a	能够产生经济效益 8.35 万元/a

对筛选出的方案，按照先易后难、边审核边改进的原则，进一步严格生产管理，加强设备维修、维护，同时结合企业资金筹集情况和技术改造实际需要，将分批分期对上述方案实施。对投入较大的方案，在可行性分析的基础上，逐步实施。

> **点评**：中/高费方案的环境效益需通过有效数据进行辅证，例如 F18 方案处理效率达到 99.98%，需通过实测确定方案实施产生的环境效益，否则存在效果估算过大的可能。对于中/高费方案经济效益的统计，需给出明确的计算过程。

实例二

（一）企业概况

企业名称：江苏某水泥有限公司

所属行业：水泥制造

主要产品：主要生产 32.5、42.5、52.5 等级的普通及复合水泥。

产能：2 条 2 500 t/a 的熟料水泥生产线。

（二）清洁生产潜力分析

1. 公司现状调查

公司现有员工 800 多人，机构设置 7 部 1 室 2 条生产线：生产部、财务部、设备部、销售部、能源计量部、安全环保部、质检部、办公室和两条 2 500 t/d 熟料水泥生产线，公司实行两班制生产。

（1）主要工艺流程

石灰石在矿山开采后送入锤式破碎机破碎，经均化后的石灰石和外购进厂的黏土、煤矸石、硫酸渣一起送至原料配料站。配好的原料送入风扫磨，合格细粉进入细粉分离器后进入连续式生料均化库。出均化库的生料经计量后送入窑尾预热器，由电收尘器和增湿塔收下的粉尘，经螺旋输送机与来自原料磨的成品生料一起卷入生料均化库；原料磨停机时，直接送生料入窑系统。出库生料经斗提机卷入生料稳流仓，计量后的生料由斗式提升机卷入预热器系统，生料进入预热器后逐步预热、分解，生料经过预热器和分解炉后进入回转窑煅烧，出窑熟料进入箅冷机进行冷却和破碎，冷却及破碎后的熟料由链斗输送机送至熟料库。原煤经计量后喂入风扫磨，分离出来的煤粉进入两个煤粉仓，经计量后输送至窑头燃烧器及窑尾分解炉。石膏及混合材料破碎机破碎后喂入水泥配料站石膏库及石灰石库中，干粉煤灰输送进厂并储存于粉煤灰库中，混合材料输送储存于干砂岩库内。各物料按照预定配比要求准确配料后，由胶带输送机分别送至两台水泥磨，粉磨后的成品水泥输送到水泥库，部分成品水泥再输送至驳岸的两个水泥称重仓，进行水泥装船（图 4-3）。

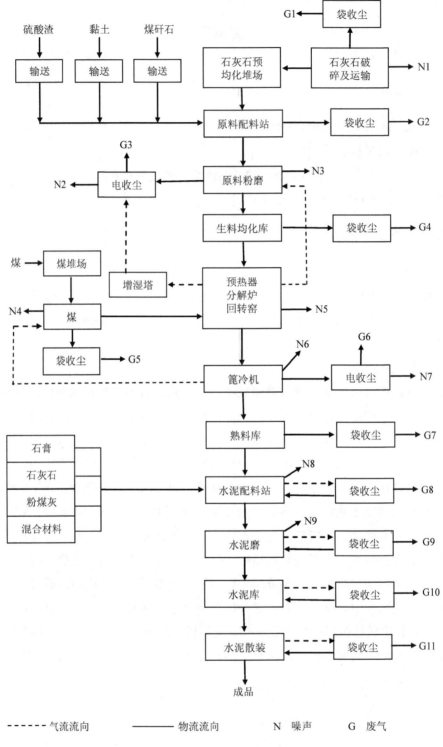

图 4-3 生产工艺流程图

从原材料采购，经过检验合格后入库，经石灰石破碎及输送、原料配料、原料粉磨、生料均化及入窑、熟料煅烧及输送、煤粉制备及输送、熟料储存及输送、水泥配料及水泥粉磨、检验合格后入储存库。

公司审核期间的产量见表 4-7。

表 4-7　公司审核期间近三年来的产量　　　　　　　　　　　　单位：t/a

产品名称	近三年年产量		
	2008 年	2009 年	2010 年
水泥	2 231 754	2 495 773	2 742 197
设计能力	2 400 000		

（2）主要原辅料及能源消耗

企业主要能源消耗情况见表 4-8，主要原辅料情况见表 4-9。

表 4-8　企业历年主要能源、资源消耗情况表

年份	近三年年消耗量				近三年吨产品消耗量			
	水/ （t/a）	电/ （万 kW·h/a）	煤/ （t/a）	柴油/ （t/a）	水/t	电/ kW·h	煤/t	柴油/kg
2014 年	580 286	18 763	194 340	850	0.26	82.0	0.083 5	0.38
2015 年	620 486	18 750	202 702	858	0.25	75.1	0.081 2	0.35
2016 年	617 196	20 292	218 306	921	0.23	74.0	0.079 6	0.34

表 4-9　企业历年主要原辅料消耗情况表

原辅料名称	近三年消耗量/t			近三年单位产品消耗/（t/t）		
	2014 年	2015 年	2016 年	2014 年	2015 年	2016 年
石灰石	1 862 063	2 060 609	2 189 402	0.834	0.825	0.798
黏土	93 284	69 920	62 858	0.042	0.028	0.023
石膏	74 555	72 516	68 858	0.033	0.029	0.025
矿渣	113 473	151 950	148 466	0.051	0.061	0.054
煤矸石	344 174	417 218	416 312	0.154	0.167	0.152

（3）企业产排污状况

企业主要污染物及来源见表 4-10。

表 4-10　主要污染物及处理措施

污染物	来源	处理措施
废水	少量冷却塔排水、软水制备废水、生活污水	调节 pH 后回用于路面堆场增湿洒水，污水处理站后外排
废气	G1 石灰石破碎机输送、G2 原料配料及输送、G4 生料均化库及生料入窑、G5 煤粉制备及输送、G7 熟料库、G8 熟料储存、石膏破碎转运、水泥配料、G9 水泥粉磨及输送、G10 水泥储存、G11 汽车散装等过程产生的粉尘	高效袋式除尘器处理
	G3 原料粉磨、废气处理、G6 烧成窑头粉尘	静电除尘器
噪声	破碎机、空压机、风机、磨尾风机、负压吸灰机	减振消声隔音措施
固体废物	粉尘、污水处理站污泥、生活垃圾	回用；用作肥料；环卫部门处理

2. 存在的问题分析

原辅料仓库大量物料露天堆放，易风化损失，产生扬尘，因此要采取措施，规范仓库管理，以减少储存、运输中的损失。加强原辅料堆场的管理，采取必要的降尘措施，减少物料的损失和扬尘对环境的影响。

在水泥生产过程中使用大量风机（包括除尘设备），如何能够降低风机的运行功率，也是节约能源的重要方面。因此对一期工程高、低压风机变频器改造，水泥熟料烧结过程中产生的余热利用，对公司节能降耗至关重要。

通过对比标准，企业在风机高、低压变频使用、可比熟料综合煤耗、可比熟料综合电耗、窑系统废气余热利用率、颗粒物无组织排放控制方面（物料露天堆场扬尘控制）方面仍有改进潜力，因此本次清洁生产审核可通过清洁生产机会分析，找出差距积极实施可行的清洁生产方案，使公司清洁生产水平得到提高。

> **点评**：针对公司存在的问题，主要为废气余热利用率低、熟料综合电耗过高以及粉尘排放量大等问题。

3. 提出和实施无/低费方案

详见表 4-11。

表 4-11　典型无/低费方案一览表

序号	方案	预计投资/万元	预计效果	
			环境效益	经济效益
1	黏土、砂岩、铁灰输送带的改造	3.3	减少粉尘排放，提高空气质量	减少原材料的损失成本
2	固体废弃物回收利用	—	降低环境污染	每年可增加水泥产量 50 t

(三) 清洁生产方案及效益

详见表 4-12。

表 4-12　中/高费方案汇总表

方案类型	方案编号	方案名称	方案简介	预计投资	预计效果	
					环境效益	经济效益
废弃物利用	F18	余热发电	利用水泥熟料生产中由窑头熟料冷却机排出的大量的中、低温废气，其热能为水泥熟料烧成系统热耗量的 15%～20%，通过纯低温余热发电，将排放到大气中的废气余热进行回收，使水泥企业能源利用率提高到 95% 以上	4 000 万元	减少废热的排放，提高能源的利用效率	预计年产生经济效益 1 300 万元
工艺和设备	F19	篦冷机改造	通过篦冷机改造，达到降低熟料温度，同时提高废气温度，利用废气余热，提高发电量	250 万元	节约用煤，从而减少烟尘、二氧化硫排放	预计节约煤 3 600 t/a，产生 288 万元/a 经济效益；增加发电量 388 万 kW·h/a，预计增加效益 233 万元/a
	F20	高压变频器改造	通过变频器改变频率和电压，控制风机的运行效率，达到节约能源的目的	77 万元	间接减少大气污染物烟尘、二氧化硫的排放	节电 144 万 kW·h/a，折合标煤 176.97 t，节约电费 86.4 万元/a
	F21	低压变频器改造	通过变频器改变频率和电压，控制风机的运行效率，达到节约能源的目的	30.5 万元	节约能源，提高资源的利用效率	节电 71.6 万 kW·h/a，节约电费 42.96 万元/a
	F22	风机变频改造	通过变频器改造，降低实际运行功率，提高功率因素达到节电效果	31 万元	节约能源，提高资源的利用效率	每年可节电 139.5 万 kW·h，每年可节约电费 83.7 万元

本轮清洁生产审核，共提出和实现了 17 个无/低费方案和 5 个中/高费方案，方案实施完成后共投入了 4 421.5 万元，每年产生直接经济效益 2 024.47 万元，年运行费 35 万元。通过加强管理，2017 年全年使用自来水 21 520 t，节约自来水用量 3 643 t。2011 年全年生产用水 464 314 t，比 2016 年减少 152 882 t。篦冷机的改造每年节煤 3 600 t。通过固体废弃物的回收利用，每年可创造 2.5 万元经济效益。

项目的各项方案实施后，除每年产生 2 000 多万元的经济效益外，还可以减少废气的无组织排放，降低环境噪声，进一步改善了周围环境空气质量，取得了明显的环境效益。

点评：可以通过纯低温余热发电技术、窑炉预热器及篦冷机改造等方案将废气余热进行回收，提高发电量，使水泥企业能源利用率提高到 95%以上。核算中/高费方案的经济效益需提供有效数据进行辅证，通过方案实施前后用电量数据对比，确定节约电量消耗情况。

第二节　造纸行业

造纸行业是我国重要的支柱行业，但同时也是物耗能耗较大、污染较重的行业之一。我国造纸工业集中化程度低、环境污染严重，废纸回收利用率比较低，资源与环境问题已经成为造纸工业可持续发展的"瓶颈"，造纸工业面临着资源短缺、能源紧张、环境压力大等难题。在新形势下，实现企业经济与生态共赢的发展，显得尤其重要。造纸企业在产业发展上应遵循可持续的绿色发展理念，积极推广绿色清洁的生产模式，加强自主创新的能力，研究和开发造纸工业的减排工艺设备，降低造纸企业在产业链上的能延和资源的浪费，关注节能减耗、资源重复利用率的提高，优化企业规模整改，从根本上在污染物和废水排放量上做到进一步降低。

一、造纸行业清洁生产审核行业依据

1. 《制浆造纸行业清洁生产评价指标体系》（国家发展改革委、环境保护部、工业和信息化部 2015 年第 9 号公告）
2. 《取水定额　第 5 部分：造纸产品》（GB/T 18916.5—2012）
3. 《制浆造纸企业生产过程的系统能量平衡计算方法通则》（GB/T 27736—2011）
4. 《制浆造纸工业水污染物排放标准》（GB 3544—2008）
5. 《制浆造纸工业污染防治可行技术指南》（HJ 2302—2018）

6.《制浆造纸单位产品能源消耗限额》（GB 31825—2015）

7.《排污单位自行监测技术指南—造纸工业》（HJ 821—2017）

8.《水污染防治行动计划》

9.《水污染防治重点行业清洁生产技术推行方案》（工业和信息化部　环境保护部，2016 年 8 月 18 日）

10.《产业关键性共性技术发展指南（2015 年）》（工业和信息化部，2015 年 11 月 12 日）

11.《产业关键性共性技术发展指南（2017 年）》（工业和信息化部，2017 年 10 月 18 日）

二、造纸行业清洁生产推广技术

造纸行业属于高耗水行业，根据《水污染防治行动计划》，2017 年底前，造纸行业需力争完成纸浆无元素氯漂白改造或采取其他低污染制浆技术，开展节水诊断、水平衡测试、用水效率评估，严格用水定额管理，到 2020 年，造纸行业达到先进定额标准。城市建成区内现有造纸企业应有序搬迁改造或依法关闭，鼓励造纸企业废水深度处理回用。

《产业关键性共性技术发展指南（2015 年）》及《产业关键性共性技术发展指南（2017 年）》涉及的造纸工业技术如下：

1. 造纸行业生物质能源生产技术

主要技术内容：含盐高浓度废液（水）分离提取、厌氧过程微生物强化、厌氧发酵甲烷转化的技术及厌氧反应体系甲烷纯化技术和装备等。

2. 造纸植物纤维原料组分的高值化利用

主要技术内容：利用温和分离技术实现原料主要组分纤维素、半纤维素、木质素的高效分离，以国家重大需求为导向进行组分定向转化，以满足我国在生物基材料、生物质能源及化学品等领域的需求。

3. 高速造纸机高端自动化控制技术

主要技术内容：高速宽幅条件下的高端过程集散控制系统（DCS+MCS）；盘磨的恒能耗控制技术，连续配浆的全自动控制技术，靴式宽压区压榨的液压控制技术，无绳引纸控制技术，全自动换卷、恒线压卷绕卷纸机控制技术；高精度传动控制系统（DS）；智能马达控制系统（MCC）；断纸检测分析系统（WMS）；在线质量控制系统（QCS）；稀释水/唇板横幅定量控制系统；蒸汽及冷凝水回收控制系统（可调热泵）；电磁感应加热横幅厚度控制系统；纸病检测系统（WIS）；高速复卷机控制系统；液压控制系统；全自动换卷复卷机控制系统等。

《水污染防治重点行业清洁生产技术推行方案》中提到的造纸工业技术如表 4-13 所示。

表 4-13 造纸工业清洁生产技术推行方案

序号	技术名称	适用范围	技术主要内容	解决的主要问题	应用前景分析
1	本色麦草制浆清洁制浆技术	制浆造纸企业（麦草浆）	麦草经切断、筛选除尘后进入蒸煮器，在高温环境中与蒸煮化学药品发生化学反应，绝大多数木素及部分半纤维素被溶出，分离出的纤维素（含少量木素）经后续的机械疏解、氧脱木素、洗涤、筛选净化过程得到纸浆用于纸张的生产。溶出的木素及部分半纤维素被作为废液进入资源化处理系统	(1) 降低纤维原料消耗10%； (2) 提高除尘效果10%； (3) 减少化学药品消耗5%； (4) 降低蒸汽消耗20%； (5) 节约清水用量50%； (6) 提高黑液提取率，黑液提取率＞90%； (7) 降低生产成本，实现废液资源化利用； (8) 不产生有机卤化物（AOX）和二噁英	该技术应用于10万t麦草浆生产线后，年均可实现节约麦草原料7万t，节约清水量305万t，减少进入中段水的COD产生量9 423 t，消除AOX的产生，节约用电650万kW·h，节约用汽10万t，节能总量折合标煤约10 511 t，大大降低了单位产品的能耗，清洁生产效果显著。 该技术目前在行业中的普及率为10%，潜在普及率为50%，按照年麦草浆330万t的产量计算，每年可节约清水约4 026万t，减少进入中段水的COD产生量12.4万t
2	置换蒸煮工艺	制浆造纸企业（化学浆）	置换蒸煮系统包括预浸装料、初级蒸煮、中级蒸煮、升温保温、置换回收、冷喷放等工艺步骤。通过对常规立锅间歇蒸煮进行技术改造后实施该技术，可以得到强度高、卡帕值波动小的浆料，同时浆料质量均匀，有利于减少后续漂白过程化学药品用量，降低中段水污染负荷	(1) 消除废气喷放对空气的污染； (2) 进入漂白工段的木素含量减少，漂白AOX排放量减少20%； (3) 节省蒸汽消耗，蒸汽消耗量减少至0.55~0.75 t/t浆	该技术可以应用于常规立锅间歇蒸煮的技术改造，通过该技术的实施可以明显减少蒸汽消耗和减少AOX污染物排放，具有明显的环境效益和经济效益。该技术主要适用于中小型企业。 该技术目前在行业中的普及率为20%，潜在普及率为60%，按照年1 000万t的化学浆生产规模计算，每年可降低漂白AOX产生量2 000 t，节约蒸汽400万t

序号	技术名称	适用范围	技术主要内容	解决的主要问题	应用前景分析
3	氧脱木素技术	制浆造纸业（非木浆）	氧脱木素是蒸煮脱除木素过程的延伸，蒸煮所得到的纸浆经过筛选、洗涤之后，进入氧脱木素系统。滤液直接逆流进入碱回收，降低水耗和化学药品的消耗。主要设备有氧反应塔、刮料器、混合器与加热器。氧脱木素系统一般包括中浓浆泵、混合器、反应塔、喷放塔和洗浆机等。对木浆和竹浆，适当提高蒸煮之后纸浆的硬度，然后通过氧脱高木素降低纸浆的硬度，可获得较高的得率	（1）提高木素脱除率； （2）降低纸浆卡伯值 40%～50%，以满足现代环保型无元素氯漂白（ECF）或全无氯气漂白（TCF）的要求； （3）提高制浆得率，降低原料成本； （4）降低漂白污减少漂白废水中 AOX 产生量 50%～60%； （5）节约漂白化学品消耗 40%～50%，减轻漂白废水污染负荷，COD 排放量降低 40%	该技术目前在行业中的普及率为 15%～20%，潜在普及率为 60%，按照 800 万 t 的非木材化学浆生产规模计算，每年可削减废水中 AOX 产生量约 4 160 t，降低 COD 产生量约 12.8 万 t
4	无元素氯漂白技术	制浆造纸企业（非木浆）	本技术采用二氧化氯（ClO₂）在中浓度（10%～16%）条件下对纸浆进行漂白，取代氯气和次氯酸盐漂白。ClO₂ 不含分子氯，漂白废水的 AOX 比有氯漂白大降低，而且 ClO₂ 在破坏木素但不显著降解纤维素或半纤维素方面有很高的选择性。增加 ClO₂ 发生器、提升改造漂白主要工艺设备，对漂白后洗浆设施进行防腐改造等。减轻漂白废水的污染负荷，改造后可不再新增二噁英的排放，减少化学品的消耗	（1）取消元素氯漂白； （2）降低漂白废水中的污染负荷，减少漂白产生量； （3）在提高纸浆白度的同时，改善漂白浆废水中 50%的 COD 和 80%AOX 产生量的强度； （4）降低用水量，减少漂白废水 40%	以 ClO₂ 部分或全部代替 Cl₂ 漂白可以明显降低废水中 AOX 的产生量，还可以减少废水及其 COD 的产生量。该技术目前在行业中的普及率为 20%，潜在普及率为 50%～60%，按照 800 万 t 的非木材化学浆生产规模计算，每年可减少废水排放量 5 760 万 t，削减漂白过程 AOX 产生量约 4 800 t，减少 COD 产生量 12 万 t

序号	技术名称	适用范围	技术主要内容	解决的主要问题	应用前景分析
5	镁碱漂白浆化机浆生产关键技术	制浆造纸生产企业（漂白化机浆）	对国外先进、成熟化机浆生产技术再创新，使之适应我国化机浆应用需求和生产线特点，利用镁碱（或直接利用氢氧化镁）部分替代烧碱和硅酸钠，用于各类漂白化机浆生产，在基本不影响成浆质量指标条件下，镁碱替代率达到30%～50%	(1) 降低 COD 产生量，吨浆 COD 产生量降低 30%～50%； (2) 减少悬浮物（SS）产生量，吨浆 SS 产生量下降 15%以上； (3) 提高制浆得率，吨浆节约木质资源约 210～300 m³； (4) 有效缓解高浓磨、螺旋压榨等设备结垢问题； (5) 解决碱回收法化机浆废液处理硅干扰问题	使用镁碱代替烧碱和硅酸钠用于各类漂白化机浆生产，可以提高漂后纸浆的得率，降低漂白机浆中的 COD 负荷，同时还可以减少漂白化学品用量，降低生产成本，提高企业白化经济效益。该技术目前已完成工业化生产实验，技术可行性与技术经济指标得到初步论证，潜在普及率为 50%～60%，按照 400 万 t 的化机浆生产规模计算，每年可减少 COD 产生量 20 万 t 以上，减少 SS 产生量 4 万 t 以上，节约烧碱用量 60 万 t，降低生产成本总计 1.6 亿元
6	白水循环综合利用技术	制浆造纸生产企业（造纸机）	将造纸机排出的白水直接地或者经过白水回收设备回收其中的固体物料后再返回造纸机系统加以利用。该技术包括合理的生产工艺、合适的设备、智能化的 DCS 模拟控制系统和生产系统的节能方案几部分组成。根据不同产品种类等多因素，综合考虑，偏宽和所不同浆料、不同填料、抄速、纸机协同利用，达到白水的高效利用。利用纸机白水代替清水，减少清水使用和能量消耗	(1) 提高白水循环利用水平，降低造纸用水量 10%～40%，吨纸水耗可以控制在小于 10 t； (2) 纤维填料留着率提高至 95%以上； (3) 纤维与填料节约 10%～50%	该技术目前在行业中的普及率为 20%左右，潜在普及率为 50%～60%，按照 10 470 万 t 的纸和纸板产量计算，每年可节约清水用量 6 282 万 t

三、造纸行业审核过程关注点分析

（1）环境保护部发布的《清洁生产标准　造纸工业（漂白碱法蔗渣浆生产工艺）》（HJ/T 317—2006）、《清洁生产标准　造纸工业（漂白化学浆烧碱法麦草浆生产工艺）》（HJ/T 339—2007）、《清洁生产标准　造纸工业（硫酸盐化学木浆生产工艺）》（HJ/T 340—2008）、《清洁生产标准　造纸工业（废纸制浆）》（HJ 468—2009）已停止施行。《制浆造纸行业清洁生产评价指标体系》中列出了漂白硫酸盐木（竹）浆、本色硫酸盐木（竹）浆、化学机械木浆、漂白化学非木浆、非木半化学、废纸浆的评价指标项目、权重及基准值，制浆企业清洁生产管理指标，新闻纸、印刷书写纸、生活用纸、纸板、涂布纸的定量评价以及纸产品企业定性评价指标。

（2）造纸工业的主要废水污染物为 COD、可吸附有机卤素 AOX 及 NO_x。

草浆造纸废水的主要污染物是 COD、BOD、色度，同时耗水量过大，主要的关键技术是黑液资源化技术、中段水深度处理及回用技术。

造纸企业废水的主要来源是化学制浆的蒸煮黑液、漂白废水、废纸制浆的脱墨漂白废水以及造纸白水。蒸煮黑液的污染负荷约占全部制浆造纸废水的 80%，处理制浆黑液使用碱回收法，处理漂白废水采用生化处理，处理造纸白水采用气浮方法。我国造纸企业目前大多采用混凝沉淀法处理废水，化学药剂使用量较大，处理成本较高，水质无法满足某些产品的生产要求，导致废水回用量较低，排放量偏大。

中小造纸企业大多使用自备蒸汽锅炉供汽，锅炉燃烧效率偏低，审核过程中需同时关注锅炉脱硫除尘设施的设置。

四、造纸行业清洁生产审核案例

实例一

（一）企业概况

企业名称：某纸业股份有限公司

所属行业：造纸

主要产品：铜版纸。

产能：230 万 t。

（二）清洁生产潜力分析

1. 公司现状调查

公司成立于 1997 年 5 月，通过 16 年的发展，历经 2000 年和 2005 年两次大规模的建设，目前公司的铜版纸加工生产能力达到 230 万 t。铜版纸主要生产设备包括了两条德国 VOITH SULZER 公司进口的纸机生产线、两条芬兰 METSO 公司进口的涂布生产线和 1 条进口内涂布一体化生产线。配套造纸辅助装置、设备有两个 2 万 t 级码头、1 座装机容量 29 万 kW·h 热电厂、1 座日处理 9.95 万 t 原水处理厂、1 座日处理量 7.5 万 t 污水处理厂、1 座重质碳酸钙厂、化机浆生产线。

公司近三年的产量、产值、利税汇总见表 4-14。

表 4-14　近三年产品产量、产值、利税

产品名称	产量		
	2015 年	2016 年	2017 年
铜版纸/万 t	228.05	231.13	212.11
产值/亿元	82.62	99.75	91.62
单位产品产值/（万元/t）	0.36	0.43	0.43
利税/亿元	6.88	8.40	6.21

（1）生产工艺流程

公司主要生产铜版纸，采用的是漂白针叶木硫酸盐浆（Needle Bleached Kraft Pulp，NBKP）和漂白阔叶木硫酸盐浆（Leales Bleached Kraft Pulp，LBKP）以及少量的化学热磨机械浆（Bleached Chemical Thermo-Mechanical Pulp，BCTMP），需经过打浆、造纸、涂布、整理等工序生产出铜版纸。

1）制浆

①对原料纸浆中的杂质进行分拣，避免杂质对后续设备的影响。准备好的原料纸浆用传送机送入化浆罐，通入热水，搅拌打浆，再通过磨浆机使浆料进一步细化、均匀，使浆料游离度控制在 100～520 mL，磨浆过程中磨浆机需要用冷却水降温，冷却水循环利用，而设备冲洗产生的废水进入污水处理厂进行处理；

②打浆工段送来的浆料在成浆池中混合均匀，池内配螺旋推进器进行浆料的循环、均质，保证在一定的时间内连续、稳定地向纸机供料，连续生产；

③利用回收的白水进行浆的浓度调节，使浆料的浓度控制在 2.0%～5.5%，通过冲浆泵为设备提供流体动力便于后续造纸；

④根据杂质与纤维密度不同可在除渣器中进行分离，减少纸浆各种杂质含量，提高原纸抗张、耐破等各种物理性能，产生的废渣作为一般固废处理，用于自备电厂锅炉脱硫；

⑤利用杂质和纤维的尺寸大小与形状不同，使用有孔或有缝的压力筛进行分离，将良浆和渣浆分离，压力筛采取底部进浆、底部排重渣、顶部排轻渣的升流式结构设计，轻杂质与浆料中的空气自然升到顶部排渣口排出，重杂质一进入机体即可沉降到底部排出。这样完成制浆，纸浆可以送入头箱进行下一步造纸。

2）造纸

①把泵送的浆料转化成均匀等宽的长方形流体进入抄纸机，使纸浆中的纤维和填料均匀分布，头箱浓度在 0.5%～2%，头箱内装有数个一流挡板，浆料通过这些一流挡板上下流动，充分混合后送去网部；

②网部通过脱去网纸料中绝大部分水分，形成湿纸页，其脱水方式是过滤、抽吸脱水，网部脱去的水量占到总脱水量的 95%；

③从网部来的湿纸幅在强度能承受机械挤压之后，都需要在压榨部利用机械挤压进一步脱水，在提高干度的同时也增加纸的紧度、强度，改善纸的表面性质，然后再经过烘缸干燥，利用隔套蒸汽加热，进行干燥，使纸幅达到成品所需要的干度。

通过压光机辊轴对纸进行压光，其作用一是整饰，提高纸幅的平滑度，光泽度和紧度，二是校正纸幅的厚度，通过局部的加热和冷却压光辊，减少纸幅沿横向向上波动的厚度，经过施胶在纸张表面添加抗水性物质，使纸张具有延迟流体的渗透性能，然后采用红外线加热器（使用天然气燃烧）进行红外干燥，快速减少纸张施胶带来的水分，根据不同的品质要求，水分要求一般在 3%～7%，最后再经过蒸汽烘缸完成烘干定型。生产一处和二处此时需要将原纸卷纸转运到涂布机上进行涂布加工，生产三处直接开始涂布生产。

3）涂布

原纸进入涂布机，涂布机共有 4 个涂布头，第 1#、3#涂布头涂纸的一个面，第 2#、4#涂布头涂纸的另一面，一般纸品每个面都被涂两次，使得涂后的纸张表面更加平滑，涂布通过单面辊式涂布头和刮刀涂布头组合在原纸上均匀涂料，每次涂布量一般在 6～15 gsm；再通过天然气红外线干燥器使涂料快速干燥，红外干燥温度可达到 1 000℃以上以避免涂料中的水与黏合剂被原纸吸收引起迁移现象；用100～350℃空气干燥烘箱完成纸张干燥定型。根据产品的需要可能要进行二次以上涂布，按照之前涂布过程反复，直到达到要求的成品。

4）压光复卷

涂布后的纸品通过运纸台车送到压光机进行压光，压光机通过钢辊和胶辊之间的

30～250 kN/m 的线压和 60～150℃的温度提高纸幅光泽度、平滑度等印刷适应性，压光后的铜版纸送到复卷机，按照客户订单要求裁切成各种规格的小纸卷。

生产工艺流程及产污环节如图 4-4 所示。

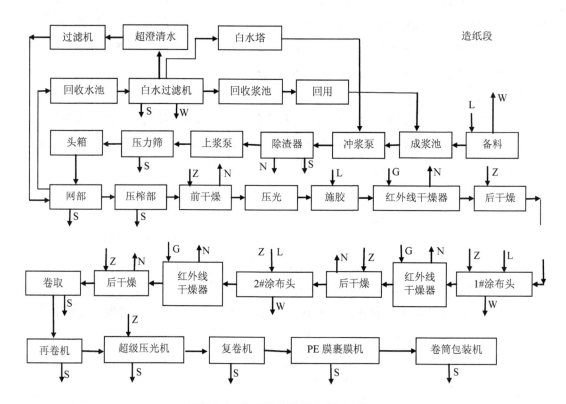

图 4-4   生产工艺流程及产污环节

（2）主要原辅料及能源消耗

生产过程原辅料情况见表 4-15，生产中的主要能耗消耗情况见表 4-16。

表中显示了近三年造纸原辅料消耗的用量情况，由于纸浆、填料的用量受到纸张克重的变化而变化。2016 年企业的主要订单为高克重铜版纸，因此纸浆和填料的用量增加，填料的添加既可以增加铜版纸克重，又可以控制成本，但是填料的添加不是无止境的，过多的填料会影响纸张的强度。企业在 2016 年开始着手研究如何引进功能性胶黏剂和各类添加助剂提高填料在纸张中的比重，节约纸浆，同时还能保证纸张的良好性能，因此 2017 年企业纸浆的用量大幅下降，填料的比重有所增加，如此改进在保证产品质量的同时，大大降低了原料成本。除此之外，企业还引进新技术、新产品，在满足产品质量的同时，尽量减少原辅料消耗，减少造纸产生的废弃物。

> **点评：** 通过对生产中原辅料消耗情况分析，对比同等克重铜版纸的纸浆及填料消耗情况，控制生产成本，通过调整原料比例，节约纸浆，在保障产品质量的同时，减少原辅料消耗，降低污染物产生。在本案例中，仅通过全年原辅料总量消耗情况分析，并未通过不同克重的铜版纸原料消耗量进行对比分析，实际上无法发现企业在同类型产品生产过程中对纸浆、填料涂料的控制问题。

公司主要的能源消耗是原煤，占公司所有能耗的 91.14%，而煤主要是通过锅炉的燃烧发电发热满足生产生活的需要，减少电热的消耗就可以减少煤的消耗。

根据 2017 年的统计数据做出企业能源平衡见表 4-17。

表 4-15　审核期间近三年原辅料消耗情况表

项目	材料名称	2015 年		2016 年		2017 年	
		总消耗/t	单耗/（t/t）	总消耗/t	单耗/（t/t）	总消耗/t	单耗/（t/t）
纸浆	漂白硫酸盐阔叶木浆 LBKP	1 003 055.08	0.440	942 679.01	0.408	760 416.94	0.359
	化学热磨机械浆 BCTMP	89 730.84	0.039	130 302.32	0.056	169 499.20	0.080
	漂白硫酸盐针叶木浆 NBKP	225 769.58	0.099	271 290.84	0.117	249 240.54	0.118
	合计	1 318 555.50	0.578	1 344 272.17	0.582	1 179 165.68	0.556
填料涂料	碳酸钙矿石	696 582.14	0.306	707 241.02	0.306	738 282.00	0.348
	羧基丁苯胶乳	143 911.58	0.063	144 073.00	0.062	113 669.71	0.054
	填料	139 424.49	0.061	158 766.61	0.069	86 065.83	0.041
	轻质碳酸钙	48 517.46	0.021	48 769.02	0.021	48 969.65	0.023
	木薯淀粉	38 925.55	0.017	26 667.69	0.012	38 008.92	0.018
	高岭土	44 944.21	0.020	39 093.86	0.017	35 505.65	0.017
	涂布黏合剂	22 503.29	0.010	25 664.09	0.011	31 396.02	0.015
	功能性胶黏剂	—	—	—	—	16 988.06	0.008
	湿部淀粉	12 132.55	0.005	11 722.75	0.005	11 013.75	0.005
	合计	1 146 941.27	0.503	1 161 998.03	0.503	1 119 899.58	0.528
其他	分散剂（增强剂）	26 733.26	0.012	27 826.43	0.012	27 469.98	0.013
	AKD 施胶剂	13 685.56	0.006 0	15 859.12	0.006 87	17 124.23	0.008 08
	杀菌剂	1 186.7	0.000 52	1 391.31	0.000 60	1 273.49	0.000 60
	醋酸	263.71	0.000 12	349.17	0.000 15	282.85	0.000 13
	一水柠檬酸	72.52	0.000 03	89.68	0.000 04	77.82	0.000 04
	次氯酸钠	577.44	0.000 25	718.37	0.000 31	565.92	0.000 27
	烧碱	659.28	0.000 29	872.95	0.000 38	707.50	0.000 33
	硫酸铝	50.33	0.000 02	78.74	0.000 03	53.76	0.000 03
	其他助剂	659.72	0.000 29	1 072.95	0.000 46	1 207.46	0.000 57
	合计	43 888.52	0.019 2	48 258.72	0.020 89	48 763.01	0.023 00
总计		2 509 385.29	1.101	2 554 528.92	1.106	2 347 828.26	1.107

表 4-16　审核期间近三年来能源消耗情况

名称	折标系数	消耗部位	2015 年			2016 年			2017 年		
			用量	单位产品消耗	金额/万元	用量	单位产品消耗	金额/万元	用量	单位产品消耗	金额/万元
煤炭/t	0.666 9 tce/t	热电厂	1 383 192.38	0.607	71 345	1 399 124.31	0.606	97 167	1 310 242.91	0.618	105 853
柴油/t	1.457 1 tce/t	热电厂	2 096.63	0.001	2 527	2 209.18	0.001	3 027	2 430.17	0.001	3 748
		工程车辆	2 290.85	0.001		2 237.32	0.001		2 238.69	0.001	
生物质燃料/t	0.457 1 tce/t	热电厂	27 158.17	0.012	769	2 076.13	0.001	91	2 791.51	0.001	145
天然气/万 m³	12 tce/万万	生产部	5 896.83	0.003	20 828	6 670.25	0.003	23 645	6 447.33	0.003	22 689
液化石油气/t	1.714 3 tce/t	生产部	5 601.70	0.002	2 998	1 307.24	0.001	858	203.00	0.000 1	133
汽油/t	1.471 4 tce/t	厂内车辆	143.40	0.000 1	96	153.60	0.000 1	124	144.76	0.000 1	141
标煤合计	—	—	1 021 834	0.448	—	1 023 014	0.443	—	959 809	0.453	—
发电量/万 kW·h	1.229 tce/万 kW·h	—	170 383	0.075	—	173 724	0.075	—	166 879	0.079	—
发热量/GJ	0.034 1 tce/GJ	—	12 713 915	5.576	—	132 25 139	5.725	—	8 245 891	3.890	—
取水量/万 t	—	全公司	1 814.76	7.96	—	1 946.25	8.43	—	1 916.33	9.04	—

表 4-17　2017 年能源平衡表

能源种类	原煤/t	天然气/万 m³	汽油/t	柴油/t	液化石油气/t	生物质燃料/t	标煤合计/tce	电/万 kW	热/GJ	转换损失/tce	标煤合计/tce
输入量	1 310 243.4	6 447.36	144.61	4 669.29	202.95	2 792.5					
当量折标系数	0.666 9	12	1.471 4	1.457 1	1.714 3	0.457 1		0.034 1	1.229		
折标准煤	873 801.32	77 368.32	212.78	6 803.62	347.92	1 276.45	959 810.41				
能源转换系统											
能源转换量	1 310 243.4			2 430.43		2 792.5		166 879.00	8 245 891		
折标准煤	873 801.32			3 541.38		1 276.45	878 619.15	205 094.29	281 184.88	392 339.98	878 619.15
生产系统											
热电厂		-2 419.44						-21 908.60	-14 624.27		-27 424.36
生产一处		-2 026.33						-39 737.60	-2 368 449.77		-158 634.93
生产二处					-202.95			-39 796.75	-2 475 228.78		-157 979.38
生产三处		-2 001.59						-36 671.58	-2 564 982.58		-156 554.36
整理部								-7 033.60	-83 801.58		-11 501.93
水厂								-2 280.50			-2 802.73
污水厂								-1 308.85			-1 608.58
涂料处								-5 441.12	-149 278.27		-11 777.53
碳酸钙处								-6 841.46			-8 408.15
行政后勤								-1 513.39	-55 997.99		-7 244.51
生活区								-4 345.55	-533 527.76		-23 533.98
能源合计		-6 447.36	-144.61	-2 238.86				-166 879.00	-8 245 891.00		-567 470.43

2017 年企业能源平衡分配情况如图 4-5 所示。

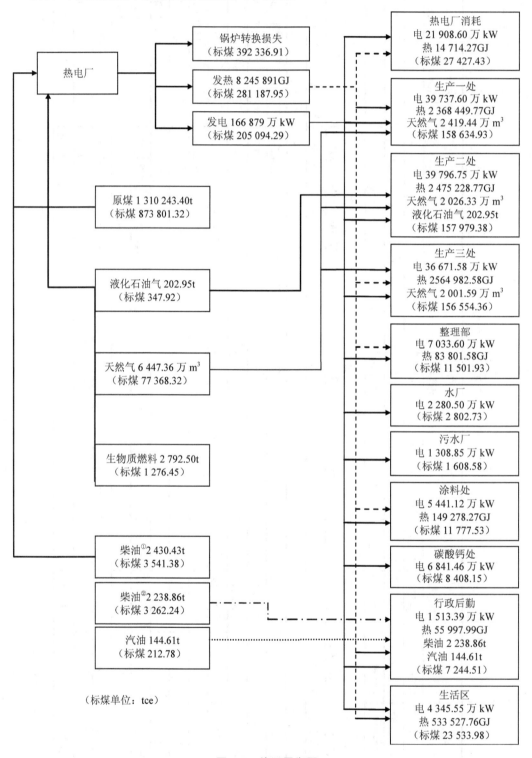

图 4-5　能源平衡图

说明：该平衡包括了某纸业审核范围内用能情况，由于化机浆基建使用外购电，且该项目不在本轮审核范围内，故能源平衡中未列出。通过上图可以看出锅炉在能源转换过程中除了发电、产热外还有很大一部分的损失。根据数据显示，2017 年的锅炉整体热效率仅 55.35%，明显较低，而锅炉的热效率低除了由于公司热电不平衡外，还有锅炉、汽机的参数控制、部分辅助设备不能达到工艺要求等，如锅炉的冷却系统由于管路的堵塞，造成冷却效果不好，不但增加了水泵的电耗，而且直接影响锅炉的真空度偏低，增加煤的消耗；由于生产部门与热电厂之间的沟通不及时，造成排空蒸汽的产热浪费以及输煤线路频繁故障，致使锅炉运行不正常。因此公司着手对锅炉系统进行集中整治，通过调整优化运行参数，增加设备维护，加强员工教育等措施，提高锅炉的热利用效率。

根据能源平衡审核企业电能分配消耗的情况（图 4-6）：

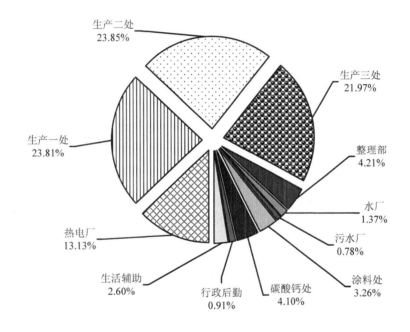

图 4-6　电能的分配消耗情况

通过图 4-6 可以看出生产一处、二处、三处是整个公司主要的电耗部位，而这三个生产处每年有相应的节能计划，提高生产效率减少电耗，经过多年的挖潜，虽然节电空间较小，但审核过程中仍发现了多处可改进的环节，如改变生产一处、二处的送风系统，减少无人岗位送风；使用高效电机替代旧电机，生产二处车间采光屋顶清洁，提高透光效果，减少白天照明电耗等。更主要的是需要生产一处、二处对生产线不断进行改进，提高生产效率，节约用电。

从图中可以看出，电能分配中热电厂的自身电耗达到了发电量的13.48%，这一指标高出同类热电厂 9%～10%，审核发现问题的主要原因是公司热电联产中以热定电，而生产过程中热电平衡波动较大，导致了发电电耗大，而且辅助设备的低效也导致了发电电耗增大，因此公司希望通过对电厂的进一步管理，降低发电电耗。

根据能源平衡审核企业热分配消耗的情况（图4-7）：

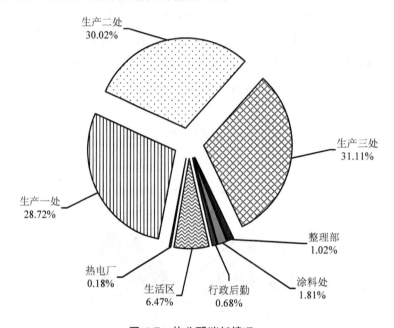

图 4-7　热分配消耗情况

图4-7显示，在所有用热单元中，三个生产处依旧是热消耗最多的单元，降低生产过程中的热消耗，关键在于三个生产处提升生产效率，减少不必要的浪费。

根据各水计量器具的统计汇总，做出2017年该纸业公司的水平衡（图4-8）：

通过水分配图可知水资源利用情况（表4-18）。

从图4-8可以看出公司在水资源的循环利用上也下足了功夫，很多部位都实现了回收利用和梯级利用，如白水的回收利用和蒸汽冷凝水的收集回用。如表4-18中显示，企业的工业水重复利用率已达到86.58%，优于《制浆造纸行业清洁生产评价指标体系》中涂布纸定量评价指标项目85%的水重复利用指标，达到Ⅱ级基准值。

但是公司不满足于现状，力求将更多的水资源实现循环利用，将制软水过程中排放的浓缩水回用到锅炉冷凝器补充冷却水，提高冷却效果；将碳酸钙洗涤水回用于垃圾矿石的表面清洗，等等，提升工业水的重复利用率，降低新鲜水的取用量，减少废水的排放。

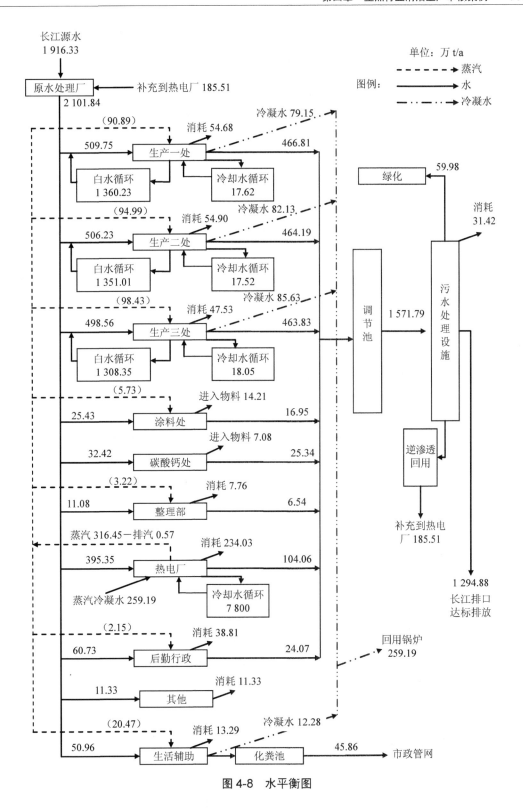

图 4-8 水平衡图

表4-18　2016年水资源利用情况　　　　单位：万t/a

新鲜水补水量 Q_1	冷却水循环量 Q_2	冷却水系统取水量 Q_3	工业污水回用量 Q_4	总用水量 $Q=Q_1+Q_2+Q_4$	重复利用率 $(Q_2+Q_4)/Q$	冷却水循环利用率 $Q_2/(Q_2+Q_3)$
1 916.33	7 853.19	260.80	4 514.28	14 283.8	86.58%	96.79%

　　为了持续有效地实现节能增效，企业引入了能源管理体系，实行公司、部门、厂处三级能源管理；设有节能委员会，负责公司日常能源管理的组织，监督、检查和协调工作；组织节能技改的方案征集、评估、实施。设有专项基金对好的方案予以奖励；进行经常性的节能宣传、教育，表扬本单位节能先进人物，批评浪费能源的现象；针对能源管理制定了相应的管理制度：《能源采购和审批管理制度》《能源财务管理制度》《能源生产管理制度》《能源计量统计制度》《能源计量器具管理制度》，并将能源管理制度编写标准作业指导书（SOP）。

　　点评：在审核过程中，对企业的能源消耗情况进行了较为详细的分析。通过能源平衡分析，发现锅炉燃烧效率较低，通过对锅炉进行问题排查，寻找提高锅炉热效率的途径，减少锅炉热能转换过程中的浪费。通过电平衡分析，将热电厂与同类热电厂对比，发现热电厂自身电耗过大。通过水平衡分析，对企业工业水重复利用量进行计算，与评价指标体系进行对比分析，目前公司的水重复利用率已经优于行业指标。

（3）企业产排污状况

企业主要污染物及来源见表4-19。

表4-19　主要污染物及处理措施

分类	污染物名称	主要污染物	处置方法
废水	生产废水	COD、TP、氨氮等	7.5万t废水处理厂，处理工艺为A/O法，处理后达标排放
	生活污水	COD、TP、氨氮等	厂区的化粪池处理后排入市政管网
废气	锅炉烟气	烟尘、SO_2、NO_x	在燃烧过程中投加碳酸钙脱硫，炉内燃烧温度控制在850～900℃范围内，抑制NO_x的产生，采用二室三电场、四电场静电除尘收集烟尘，尾气最后150 m烟囱排放
	碳酸钙处粉尘	颗粒物	旋风除尘器＋袋式除尘器，通过8 m排气筒排出
	无组织扬尘	颗粒物	煤场保湿、保持输煤管道密封
	蒸发废气	水蒸气	屋顶排气筒排出
	食堂油烟	油烟	脱排油烟机收集初步净化后在经过室外的油烟净化装置处理后排放

分类	污染物名称	主要污染物	处置方法
固体废物	一般固体废物	生活垃圾	委托环境卫生管理处进行及时清运处理，船舶垃圾委托外轮服务有限公司进行处理
		粉煤灰	委托某粉煤灰利用开发公司综合利用
		大理石渣	委托某粉煤灰利用开发公司综合利用
		污泥饼	部分委托某废纸浆回收有限公司综合利用，部分用于自备电厂锅炉脱硫
		生产废渣	部分委托某粉煤灰利用开发公司综合利用部分用于自备电厂锅炉脱硫
		其他一般固废	公司实行公开招标，由包商进行综合利用
	危险废物	含油废弃物（HW08）	委托有资质的固体废物处置有限公司处理处置
		化学桶（HW08、HW42）	
		废油（HW08）	
		废电瓶（HW49）	
		电子废弃物（HW49）	
噪声	设备噪声	噪声	减震降噪、建筑隔声、绿化屏障
辐射	同位素放射源	放射线	按照规范要求使用，报废后交由环保局统一处置

2．存在的问题分析

对废弃物产生的原因进行分析，结果如表 4-20 所示。

表 4-20　审核重点存在问题产生原因分析表

类型	内容	产生原因
原辅料及能源	OMC1 涂布机天然气消耗大	加热器余热没有回收利用
	PM2 纸机断纸次数	浆种更换频繁，浆种强度普遍偏低，系统变化较大，导致断纸多
技术工艺	破孔、破边断纸增多，损失时间长	抄高克重纸车速提升后，不稳定，未及时调整
设备	短纤磨浆电耗高	短纤磨浆线出现三台磨浆机同时磨浆能力有富余、两台磨浆能力又不足
	换卷损纸回炉高	生产二处仍采用吹气式换卷
	PM2 纸机生产效率低	头箱上下唇板长久未换，布浆效果较差
过程控制	OMC1 涂布机车速较低	涂布机存在喷嘴甩料，刮刀磨损加剧、刮刀背流、供料泵磨损和故障加剧、高克重飞接、换卷来不及、卷取振动跑偏、运转性变差，断纸多等问题
废弃物	润滑油外露	缺少润滑油收集管理
产品	产出开机出现死纹	舒展辊和软胶辊已经不满足生产需要
管理	车间照明能耗高	厂房顶采光板没有即使更新
	磨浆系统变化导致断纸	电厂不定因素的限电、拉电
	因设备故障导致的异常断纸	巡检力度不够，不能及时发现问题
员工	减少意外断纸次数	人员操作技能有待提高
	人为因素产生的断纸	员工保持信息交流通畅

3. 提出和实施无/低费方案

表4-21 无/低费方案一览表

方案	方案名称	方案描述	投资/万元	项目	内容	实施前	实施后	对比
1	碎煤机房增加多管冲击式除尘器，降低粉尘	碎煤机在碎煤过程中产生大量粉尘，少量从碎煤机房溢出，影响周边环境，并且造成煤的损失，公司在碎煤机房安装了一套多管冲击式除尘器，降低粉尘的产生，减少煤的损失	3	环境效益	原煤消耗（t/a）	1 310 242.91	1 310 239.91	-3
				经济效益	燃料成本/（万元/a）	105 853	105 852.8	-0.2
2	调整最佳主汽压力，减少煤耗	现有的主汽压力122bar不是最优设置，因此公司通过试验调整最佳主汽压力为供电煤耗率最低压力123bar，通过主汽压力的调整，提高汽轮机效率，节约煤耗	—	环境效益	原煤消耗（t/a）	1 310 242.91	1 308 982.91	-1 657
					烟尘排放（t/a）	412	411.48	-0.52
					SO_2排放（t/a）	3 613	3 608.43	-4.57
					NO_x排放（t/a）	1 293	1 291.36	-1.64
				经济效益	燃料成本/（万元/a）	105 853	105 728	-125
3	增加汽轮机冷却水泵清洁频次，提高汽轮机真空度	汽电处发现汽轮机真空度一直偏低，造成机组运行耗量大，经过分析是冷却水量不足，原因是滤网堵塞严重，因此公司将冷却水泵滤网半年清洗一次改为每季度清洗一次，并加强冷却水泵的维护保养，从而提高汽轮机真空度，提高汽轮机效率，减少煤耗	—	环境效益	原煤消耗（t/a）	1 310 242.91	1 309 612.91	-630
					烟尘排放（t/a）	412	411.802	-0.198
					SO_2排放（t/a）	3 613	3 611.26	-1.74
					NO_x排放（t/a）	1 293	1 292.38	-0.62
				经济效益	燃料成本/（万元/a）	105 853	105 805.5	-47.5
4	冷却水泵叶轮更新，提高水泵能力，减少电耗	冷却水泵叶轮、导叶等部件表面磨损，水力损失增大，水力效率降低，因此公司对冷却水泵的叶轮及导叶进行更新，提高泵的效率，减少电耗	10	环境效益	电耗万（kW·h/a）	166 879	166 773.88	-105.12
				经济效益	电费/（万元/a）	93 452	93 393.14	-58.86

方案	方案名称	方案描述	投资/万元	项目	内容	实施前	实施后	对比
5	消除蒸汽系统泄漏，提高汽机热效率	通过堵漏蒸汽系统泄漏点，减少蒸汽浪费，提高蒸汽系统效率，通过检查，发现并堵漏85处	15	环境效益	蒸汽/（万t/a）	316.45	316.25	-0.2
					节水/（万t/a）	1 916.33	1 916.13	-0.2
					原煤消耗/（t/a）	1 310 242.91	1 309 892.91	-350
					烟尘排放/（t/a）	412	411.89	-0.11
					SO$_2$排放/（t/a）	3 613	3 612.04	-0.96
					NO$_x$排放/（t/a）	1 293	1 292.65	-0.35
				经济效益	蒸汽成本/（万元/a）	17 594.62	17 583.5	-11.12
					用水成本/（万元/a）	1 722.87	1 722.71	-0.16
6	煤链运机刮板改造，减少故障	由于煤运机链条刮板的设计缺陷，运行过程中无法将链运机底板上的积煤彻底刮空，一段时间后因积煤增加产生积煤现象，导致链条过度张紧断链，公司对刮板进行改装，每隔5块安装一块改型刮板，能有效刮净积煤，保证生产运行，减少维修	1.5	环境效益	设备维护次数/（次/a）	25	15	-10
				经济效益	设备维护费用/（万元/a）	19.25	11.55	-7.7
7	污块碳酸钙回用，节约原料	碳酸钙运输船底部的矿石沾有脏物一直作为废矿石弃置不用，试验用破碎水洗废水循环水来清洁废矿石，减少碳酸钙每月利用45 t废料。平均每月利用45 t废料	0.8	环境效益	原料碳酸钙/（t/a）	738 282	737 832	-450
				经济效益	成本/（万元/a）	132 890.76	132 882.76	-8
8	增加粉碎机，提高碳酸钙取样代表性，减少浪费	目前取样为破碎粗粒，粗粒的白度差较大，代表性差，使得后道定白度误差较大，最终出现产品白度偏差。破碎环节增加新的粉碎机，对大粗颗粒进一步粉碎、均化，确保取样的检验结果更加真实地反映矿石的本身物性。减少产品白度异常时停机、换矿、混塔使用的费用	40	环境效益	降低不合格品 0.01%			
				经济效益	成本/（万元/a）	20	0	-20

方案	方案名称	方案描述	投资/万元	项目	内容	实施前	实施后	对比
9	废水池污泥回用作盖板	废水污泥中含有大量的纤维和碳酸钙，一直以来作为同废进行处理，污泥饼销售波动较大，时常出现滞销并大量堆积的现象，对环境造成了一定影响。增设小型纸机生产整理部内销用纸盖板，同时也消除了由于污泥饼长期积压所造成的环境问题	98	环境效益	污泥处置量/(万t/a)	6.96	6.91	-0.05
				经济效益	纸盖板/(万片/a)	—	48	48
					增加收益/(万元/a)	—	96	96
10	提升 2#纸机平均车速	由于产品质量要求，高内聚力纸种、外销纸种以及 WP 纸等特殊纸种的抄造车速低。同时高车速下湿端脱水变差、断纸增加，对效率有影响，高车速下施胶辊振动加剧磨损影响到设备寿命和生产效率。公司提升高克重目标车速，保证品质，保证车速效率，通过要求供应商进行成形网改造和毛毯脱水、降低施胶辊振动等项改进措施，同时对设备运行参数等进行优化，从而提高 2#纸机车速	74	环境效益	电耗/(万 kW·h/a)	166 879	166 496	-383
					节水/(万 t/a)	1 916.33	1 910.03	-6.3
					蒸汽消耗/(万 t/a)	316.45	315.22	-1.23
					天然气/(万 m³/a)	6 447.33	6 444.45	-2.88
					废水排放/(万 t/a)	1 294.88	1 286.38	-8.5
				经济效益	用电成本/(万元/a)	93 452	93 237.52	-214.48
					蒸汽成本/(万元/a)	17 594.62	17 526.24	-68.38
					天然气成本/(万元/a)	22 689	22 678.85	-10.15
					用水成本/(万元/a)	1 722.87	1 717.77	-5.1
11	提升复卷线达成率	生产二处高涂布量纸种纸态差，复卷车速无法提升、设备老化，无法达成最高运行车速，同时换卷时间、断纸时间等损失时间较大。公司计划通过压光调整车速，提升复卷张力，提升效率，保持较好运行状态，激励人员、提高人员修养和保养，保持较好卷收性，减少换卷时间损失	15	环境效益	电耗/(万 kW·h/a)	166 879	166 863	-16
				经济效益	电费/(万元/a)	93 452	93 443.04	-8.96

方案	方案名称	方案描述	投资/万元	项目	内容	实施前	实施后	对比
12	减少复卷非计划损失时间	生产二处复卷非计划损失时间较多，且不稳定，造成各机台效率降低，已严重影响生产。公司对各种配方调整、减少因粘张、张力差等状况断张，压前/压后异常纸卷预先 RR 再卷处理，做好设备保养计划，减少故障临时发生，异常处理经验培训，减少异常发生时的处理时间	20	环境效益	非计划损失时间/%		-30%	
				经济效益	降低成本/（万元/a）	—	-104	-104
13	降低生产二处非订单产品	生产过程中因原纸异常改涂非订单纸种、抄造过程中设备异常导致物性超标（B级）、单铜平整性不佳导致的 A 级无纸品产生。造成非订单的增加和产能的浪费。公司每日对抄造状况进行追踪，异常纸品及时发现处理、配方标准化，参数条件控制，减少断纸维持品质的稳定。加强非订单每日入库的状况统计分析，全员品寻找产生原因并改善，增强现场人员的培训，以最优的管、提升异常的处理时效，合理安排抄机的产生方式减少品质的波动及乱码纸的产生，涂布利用纸机改抄的纸品进行品质调整，如换刀、减少使用正常纸品调整而产生不必要的乱码	15	环境效益	非订单量/（t/a）	58 944	55 200	-3744
				经济效益	增加收入/（万元/a）	—	—	232
14	优化刀盘设计降低刀盘消耗	碳酸钙磨浆处目前磨浆产能低、切断及异常化效果不佳、刀盘耐磨性不佳，寿命短、交叉齿长度偏短，能耗高、产品气孔眼瑕，提高产能。同时通过优化齿形以提升纤维处理增加刀齿数，同时提高刀盘材料性能，将原的次数，有直齿改为弧形齿，提升交叉齿长度，并对铸造工艺进行改善，减少气孔眼的产生	12	环境效益	刀盘消耗/%	50%	0	-50%
					电耗/（万 kW·h/a）	166 879	166 852.72	-26.28
				经济效益	成本/（万元/a）	—	—	-47.2

方案	方案名称	方案描述	投资/万元	项目	内容	实施前	实施后	对比
15	减少 2#纸机断纸次数	公司生产过程中造成的非正常断纸次数较多，其中浆种更换频繁，浆种强度普遍偏低，系统变化较大、导致断纸多，而且在抄高克重纸车速提升后，破孔、破边断纸增多、损失时间长，加上电厂不定因素的限电拉电，导致磨浆系统变化导致断纸。公司从提高人员操作技能入手，减少意外断纸次数，加强设备巡检力度，杜绝因设备故障导致的异常断纸，合理安排人员，与员工保持信息交流通畅，减少因人为因素产生的断纸	10	环境效益	电耗/(万 kW·h/a)	166 819	166 819	−60
					节水/(万 t/a)	2 116.41	2 093.41	−23
					废水排放/(万 t/a)	1 340.7	1 320.7	−20
					蒸汽消耗/(万 t/a)	316.45	314.75	−1.7
				经济效益	降低成本/(万元/a)	—	—	−140
16	提升 AM80 卷筒得率	生产二处生产原纸存在平整性不佳等问题，分析原因主要为抄纸用具不匹配，生产排抄不合理、标准化操作执行不到位。公司计划改善 BONE DRY，提高平整性、减少布机跑动性隆条、刮线，粘张等各类纸病、减少断纸、避免线长异常，选择较好的机台压光、复卷时降低加工不良品的产生	56	环境效益	卷筒得率提高至 82%			
				经济效益	成本/(万元/a)	—	—	−340

点评： 无/低费方案针对企业现状调查中发现的问题未产生，环境效益分析缺少数据支持，经济效益计算需有明确的计算过程，部分方案的效益估算过大。

（三）清洁生产中/高费方案及效益

详见表 4-22、表 4-23。

表 4-22　清洁生产审核中/高费方案汇总表

方案名称	项目	内　容
提升 1#涂布机平均车速	要　点	生产二处涂布机正常生产存在以下问题：喷嘴甩料、刮刀磨损加剧、刮刀背流、供料泵磨损和故障加剧、高克重飞接、换卷不及时、卷取振动跑偏、运转性变差，断纸多等。公司采取如下措施：使用耐磨刀以降低喷嘴两侧 GAP 增大造成的刮刀磨损加剧；提高涂料保水性及高剪切力，减少刮刀背流；保证供料泵定子、转子正常，更换高功率计量泵，提供足够的上料量；加强对飞接、换卷参数的定期检查和优化调整，确保在车速提升后的飞接成功率以及减少破边断纸。1#涂布机平均车速由 1 468 m/min 提高至 1 490 m/min，车速提高 1.5%，从而降低单位产品能源和资源消耗
	主要设备	刮刀、功率泵
	总投资	300 万元
	经济效益估算	26.9×3.5 万元/万 m^3+121 万 kW·h×0.4+0.1 万 t×100=153 万元
	环境效益估算	平均车速提高 1.5%，减少电能消耗 8 131.88 万 kW·h×1.5%=121 万 kW·h，节约蒸汽 0.1 万 t，节约天然气 1 795.26 万 m^3×1.5% =26.9 万 m^3
水刀换卷改造	要　点	生产二处涂布后加工过程涉及卷曲、复卷等工艺，在这些工艺过程中都需要换卷。公司目前采用的换卷方式是利用纸带或者吹气，靠撕裂纸幅完成换卷。受到纸机速度、高定量和纤维排向的限制，换卷成功率低，以及因此引起的材料浪费、成本增加和效率降低，造成损纸回炉量增加，导致二次加工能耗浪费等问题。为了解决目前换卷方式存在的问题，提高生产效率及自动化程度，减少损纸回炉量，公司计划采用全自动水刀换卷装置，由于整个换卷过程高速、清洁且可控，新换的纸卷几乎从第一层起完全没有皱褶，换卷表面平整，减少了损纸率
	主要设备	水刀换卷装置
	总投资	300 万元
	经济效益估算	减少损纸回炉损失 259 万元
更换头箱上下唇板	要　点	生产二处 2#纸机头箱唇板为调整开度和工艺需求的流量，唇板的几何形状和开口决定喷流的厚度，而头箱压力决定喷流速度。唇板开度、浆料浓度等直接影响头箱总流量，间接影响上网浓度，公司头箱上下唇板角度调整存在不足，造成不良品增多，因此公司计划更换头箱上下唇板，改善 BONE DRY 控制，提升基重 profile，提升生产效率，减少不良品产生量
	主要设备	头箱上下唇板
	总投资	200 万元
	经济效益估算	提升车速，减少不良品 400 t/a，年效益 400×0.1=40 万元

方案名称	项目	内　容
红外加热器余热回收改造	要　点	生产二处的涂布生产线对涂布的干燥采用的是天然气红外线干燥器快速干燥＋蒸汽烘干完成干燥定型的模式，涂布纸进入干燥器之前的时间越长，液体和黏合剂从涂布剂中迁移到原纸上越多。原纸纸面的不均匀性，影响印刷质量。运行过程发现煤气红外的利用率只有50%，其余随热气逸出直接排放了，热气有180℃左右温度，另干燥烘箱工作时须补入常温空气再加热到制程所需温度后送到现场烘干纸幅，如果对红外线加热器的余热进行回收利用，将红外排出的热气对干燥烘箱进行预热，方案实施后可以节约10%～15%的天然气
	主要设备	风机、管道
	总投资	610万元
	经济效益估算	年节省天然气1 795.26万 m^3 ×15%=275万 m^3 ，增加效益965万元

表4-23　已实施中/高费方案效益统计表

方案名称	投资/万元	项目	内容	实施前	实施后	对比
提升1#涂布机平均车速	300	环境效益	电耗/（万 kW·h/a）	166 879	166 784	−95
			蒸汽消耗/（万 t/a）	316.45	316.38	−0.07
			天然气/（万 m^3/a）	6 447.33	6 424.33	−23
		经济效益	用电成本/（万元/a）	93 452	93 398.8	−53.2
			蒸汽成本/（万元/a）	17 594.6	17 590.7	−3.89
			天然气成本/（万元/a）	22 689	22 608.5	−80.5
水刀换卷改造	300	环境效益	损纸回炉量/（t/a）	1 536	0	−1 536
		经济效益	损失回炉成本/（万元/a）	230.22	0	−230.22
更换头箱上下唇板	200	经济效益	不良品/（t/a）	71 800	71 500	−300
			增加收益/（万元/a）	—	30	30
红外加热器余热回收改造	610	环境效益	天然气/（万 m^3/a）	6 447.33	6 232.33	−215
		经济效益	天然气成本/（万元/a）	22 689	21 936.5	−752.5
合计	1 410	环境效益	节标煤3 042.76 tce（其中：节电95万 kW·h，节蒸汽0.07万 t，节天然气238万 m^3），减少损纸回炉量1 536 t，减少不良品300 t，减少二氧化碳排放7 585.59 t			
		经济效益	1 150.3万元			

对筛选出的方案，按照先易后难，边审核边改进的原则，进一步严格生产管理，加强设备维修、维护，同时结合企业资金筹集情况和技术改造的实际需要，将分批分期实施上述方案。对投入较大的方案，在可行性分析的基础上，逐步实施。

点评：针对审核重点产生的问题，提出了一系列切实可行的中/高费方案。但中/高费方案的可行性中需完善环境与经济绩效相关的核算材料。

第三节 电镀行业

电镀是利用电解原理在某些金属表面镀上一薄层其他金属或合金的过程，是利用电解作用使金属或其他材料制件的表面附着一层金属膜的工艺，从而起到防止金属氧化（如锈蚀）、提高耐磨性、导电性、反光性、抗腐蚀性（硫酸铜等）及增进美观等作用。

电镀行业是当代工业产业链中不可缺少的重要环节，不但是传统机械行业的重要加工环节，也是高端装备制造业、先进信息技术行业等领域的重要配套环节，电镀的工艺水平和发展程度直接决定着其他工业行业发展的好坏。因此，电镀行业在未来的发展中，具有举足轻重的地位，不可替代的特性使其具有独特的作用。

我国的电镀企业整体规模较小，厂点多，除少数城市建有较为完善的电镀园区或电镀城外，多数企业没有完善的规划，分布较分散，且设备简陋，人员素质较低，普遍存在工艺物耗高、效率低的问题，其加工过程中产生的大量污染物是主要的工业污染源之一，尤其是电镀废水、废气和废渣的污染。随着国家《水十条》的颁布，电镀行业面临着严峻的形势。在整治十大重点行业和取缔"十小"企业里都有电镀行业的名字。开展电镀行业的清洁生产是一项势在必行的工作，这既是实现污染整治的必由之路，也是实现产业升级的重要手段。

一、电镀行业清洁生产审核行业依据

（1）《电镀行业规范条件》（中华人民共和国工业和信息化部，2015 年第 64 号公告）

（2）《电镀污染物排放标准》（GB 21900—2008）

（3）《电解、电镀设备节能监测》（GB/T 24560—2009）

（4）《电镀含铜废水处理及回收技术规范》（HG/T 5309—2018）

（5）《电镀行业清洁生产评价指标体系》（国家发展改革委、环境保护部、工业和信息化部，2015 年第 25 号公告）

（6）《部分工业行业淘汰落后生产工艺装备和产品指导目录（2010 年本）》（工信部、工产业〔2010〕第 122 号）

（7）《绿色制造工程实施指南（2016—2020 年）》

（8）《水污染防治重点工业行业清洁生产技术推行方案》（工业和信息化部、环境保护部，2016 年 8 月 18 日）

（9）《工业绿色发展规划（2016—2020 年）》（工业和信息化部，2016 年 6 月 30 日）

二、电镀行业清洁生产推广技术

电镀行业清洁生产推广技术详见表 4-24。

表 4-24　电镀行业清洁生产推广技术

序号	技术名称	技术内容	技术特点	适用范围	应用前景
1	电镀污泥火法熔融处置技术	将高含水率电镀污泥经回转烘干窑预干燥后,在逆流焙烧炉中高温焙烧去除物料结晶水,再将焙烧块加入熔融炉进行高温熔融还原。利用密度差分离得到的 Cu、Ni 等金属单质与 FeO、SiO_2 及 CaO 等组成的熔渣,回收铜,熔渣作为水泥生产原料资源化利用	有价金属回收率高;解决了电镀污泥还原熔炼时熔渣黏稠、易结瘤、炉料难下行、炉龄短且频繁死炉等问题	电镀污泥处理	电镀污泥中 Cu、Ni 回收率可达到 95%
2	高压脉冲电絮凝电镀废水处理技术	采用高压脉冲电絮凝设备对电镀废水进行处理,出水经过中和、沉淀、机械过滤,去除悬浮物、微生物以及其他微细颗粒,最终实现废水达标排放	与常规电絮凝技术相比,采用高压脉冲电极钝化慢、能耗低、电解效率高	电镀废水处理	应用实例数据如下: 进水:pH 为 2.5~3.0,COD<200 mg/L,Ni^{2+}<500 mg/L,六价铬<1 000 mg/L,Cu^{2+}<300 mg/L; 出水:pH 平均值为 6.8,COD 为 76.7 mg/L,Ni^{2+} 为 0.21 mg/L,六价铬为 0.053 mg/L,Cu^{2+} 0.13 mg/L
3	三价铬镀铬	在镀铬溶液中用三价铬(Cr^{3+})替代铬酐(Cr^{6+})进行电镀	可消除镀铬过程中六价铬(Cr^{6+})的使用,主要解决镀铬过程中铬酐带出量大、废液中铬浓度高、毒性大的问题	镀铬(室内件装饰铬)	该技术可用在室内件装饰铬领域,可减少铬酸酐的消耗,每平方米铬镀层产生的废水中可减少 55.4 g 六价铬的排放,减少含铬污泥 278 g;由于电流效率提高,可节省能源消耗 30%
4	无氰预镀铜	利用非氰化物作络合物和铜盐组成无氰镀铜液,在钢铁件直接镀铜,满足一般质量要求。可部分替代氰化镀铜。废水容易处理,不增加处理成本;不含欧盟 REACH 法规关注物质(SVHC)	通过采用无氰预镀铜溶液在钢铁件上预镀铜,可以避免氰化物的使用	钢铁件预镀铜	采用该技术替代氰化物预镀铜,每平方米镀层可减少氰化物消耗 0.34 g; 预计在钢铁件预镀铜方面,可减少氰化物的消耗

序号	技术名称	技术内容	技术特点	适用范围	应用前景
5	激光熔覆技术	利用大功率激光束聚集能量将预制粉末熔覆到油缸上,再通过机械加工成成品	替代传统的油缸镀铬,从根本上消除了六价铬的使用,避免了镀铬过程产生的铬雾、废水、废渣等影响环境	几何形状简单油缸(煤矿机械)	该技术主要应用在煤矿机械中几何形状简单的油缸上部分替代铬镀层,可减少铬酸酐消耗。每平方米覆盖层可减少六价铬排放 55.4 g,减少含铬污泥 278 g
6	钨基合金镀层	电沉积钨基系列合金或纳米晶合金镀是一种电沉积钨基系列非晶态合金或纳米晶合金代替电镀硬铬,以硫酸亚铁、硫酸镍、硫酸钴、钨酸钠为主要原料,电沉积出钨基系列非晶合金或纳米合金镀层	通过使用钨基合金非晶态镀层或纳米晶合金镀层替代铬镀层,消除了六价铬污染问题	镀硬铬(主要用于石油开采领域)	该技术主要用于石油开采领域,也可用于工程机械部件领域,例如活塞杆、油缸、阀块等,可减少铬酸酐的消耗。不使用六价铬,采用该技术每平方米覆盖层可减少六价铬排放 55.4 g,减少含铬污泥 278 g
7	非氰化物镀金技术	采用"一水合柠檬酸一钾二[丙二腈合金(Ⅰ)]"等不含有氰化物的镀金材料进行镀金处理,可在镀金工艺中避免氰化物的使用	实现了有毒物质源头替代,减少氰化物使用和污染物排放。通过该技术的应用,逐步替代氰化金盐,减少氰化物的使用	镀金	该技术在电镀过程中不使用氰化物,采用该技术每平方米镀金层可减少氰化物排放 0.34 g
8	无铅无镉化学镀镍技术	通过自催化反应,使溶液中的还原剂将镍离子在被镀基材表面依靠自催化还原作用进行金属沉积,在生产过程中不使用铅、镉等有毒有害重金属的添加剂	通过使用环保型化学镀镍添加剂,解决了化学镀镍生产中使用含铅、镉等重金属的添加剂问题,消除含铅、镉等重金属及其废弃物对环境的影响	化学镀镍	该技术应用于化学镀镍过程,在镀镍过程中不使用含铅、镉等重金属的添加剂,减少铅、镉使用量。以年产生化学镀镍废液 1 000 t 示范企业为例:可减少铅使用量 8 kg,减少镉使用量 8 kg
9	镀铬溶液净化回用	采用高强度、选择性高的分子材料对镀硬铬溶液进行净化处理,清除其中的铜、锌、镍、铁等多种有害金属杂质,净化后的铬镀液可直接全部回用于镀铬槽,从而达到镀铬溶液、回收液再生、循环使用的目的	可除去镀铬溶液中铜、锌、镍、铁等多种有害杂质,并将其净化、浓缩处理,回用于电镀槽,回用率达到 90% 以上,可实现全自动操作。可减少含铬污染物产生、废水产生和排放问题	镀铬(大型镀铬企业)	采用该技术可以净化槽液,提高槽液的寿命周期,从而减少各污染物的产生,节约铬酐的消耗量。该技术也可用于镀装饰铬和铬酸钝化液净化等领域
10	非六价铬转化膜	采用三价铬钝化剂或无铬钝化剂替代六价铬进行锌镀层钝化处理。该技术在钝化剂中加入了其他金属及化合物,提高了非六价铬膜的防腐能力和耐蚀性	使用三价铬或无铬钝化剂替代六价铬,避免使用六价铬,消除六价铬污染问题	锌镀层钝化	采用该技术每平方米锌镀层产生废水中可减少六价铬 18.3 g;以年产 10 万 m^2 锌镀层示范企业为例,可减少六价铬排放 1 830 kg

三、电镀行业审核过程中关注点

（1）电镀行业属于涉及重金属的行业，需重点关注企业废水中的重金属是否超标排放和是否超环评总量和排污许可总量。

废水来源主要包括：

1）镀件清洗水；

2）废电镀液；

3）镀件（挂具）带出的镀液；

4）不合格镀件褪镀、挂具褪镀产生的退镀液。褪镀液一般含有硝酸、硫酸、盐酸、铬酸等强酸，以及氰化钠、硫氰酸钠、氰化铜等。

5）其他废水，包括地面冲洗水、镀液过滤、褪镀液以及镀槽的渗漏或管理不善造成的跑、冒、滴、漏的各种槽液和排水。

（2）电镀废气排放源较多，主要污染物为：

1）抛光废气；

2）酸洗废气；

3）镀铬过程产生的铬酸废气；

4）褪镀产生的二氧化氮废气及酸雾；

5）氰化镀铜、镀金等工艺产生含氰废气。

应重点关注废气污染物排放量大、无组织排放的生产环节和有组织排放废气的处理情况。

（3）对照《电镀行业清洁生产评价指标体系》，分析企业的生产工艺与装备要求、资源能源利用指标、产品指标、污染物产生指标、废水回用率、废弃物回收利用指标、环境管理要求等。

四、电镀企业清洁生产审核实例

实例一

（一）企业概况

企业名称：某金属有限公司

所属行业：电镀行业

主要产品：镀镍产品、镀锡产品、镀金产品、镀钯产品。

产能：镀镍产品 1 000 万 t、镀锡产品 700 万 t、镀金产品 600 万 t、镀钯产品 500 万 t。

（二）清洁生产潜力分析

1.公司现状调查

公司位于苏北某市某镇工业集中区，紧靠国道。公司建于 2003 年，占地面积 19 000 m²，厂房面积为 6 000 m²，现共有职工 80 人，公司机构设置有工程技术部、生产管理部、品质保证部、市场部、行政管理部、财务部、采购部等。主要从事镀镍、镀锡、镀金、镀钯等工艺加工。

（1）主要产品

表 4-25　审核近三年企业产品情况表

产品名称	近三年年产量/万件			近三年年产值/万元		
	2013 年	2014 年	2015 年上半年	2013 年	2014 年	2015 年上半年
镀镍产品	812.1	844.3	425.3	415	423	221
镀锡产品	658.8	721.5	354.3	334	361	163
镀金产品	447.2	566.4	263.5	2 232.7	2 846.9	1 363.2
镀钯产品	338.2	525.7	282.5	1 422	1 523	646.8
总计	2 256.3	2 657.9	1 325.6	4 403.7	5 153.9	2 394

（2）生产工艺

主要工序说明：

原材料端子件开始脱脂，接着进行一系列的水洗和酸洗，产生水洗废水和酸性废水，然后进行镀镍、水洗，然后分三条线，一条进行镀金，一条进行镀锡，一条进行镀镍钯，电镀时将产生阳极泥，经过一系列的水洗和皮膜处理，将产生一系列的水洗废水。四种镀种经过干燥成品。

主要工艺流程及产污环节如图 4-9 所示。

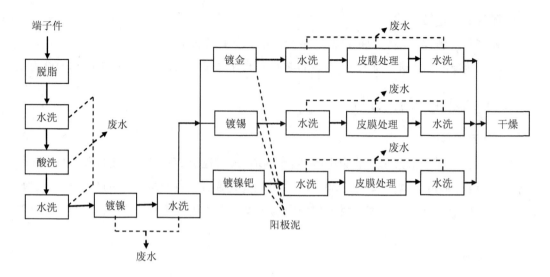

图 4-9　该公司生产工艺流程及产污排污环节

（3）对照电镀行业清洁生产标准

为贯彻《中华人民共和国环境保护法》和《中华人民共和国清洁生产促进法》，保护环境，防治污染，提高企业清洁生产水平，电镀行业清洁生产标准的各评价指标见表 4-26，因本案例审核时间为 2015 年，审核时采用的对标标准为《电镀行业清洁生产标准》（HJ/T 314—2006），该标准现已废止，实际审核工作请参考《电镀行业清洁生产评价指标体系》（国家发展改革委、环境保护部、工业和信息化部，2015 年第 25 号公告）。

表 4-26　电镀行业清洁生产标准的各评价指标

清洁生产指标等级	一级	二级	三级	本项目等级
一、生产工艺与装备要求				
1. 电镀工艺选择合理性	在满足产品质量要求的前提下，采用最清洁的生产工艺	在满足产品质量要求的前提下，采用比较清洁的生产工艺	在满足产品质量要求的前提下，采用一般清洁的生产工艺	二级
2. 电镀装备（整流电源、风机、加热设施等）节能要求	采用先进过程控制水平较高的节能电镀装备	采用节能电镀装备	已淘汰高能耗装备	二级
3. 清洗方式	根据工艺选择淋洗、喷洗、多级逆流漂洗、回收或槽边处理、无单槽清洗等方式			二级
4. 挂具	有可靠的绝缘涂覆			二级

清洁生产指标等级		一级	二级	三级	本项目等级
5．回用		对适用镀种有带出液回收工序，有清洗水循环使用装置，有末端处理出水回用装置	对适用镀种有带出液回收工序；有末端处理出水回用装置	对适用镀种有带出液回收工序	二级
6．泄漏防范措施		设备无跑冒滴漏，有可靠的防范措施			
7．生产作业地面及污水系统防腐防渗措施		具备			
二、资源利用指标					
1．镀层金属原料综合利用率					
锌	锌的利用率（钝化前）/%	≥85	≥80	≥75	
铜	铜的利用率/%	≥92	≥90	≥85	
镍	镍的利用率/%	≥95	≥92	≥88	93%，二级
装饰铬	铬酐的利用率/%	≥25	≥20	≥15	
硬铬	铬酐的利用率/%	≥90	≥80	≥60	
2．新鲜水用量/（t/m²）		≤0.1	≤0.2	≤0.4	0.18 t/m²，二级
三、污染物产生指标（末端处理前）					
1．氰化镀种（锌、铜、银及其他合金）	总氰化合物/（g/m²）	≤2.5	≤2.8	≤3.2	2.6 g/m²，二级
2．镀锌钝化工艺	总铬/（g/m²）	≤0.4	≤0.6	≤0.8	
3．酸性镀铜	总铜/（g/m²）	≤1.0	≤3.0	≤5.0	
4．镀镍	总镍/（g/m²）	≤0.6	≤1.8	≤3.6	1.6 g/m²，二级
5．镀装饰铬	总铬/（g/m²）	≤9.0	≤12.0	≤15.0	
6．镀硬铬	总铬/（g/m²）	≤1.0	≤3.0	≤6.0	
四、环境管理要求					
1．清洁生产审核		按照国家生态环境主管部门编制的电镀行业企业清洁生产审核指南的要求进行审核			一级
2．环境管理制度		按照 ISO 14001 建立并运行环境管理体系，环境管理手册、程序文件及作业文件齐备	环境管理制度健全，原始记录及统计数据齐全有效	环境管理制度、原始记录及统计数据基本齐全	二级
3．生产管理		有原材料质检制度和原材料消耗定额管理，对能耗、水耗有考核，对产品合格率有考核			二级

通过电镀行业清洁生产标准的对比，该公司生产工艺与装备要求都达到二级标准，镍的利用率达到93%，达到二级标准。新鲜水用量达到 0.18 t/m²，达到二级标准。污染物总氰化合物为 2.6 g/m²，达到二级标准，污染物总镍达到 1.6 g/m²，达到二级标准。

> **点评：** 在审核过程中，对公司的能源消耗、原辅料消耗情况进行了较为详细的分析。生产工艺与装备要求都达到二级标准，环境管理要求都达到二级标准，还有进一步提升的空间。

2．存在的问题分析

2014 年公司氰化金钾的消耗为 180 kg，单位产品的消耗为 0.032 g。公司镀金过程一直是采用传统的线镀方式，这样有一些弊端，有少数不需要镀金的部位也会镀上，造成少量金属金的损耗，只要有一点损耗，就会造成比较大的浪费。公司领导经过调研和商讨，决定使用点镀的方式来镀金。点镀是根据客户和工件的需要，在原有的线镀流水线上不需要电镀的部位用胶带遮蔽，安装贴胶机和 15 个点镀模具，可以减少 1/5 左右金属金的消耗，也能适当减少废水的排放。

电镀过程中的过滤机大部分使用磁力泵，一共 18 台，只有少数采用立式泵，这样的弊端是会有一些渗漏，属于外部循环，少数原材料会带到污水里，造成一些污染和浪费，而且磁力泵的耗电量较大，功率为 18 kW。该公司已经使用了一些立式泵，应该进一步将磁力泵改为立式泵。

电镀废水产生量较大，达到 14 045 t/a，这部分废水经过污水处理站处理后排放，应提高废水循环使用率。安装中水回用装置，装置由化学沉淀系统、预处理系统、反渗透系统、RO 浓水处理系统组成。循环使用废水量达到 7 725 t/a，清洁生产指标中新鲜水用量将下降到 0.08 t/m²，达到一级标准。

3．提出和实施无/低费方案

详见表 4-27。

表 4-27　已实施的无/低费方案汇总

序号	方案	实际投资/万元	实施效果	
			环境效益	经济效益
1	车间地面定期冲洗	—	改善了车间的工作环境	—
2	进一步加强逆流漂洗，节约新鲜水的消耗	3.5	减少废水的排放	年节水 700 t，新鲜水单耗下降 0.005 t/m²，年产生效益 0.32 万元
3	制造纯水的浓水用作地面冲洗水	2.5	减少年废水的排放 350 t	年节水 380 t，年产生效益 1.8 万元
4	采用计算机辅助设计贮存	1.8	减少原料用量	年产生效益 3.2 万元

序号	方　案	实际投资/万元	实施效果	
			环境效益	经济效益
	管理制度			
5	安装采光板，减少照明灯的使用	3	间接减少 SO_2 和烟尘的排放	年节电 3 050 kW·h，节约电费 0.24 万元，单耗下降 0.001 kW·h/件
6	再安装两台计量电表，时时掌握电的用量	1	—	年节约电费用 0.5 万元
7	增加流量剂，控制流量，节约用水	2.5	减少年废水的排放	年节水 600 t，新鲜水单耗下降 0.005 t/m^2，年产生效益 2.2 万元
8	收料机、放料机安装用电变频器，节约用电	4.8	间接减少 SO_2 和烟尘的排放	年节电 3.8 万 kW·h/a，产生经济效益 2.66 万元，单耗下降 0.001 5 kW·h/件
9	整流器由电感改为电子，节约用电	2.8	间接减少 SO_2 和烟尘的排放	年节电 3.2 万 kW·h，产生经济效益 2.24 万元，单耗下降 0.001 kW·h/件

（三）清洁生产中/高费方案及效益

详见表 4-28。

表 4-28　已实施的中、高费方案的环境效益汇总

序号	方　案	实际投资/万元	实施效果	
			环境效益	经济效益
1	镀金过程由线镀改为点镀，节约镀金材料的消耗	21.5	能够减少废水排放 600 t/a，根据废水的污染物浓度，能够减少 COD 的排放 0.036 t/a，减少 SS 的排放 0.018 t/a，改善了厂区的水环境	年产生经济效益 64.91 万元，电镀金过程金属金的单耗下降 0.026 g
2	过滤机由磁力泵改为立式泵，节能减排	10.5	稍微减少污水处理站污泥的产生，减少量为 0.3 t/a，改善了厂区的环境	年节电 11.52 万 kW·h，用电单耗下降 0.004 kW·h/件，产生经济效益 5.96 万元
3	电镀废水的回收利用，节能减排	39.5	减少废水排放 7 725 t/a，能够减少 COD 的排放 0.464 t/a，减少 SS 的排放 0.232 t/a，减少 Ni^{2+} 的排放 0.007 7 t/a，减少 Pd^{2+} 的排放 0.007 7 t/a，减少 Sn^{2+} 的排放 0.007 7 t/a，改善了厂区的水环境	新鲜水用量将下降 0.1 t/m^2，年产生经济效益 15.4 万元

点评：本次清洁生产在审核过程中，主要针对电镀镍和电镀金生产过程的污染物排放情况，寻找清洁生产机会，通过镀金过程由线镀改为点镀，电镀废水的回收利用等，并加强生产现场管理，提高原材料的使用效率，杜绝原材料进入到废水，减少重金属废水的排放，并将重金属废水中的重金属回用于生产，可以提高企业的经济效益，减少不必要的损失。

第四节　铅蓄电池行业

　　铅蓄电池行业所属的行业为机械及器材制造，广泛应用于交通、通信、电力、光伏和风力新能源系统的储能、航海、航空等各个经济领域，在国民经济中有不可替代的重要作用。根据铅蓄电池用途，大致将其分为五大类：一是启动用铅蓄电池；二是动力用铅蓄电池；三是储能用（固定型）阀控密封式铅蓄电池；四是小型密封铅蓄电池，如计算机不间断电源、矿灯用铅蓄电池等；五是先进铅蓄电池，如卷绕式铅蓄电池、胶体密封铅蓄电池、铅碳电池、启停电池等。

　　铅蓄电池是目前世界上产量大、用途广、对环境影响较大的一类电池。我国铅蓄电池行业快速发展，铅蓄电池保有量不断上升，每年生产的废铅蓄电池量也逐年增长。废铅蓄电池作为危险废物，如管理不善，将会对环境造成严重污染。原环境保护部发布的《铅蓄电池生产及再生污染防治技术政策》中提出，"鼓励优化铅蓄电池产品的生态设计，逐步减少或淘汰铅蓄电池中镉、砷等有毒有害物质的使用""鼓励采用无铅焊料""鼓励研发减铅、无镉、无砷铅蓄电池生产技术"。铅蓄电池行业应遵循全过程污染控制原则，以重金属污染物减排为核心，以污染预防为重点，积极推进源头减量替代，突出生产过程控制，规范资源再生利用，健全环境风险防控体系，强制清洁生产审核，推进环境信息公开。

一、铅蓄电池行业清洁生产审核行业依据

　　（1）《铅蓄电池行业规范条件（2015 年本）》（中华人民共和国工业和信息化部，2015 年第 85 号公告）

　　（2）《电池行业清洁生产评价指标体系》（国家发展改革委、环境保护部、国家工业和信息化部，2015 年第 36 号公告）

　　（3）《铅蓄电池生产及再生污染防治技术政策》（环境保护部，2016 年第 82 号公告）

　　（4）《电池废料贮运规范》（GB/T 26493—2011）

　　（5）《电池工业污染物排放标准》（GB 30484—2013）

　　（6）《废铅酸蓄电池处理污染控制技术规范》（HJ 519—2009）

　　（7）《高风险污染物削减行动计划》（工信部联节〔2014〕168 号）

　　（8）《铅酸蓄电池单位产品能源消耗限额》（JB/T 12345—2015）

二、铅蓄电池行业清洁生产推广技术

在再生铅行业重点推广预处理破碎分选、铅膏预脱硫、低温连续熔炼、废铅酸蓄电池全循环高效利用、非冶炼废铅酸电池全循环再生等技术。

1．废铅酸蓄电池全自动破碎分选技术

将废铅酸蓄电池通过全自动废铅酸两级破碎分选机，完成电池物料的精确分选，然后将含铅物料进行分段火法处置，铅零件和铅板栅进入低温节能环保炉熔炼，铅膏进入全氧侧吹还原冶炼转炉进行高温熔炼，得到相应的铅产物。关键技术有新型破碎旋转刀片及其切割技术、全自动机械化精确分选技术。设备主要有破碎分选机、全氧侧吹还原熔炼转炉、高强磁铁装置、自动化切割装置。该技术的工艺流程见图4-10。

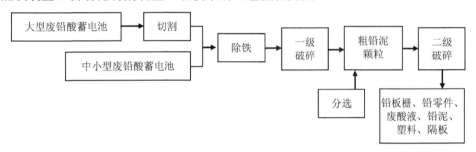

图 4-10　废铅酸蓄电池全自动破碎分选技术工艺流程

2．废铅蓄电池机械破碎分离技术与装备

通过预破碎机将废旧免维护铅酸蓄电池破碎，使其内部的电解液稀硫酸流出，流出的电解液稀硫酸经酸液槽流到储酸池内，实现电解液分离回收。利用比重分离器和水力分离器将塑料壳、片膜、橡胶阀、铅栅在机械重力的作用下分离回收，铅泥在絮凝剂作用下沉降，压滤后实现铅泥分离回收。关键技术是废旧免维护铅酸蓄电池的破碎分离技术。设备主要要有比重分离器、加水力分离器。该技术的工艺流程见图4-11。

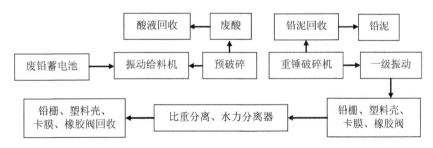

图 4-11　废铅蓄电池机械破碎分离技术工艺流程

在铅酸蓄电池行业重点推广卷绕式、挤膏式铅酸蓄电池生产、铅粉制造冷切削造粒、扩展式（拉网式、冲孔式、连铸连轧式）板栅制造工艺与装备、极板分片打磨与包片自动化装备、电池组装自动铸焊、铅酸蓄电池内化成工艺与酸雾凝集回收利用、铅炭电池、含铅废酸与废水回收利用等技术。

3. 铅蓄电池高效低能耗极板制造技术

铅蓄电池极板制造主要工序为冷加工（熔铅除外）。其中，铅带连铸连轧工艺可以将铅液精确控制在接近熔点的温度范围（327～340℃），然后经快速冷却获得结晶细化的金属结构；后续的连续压轧及拉网、冲孔等加工过程都是在室温下进行。该工艺避免了采用高温和对铅液的搅动，不会产生铅烟和铅渣，因此完全阻断了可能产生的铅烟排放，同时大大降低了能耗和铅耗。

传统的极板板栅"重力浇铸"工艺需要将铅液保持在一定高温下（450～550℃）浇铸板栅，工艺和设备耗能高，生产效率低，同时产生的铅烟和废铅渣需要回收和特殊处理。板栅铸造是铅蓄电池生产中产生污染的源头之一，也是引起作业工人铅中毒最严重的工序。铅蓄电池高效低能耗极板制造生产工艺与装备采用"铅带连铸连轧""拉网式板栅""冲孔（网）式板栅""连续和膏""连续涂膏"等工艺技术和装备结合，可以降低生产环节能耗30%～50%。国际上，美国、欧洲、日本等国家的先进铅蓄电池制造企业90%已经采用这种先进的技术和设备。

4. 真空和膏技术

该技术将氧化度约为75%的巴顿铅粉进行短时间的干混合，然后迅速加入稀硫酸溶液，使膏成为"半乳化"状态，接着进行湿混合，在此过程中铅粉和硫酸发生反应，在4BS晶种的引诱下生成的硫酸盐（3BS、4BS等）不断改变水化程度和结晶状态；接着进行真空处理，除去过量的水使铅膏达到规定的视密度，同时降低铅膏温度至出膏温度（45℃以下）。由于真空和膏在密闭环境中操作，酸雾产生量微乎其微，接近于零，同时节约用水和用电，使和膏过程中酸雾产生量减少。

5. 铅蓄电池极板清洁生产及电池绿色化成（成套）技术

该技术集中熔铅供铅、铅带连铸连轧、板栅连续成形、铅冷切制粒、鼓面双面涂板、分板、表面干化、自动收板、管式极板挤膏、自动收板，续固化干燥、极板连续内化成等技术和设备，并形成了生产系统。从原理上改变了铅蓄电池板栅生产工艺，主要效果：①铅烟削减95%以上，经处理后铅烟≤0.1 mg/m³，低于国家大气排放标准；②产品质量显著提高，普遍提高1～2个级别；③生产效率提高150%～200%。

6. 铅蓄电池化成酸雾集中收集技术

电池化成酸雾集中净化系统包括酸雾集中容器、集气管和环保管道，酸雾集中容器设有顶部开口和底部开口，环保管道上设有接口，集气管分别连通接口与顶部开口，底部开口与铅酸蓄电池注酸口连通。通过应用本技术装备，铅蓄电池生产过程中酸雾排放得到有效控制，排放入大气的酸雾较少，作业区域空气中硫酸含量低至 $0.34\ \text{mg/m}^3$，有利于员工职业健康和环境保护。

7．铅蓄电池板栅连铸连冲技术

铅蓄电池板栅连铸连冲装置包括有熔铅炉、铅带成型装置、冷却喷淋头、铅带连轧装置、裁边器、铅带缓冲架、板栅连冲装置，其中铅带成型装置设在熔铅炉的出料口下方，冷却喷淋头设在铅带成型装置和铅带连轧装置之间，冷却喷淋头的下方还设有铅带缓冲架，用于缓冲由铅带成型装置初步轧制的铅带，使其进入铅带连轧装置，铅带连轧装置另一侧依次设有裁边器、铅带缓冲架和板栅连冲装置。

相比传统的铅蓄电池板栅冲制装置，连轧连冲装置集铅带轧制及板栅冲制于一体，便于进行板栅自动化、连续化生产，大大提高了生产效率，减少了板栅的损耗和铅的使用，降低了生产能耗及物耗，节约了生产成本，减少了环境污染。

8．其他新技术

（1）减铅、无镉、无砷铅蓄电池生产技术。

（2）自动化电池组装、快速内化成等铅蓄电池生产技术。

（3）卷绕式、管式等新型结构密封动力电池、新型大容量密封铅蓄电池等生产技术。

（4）新型板栅材料、电解沉积板栅制造技术及铅膏配方。

（5）干、湿法熔炼回收铅膏、直接制备氧化铅技术及熔炼渣无害化综合利用技术。

（6）废气、废水及废渣中重金属高效去除及回收技术。

（7）废气、废水中铅、镉、砷等污染物快速检测与在线监测技术。

三、铅蓄电池行业审核过程中关注点

1．源头控制与生产过程污染防控

（1）铅蓄电池企业原料的运输、贮存和备料等过程应采取措施，防止物料扬撒，不应露天堆放原料及中间产品。

（2）优化铅蓄电池产品的生态设计，逐步减少或淘汰铅蓄电池中镉、砷等有毒有害物质的使用。

（3）铅蓄电池生产过程中的熔铅、铸板及铅零件工序应在封闭车间内进行，产生烟尘的部位应设局部负压设施，收集的废气进入废气处理设施。根据产品类型的不同，应采用连铸连轧、连冲、拉网、压铸或者集中供铅（指采用一台熔铅炉为两台以上铸板机供铅）的重力浇铸板栅制造技术。铅合金配制与熔铅过程鼓励使用铅减渣剂，以减少铅渣的产生量。

（4）铅粉制造工序应采用全自动密封式铅粉机；和膏工序（包括加料）应使用自动化设备，在密闭状态下生产；涂板及极板传送工序应配备废液自动收集系统；生产管式极板应使用自动挤膏机或封闭式全自动负压灌粉机。

（5）分板、刷板（耳）工序应设在封闭的车间内，采用机械化分板、刷板（耳）设备，保持在局部负压条件下生产；包板、称板、装配、焊接工序鼓励采用自动化设备，并保持在局部负压条件下生产，鼓励采用无铅焊料。

（6）供酸工序应采用自动配酸、密闭式酸液输送和自动灌酸技术；应配备废液自动收集系统并进行回收或处置。

（7）化成工序鼓励采用内化成工艺，该工序应设在封闭车间内，并配备硫酸雾收集处理装置。新建企业应采用内化成工艺。

（8）废铅蓄电池拆解应采用机械破碎分选的工艺、技术和设备，鼓励采用全自动破碎分选技术与装备，加强对原料场及各生产工序无组织排放的控制。分选出的塑料、橡胶等应清洗和分离干净，减少对环境的污染。

（9）再生铅企业应对带壳废铅蓄电池进行预处理，废铅膏与铅栅应分别熔炼；对分选出的铅膏应进行脱硫处理；熔炼工序应采用密闭熔炼、低温连续熔炼、多室熔炼炉熔炼等技术，并在负压条件下生产，防止废气逸出；铸锭工序应采用机械化铸锭技术。

（10）废铅蓄电池的废酸应回收利用，鼓励采用离子交换或离子膜反渗透等处理技术；废塑料、废隔板纸和废橡胶的分选、清洗、破碎和干燥等工艺应遵循先进、稳定、无二次污染的原则，采用节水、节能、高效、低污染的技术和设备，鼓励采用自动化作业。

2. 大气污染防治

（1）鼓励采用袋式除尘、静电除尘或袋式除尘与湿式除尘（如水幕除尘、旋风除尘）等组合工艺处理铅烟；鼓励采用袋式除尘、静电除尘、滤筒除尘等组合工艺技术处理铅尘。鼓励采用高密度小孔径滤袋、微孔膜复合滤料等新型滤料的袋式除尘器及其他高效除尘设备。应采取严格措施控制废气无组织排放。

（2）再生铅熔炼过程中，应控制原料中氯含量，鼓励采用烟气急冷、功能材料吸附、催化氧化等技术控制二噁英等污染物的排放。

（3）再生铅熔炼过程产生的硫酸雾应采用冷凝回流或物理捕捉加逆流碱液洗涤等技术进行处理。

3. 水污染防治

（1）废水收集输送应做到雨污分流，生产区内的初期雨水应进行单独收集并处理。生产区地面冲洗水、厂区内洗衣废水和淋浴水应按含铅废水处理，收集后汇入含铅废水处理设施，处理后达标排放或循环利用，不得与生活污水混合处理。

（2）含重金属（铅、镉、砷等）生产废水，应在其产生车间或生产设施进行分质处理或回用，经处理后实现车间、处理设施和总排口的一类污染物稳定达标；其他污染物在厂区总排放口应达到法定要求排放；鼓励生产废水全部循环利用。

（3）含重金属（铅、镉、砷等）废水，按照其水质及排放要求，可采用化学沉淀法、生物制剂法、吸附法、电化学法、膜分离法、离子交换法等工艺进行处理。

4．固体废物利用与处置

（1）再生铅熔炼产生的熔炼浮渣、合金配制过程中产生的合金渣应返回熔炼工序；除尘工艺收集的不含砷、镉的烟（粉）尘应密闭返回熔炼配料系统或直接采用湿法提取有价金属。

（2）鼓励废铅蓄电池再生企业推进技术升级，提高再生铅熔炼各工序中铅、锑、砷、镉等元素的回收率，严格控制重金属排放量。

（3）废铅蓄电池再生过程中产生的铅尘、废活性炭、废水处理污泥、含铅废旧劳保用品（废口罩、手套、工作服等）、带铅尘包装物等含铅废物应送有危险废物经营许可证的单位进行处理。

四、铅蓄电池企业清洁生产审核实例

实例一

（一）企业概况

企业名称：江苏某电源有限公司

所属行业：电池行业

生产规模：年产 600 万只密闭型免维护铅酸蓄电池，年产 1 500 万只密闭型铅酸蓄电池。

环保手续：分别于 2007 年、2016 年通过竣工环保验收。

（二）清洁生产潜力分析

1．公司现状调查

公司主要生产助动车蓄电池，设计年产 1 500 万只电动助力车密闭型铅酸蓄电池（一期 1 200 万只），产品销售范围为国内和亚洲地区。现共有职工人数 1 250 人，占地面积约 169 412 m²，厂房面积为 46 500 m²，公司下属办公室、组装生产科、板极生产科、设备科、质检科、技术科、物控科、采购科、财务科等。

（1）主要产品产量及原辅料消耗

详见表 4-28、表 4-29、表 4-30。

表 4-28　审核期近三年产品产量情况表

产品名称	近三年年产量/kVA		
	2015 年	2016 年	2017 年
6—DZM—10	48 380.4	48 994.8	49 483.2
6—DZM—12	273 892.032	268 621.92	281 422.08
6—DZM—17	10 986.624	11 153.088	11 707.152
6—DZM—20	207 164.96	341 928.224	357 899.528
6—DZM—27	89.424	83.916	125.712
6—DZM—30	130.32	127.44	235.8
8—DZM—14	61.6	66.752	69.888
8—DZM—20	40.96	46.4	56.64
合　计	540 746.32	671 022.54	701 001.32

表 4-29　审核期近三年主要原辅材料消耗情况表

名称	使用部位	近三年年消耗量/（t/a）		
		2015 年	2016 年	2017 年
电解铅	生产过程	8 650.216	9 525.516	4 403.54
合金铅	生产过程	6 028.148	6 260.077	3 135.43
纯硫酸	生产过程	2 814.954	3 211.97	2 839.5
隔板	生产过程	695.788	738.623	432.61
电池外壳	生产过程	4 727 097 只	5 113 988 只	4 150 124 只
片碱	污水处理	70.9	78.4	40.3
絮凝剂	污水处理	59.2	65.5	33.4

表 4-30　三年来主要能源消耗情况表

名称	近三年年消耗量				近三年单位产品消耗量			
	单位	2015 年	2016 年	2017 年	单位	2015 年	2016 年	2017 年
水	t	56 245	69 537	28 896	kg	87.8	87.0	74.1
电	万 kW·h	2 209.9	2 794.3	1 051.88	kW·h	35.3	34.9	26.9
蒸汽	t	10 273	11 250	5 032	kg	16.4	14.1	12.9

（2）生产工艺

主要工序说明：

①板栅铸造：将外购的合金铅放入铸板机的熔铅炉进行熔化，在一定的温度范围内，进行浇铸成板栅。

②铅粉制造：将外购的电解铅经过熔化，切块，放入铅粉机的滚筒内，通过滚筒内的铅块自身撞击和摩擦生热进行氧化产生铅粉，经过正压风将滚筒内的铅粉吹起，通过负压风将滚筒内的铅粉抽入集粉器，再打入粉仓。

③和膏：将铅粉、添加剂放入和膏机进行干混，添加纯水和稀硫酸进行搅拌，生成碱式硫酸铅。

④极板制造：将合制好的铅膏，依据工艺标准，将铅膏填涂在板栅上，然后把涂好的生极板放入固化干燥室，在一定温度和湿度下进行干燥固化。

⑤分刷片及称片：把干燥好的大片极板，通过分板机分成小片，把四框和极耳部位通过刷片机打磨干净，依据工艺标准要求进行称片和极群配组。

⑥电池的组装：将配好组的极板，通过包隔板的形式，把正负板进行隔离，然后对包好的极群进行焊接、入槽，采用环氧树脂胶进行密封。

⑦加酸充电：将组装好的电池加入一定量的稀硫酸，放置在充电架上，经过反复充放电，使之达到规定要求。

⑧包装和出库：将充好电的电池，经过电池的配组和外观处理、商标印刷、粘贴合格证、电池包装和外观检查入库，依据发货计划进行成品电池出库。

主要工序反应方程式：

负极：

$$Pb + SO_4^{2-} \underset{\text{充}}{\overset{\text{放}}{\rightleftharpoons}} PbSO_4 + 2e^-$$

正极：

$$PbO_2 + 4H^+ + SO_4^{2-} + 2e^- \underset{\text{充}}{\overset{\text{放}}{\rightleftharpoons}} PbSO_4 + 2H_2O$$

总反应：

$$Pb + PbO_2 + 2H_2SO_4 \underset{\text{充}}{\overset{\text{放}}{\rightleftharpoons}} 2PbSO_4 + 2H_2O$$

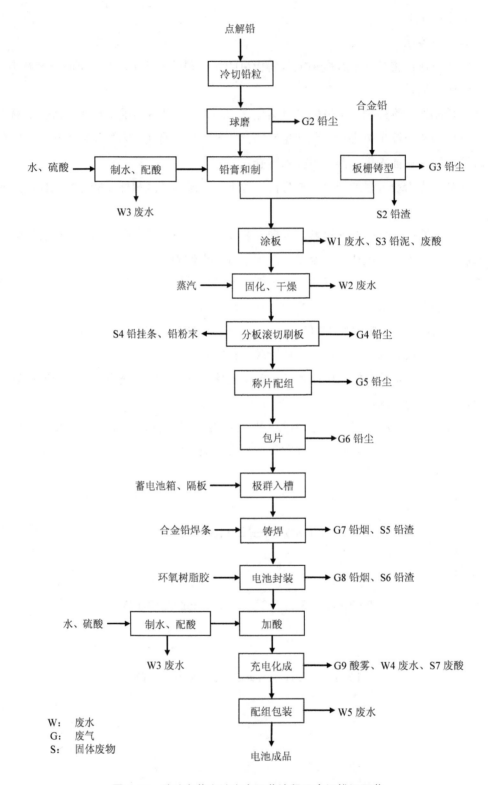

图 4-12 助动车蓄电池生产工艺流程及产污排污环节

（3）企业产排污状况

企业主要污染物及来源见表4-31。

表 4-31　主要污染物及处理措施

分类	污染物名称	主要污染物	处置方法
废水	生产废水	COD、铅、酸碱	酸碱中和+絮凝沉淀+三效蒸发
	生活污水	COD、TP、氨氮等	生化处理后排入市政管网
废气	铅烟、铅尘	含铅颗粒物	（极板一车间）金属网过滤器+高效油过滤器，尾气经 20 m 烟囱排放； （其他车间）收集罩+除尘器+板式过滤器+一级袋式过滤器+高效过滤器处理，通过 20 m 排气筒排出
	酸雾	硫酸雾	微型电池酸雾收集+净化处理器，通过 20 m 的排气筒排放
固体废物	危险废物	铅渣	委托有相应处理资质的单位处理
		铅粉末	
		除尘灰	
		废滤筒布袋	
		铅泥	
		废劳保用品	
		废硫酸	处理后回用于配酸
	一般固废	生活垃圾	由环卫部门处理
噪声	设备噪声	噪声	减震降噪、建筑隔声、绿化屏障

（4）企业清洁生产水平现状

将公司指标与《电池行业清洁生产评价指标体系》进行比较，对比情况见表4-32，本公司清洁生产水平基本达到二级水平（除板栅铸造工艺为三级水平），为国内清洁生产先进水平。

表4-32 铅蓄电池行业清洁生产评价指标体系的各评价指标、评价基准值和权重值及该公司现状

序号	一级指标	一级指标权重	二级指标		单位	二级指标权重	I级基准值	II级基准值	III级基准值	本公司现状
1	生产工艺及设备要求	0.2	铅粉制造			0.1	铅锭冷加工造粒技术		熔铅造粒技术	II级
2			和膏			0.05	自动全密封和膏机			II级
3			涂膏			0.05	自动涂膏技术与设备或膏浆挤压工艺			II级
4			板栅铸造			0.1	采用连铸连轧式、拉网式板栅和卷绕式电极等先进技术	车间、熔铅铸封封闭；铅重力浇铸技术	熔铅铸封封闭；采用集中供铅重力浇铸技术	II级
5			化成			0.1	内化成		外化成	II级
5			化成			0.15	车间封闭；酸雾收集处理；废酸回收利用	车间封闭；酸雾处理；废酸回收利用	车间封闭；酸雾处理；外化成槽封闭	II级
6			极板分离			0.1	能量回馈充电机	能量回馈式充电机	电阻消耗式充电机	I级
7			组装			0.15	整体密封；采用机械化包板、称板等板机等自动化生产	采用机械化分板刷板、称板设备；采用自动化生产设备	采用自动绕焊机或铸焊设备	I级
8			配酸和灌酸（配胶与灌胶）			0.1	密闭式自动灌酸机（灌胶机）			I级
9	资源和能源消耗指标	0.2	*取水量	动力用铅蓄电池	m³/kVAh	0.4	0.09	0.10	0.11	0.03（I级）
10			*综合能耗	动力用铅蓄电池	kgce/kVAh	0.4	4.5	4.8	5.0	4.75（II级）
11			铅消耗量	动力用铅蓄电池	kg/kVAh	0.2	20	21	22	19.3（I级）
12	资源综合利用指标	0.1	水重复利用率		%	1	85	75	65	85.5（I级）
13	污染物控制指标	0.2	*废水产生量	动力用铅蓄电池	m³/kVAh	0.2	0.08	0.09	0.1	0.09（II级）
14			*废水总铅产生量	动力用铅蓄电池	g/kVAh	0.3	0.4	0.45	0.5	0（I级）
15			*废气总铅排放量	铅蓄电池	g/kVAh	0.5	0.05	0.07	0.08	0.038（I级）

注：带*的指标为限定性指标。

表4-33　铅蓄电池行业清洁生产评价指标体系的各评价指标、评价基准值和权重值（清洁生产管理指标）及该公司现状

序号	一级指标	二级指标	指标分值	I级基准值	II级基准值	III级基准值	本公司现状
1		*环境法律法规标准执行情况	0.1	符合国家和地方有关环境法律、法规，废水、废气、噪声等污染物排放符合国家和地方排放标准；污染物排放应达到国家和地方污染物排放总量控制指标和排污许可证管理要求			I级
2		*产业政策执行情况	0.1	生产规模符合国家和地方相关产业政策，不使用国家和地方明令淘汰的落后工艺装备和机电设备			I级
3		*清洁生产审核情况	0.05	按照国家和地方要求，开展清洁生产审核			I级
4	清洁生产管理指标	环境管理体系	0.05	按GB/T 24001建立并运行环境管理体系，环境管理手册、程序文件及作业文件齐备	对生产过程中的主要环境因素进行控制，有严格的操作规程，建立相关管理程序，有操作规程，清洁生产管理程序，建立相关管理程序和必要环境管理制度，特别是各种环境管理制度和产审核管理制度，特别是固体废物（包括危险废物）的转移制度		II级
5		环境管理制度	0.05	有健全的企业环境管理机构；环境档案管理情况良好	制定有效的环境管理制度；环保档案管理情况良好		I级
6		*环境应急预案	0.05	按《突发环境事件应急预案管理暂行办法》制定企业环境风险应急预案，物资齐备，并定期培训和演练	制定企业环境风险应急预案，应急设施、物资、设备，并定期培训和演练		II级
7		污染物排放监测	0.05	具备自行环境监测能力，安装废气、废水重金属在线监测设备、保证设备稳定运行	具备自行环境监测能力，安装废水重金属在线监测，保证设备稳定运行		I级
8		能源计量器具配备情况	0.05	计量器具配备率符合GB/T 17167、GB 24789三级计量要求	计量器具配备率符合GB/T 17167、GB 24789二级计量要求		II级

序号	一级指标	二级指标	指标分值	I级基准值	II级基准值	III级基准值	本公司现状
9		*排放口管理	0.05	排污口符合《排污口规范治理技术要求（试行）》相关要求			I级
10	清洁生产管理指标	*固体废物处理处置	0.1	采用符合国家规定的废物处理处置方法处置废物。一般固体废物按照 GB 18599 相关要求执行。对含铅污泥等危险废物，要严格按照 GB 18597 相关规定，进行危险废物管理，应交持有危险废物经营许可证的单位进行处理。所在地县级以上地方人民政府环境行政主管部门备案危险废物管理计划（包括减少危险废物产生量和危害特性的措施以及危险废物贮存、利用、处置措施），向所在地县级以上地方人民政府环境保护行政主管部门申报危险废物的种类、产生量、流向、贮存、利用、处置，运输、利用、处置等有关资料。应针对危险废物制定意外事故防范措施和应急预案，向所在地县级以上地方人民政府环境保护行政主管部门备案			I级
11		*危险化学品管理	0.05	符合《危险化学品安全管理条例》相关要求			I级
12		*厂区综合环境	0.05	管道、设备无跑冒滴漏；厂区排水实行清污分流，雨污分流，污污分流；含重金属的洗浴废水和洗衣废水应按重金属处理；厂区内道路经硬化处理			I级
13		环境信息公开	0.05	按照《企业事业单位环境信息公开办法》公开环境信息，按照 HJ 617 编写企业环境报告书		按照《企业事业单位环境信息公开办法》公开环境信息	I级
14		相关方环境管理	0.05	对原材料供应方、生产协作方、相关服务方提出环境管理要求			I级

注：带*的指标为限定性指标。

相关计算过程如下：

（1）动力用铅蓄电池取水量：生产用水 9 766 t，产量 390 012 kVAh，计算结果为 0.03 m^3/kVAh，达到 I 级基准值。

（2）综合能耗计算则按电、蒸汽计算系数 0.122 9 及 0.128 6 进行计算，综合能耗折算为 9 798 800×0.122 9+5 032 000×0.128 6=1 851 387 kgce，产量 390 012 kVAh，计算结果为 4.75 kgce/kVAh，达到 II 级基准值。

（3）铅消耗量为 4 403.54+3 135.43=7 538.97 t，产量 390 012 kVAh，计算结果为 19.3 kg/kVAh，达到 I 级基准值。

（4）水重复利用率，根据水平衡中计算结果，为 85.5%，达到 I 级基准值。

（5）废水中铅不外排，产生为 0，达到 I 级基准值。

（6）废气中铅尘、铅烟排放量 0.147 t/a，产量 390 012 kVAh，计算结果为 0.038 g/kVAh，达到 I 级基准值。

根据计算，Y 值为 86.5 分，限定性指标全部满足 II 级基准值要求及以上，本公司生产现状能够达到国内先进水平。

> **点评**：在审核过程中，对公司的能源消耗、原辅料消耗情况进行了较为详细的分析。通过对铅蓄电池行业清洁生产评价指标体系各项指标对比，发现铅烟的治理、熔铅的能耗还有许多提高的空间。

2．存在的问题分析

通过预评估阶段的调查分析，确定了三个审核重点：①铅废物的产生最大量过程；②铸板过程；③铅膏涂片过程。

废气主要是生产过程中产生铅烟和铅尘，根据前面预评估的介绍，铅烟采用两套 KE 铅烟尘净化器处理，铅尘主要的处理方式是通过回转反吹布袋除尘器进行处理，除尘效果达到 99%。对于蓄电池生产的企业，减少铅尘的排放是主要的，因为铅是有毒的重金属，经验表明，多提高 0.1%的处理效率，就能够减少对人体和周围环境的影响。因此要提高处理效率来减少对人体和周围环境的影响。

板栅铸造过程产生铅烟以及铅渣。公司一直采用的是一锅一机铸板机操作，带来的问题：铅烟、铅渣排放产生量较大，效率不高，人工使用多，电解铅的利用率还有提高的空间。应该寻找提高电解铅利用率的办法。

铅膏涂片制造过程会产生铅泥，设备冲洗产生含铅废水，这个过程最大的产污是产生危险固废铅泥，年产生量为 1 590.3 t，产生量较大，虽然铅泥是固体废物，但是含铅量很高，因此可以经过处理得到有用的物质。

3. 提出和实施无/低费方案

表 4-34 是某已实施的无/低费方案汇总表。

表 4-34　已实施的无/低费方案汇总表

序号	方 案	实际投资/万元	实施效果	
			环境效益	经济效益
1	加强对材料采购的管理,采购量与需求相匹配	—	减少材料废弃	降低成本
2	使用优质煤,减少耗煤量,减少废气产生	2.8	年减少 SO_2 排放 0.14 t,减少烟尘排放 0.03 t	年节约煤耗 25 t,年综合节约费用 2.3 万元
3	分刷片机、涂板机、和膏机等设备上安装用电变频器	4.2	不对周围环境产生影响	年节约用电 28.5 万 kW·h,产生效益 22.8 万元,单耗下降 0.41 kW·h
4	对污泥堆放场所进行有序整理	1	规范危废堆场	潜力大
5	锯板机设备安装消音器	2.5	降低噪声	—
6	废硫酸部分回收利用	2	年减少废硫酸 75 t	年节约硫酸 80 t,产生效益 8.4 万元
7	采用 3M 防尘口罩	4.5	减少铅尘对员工的危害	潜力大
8	球磨工序对铸焊工序产生的铅渣的回收再利用	3.8	年减少废铅渣 43 t	年产生效益 36.4 万元
9	涂板挤水辊铅泥回用	4	减少铅泥、废水的产生	年产生效益 128 万元
10	铸焊工序刷极耳铅屑回用铸板工序	3	年减少废铅渣 27 t	年产生效益 22.2 万元
11	将分刷片车间地面改造为网格板面,地下回用水循环流动	8	减少铅对员工和环境的影响	—
12	将原来的 70 台员工手工包片台改为密封效果较好的半自动机器包片机	9	减少铅对员工和环境的影响	—
13	购置 26 台全自动铸焊机及相配套设备,彻底更新了原来的手工焊接、入槽等高污染工序	9	减少铅对员工和环境的影响	—

(三) 清洁生产中/高费方案及效益

详见表 4-35。

表4-35　已实施的中、高费方案汇总表

序号	方　案	实际投资/万元	实施效果	
			环境效益	经济效益
1	自主研发铸板铅渣全密闭过滤回收装置	52	除尘效率由99.2%提高到99.5%，年减少铅尘排放0.014 t，明显减少对人体的危害和对环境的污染	年产生经济效益114.75万元
2	球磨熔铅改造为铅锭冷切造粒	55	年减少铅烟的排放量为0.009 t。电解铅的利用率将提高0.8%，减少铅渣的产生约18 t，改善员工的操作环境和对周围环境的影响	年产生经济效益66.74万元，单位产品电耗下降1.36 kW·h、铅耗下降0.05 g
3	生产过程中不良极板在密闭状态下进行膏栅分离回用	35	减少98%不良极板的产生，年减少不良极板的产生62.2 t	年产生经济效益53.3万元

　　点评：本次清洁生产在审核过程中，主要针对铅尘、铅烟的排放和熔铅过程，寻找清洁生产机会，通过安装铸板铅渣全密闭过滤回收装置、球磨熔铅改造为铅锭冷切造粒等，并对生产过程中的不良极板在密闭状态下进行膏栅分离回用，提高铅尘、铅烟现场吸收效率，减少铅尘、铅烟排放量，将不良极板处理后回用于生产，可以提高企业的经济效益，减少不必要的损失。

实例二

（一）企业概况

企业名称：某电池（江苏）有限公司
所属行业：电池行业
生产规模：年产电动车用铅酸蓄电池150万 kVAh。
环保手续：2009年通过竣工环保验收。

（二）清洁生产潜力分析

1．公司现状调查

公司主要以电动车环保动力电池制造为主，集新能源镍氢、锂离子电池，风能、太阳能储能电池以及再生铅资源回收、循环利用等新能源的研发、生产、销售为一体，是目前国内首屈一指的绿色动力能源制造商。

公司实行总经理负责制，设有办公室、环保安防部、企管部、财务部、基建部、人力资源部、工程部、技术部、营销部、生产计划部、生产部、安全办、采购部、物控部、质管部等管理职能部门，生产部具体负责生产任务安排及设备运行管理，下设有球磨车间、浇铸车间、涂片车间、化成车间、分片车间、称片车间、包片车间、装配车间、充电车间9个生产和辅助车间。

（1）主要产品产量及原辅料消耗

表4-36、表4-37和表4-38分别是公司近三年产品产量产值表、主要原辅材料消耗情况表和主要能源消耗情况表。

表4-36　近三年来产品产量产值表

年　份	2015	2016	2017
实际产量/kVAh	1 480 514	1 472 588	1 473 155
产值/万元	209 684	209 425	209 252

表4-37　公司三年来主要原辅材料消耗情况表

名称	单位	近三年年消耗量/t			近三年单位产品消耗量		
		2015 年	2016 年	2017 年	2015 年	2016 年	2017 年
蓄电池壳	万只	10 120 574.85	10 101 953.68	10 141 520.90	6.87 只/kVAh	6.86 只/kVAh	6.85 只/kVAh
外包装纸箱	万只	2 784 262.95	2 753 739.56	2 768 561.18	1.89 只/kVAh	1.87 只/kVAh	1.87 只/kVAh
98%硫酸	t	7 365.78	6 700.28	5 922.06	5×10^{-3} t/kVAh	4.55×10^{-3} t/kVAh	4×10^{-3} t/kVAh
玻璃纤维隔板纸（AGM）	t	883.89	833.48	755.06	6×10^{-4} t/kVAh	5.66×10^{-4} t/kVAh	5.1×10^{-4} t/kVAh
电解铅#（铅99.997%）	t	27 989.95	25 034.00	20 727.20	1.90×10^{-2} t/kVAh	1.70×10^{-2} t/kVAh	1.40×10^{-2} t/kVAh
合金铅	t	16 941.28	16 640.24	16 433.71	1.15×10^{-2} t/kVAh	1.13×10^{-2} t/kVAh	1.11×10^{-2} t/kVAh
锡	kg	16 499.34	16 198.47	16 285.65	1.12×10^{-2} kg/kVAh	1.10×10^{-2} kg/kVAh	1.10×10^{-2} kg/kVAh
碳黑	kg	26 516.79	23 855.93	20 727.20	1.8×10^{-2} kg/kVAh	1.62×10^{-2} kg/kVAh	1.4×10^{-2} kg/kVAh
硫酸钡	kg	85 442.99	80 403.30	76 986.73	5.8×10^{-2} kg/kVAh	5.46×10^{-2} kg/kVAh	5.2×10^{-2} kg/kVAh
短纤维	kg	16 793.97	16 198.47	16 285.65	1.14×10^{-2} kg/kVAh	1.10×10^{-2} kg/kVAh	1.10×10^{-2} kg/kVAh

表 4-38　审核期间近三年来主要能源消耗情况表

名称	单位	近三年年消耗量			近三年单位消耗量		
		2015 年	2016 年	2017 年	2015 年	2016 年	2017 年
新鲜水	t	176 778.6	161 984.68	157 824	0.12 t/kVAh	0.11 t/kVAh	0.1 t/kVAh
蒸汽	t	58 926.2	51 540.58	46 482	0.04 t/kVAh	0.035 t/kVAh	0.031 3 t/kVAh
电 380/100 000V	kW·h	35 355 720	34 605 818	34 051 822	24kWh/kVAh	23.5kWh/kVAh	23kWh/kVAh
煤	t	7 365.78	5 890.35	5 566.73	5×10^{-3} t/kVAh	4×10^{-3} t/kVAh	3.76×10^{-3} t/kVAh
柴油	t	81.02	70.68	65.44	5.5×10^{-5} t/kVAh	4.8×10^{-5} t/kVAh	4.42×10^{-5} t/kVAh

（2）生产工艺

1）制粉。将外购的电解铅放入熔铅炉内，通过电加热将其熔化制成铅粒，定量地将铅粒加入密闭负压的球磨机滚筒内磨成铅粉，经集粉器过滤收集铅粉。该工段产生污染物铅烟废气 G1 与含铅粉尘 G2。

本工序全部采用密闭生产与密闭输送系统，流程式作业，工人在隔离室内操作和监测等。铅粉生产采用国际先进设备，从加铅锭到制铅粉、铅粉输送、和膏、涂片，全部自动化、密闭和负压生产。公司采用双重防治过滤技术，第一层采用进口微孔针刺毡滤料，第二层采用进口超细微孔纤维纸，是一种特殊纸质滤料"高效过滤器"技术，保证铅粉排放量远远低于国家标准（0.7 mg/m³），除尘效率可达 99%，第一期检测结果排放量最大为0.24 mg/m³，远低于国家标准。

该机目前属国内最先进水平、最大机型，每生产 1 t 铅粉可节约电能 15%左右，属节能型设备。

2）和膏。使用和膏机进行和膏，本公司使用的和膏机机型属国内较先进的和膏机之一，有底部冷却、夹套冷却和风冷等，并具备自动加料与出料功能。铅膏分为正极膏和负极膏。正极膏的配方为铅粉、纯水、硫酸和短纤维；负极膏的配方为铅粉、纯水、硫酸、膨胀剂（成分为硫酸钡、碳黑、纤维）。混合过程为：按配方将各种干料加在一起，先加水混合，再缓慢加入硫酸混合。当铅膏的密度和稠度合适时即可供涂板机使用。铅膏的主要成分是硫酸铅盐、氧化铅、游离铅。整个和膏加料与混合过程都在密闭负压中进行，在加酸混合过程的同时还需用水冷却与风冷配合进行，该工段有含铅尘废气 G3产生。

3）板栅铸造。根据铅钙合金的铸造性能，采用全自动铸板机电加热炉低温恒温熔铅工艺，高温、密闭输铅管供铅技术与 PLC 控制技术，注入模具冷固成型待用，从而减少甚至避免了铅蒸汽的产生，这不但提高铅钙合金的铸造性能，也提高投入产出率与合格率，该工段产生的污染物为含铅废气 G4 和 G5。

4）涂片。采用双面涂片机，涂片质量比传统单面涂片机高。涂片是将铅膏经涂片机涂在板栅上，形成生极板，本工序产生的污染物为机器冲洗时产生含铅废水 W3。

5）固化干燥。本公司采用了全自动固化室，该固化室是国内公认最先进的工艺设备。极板固化工艺是将生板放入全自动固化房中进行，通过蒸气间接对生极板进行加热，固化温度控制在 40～70℃，湿度接近 100%，时间为 40 h。固化后直接进入干燥过程，温度为 70～85℃，时间约 20 h。

6）极板化成。该工序是将固化干燥合格的生极板装入化成槽内，充入一定量的直流电，让生极板转化成荷电极板的过程，该工段产生硫酸雾 G6。

7）分片、磨板耳。该工序是将蓄电池多片式极板分开，本公司主要采用滚剪方式和锯片方式进行分片。由于锯片高速旋转，产生较浓的粉尘飞扬，而且浓度较高，环保治理设备投资大，电力装机容量大，运行成本也高，本工序产生含铅废气 G7。本公司为推动设备自动化，使用自动滚剪机代替部分锯片式分片机，即两个刀片相对剪切，产生无铅尘与下角料，铅尘浓度从之前的 90～200 mg/m³ 降到 8～18 mg/m³，采用自动脉冲袋式除尘器，净化率为 99%，排放浓度 0.28～0.58 mg/m³，低于国家标准排放浓度 0.7 mg/m³。

8）包片、配组（叠组）。采用半自动包片机将负极板、隔板和正极板按一定的顺序和数量配组后待用，本工序产生含铅废气 G8。

9）极群焊接、铸焊。极群焊接分为全自动和手工焊接。半自动焊接是借助极柱汇流排和焊条，将分组好的多片极板耳部焊在一起。全自动焊接采用铸焊机将极柱与极耳铸在一起，过程中产生含铅废气 G9 和 G10。

10）电池装配。将铸焊的极群组放入电池槽内，用联结条将各个单体电池联成电池组。将焊好的电池槽口和槽盖打上胶，然后将完整的槽盖加压在一起，使其黏合，固化成一个整体。

11）注酸、充电。本工序采用负脉冲充电工艺，充电时间可节约 50%左右，可减少大量的电能、设备投资、厂房面积与资金，带来更大的经济效益。电池化成是将配好的硫酸电解液注入电池内，然后通以直流电充电。电池加酸后，为避免电池充电时产生大量的热，硫酸在受热情况下挥发成硫酸雾，化成时需要将电池浸在水中冷却，保持恒温化成。生极片在稀硫酸中由于直流电的作用产生氧化还原反应使铅膏形成有正、负极性的活性物质，再通过清洗、干燥，得熟极板。化成槽中有硫酸雾 G11 产生；清洗过程有清洗废水产生。

12）蓄电池清洗。电池充电完成后需要用水对电池外观进行清洗，会产生清洗废水。

生产工艺流程见图 4-13。

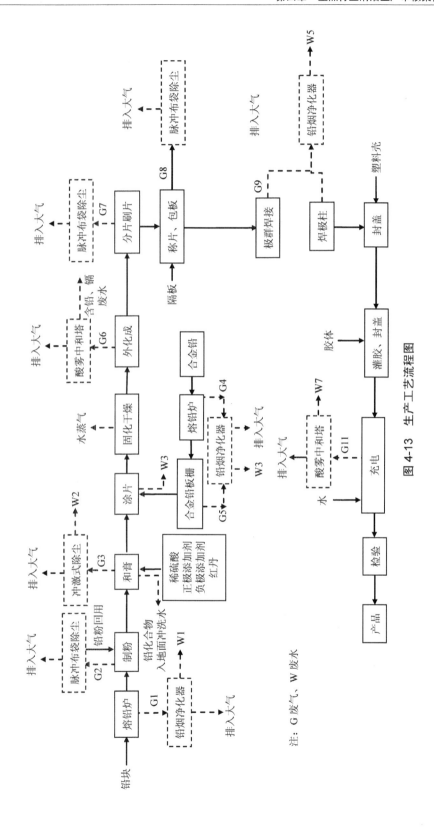

图 4-13 生产工艺流程图

注：G 废气、W 废水

（3）企业产污排污状况

企业主要污染物及来源见表4-39。

表4-39　主要污染物及处理措施

分类	污染物名称	污染物			处置方法
废水	生产废水	COD、铅、酸碱			酸碱中和+絮凝沉淀
	生活污水	COD、TP、氨氮等			二级生物接触氧化
废气	铅烟、铅尘	铸板和极群焊接产生的铅烟			HKE型高效组合式铅烟净化装置
		含铅粉尘	制粉工序		双重防治布袋过滤
			分片、极耳打磨等工段		旋风沉降+自动脉冲袋式除尘器过滤
			和膏工艺湿铅尘与含湿雾气		洗涤塔除尘器
	锅炉烟气	燃煤锅炉			水膜除尘+碱液脱硫装置处理后由40 m排气筒排放
	酸雾	化成工段产生的硫酸雾			HBSB-XNY-21001-21004水喷淋吸收装置
		无组织排放			封闭操作系统、负压抽气、集气罩收集等
固体废物	危险废物	含铅边角料			委托有相应资质的单位处置、综合利用
		含铅废渣			委托有资质的单位处理
		废气净化灰渣			
		含铅废旧劳保用品			
		废次铅蓄电池与含铅零配件			
		废滤筒布袋			
		废水处理污泥			委托有资质的单位填埋
		废酸			公司回收利用
	一般固体废物	生活垃圾			由环卫部门处理
		锅炉渣（粉）			铺路，用作建筑材料
噪声	设备噪声	噪声			减震降噪、建筑隔声、绿化屏障

（4）企业清洁生产水平现状

该企业清洁生产水平现状见表4-40和表4-41。

表4-40　铅蓄电池行业清洁生产评价指标体系的各评价指标、评价基准值和权重值及该公司生产水平现状

序号	一级指标权重	一级指标	二级指标	单位	二级指标权重	I级基准值	II级基准值	III级基准值	本公司现状
1	0.2	生产工艺及设备要求	铅粉制造		0.1	铅锭冷加工造粒技术	自动全密封造粒技术	熔铅造粒技术	III级
2			和膏		0.05				II级
3			涂膏		0.05	自动涂膏技术	自动涂膏技术与设备；灌浆或挤膏工艺		II级
4			板栅制造		0.1	车间、熔铅钢封闭；采用连铸辊式、拉网式板栅和卷绕式电极等先进技术	车间、熔铅钢封闭；采用集中供铅重力浇铸技术		车间、熔铅钢封闭；采用集中供铅用重力浇铸技术；II级
5			化成		0.1	内化成	内化成	外化成	外化成；III级
					0.15	车间封闭；酸雾收集利用；废酸回收利用；能量回馈式充电机	酸雾收集利用；废酸回收利用；能量回馈式充电机	车间封闭；酸雾收集处理；废酸回收利用；电阻消耗式充电机	车间封闭；酸雾收集处理；废酸回收利用；能量回馈式充电机；I级
6			极板分离		0.1	整体密封；采用机械化分板刷板（耳）工艺			I级
7			组装		0.1	采用机械化包板、称板设备；采用自动烧焊设备	采用机械化包板、称板设备；或铸焊机等自动化生产设备	采用自动烧焊机	I级
					0.15			采用自动烧焊机等自动化生产设备	
8			配酸和灌酸（配胶与灌胶）		0.1	密闭式自动灌酸设备（灌胶）	密闭式自动灌酸机（灌胶）	密闭式自动灌酸机（灌胶机）	I级
9	0.2	资源和能源消耗指标	*取水量　动力用铅蓄电池	m³/kVAh	0.4	0.09	0.10	0.11	0.096（I级）
10			*综合能耗　动力用铅蓄电池	kgce/kVAh	0.4	4.5	4.8	5.0	4.75（II级）
11			铅消耗量　动力用铅蓄电池	kg/kVAh	0.2	20	21	22	18.7（I级）
12	0.1	资源综合利用指标	水重复利用率	%	1	85	75	65	85.74%（I级）
13	0.2	污染物控制指标	*废水产生量　动力用铅蓄电池	m³/kVAh	0.2	0.08	0.09	0.1	0.097（II级）
14			*废水总铅产生量　动力用铅蓄电池	g/kVAh	0.3	0.4	0.45	0.5	0.37（I级）
15			*废气总铅排放量　铅蓄电池	g/kVAh	0.5	0.05	0.07	0.08	0.038（I级）

注：带*的指标为限定性指标。

表4-41　铅蓄电池行业清洁生产评价指标体系的各评价指标、评价基准值和权重值（清洁生产管理指标）及该公司现状

序号	一级指标	二级指标	指标分值	I级基准值	II级基准值	III级基准值	本公司现状
1	清洁生产管理指标	*环境法律法规标准执行情况	0.1			符合国家和地方有关环境法律、法规，废水、废气、噪声等污染物排放符合国家和地方排放标准；污染物排放达到国家和地方污染物排放总量控制指标和排污许可证管理要求	I级
2		*产业政策执行情况	0.1			生产规模符合国家和地方相关产业政策，不使用国家和地方明令淘汰的落后工艺装备和机电设备	II级
3		*清洁生产审核情况	0.05		按照国家和地方要求，开展清洁生产审核		I级
4		环境管理体系	0.05	按照GB/T 24001建立并运行环境管理体系，环境相关方文件及作业文件齐备	对生产过程中的环境因素进行控制，有严格的操作规程，建立相关方管理程序、清洁生产审核管理程序和各种环境管理制度，特别是固体废物（包括危险废物）的转移制度	对生产过程中的主要环境因素进行控制，有操作规程，建立相关方管理规程，清洁生产审核程序、清洁生产审核制度和必要环境管理制度	II级
5		环境管理制度	0.05	有健全的企业环境管理机构；制定有效的环境管理制度；		环保档案管理情况良好	I级
6		*环境应急预案	0.05	按《突发环境事件应急预案管理暂行办法》制定企业环境风险应急预案，应急设施、物资齐备，并定期培训和演练			II级
7		污染物排放监测	0.05	具备自行环境监测能力，安装废气、废水重金属在线监测设备，保证设备稳定运行		具备自行环境监测能力，安装废水重金属在线监测设备，保证设备稳定运行	I级
8		能源计量器具配备情况	0.05	计量器具配备率符合GB/T 17167、GB 24789三级计量器具要求		计量器具配备率符合GB/T 17167、GB 24789二级计量要求	II级

序号	一级指标	二级指标	指标分值	I级基准值	II级基准值	III级基准值	本公司现状
9		*排放口管理	0.05	排污口符合《排污口规范化整治技术要求（试行）》相关要求			I级
10		*固体废物处理处置	0.1	采用符合国家规定的废物处置方法处置废物。一般固体废物按照GB 18599相关规定执行。对含铅污泥等危险废物，要严格按照GB 18597相关规定，进行危险废物管理，应交持有危险废物经营许可证的单位进行处理。应制订并减少危险废物管理计划（包括减少危险废物产生量和危害性的措施以及危险废物环境行政主管部门备案危险废物贮存、处置等有关资料。应针对危险废物的产生、收集、运输、贮存、利用、处置，制定意外事故防范措施和应急预案，向所在地县以上地方人民政府环境保护行政主管部门备案	生量，向所在地县级以上地方人民政府环境行政主管部门申报危险废物产生种类、产生量、流向、贮存、处置等有关资料	一般固体废物按照 GB 18599 相关规定，危险废物按照 GB 18597 相关规定，进行危险废物管理	I级
11		*危险化学品管理	0.05	符合《危险化学品安全管理条例》相关要求			I级
12		*厂区综合环境	0.05	管道、设备无跑冒滴漏；厂区排水实行清污分流，雨污分流，污污分流；含重金属的洗浴废水和洗衣废水应按含重金属废水处理；厂区内道路经硬化处理			I级
13	清洁生产管理指标	环境信息公开	0.05	按照《企业事业单位环境信息公开办法》公开环境信息，按照 HJ 617 编写企业环境报告书		按照《企业事业单位环境信息公开办法》公开环境信息	I级
14		相关方环境管理	0.05	对原材料供应方、生产协作方、相关服务方提出环境管理要求			I级

注：带*的指标为限定性指标。

根据目前铅蓄电池行业的实际情况，不同等级的清洁生产企业的综合评价指数如下：
I级（国际清洁生产领先水平），$Y_I \geqslant 85$，同时限定性指标全部达到I级基准值要求；II级
（国内清洁生产先进水平），$Y_{II} \geqslant 85$，同时限定性指标全部达到II级基准值要求及以上；III
级（国内清洁生产一般水平），$Y_{III}=100$，同时限定性指标全部达到III级基准值要求及以上。

采用指标体系中的方法，经计算，项目 $Y_{II} \geqslant 85$，且限定性指标全部达到II级基准值要
求。对照表4-40可知，该项目目前满足企业清洁生产水平II级（国内清洁生产先进水平）。

点评：在审核过程中，对公司的能源消耗、原辅料消耗以及产污环节进行了较为详细的分析。将铅蓄电池行业清洁生产评价指标体系各项指标进行对比，发现铅烟的治理、熔铅的原料消耗还有许多提升的空间。

2．存在的问题

公司目前的熔铅炉在熔铅过程中会产生大量铅烟，一方面原料消耗较大，另一方面环境污染严重。建议改变生产工艺，采用冷切工艺，冷压切粒机在冷状态下，能将铅锭通过滚切原理制成特定颗粒状铅粒，以减少铅烟的产生，达到节能减排的要求。部分工段采用外化成工艺，清洗工序会产生许多废弃物，原辅材料消耗量也较大，对环境影响较大，建议公司改变化成技术，采用内化成技术，以提高清洁生产水平。

3．提出和实施无/低费方案

表4-42和表4-43为清洁生产审核无/低费方案汇总表和中/高费方案汇总表。

表4-42　清洁生产审核无/低费方案汇总表

序号	方案名称	方案实施内容	预计投资/万元	预计效果	
				年经济效益/万元	环境效果
1	改进减渣剂配方	铸板车间使用的减渣剂是石灰粉。现改用专用减渣剂，减少了铅渣的产生，提高铅的利用率	—	5	减少铅渣的产生量
2	充电线增加输送装置	原采用人工搬电池上下台，现直接采用输送装置送上台	1	4	减少用工量，提高工作效率
3	加装电计量表	企业内部主要次级用能单位有：球磨车间、涂片车间、磨片车间、组装车间和充电车间。目前上述主要次级用能单位均未加装电计量仪表，故拟加装电计量表5台，严格控制用电定额消耗	0.075	—	严格控制用电定额消耗，提高企业能源利用管理
4	配备3M口罩	由于生产车间内铅尘浓度较高，建议给工人配备专业的3M防护口罩，防止粉尘对工人身体的危害	2.34	—	加强职业防护，降低工人血铅浓度

序号	方案名称	方案实施内容	预计投资/万元	预计效果	
				年经济效益/万元	环境效果
5	购置无/低镉合金铅	为了倡导苏经信节能〔2012〕61号文件要求，已改用无镉或者低镉的合金铅	—	—	减少镉排放
6	定点清洗拖地拖把	生产过程中产生较多的铅尘等，其最终飘落车间地面。特别是磨片车间地面，铅尘量较大。拖地后的拖把黏附铅，预计对拖把进行定点清洗，定期收集清洗渣并外售	0.2	—	减少含铅清洗渣外排
7	提高废水重复利用率	目前废水重复利用率达到国内先进水平，但依然存在提高的空间。预计把未利用的处理水泵入储备池待用，进而减少废水外排量，同时提高水的重复利用率	1.25	0.1	减少新水用量，减少废水、铅和COD排放
8	回用打印复印纸	打印、复印废纸回用，做到双面都利用	—	0.05	减少废纸产生，减轻环境压力
9	节能考核制度	将全员10%的工资水平纳入节能考核范畴，提高全体员工的节能意识，让全员参与节能管理工作，杜绝长明灯	0.5	0.1	提高企业节能减排效益
10	全厂统一安装标牌	对全厂各车间、工段、办公室等统一安装标牌，提高管理效率	0.05	—	全厂统一安装标牌
11	提高车间操作安全生产意识，加大安全隐患整改	通过会议，培训等方式提高车间操作安全生产意识，做到安全生产	0.5	—	减少工伤事故，减少赔偿
12	工作服以旧换新	员工工作服必须以旧换新	—		减少二次污染

表 4-43　清洁生产审核中/高费方案汇总表

编号	方案名称	方案实施内容	预计投资/万元	预计效果	
				环境效益	经济效益/万元
1	球磨冷切机改造	对原有的球磨工段熔铅炉进行升级改造，将原有6台的熔铅炉升级为冷切机。因为熔铅炉在熔铅过程中会产生大量铅烟，而冷压切粒机在冷状态下，能将铅锭通过滚切原理制成特定颗粒状铅粒	184.5	铅的减排量为2.631 kg。每年可减少87 t的铅渣	93.17
2	外化成全部改成内化成	公司将原有外化成工艺改造为内化成工艺,此工艺可有效地减少传统槽式化成工艺中出现的排放、污染、消耗等问题	695	年可节水2 268 t，节省蒸汽7 800 t，节电126万kW·h，年节省化成用硫酸40 t、硼酸128.571 t、水杨酸41.3 t，年节省废酸处理用30%液碱260 t，减少硫酸雾排放9.27 kg	411

第五节 电力行业

通过固体、液体、气体等燃料的燃烧将化学能转化为热能，再用动力机械转换为机械能驱动发电机发电的工厂称为火力发电厂，简称火电厂。其中完成上述能量转换过程的设备组合称为火力发电机组。据统计，我国火电机组绝大多数为燃煤发电机组。

火电厂产生的污染与使用的原料及污染控制措施密切相关，使用不同的原料发电产生的污染差别很大。新建、扩建、改建发电厂应禁止使用国家明令禁止使用的燃料，贯彻清洁生产和循环经济要求。所有大、中、小型新建、扩建、改建项目要提高技术起点，采用能耗小、污染物产生量少的清洁生产工艺，严禁使用国家明令禁止的设备和工艺，从源头上控制污染。

一、电力行业清洁生产审核依据

（1）《纳入排污许可管理的火电等 17 个行业污染物排放量计算方法（含排污系数、物料衡算方法）（试行）》（环境保护部公告 2017 年第 81 号）

（2）《排污单位自行监测技术指南——火力发电及锅炉》

（3）《热电联产单位产品能源消耗限额》（GB 35574—2017）

（4）《火电厂污染防治技术政策》（HJ 2301—2017）

（5）《火电企业清洁生产审核指南》（DL/T 287—2012）

（6）《火电厂大气污染物排放标准》（GB 13223—2011）

（7）《火电厂石灰石——石膏湿法脱硫废水水质控制指标》（DL/T 997—2006）

（8）《火电厂环境监测技术规范》（DL/T 414—2012）

（9）《燃煤发电企业清洁生产评价导则》（DL/T 254—2012）

（10）《电力（燃煤发电企业）行业清洁生产评价指标体系》（发改委、环境保护部、工信部公告 2015 年第 9 号）

二、电力行业清洁生产技术

详见表 4-44 所列。

表 4-44　电力行业清洁生产技术

技术类型		技术政策与内容
源头控制		全国新建燃煤发电项目原则上应采用 60 万 kW 以上超超临界机组，平均供电煤耗低于 300 g 标准煤/kW·h
		进一步提高小火电机组淘汰标准，对经整改仍不符合能耗、环保、质量、安全等要求的，由地方政府予以淘汰关停；优先淘汰改造后仍不符合能效、环保等标准的 30 万 kW 以下机组
		坚持"以热定电"，建设高效燃煤热电机组，科学制定热电联产规划和供热专项规划，同步完善配套供热管网，对集中供热范围内的分散燃煤小锅炉实施替代和限期淘汰
		进一步加大煤炭的洗选量，提高动力煤的质量。加强对煤炭开采、运输、存储、输送等过程中的环境管理，防治煤粉扬尘污染
大气污染防治	除尘	火电厂除尘技术包括电除尘、电袋复合除尘和袋式除尘。若飞灰工况比电阻超出 $1×10^{4}$～$1×10^{11}$Ω·cm 范围，宜优先选择电袋复合或袋式技术；否则，应通过技术经济分析选择适宜的除尘技术。超低排放除尘宜选用高效电源电除尘、低温电除尘、超净电袋复合除尘、袋式除尘及移动电极电除尘等，必要时在脱硫装置后增设湿式电除尘
	烟气脱硫	燃用含硫量≥2%的机组或大容量机组（≥200MW）的电厂锅炉建设烟气脱硫设施时，宜优先考虑采用湿式石灰石—石膏法工艺，脱硫率应保证在 90%以上，投运率应保证在电厂正常发电时间的 95%以上。燃用含硫量<2%煤的中小电厂锅炉（<200MW），或是剩余寿命低于 10 年的老机组建设烟气脱硫设施时，保证达标排放并满足 SO_2 排放总量控制要求时，宜优先采用半干法、干法或其他费用较低的成熟技术，脱硫率应保证在 75%以上，投运率应保证在电厂正常发电时间的 95%以上。石灰石—石膏法应在传统空塔喷淋技术的基础上，根据煤种硫含量等参数，选择能够改善气液分布和提高传质效率的复合塔技术或可形成物理分区和自然分区的 pH 分区技术
		氨法烟气脱硫技术宜在环境不敏感、有稳定氨来源地区的 30 万 kW 及以下燃煤发电机组建设烟气脱硫设施时选用，但应采取措施防止氨大量逃逸
		海水法烟气脱硫技术在满足当地环境功能区划的前提下，宜在我国东、南部沿海海水扩散条件良好地区，燃用低硫煤种机组建烟气脱硫设施时选用
		烟气循环流化床法脱硫技术宜在干旱缺水及环境容量较大地区，燃用中低硫煤种且容量在 30 万 kW 及以下机组建设烟气脱硫设施时选用
		超低排放脱硫技术宜选用增效的石灰石—石膏法、氨法、海水法及烟气循环流化床法，并注重湿法脱硫技术对颗粒物的协同脱除作用
	烟气脱硝	煤粉锅炉烟气脱硝，宜选用选择性催化还原技术（SCR）；新建、改建、扩建的燃煤机组，宜选用 SCR 技术；发电功率小于等于 600MW 的发电机组，也可选用选择性非催化还原与选择性催化还原联合技术（SNCR-SCR）；燃用无烟煤或贫煤且投运时间不足 20 年的在役机组，宜选用 SCR 技术或者 SNCR-SCR 技术
		循环流化床锅炉烟气脱硝，宜优先选用 SNCR 技术，必要时可采用 SNCR-SCR 联合技术；燃用烟煤或褐煤且投运时间不足 20 年的在役机组，宜选用 SNCR 技术

技术类型	技术政策与内容	
	烟气脱硝	超低排放脱硝技术煤粉锅炉宜选用高效低氮燃烧与 SCR 配合使用的技术路线，若不能满足排放要求，可采用增加催化剂层数、增加喷氨量等措施，应有效控制氨逃逸
		SCR、SNCR-SCR、SNCR 脱硝技术及氨法脱硫技术的氨逃逸浓度应满足相关标准要求
水污染防治	煤泥废水、空预器及省煤器冲洗废水等宜采用混凝、沉淀或过滤等方法处理后循环使用	
	含油废水宜采用隔油或气浮等方式进行处理；化学清洗废水宜采用氧化、混凝、澄清等方法进行处理，应避免与其他废水混合处理	
	脱硫废水宜经石灰处理、混凝、澄清、中和等工艺处理后回用。鼓励采用蒸发干燥或蒸发结晶等处理工艺，实现脱硫废水不外排	
	火电厂生活污水经收集后，宜采用二级生化处理，经消毒后可采用绿化、冲洗等方式回用	
固体废物污染防治	粉煤灰综合利用应优先生产普通硅酸盐水泥、粉煤灰水泥及混凝土等，其指标应满足《用于水泥和混凝土中的粉煤灰》（GB/T 1596）的要求	
	强化脱硫石膏产生、贮存、利用等过程中的环境管理，确保脱硫石膏的综合利用；石灰石-石膏法脱硫技术所用的石灰石中碳酸钙含量应不小于 90%；燃煤电厂石灰石—石膏法烟气脱硫工艺产生的脱硫石膏的技术指标应满足《烟气脱硫石膏》（JC/T 2074）的相关要求；脱硫石膏宜优先用于石膏建材产品或水泥调凝剂的生产；脱硫石膏无综合利用条件时，应经脱水贮存，附着水含量（湿基）不应超过 10%。若在灰场露天堆放时，应采取措施防治扬尘污染，并按相关要求进行防渗处理	
噪声污染防治	采用低噪声设备，对于噪声较大的各类风机、磨煤机、冷却塔等应采取隔振、减振、隔声、消声等措施	
新技术开发	火电厂低浓度颗粒物、细颗粒物排放检测技术及在线监测技术，烟气中三氧化硫、氨及可凝结颗粒物等的检测与控制技术	
	W 型火焰锅炉氮氧化物防治技术	
	烟气中汞等重金属控制技术与在线监测设备	
	脱硫石膏高附加值产品制备技术	
	火电厂多污染物协同治理技术	
	火电厂低温脱硝催化剂	

注：以上内容适用于以煤、煤矸石、泥煤、石油焦及油页岩等为燃料的火电厂，以油、气等为燃料的火电厂可参照。不适用于以生活垃圾、危险废物为主要燃料的火电厂。

三、电力行业审核过程关注点分析

1. 原辅材料和能源

降低煤耗：优化煤仓设置，提高供煤效率；采用高热值、高挥发分的煤种，使机组燃烧稳定，发电效率提高，从而降低发电煤耗；配合煤质在线监测系统，根据煤质的变化合理配气，提高锅炉燃烧效率；加强阀门管理以降低内、外漏；优化机组及相关辅机设备；减少发电厂设备用电率等方法。

降低能耗：给水泵、循环泵、磨煤机、引风机、送风机、除盐泵、脱硫除尘装置以及其他辅机等。发电企业自身耗电情况一般以厂自用电率来表示，它是衡量发电企业节能降耗成效的一个重要生产技术指标。造成厂自用电偏高的原因有机组负荷过低、大型电机没有安装变频、机组运行故障频繁启停、采用不节能的照明设施等。

降低电厂自用电率的方法主要有：为大型用电器安装变频，比如循环水泵和除盐水泵；及时进行设备检修，防止出现跑冒滴漏和堵塞；采用节能灯具等。

2. 技术工艺及设备

关注汽水系统、燃烧系统及电气系统，新技术的利用及热能的循环利用。

3. 污染物排放

发电厂排放污染物主要分为废气、废水、废渣。在清洁生产的进行过程中，一方面要在源头控制污染的产生，减少排污量；另一方面，在末端治理上推广新技术并对"三废"进行资源化处理。

大气污染物排放方面，主要有锅炉烟气、煤厂装卸烟尘、磨煤制粉以及破碎运转中的煤尘和贮灰场这些污染源，其中主要的污染源是锅炉烟气，其主要污染物为 SO_2、NO_x、烟尘。

水污染排放方面，主要来源为输煤系统冲洗废水、厂房冲洗排水、主厂房杂用水、地面冲洗水、辅机冷却水排水、化学水处理设备反冲洗排水、取样间排水、除油后的含油污水、经过中和处理的锅炉清洗废水、脱硫排水及生活污水等，所有废水经处理后均应满足《污水综合排放标准》（GB 8978—1996）一级标准的要求。经处理后达标的废水可以全部回用于循环补充水、输煤系统冲洗用水，以节约水资源。

固体废物排放方面，电厂煤炭在装卸、储运过程中会产生一定量的粉尘污染。此外，火力发电厂的固体废物主要为燃煤产生的粉煤灰、灰渣以及脱硫产生的石膏。国内锅炉灰渣的综合利用方式有：建筑材料生产（如制砖、制水泥和轻型墙体材料等）、化肥生产（钙镁磷肥）或土壤改良、水质净化（如改性后作为水质絮凝剂或直接可用作过滤介质）以及用作工程回填土等。

四、电力行业清洁生产审核案例

实例一

（一）企业概况

企业名称：江苏某热力发电有限公司

所属行业：电力、热力生产和供应业

生产规模：3×130 t/h 高温高压循环流化床锅炉+2×25MW 双抽供热式汽轮发电机组。

环保手续：2003 年 10 月取得环评批复，2007 年 4 月通过竣工环保验收。

（二）清洁生产潜力分析

1．公司现状调查

现共有职工 200 人，公司设有制造科、供销科、保养科、厂务室等，其中供销科负责公司的环保管理工作。

（1）主要工艺流程

公司主要设备为 3 台 130 t/h 高温高压循环流化床燃煤锅炉，配 2 台 CC25 汽轮发电机组等。与生产原料有关的设施有干煤棚、输煤皮带机、贮油罐等；与生产、生活用水有关的设施有取水泵房、净化水系统、双曲线冷却塔、循环水泵房、化学水处理车间、中和池、输煤沉淀池等；与烟气排放有关的设施有烟囱、三电场高效静电除尘器；与灰渣排放有关的设施有气力除灰管道及灰库、渣库及输渣皮带等。

1）工艺流程及说明。现有工艺系统主要包括输煤系统、燃烧系统、热力系统、供排水系统、化学水处理系统、点火油系统、压缩空气系统及除灰渣系统。

生产工艺流程如下：干煤棚的燃煤由电动抓斗吊运至受煤斗，由皮带输送机送至筛分破碎间，经磁铁分离、筛分、环锤式破碎机将煤破碎，然后由皮带机送至主厂房炉前煤仓。石灰石粉由小料斗经振动给料机送入螺旋输送机，再送往皮带输煤机煤层上。用量按煤的含硫量比例加入炉内。燃煤经过炉前给煤机送入锅炉炉膛内燃烧，预热后的一次风由炉膛下部风室进入炉膛相助燃烧。二次风进入炉膛上部悬浮段，使煤燃尽。产生的高温高压蒸汽进入汽轮发电机组，产生的电能接入供电系统。石灰石与燃料共同燃烧实现炉内脱硫，煤炭燃烧后产生的炉渣由锅炉底部排出，燃烧产生的烟气进入三电场静电除尘器除尘，最终通过 120 m 烟囱排空。副产品粉煤灰经气力除灰系统贮存于干灰库综合利用。炉膛底部的灰渣经出渣系统输送至渣库外运综合利用。酸碱废水、含油废水、生活污水一并经预处理后排入污水处理厂集中处理。

2）生产工艺流程，见图 4-12。

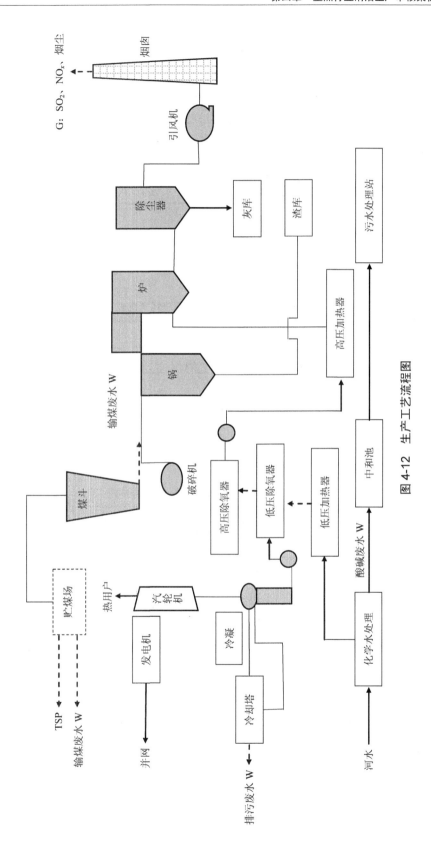

图 4-12 生产工艺流程图

审核期间近三年产品产量见表 4-45。

表 4-45　近三年主要产品产量

产品名称	单位	2014 年	2015 年	2016 年
蒸汽	t	1 843 976	1 594 263	1 101 428
电能	万 kW·h	40 972.177 4	47 174.852	42 494.363
折标煤	t	287 490.1	263 000.1	193 869.2

（2）主要原辅料及能源消耗

生产中的主要能耗消耗情况见表 4-46，生产过程原辅料情况见表 4-47。

表 4-46　近三年来主要能源消耗情况表

年份	近三年消耗量		近三年吨产品消耗量	
	水/（t/a）	电/（万 kW·h/a）	水/t	电/kW·h
2014	2 068 331	6 982.6	7.19	0.024 3
2015	2 095 873	7 420	7.97	0.028 2
2016	1 821 692	7 482	9.41	0.038 6

表 4-47　近三年来主要原辅料消耗情况表

名称	使用工段	近三年年消耗量/（万 t/a）			近三年吨产品消耗量（折标煤）/t		
		2014 年	2015 年	2016 年	2014 年	2015 年	2016 年
煤炭	锅炉	59.706	57.935	46.185	2.1	2.2	2.4
石灰石	炉内除硫	—	1.26	3.26	—	—	0.168
盐酸	化水	0.156	0.157	0.13	0.005 43	0.005 97	0.006 73
液碱	化水	0.104	0.116	0.089	0.003 61	0.004 39	0.004 59

（3）企业产排污状况

企业主要污染物及来源见表 4-48。

表 4-48　主要污染物及处理措施

污染物	来源	处理措施
废水	化学酸碱废水设备冲洗废水及生活污水等	污水处理站后外排
废气	锅炉的燃煤烟气，其主要污染物为烟尘、氮氧化合物、二氧化硫等	氮氧化物经采用低温燃烧控制；二氧化硫经石灰石炉内喷钙；烟气经三电场静电除尘器后由 120 m 高烟囱排放
	煤场、灰场及电石渣储运系统的粉尘	除灰采用管道气力输送至灰库，整个过程在完全封闭状态，输渣采用密封循环冷却出渣机，经输渣通廊皮带送至渣库，煤场为封闭式库房，不会因大风大雨造成扬尘和水源污染
噪声	空压机、引风机、各类泵、冷却塔、冷冻机组等	高噪声设备均置于车间厂房内，并采取减振、隔声、消声、吸声等措施
固体废弃物	粉煤灰、污水处理产生的污泥和生活垃圾	粉煤灰由水泥厂综合利用；一般固废和生活垃圾由环卫部门处理

2．存在的问题

原辅料及能源：因煤质不稳定造成飞灰及炉渣可燃物含量较高、锅炉燃烧效率较低；电除尘高压控制柜电源系统较落后，节能效果不佳，无法很好地控制除尘效率；供电煤耗波动较大，且夏季偏高。

工艺设备：磨煤机存在钢球磨耗高、电耗高、制粉效率低的问题；回转式空气预热器漏风率较高，对锅炉效率影响较大；部分设备运行不稳定，造成电能使用效率低，设备用电率高。

过程控制：锅炉助燃时油泵空转、汽机机组循环水泵启动时间不合理，造成资源浪费。

污染物排放：例行监测报告显示，NO_x 外排浓度过高。

管理与人员：给煤机倾角不合理导致电机变频效果不佳；原料在储运过程及车间使用过程中跑冒滴漏现象严重，造成部分资源能源浪费；员工节能减排意识有待加强。

点评：公司存在的问题主要为原辅料综合利用率不高、设备能耗过高以及污染物外排浓度过高等。

3．提出和实施无/低费方案

无/低费方案见表 4-49。

表 4-49 无/低费方案一览表

类型	方案名称	方案简介	预计投资/万元	预计效果	
				环境效果	经济效益
原辅料以及能源	合理利用电能	掌握电能的峰、平、谷时段，将用电量较高的工序安排在夜间生产	0	节约电能 30 000 kW·h	降低成本 3 万元
	修复管道保温层	对现场腐蚀的管线、损坏保温层进行更新	2	节约蒸汽 1 600 t/a	降低成本 32 万元
	严格控制煤质	提高煤的发热量，减少煤用量，降低煤单耗，保证含水量等指标合格	0	—	降低成本
	加强原料控制	对进厂原料实行质量控制，检查原料组分和质量是否合格，从原材料入手，提高产品质量	1.0	—	降低成本
工艺设备	增加安装计量仪表	增加主要工序以及车间安装二级水计量仪表	0.8	完善计量考核制度	—
	更换疏水阀	现有疏水阀未能将蒸汽系统中的凝结水、空气尽快排出；同时最大限度地自动防止蒸汽的泄漏。建议更换优质进口疏水阀	0.2	减少蒸汽损耗 200 t/a	降低成本 4 万元
	设备更新	按国家有关规定，更换部分淘汰电机	2	节约电能 100 000 kW·h	降低成本 10 万元
管理和人员	物料消耗考核制度	制定车间物料消耗考核制度，定期对车间物料的损耗进行定量考核，减少车间"跑冒滴漏"现象	0	节约用水 10 000 m³/a	降低成本 1 万元
	车间能耗管理	严格执行开关灯时间表，按照规定时间开关照明灯	—	减少电能消耗	降低成本
	储运管理	加强原料储运管理，减少跑冒滴漏，减少物料溅落	—		减少原料损失
过程控制	增加物料流向标识牌	设备悬挂设备卡，明确管道等物料流向	1	减少物料损失	能对故障形成快速判断能力
	组织员工定期清洁生产知识培训	组织员工定期清洁生产知识培训，增强清洁生产意识	2	节约能源资源	降低生产成本
	合理启动汽机机组循环水泵	根据汽机机组真空、冷油器温度等指标，合理启动循环水泵	0	节约能源资源	降低生产成本
	精确负荷反馈	及时投入内反馈装置，根据运行负荷做好设备调速工作	2	节约蒸汽 800 t/a	降低生产成本 16 万元
	校准计量仪表	检测计量仪器，保证完好，计量仪表要准确	2.0	减少废弃物排放量	降低成本
设备	定期防腐	对设备、框架、管道、阀门等定期进行防腐处理	4.5	—	减少设备损耗
废弃物	部分酸碱废水回用	化水工段酸碱中和废水部分回用于煤场及会渣库的洒水降尘	2	节约水资源 60 000 m³/a	—
合计			19.5	节约电能 130 000 kW·h；减少蒸汽损耗 2 600 t/a；节约用水 70 000 m³/a	降低年生产成本 66 万元

（三）清洁生产中/高费方案及效益

详见表 4-50。

表 4-50　中/高费方案一览表

序号	方案名称	方案简介	预计投资/万元	环境效果	经济效益
1	烟气除尘系统改造	把静电除尘改造为布袋除尘，提高烟尘的去除效率	788	减少烟气中烟尘污染物的排放，消减量 111.84 t/a	降低用电成本
2	烟气脱硝改造	炉内选择性非催化还原（SNCR）技术，达到烟气脱硝的目的	920	减少烟气中氮氧化物的排放，消减量 217.4 t/a	—
合计			1 708	削减烟尘 111.84 t/a；削减氮氧化物 217.4 t/a	—

方案全部实施完毕后，每年可产生经济效益 66 万元，每年可产生的环境效益削减烟尘 111.84 t/a、削减氮氧化物 217.4 t/a、节约电能 130 000 kW·h、减少蒸汽损耗 2 600 t/a、节约用水 70 000 m^3/a。

> **点评**：通过本次审核，公司上下对清洁生产从理论到实践均有了更深刻的理解，尤其是审核小组成员积极投入，提出了许多清洁生产方案并努力创造实施条件。通过多种形式的宣传，员工的清洁生产思想得到了普遍提高，增强节约原材料、节能的意识，可以达到近期目标要求。但在节约原材料和能源、减少废弃污染物排放方面还有潜力可挖，有待进一步实施和完善。

实例二

（一）企业概况

企业名称：江苏某热电有限公司

所属行业：电力、热力生产和供应业

生产规模：2×200 t/h 循环流化床锅炉+2×56MW 供热发电机组和 1×250 t/h 循环流化床锅炉+30MW 背压机组。

（二）清洁生产潜力分析

1. 公司现状调查

公司现有员工 89 人，环境管理采取总经理负责制，下设综合管理部（行政、采购、体系运行部门）、污水处理厂、财务科、生产管理部（运行组、技术组、专项管理）等。

环保手续：2002 年取得环评批复，2005 年通过竣工环保验收，2007 年改扩建项目取得环评批复，2012 年通过竣工环保验收。

（1）主要工艺流程

主要生产工艺流程是将原煤磨成煤粉后，送入锅炉中燃烧，转换为热能，把水加热成高温、高压蒸汽。蒸汽送入汽轮机中膨胀做功，将热能转换为机械能，汽轮机带动发电机发电，将机械能转换为电能。部分蒸汽在汽轮机中抽出后进入供热系统，向外部热用户及电厂生产生活设施供热。采用背压机组和回热系统，极大提高能源转换利用效率。

本项目工艺流程详见图 4-13。

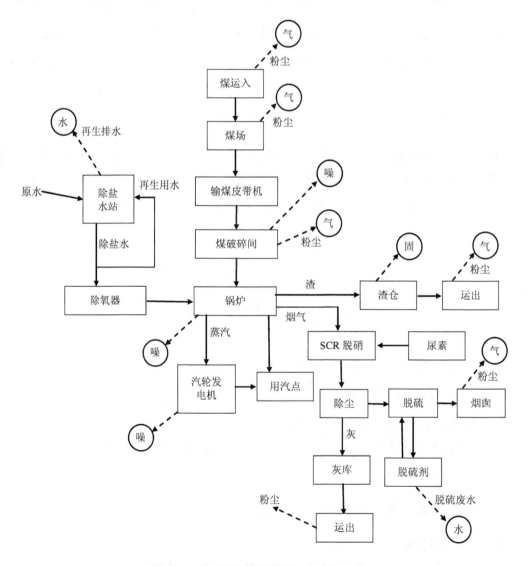

图 4-13　本项目工艺流程图（含产污环节）

本项目的主要生产系统为燃烧系统、热力系统、汽轮发电系统；辅助生产系统和附属生产系统为燃料贮运系统、除灰渣系统、化学水处理系统、给排水系统、冷却系统、烟气脱硫、脱硝、除尘系统、电气部分、热控部分、建筑部分、暖通部分等。

两台锅炉采用一套脱硫装置，并设置一套烟气连续监测系统。脱硫效率可达到95%以上，年可削减 SO_2 约 902.5 t。

（2）企业产排污状况

企业主要污染物及来源及处理措施见表4-51。

表 4-51　主要污染物及处理措施

污染物	来源	处理措施
废水	化水车间反洗排水、循环冷却水、工业冷却水、取水车间水工排水	中和处理，部分回用及作为煤场喷淋、绿化用水
废气	锅炉的燃煤烟气，其主要污染物为烟尘、氮氧化合物、二氧化硫等	静电除尘+湿法氢氧化镁脱硫排气筒 100 m
	输煤系统粉尘	封闭式、喷淋雾化
	上煤皮带系统、碎煤室	吸风罩、除尘器
噪声	各类风机、汽轮机、发电机、水泵、冷却塔、碎煤机等	选用低噪声设备，对各类噪声采用隔声、吸声、减震
固体废弃物	灰渣、污水处理污泥、生活垃圾	综合利用，环卫部门

根据目前我国燃煤发电行业的实际情况，不同等级的清洁生产企业的综合评价指数如下：I级（国际清洁生产领先水平），$Y_I \geq 85$，同时限定性指标全部满足I级基准值要求；II级（国内清洁生产先进水平），$Y_{II} \geq 85$，同时限定性指标全部满足II级基准值要求及以上；III级（国内清洁生产一般水平），$Y_{III} = 100$，同时限定性指标全部满足III级基准值要求及以上。

采用指标体系中的方法，经计算，项目热电站 $Y_{II} \geq 85$，且限定性指标全部满足II级基准值要求。对照表4-52可知，项目热电站目前满足企业清洁生产水平II级（国内清洁生产先进水平）。

表 4-52 项目与生产工艺与设备中项目、权重、基准值的对比

序号	一级指标	一级指标权重	二级指标	二级指标权重	本项目情况与等级	
1	生产工艺及设备指标	0.1	汽轮机设备	15	采用高效、节能、先进的设计技术	I级
			锅炉设备	15		I级
			机组运行方式优化	15	实时在线运行优化系统	I级
			国家、行业重点清洁生产技术	20	执行国家、行业重点清洁生产技术	I级
			泵、风机系统工艺及能效	15	达国家规定的能效标准	III级
			汞及其化合物脱除工艺	10	湿式脱硫法对汞有系统控制技术	II级
			废水回收利用	10	具有完备的废水回收利用系统	I级
2	资源和能源消耗指标	0.36	*纯凝循环流化床机组供电煤耗/[g/(kW·h)]	70	315<352	I级
			*循环冷却机组单位发电量耗水量/(<300MW)[m³/(MW·h)]	70	1.54<1.7	I级
3	资源综合利用指标	0.15	粉煤灰综合利用率/%	30	92.4>90	I级
			脱硫副产品综合利用率/%	30	95<90	I级
			废水回收利用率/%	40	97.6>90	I级
4	污染物排放指标	0.25	*单位发电量烟尘排放量/[g/(kW·h)]	20	0.08>0.06	II级
			*单位发电量二氧化硫排放量/[g/(kW·h)]	20	0.19>0.15	II级
			*单位发电量氮氧化物排放量/[g/(kW·h)]	20	0.34>0.22	II级
			*单位发电量废水排放量/[kg/(kW·h)]	15	0.075<0.15	I级
			汞及其化合物排放浓度	15	按照GB 13223标准排放浓度达标	I级
			厂界噪声排放强度/dB(A)	10	厂界达标及敏感点达标	I级

序号	一级指标	一级指标权重	二级指标	二级指标权重	本项目情况与等级	
5	清洁生产管理指标	0.14	*产业政策符合性	8	未使用国家明令禁止或淘汰的生产工艺和装备	Ⅰ级
			*总量控制	8	污染物排放总量及能源消耗总量满足国家和地方政府相关规定	Ⅰ级
			*达标排放	8	污染物排放浓度满足国家及地方政府相关规定	Ⅰ级
			*清洁生产审核	12	开展了清洁生产审核	Ⅰ级
			清洁生产监督管理体系	10	建立了清洁生产管理制度，制订清洁生产工作规划	Ⅰ级
			燃料平衡	5	按照 DL/T 606.2 标准规定进行燃料平衡、热平衡、电能平衡、水平衡测试	Ⅰ级
			热平衡	5		Ⅰ级
			电能平衡	5		Ⅰ级
			水平衡测试	5		Ⅰ级
			污染物排放监测与信息公开	6	安装自动监控设备，与相关部门监控设备联络，正常运行	Ⅰ级
			建立危险化学品、固体废物管理体系及危险废物环境应急预案	6	具有固体废物管理制度及危险废物环境应急预案	Ⅰ级
			*审核期内未发生环境污染事故	6	未发生环境污染事故	Ⅰ级
			用能、用水设备计量器具配备率	8	参照 GB/T 21369 和 GB 24789 标准，主要用能、用水设备计量器具配备率 100%	Ⅰ级
			开展节能管理	8	按国家规定要求，组织开展节能评估和能源审计工作，实施节能改造项目完成率为 100%	Ⅰ级

2. 存在的问题

该发电厂的储煤场采用喷洒水和防风抑尘网控制粉尘的无组织排放，但由于储煤场内喷洒水装置设置不合理，煤厂时常会出现煤粉乱飞现象，建议完善喷洒装置的运行，及时、有效的喷水可大大减轻上述问题。

机组烟气排放温度夏季达到140～150℃，平均温度达到139℃。排放温度高，导致锅炉热损失大、排烟体积流量大、引风机负荷增大、电耗增加。建议在电除尘器前加装烟气余热回收装置，回收锅炉烟气余热，加热凝结水，这也可以在一定程度上将电除尘设备提效。

燃煤中混有石块，造成管道磨损严重。建议抓好采购环节，提升能源质量。

大型动力设备耗电量较高，建议增设变频器，电厂大型用电设备耗电量较大，关停后各个用电设备需要整合，导致厂自用电率较高。建议进一步分析厂自用电率高的原因，降低厂自用电率。

排烟热损失是锅炉的主要热损失。降低锅炉排烟热损失的一个重要途径是安装省煤器系统，利用锅炉的余热对热力系统中的凝结水加热，即可利用锅炉排烟余热获得电能，同时可较大幅度降低锅炉的排烟温度。

电厂年综合厂自用电率为10.03%，与同行业企业相比较高。其原因有：机组公用系统进行整合，厂用电系统全部充电运行，各变压器和线路损耗较高，使得综合厂用电率上升了0.2%；除盐水补水量变化较大，目前补水调节均是现场人员用调整门调整，工作人员之间联系不及时，经常使除盐水泵空转，导致除盐水泵耗电量增加；电厂除灰系统为干除尘，除灰渣系统采用三级泵串联运行，目前除灰系统耗电率为0.4%～0.6%，除灰系统耗电率高于同类型机组，使厂用电率升高0.2%。

点评：通过该发电厂管理及污染物治理现状的分析可知，该厂在降低供电煤耗、单位产品水耗和自用电率上均存在清洁生产空间。通过对供电煤耗、单位产品水耗和自用电率在废物产生量、环境代价、清洁生产潜力、经济及技术可行性方面的权重分析可知，供电煤耗的得分最高，因此应该把降低该发电厂的供电煤耗作为本轮清洁生产的审核重点。

---

3. 提出和实施无/低费方案

初步筛选出可行并推荐立即予以实施的方案11项，其中无/低费方案6项，中/高费方案5项，其中无/低费方案见表4-53。

表 4-53　清洁生产备选无/低费汇总表

类型	编号	方案名称	方案简介	预计投资/万元	预计效果	
					环境效果	经济效益
原辅料和能源替代	F1	加强煤质控制	拟对入厂的煤质进行严格取样，并进行监督管理	0	减少污染物排放	—
工艺过程优化	F2	调整锅炉运行参数	通过运行控制锅炉启动时间和升压升温节奏，尽量缩短投粉时间，从而减少各类污染物排放，节约锅炉用油	0	减少废气污染物排放	年节省油费 1 万元
	F3	合理配煤，调整锅炉的燃烧情况	加强入炉煤管理，合理配煤，既要保证生产所需的热值和集结性，又使其挥发性保持在合理值，有助于锅炉更好地燃烧，同时加强空预器吹灰，降低锅炉的排烟温度，调整空预器的进口烟温，以达到提高锅炉的热效率，降低煤耗	0	减少原煤消耗，减少污染物排放	年节省煤费 0.5 万元
	F4	KS-1&KS-2 D/A 泵改变频控制	拟将 3 台脱氧器泵中选择一台增设变频器，如需大量补水时则启动工频台运转	4.4	节电 15 万 kW·h	年节省电费 12 万元
设备维护和更新	F5	AO3 皮带输煤机改造	目前煤炭入料及出料，是以吊机驳船抓至卸煤斗，再经入煤段皮带 A01-A04 及堆煤堆存至煤场，出料时再以刮煤机刮至 A05-A10 皮带输送至锅炉煤仓，当输煤设备故障时（刮煤机、A05 或 A06 输煤皮带）煤炭由 A03 皮带可直接转 A07 皮带输送至锅炉煤仓，避免锅炉煤仓断煤	4.6	年节电 4.2 万 kW·h	年创造效益 101.8 万元
废弃物回收利用和循环使用	F6	炉底冷凝水回用	原来企业泡料使用自来水，现决定将 KS-1、KS-2、KS-3 炉底的冷凝水进行回收，作为氧化镁泡料的补充用水，即将炉底冷凝水回收泵浦出口配管至氧化镁泡料用冷凝水回收水槽，在回收水槽出口增设气动阀。供泡料时补水用，节约新鲜水	4.5	年节水 1 万 t，节省蒸汽 1 000 t	年节省水费 25 万元

（三）清洁生产中/高费方案及效益

详见表 4-54。

表 4-54　清洁生产审核备选中/高费方案汇总表

方案编号	方案名称	方案简介	预计投资/万元	环境效果	经济效益
F7	KS-1 和 KS-2 磨煤机增设动态分离机	动态筛选器由变频器磨煤机负载煤量调整转速以控制粉煤粒度，以确保出口粒度质量及提升磨煤效率。现拟增设动态筛选器，粉碎后粉煤先经静态分离叶片整流及初筛，再经由可变速的动态分离转子以离心力筛选较细粉煤，通过动态叶片至燃烧器，同时较粗粒粉煤则回流至磨盘进行再粉碎，从而提升磨煤能力，改善磨煤机出口粉煤粒度，增加燃烧效率，可降低未燃份 2%	455	年可节约原煤 1 705 t，年可减少烟尘排放 0.21 t，减少 SO_2 排放 0.37 t，减少 NO_x 排放 2.23 t，年可节电 50.59 万 kW·h	年创造效益 211 万元
F8	KS-3 机组脱氧泵增设 PMD	为了更有效地节能，拟在 KS-3 机组新增 PMD，实时监控，节约能源	11	年节电 15.44 万 kW·h，减少噪声源强	年创造效益 12.4 万元
F9	热电机组脱硝改造	采用燃煤为燃料，废气排放中含有烟尘、SO_2 和 NO_x，目前尚未针对 NO_x 采取处理措施，拟规划对三台热电机组进行脱硝改造（SCR 脱硝），改造后 NO_x 将大大降低，符合火电污染物 NO_x 排放标准	3 180	审核前年排放 NO_x 1 438.21 t，审核后年排放 NO_x 337.68 t，则年可削减 NO_x 1 098.3 t（F7 年削减 NO_x 2.23 t）	年节省成本 10 万元
F10	增加余热回收装置	在电除尘器前加装烟气余热回收装置，回收锅炉烟气余热，加热凝结水并对电除尘作一次升级提效改造	134	—	节标煤约 0.8 万 t
F11	改进高中压缸汽封和阻汽片	将机组的高中压缸平衡环汽封油疏齿型汽封更换为 F 齿型汽封，共 6 级；视阻汽片间隙情况，更换部分高中压缸阻汽片	25	—	节标煤约 1.5 万 t
合计			3 805		

公司经过清洁生产审核小组的努力和全体员工的积极配合，取得了一定的环境效益和经济收益。本轮清洁生产审核共提出 11 个清洁生产方案，其中提出中/高费方案 5 个，无/低费方案 6 个，已全部实施完成，投入资金 3 818.5 万元，取得了节能、增产、降耗、减污综合效益约 373.7 万元，每年共节水 1 万 t，年节省电能 85.23 万 kW·h、节省蒸汽 1 000 t，节省原煤 1 705 t，合计节省能耗折算标煤约 1 459.8 t，年可减少烟尘排放 0.21 t，减少 SO_2 排放 0.37 t，减少 NO_x 排放 0.877 t。

企业本轮清洁生产投入大量资金，审核后企业供电标准煤耗有所下降 [供电标准煤耗从审核前的 315 g/（kW·h）降至 287 g/（kW·h）]，单位发电量的 NO_x 排放量有大幅度下降［单位发电量的 NO_x 排放量从审核前的 0.34 g/（kW·h）降至 0.288 g/（kW·h）］，企业生产成本下降，多项指标优于行业的先进水平，基本上达到了本轮审核的预期效果，取得了阶段性的成果。

> **点评**：清洁生产是一个动态的、相对的概念，是一个永恒的主题，其发展永无止境。企业按照《企业清洁生产审核》要求，制订持续清洁生产中长期规划和年度计划，使清洁生产有组织、有计划地在企业中持续进行下去。继续落实和完善脱硝改造工作，及时引进最新技术，从根本上进一步降低单位产品污染物排放量；公用设备能耗较大，应引进先进、低能耗公用设备，进一步降低公用设施的能耗；引进节能减排技术，节省能源；进一步完善管理体系，并监督落实。

第六节　有色金属冶炼行业

有色金属又称非铁金属，是铁、锰、铬以外的所有金属的统称。有色金属可分为重金属（如铜、铅、锌），轻金属（如铝、镁），贵金属（如金、银、铂）及稀有金属（如钨、钼、锗、锂、镧、铀），实际应用中，通常还包括半金属（如硅、硒、碲、砷、硼等）。

广义的有色金属包括有色合金。有色合金是以一种有色金属为基体（通常大于50%），加入一种或几种其他元素而构成的合金。有色合金的强度和硬度一般比纯金属高，电阻比纯金属大、电阻温度系数小，具有良好的综合机械性能。常用的有色合金有铝合金、铜合金、镁合金、镍合金、锡合金、钽合金、钛合金、锌合金、钼合金、锆合金等。

有色金属是国民经济发展的基础材料，航空、航天、汽车、机械制造、电力、通信、建筑、家电等绝大部分行业都以有色金属材料为生产基础。随着现代化工、农业和科学技术的突飞猛进，有色金属在人类发展中的地位越来越重要，它不仅是世界上重要的战略物资和生产资料，也是人类生活中不可缺少的消费资料的重要材料。我国有色金属工业近30年来发展迅速，产量连年居世界首位，有色金属科技在国民经济建设和现代化国防建设中发挥着越来越重要的作用。

一、有色金属冶炼行业清洁生产审核行业依据

（1）《清洁生产标准　铜冶炼业》（HJ 558—2010）

（2）《清洁生产标准　铜电解业》（HJ 559—2010）

（3）《清洁生产标准　粗铅冶炼业》（HJ 512—2009）

（4）《铜冶炼行业规范条件（2014）》（工业和信息化部〔2014〕29号）

（5）《铅锌行业规范条件（2015）》（工业和信息化部〔2014〕20 号）

（6）《再生铅行业准入条件》（工业和信息化部〔2012〕38 号）

（7）《锡行业准入条件》（工业和信息化部〔2006〕94 号）

（8）《钨行业准入条件》（国家发展改革委〔2006〕94 号）

（9）《锑行业准入条件》（国家发展改革委〔2006〕94 号）

（10）《钼行业准入条件》（工业和信息化部〔2012〕30 号）

二、有色金属冶炼行业清洁生产推广技术

根据国家发改委发布的有色金属行业准入条件和已发布的铜、铅等行业清洁生产标准，结合我国目前实际情况，铜镍冶炼——富氧强化熔炼工艺和铅锌冶炼——直接炼铅法和湿法炼锌工艺视为清洁生产工艺。

为深入贯彻落实《中华人民共和国清洁生产促进法》，加快重点行业先进清洁生产技术的应用和推广，提高行业清洁生产水平，2011 年 3 月 10 日工业和信息化部颁发了《关于印发铜冶炼等 5 个行业清洁生产技术推行方案的通知》（工信部节〔2011〕113 号）。

1．铜冶炼行业清洁生产推广技术

（1）密闭电解槽防酸雾技术

阴极组件与阳极组件组合成电解槽密封。电解液由泵从进液端板压入，由出液端板流出进行循环，整个电解过程处于密闭状态之中，无酸雾气体挥发。

（2）永久阴极电解工艺

永久性阴极电解工艺采用不锈钢板做成阴极代替铜始极片，由于不锈钢阴极平直，生产过程中短路现象少，从而提高了产品质量，也可使用较高的电流密度和较小的极距，进一步提高了单位面积的产能。

2．铅锌冶炼行业清洁生产推广技术

（1）氧气底吹-液态高铅渣直接还原铅冶炼技术

以液态高铅渣直接还原炉取代高铅渣铸块、鼓风炉还原工序。包括氧气底吹熔炼-侧吹还原炼铅工艺和氧气底吹熔炼-底吹还原炼铅工艺（YGL 法）。

（2）富氧直接浸出湿法炼锌技术

硫化锌精矿不经焙烧，直接采用常压富氧或加压氧气浸出技术，精矿中的硫、铅、铁等留在渣中，分离后的渣经浮选、热滤、回收元素硫，同时产出硫化物残渣及尾矿。

（3）铅锌冶炼废水分质回用集成技术

该技术为多项废水回用技术集成，包括节水优化管理技术，分质处理、分质回用技术，深度处理回用等技术。

该技术按照清洁生产审核方法对冶炼企业用水、排水进行全面管理，以达到从生产过程减少废水产生、循环利用水资源、减少污染物排放量的目的。

有色金属冶炼行业清洁生产推广技术见表 4-55。

表 4-55　有色金属冶炼行业清洁生产推广技术

序号	技术名称	适用范围	技术主要内容	解决的主要问题	应用前景分析
1	密闭电解槽防酸雾技术	铜电解、电积工序	阴极组件与阳极组件组合成电解槽密封。电解液由泵从进液端板压入，由出液端板流出进行循环，整个电解过程处于密闭状态之中，无酸雾气体挥发	主要解决铜电解工序酸雾气体污染问题，并可降低能耗	该技术铜电积的电流密度可提高到 300～500 A/m²，较常规电解槽综合能耗降低 10%，无酸雾气体挥发；该技术在铜电解工序推广，预计普及率达 10% 以上，技术推广后可减少排放硫酸雾 300 t/a，节约标准煤 1.05 万 t/a，推广前景较好
2	永久阴极电解工艺	铜电解、精炼工序	永久性阴极电解工艺采用不锈钢板做成阴极代替铜始极片，由于不锈钢阴极平直，生产过程中短路现象少，不但提高了产品质量，而且可使用较高的电流密度和较小的极距，进一步提高单位面积的产能	取消了烦琐的始极片生产系统，简化了生产过程，提高了装置的自动化程度，降低污染，提高了单位面积的产能，降低残极率及能耗	该技术残极率较传统始极片法低 3%～5%，蒸汽消耗比传统始极片法低 30%，生产自动化程度高，车间操作环境好；该技术可在铜冶炼厂电解工序推广应用，预计普及率可达到 80%，可减少蒸汽用量 80 万 t/a，推广前景广阔
3	氧气底吹-液态高铅渣直接还原铅冶炼技术	铅冶炼企业	以液态高铅渣直接还原炉取代高铅渣铸块和鼓风炉还原工序。包括氧气底吹熔炼-侧吹还原炼铅工艺和氧气底吹熔炼-底吹还原炼铅工艺（YGL 法）	1. 降低铅冶炼过程污染物（SO₂、烟粉尘、铅尘）排放量；2. 减少生产车间污染物无组织排放量；3. 提高金属回收率；4. 大幅度降低产品综合能耗	该技术具有能耗低、环境条件好、投资少、自动化水平高、劳动生产率高等优点；该技术还原炉排放 SO₂ 比鼓风炉减少 85%，且扬尘点大幅度减少，降低无组织排放铅尘量，粗铅综合能耗可达到 280 kg 标煤/t 铅（《铅锌行业准入条件》规定限额为 450 kg 标煤/t 铅）；该技术可在铅冶炼行业中广泛推广应用，预计普及率可达到 60%，技术推广后可削减 SO₂ 排放量 4.5 万 t/a，节约标准煤 35 万 t/a，减少工业废气排放量 104.5 亿标 m³/a，减少烟尘排放量 1.3 万 t/a，减少铅尘排放 0.2 万 t/a，推广前景广阔

序号	技术名称	适用范围	技术主要内容	解决的主要问题	应用前景分析
4	富氧直接浸出湿法炼锌技术	锌冶炼企业	硫化锌精矿不经焙烧，直接采用常压富氧或加压氧气直接浸出技术，精矿中的硫、铅、铁等则留在渣中，分离后的渣经浮选、热滤、回收元素硫，同时产出硫化物残渣及尾矿	1. 有效解决了锌精矿焙烧过程中产生的 SO_2、烟尘、铅尘污染； 2. 提高有价金属的综合回收率； 3. 解决部分地区硫酸难以外运问题	该技术锌浸出率大于 98%，锌总回收率大于 97%，有价金属综合回收率大于 88%，元素硫的总回收率大于 80%，原料适应性强。与传统湿法炼锌相比，无焙烧烟气排放，无须建设配套的焙烧车间和硫酸厂，更有利于清洁生产； 该技术可在锌冶炼行业中推广应用，预计普及率可达 20% 以上，技术推广后可减少 SO_2 排放量 16.8 万 t/a，减少工业废气排放量 141.6 亿标 m^3/a，减少烟尘排放量 0.2 万 t/a，推广前景较为广阔
5	铅锌冶炼废水分质回用集成技术	铅冶炼企业用水调控和处理回用	该技术为多项废水回用技术集成，包括节水优化管理技术，分质处理、分质回用技术，深度处理回用等技术。该技术按照清洁生产审核方法对冶炼企业用水、排水进行全面管理，以达到从生产过程减少废水产生，循环利用水资源，减少污染物排放量的目的	1. 解决铅锌冶炼废水重金属污染问题； 2. 提高水资源利用率，减少废水产生量和排放量	该技术采用"节水优化管理-分质处理回用-深度处理回用"集成技术处理回用铅锌冶炼废水，通过全过程减排，废水排放量减少 70% 以上，显著降低了末端污水处理负荷，处理后废水水质满足生产工艺要求，水重复利用率达到 96% 以上； 该技术可在铅锌冶炼行业广泛推广应用，预计普及率可达 50% 以上，技术推广后可回收废水资源 7 000 万 t/a，削减工业废水排放量 7 000 万 t/a，废水减排铅 60 t/a、镉 7.5 t/a、砷 27 t/a，推广前景广阔

三、有色金属冶炼行业审核过程关注点分析

1. 冶炼行业产能过剩问题突出

目前国内大部分行业冶炼产能过剩，尤以电解铝产能过剩突出。企业生产成本高，生产工艺落后、物耗能耗高，在清洁生产八个审核方面重点关注原辅料（包括能源）、生产工艺、生产设备、过程控制、废弃物方面。

2. 有色金属工业是矿物加工工业，是环境污染行业之一

由于我国矿物金属品位低、结构复杂并常与有毒的金属和非金属元素共生，所以采、选、冶、加工等各工序均产生较大量的废渣（石）、废水和废气造成环境污染。

（1）大气污染物主要是 SO_2 和烟（粉）尘，烟（粉）尘中一般含有重金属及其化合物。有色金属冶炼过程中产生的废气来源：备料过程产生的含尘废气、工业炉窑烟气、电解槽酸雾、制酸尾气、原料系统配料和皮带转运产生的粉尘、熔炼炉产生的 SO_2、精炼炉产生的含尘烟气等。

（2）水污染物。有色金属冶炼过程中产生的废水来源：炉套、设备冷却、水力冲渣、烟气洗涤净化以及湿法、制酸车间排水。其水质随金属品种、矿石成分、冶炼方法不同而异。

冷却水主要为间接冷却用水。如鼓风炉水套冷却用水、反射炉装料口的冷却套管冷却用水等，仅水温升高，未受其他污染，经冷却后可循环使用。火法精炼铸组冷却水则为直接冷却水，有轻微污染。

冲渣水不仅温度高，而且含重金属污染物和炉渣微粒，需经处理后才能循环使用。

各种湿法收尘系统的废水含大量悬浮物和其他重金属污染物。

车间清洗排水为车间跑、冒、滴、漏及车间地面冲洗水，含重金属污染物和酸。

（3）固体废物。冶炼项目大部分冶炼渣可作为原料返回生产系统。固体废弃物主要有冶炼渣、浸出渣、阳极泥、污水处理污泥等。

（4）噪声。主要噪声源为各类风机、空压机、破碎机、振动筛等机器，产生的噪声属空气动力噪声或机械性噪声，一般均大于 85 dB（A）。

3. 对照有色金属行业规范及准入条件

根据行业规范及准入条件，分析企业的生产工艺与装备要求、资源能源利用指标、产品指标、污染物产生指标、废弃物回收利用指标、环境管理要求，六个方案逐一分析企业的清洁生产指标等级。企业大多在生产工艺及装备指标、资源能源消耗指标和资源综合利用指标上，无法满足基准值要求，从而影响清洁生产水平的定级。

四、有色金属冶炼行业清洁生产审核案例

实例一

（一）企业概况

企业名称：江苏某有色金属有限公司

所属行业：有色金属压延加工

生产规模：光亮低氧铜杆 25 万 t/a（其中 3 万 t 用来生产制造软硬铜线，22 万 t 外售），软硬铜线生产规模为 3 万 t/a。

环保手续：2005 年取得环评批复，2009 年通过竣工环保验收。

（二）清洁生产潜力分析

1. 公司现状调查

现共有职工人数 200 人，公司下属总经理办公室、财务处、安环部、生产部、业务部、运筹部、管理部、工务部、品保部等。

（1）主要工艺流程

公司生产工艺流程见图 4-14 和图 4-15。

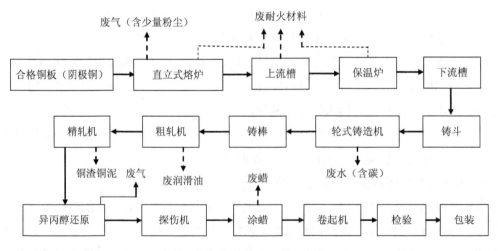

图 4-14　铜杆生产工艺流程图

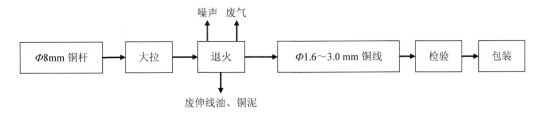

图 4-15　铜线生产工艺流程图

工艺流程简述

1）铜板熔化

铜板在熔化炉内经天然气燃烧直接加热，高温熔化为液态铜水，从熔化炉底部流出。熔化炉排气筒烟气中有少量粉尘排放（粉尘主要成分为铜和氧化铜粉末等）。

2）扒渣

铜水经上流槽流、扒渣槽扒渣，此处产生废耐火材料。

3）保温

扒渣后的铜水流进保温炉，从而提高铜水的温度和含氧量（保温炉温度约 1 140℃）

4）铸造

铜水从保温炉经下流槽流进铸斗，进一步去除杂质后流入铜模内（附着有乙炔燃烧产生的碳黑），经过冷却，液态的铜水铸造成固态的铜棒。铸造温度约 1 120℃。

5）轧制

经过修边的铜棒进入粗轧机轧制，粗轧后的铜棒再进入精轧机，铜棒的截面积进一步减小，最终变成直径 8 mm 的铜杆（温度约 590℃）。轧制过程中以铜杆热轧油作为冷却剂和润滑剂（此过程产生废油和铜泥）。

6）非酸洗（异丙醇清洗）

8 mm 的铜杆进过异丙醇清洗后进一步冷却、还原，得到光亮铜杆。为防止光亮铜杆在运输过程中氧化，需在其表面涂蜡。

铜线生产根据客户需求进行，将 8 mm 的铜杆大拉，再经退火，即得到要求规格的铜线（Φ1.6～3.0 mm 的软、硬铜线）。

（2）主要原辅料及能源消耗

水泥生产中的主要能耗消耗情况见表 4-56，生产过程原辅料情况见表 4-57。

表 4-56   主要能耗一览表

主要能源	单位	用量			折标煤/kgce		
		2015 年	2016 年	2017 年	2015 年	2016 年	2017 年
水	t	149 315	143 110	150 057	—	—	—
电	kW·h	27 270 969	26 516 728	28 046 157	3 351 602	3 258 905	3 446 872
天然气	m³	8 555 652	8 199 893	8 611 646	10 389 128	9 957 130	10 457 121
综合能耗	kgce	—	—	—	13 813 484	13 239 160	13 903 993
单位产品水耗	t/t	0.618	0.618	0.617	—	—	—
单位产品能耗	kgce/t	—	—	—	57.173	57.17	57.169

电折标系数取 1.229 tce/万（kW·h），天然气折标系数 1.214 3 kgce/m³，蒸汽折标系数 0.128 6 kgce/kg。

注：折标煤系数单位为：kg 标准煤/（计量单位）。

表 4-57   主要原辅料一览表

类别	名称	近三年使用量/t			单耗/（t/t）		
		2015 年	2016 年	2017 年	2015 年	2016 年	2017 年
原料	铜板	241 924	231 871	243 502	1.001 3	1.001 3	1.001 2
	铜杆热轧油	24.16	23.15	25	0.000 1	0.000 1	0.000 1
	伸线润滑油	4.02	4.42	5	0.000 18	0.000 174	0.000 17
	异丙醇	15.22	14.58	15	0.000 063	0.000 063	0.000 062
	乙炔	82.15	78.73	83.3	0.000 34	0.000 34	0.000 33
	蜡	5.3	4.86	5.0	0.000 022	0.000 021	0.000 02

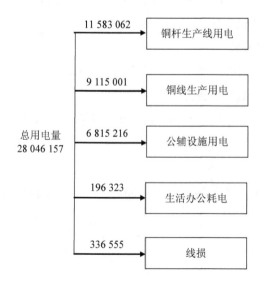

图 4-16   审核前全公司电平衡图（单位：kW·h/a）

（3）企业产排污状况

企业主要污染物及来源见表 4-58。

表 4-58　主要污染物及处理措施

污染物	来源	处理措施
废水	生产废水（铸造工段产生的黑水、地面冲洗水）以及生活污水	污水处理站处理后外排
废气	熔化炉产生的废气	以天然气作为燃料通过 24 m 排气筒高空排放
	车间生产过程中退火和还原过程中产生的挥发性有机气体（以非甲烷总烃计）	未收集、无组织排放
	轮式铸造机燃烧乙炔产生的烟气	水洗装置净化后 24 m 高空排放
	食堂产生的食堂油烟	油烟净化器处理后通过管道送至餐厅屋顶排放
噪声	伸线机、轧机等设备	减振措施
固体废物	铜渣铜泥、泥饼、废耐火材料，废油品、废乳化液、废包装桶、生活垃圾	危废委托有资质单位处置；一般固废和生活垃圾由环卫部门处理

2．存在的问题

根据审核小组现场勘查结果，结合公司现有产排污状况、能源使用状况的汇总与分析，列出了本轮清洁生产可能存在的问题点与清洁生产潜力较大的生产工序。

（1）公司现阶段有铜杆车间、铜线车间等生产车间，主要从事对铜的二次加工，原料铜的品质直接影响产品的质量和企业的经济效益，企业应进一步把控原料的采购，降低原料中的杂质，提高原料质量，保证产品质量；企业现阶段采用天然气作为熔化炉的燃料，下阶段管道液化气也已经接至企业，企业可以综合考虑二者价格，综合使用，降低企业经营成本；在控制过程中，企业铜水的温度监测现阶段采用热电偶，易损坏，现阶段同行业多采用红外线测温仪，测量稳定企业能耗低；核查企业高能耗设备的情况，及时淘汰名录之列的电机、变压器。因此生产车间存在一定的清洁生产潜力。

（2）环保措施上，公司在水、气、声、渣等各项污染物预防与治理工作中成效较明显，各类污染物基本都得到了有效防治，各项环保设施基本上符合环评要求。根据环评要求，企业现阶段落实环评中各项污染物排放防治措施，企业现阶段污染物的排放符合企业所执行的污染物排放标准。现阶段企业产生的无组织废气主要是铜线生产过程中退火工段产生的非甲烷总烃、铜杆生产过程中产生的乙炔黑烟，结合现有国家和地方政策相关文件的精神，"有机化工、医药化工、橡胶、涂料和包装印刷业的 VOCs 总收集、净化率均不低于90%，其他行业原则上不低于 75%"的要求，综合分析企业应进一步完善无组织废气的收集处理，减少无组织废气的排放；企业现阶段铸造过程中产生的废水通过企业自有预处理设施进行预处理，处理后的废水达标排放，结合企业现阶段用水总量及用水分析，企业用水量较大，可以综合考虑对铸造部分产生的废水进行深度处理，处理后的中水回用于过程循环，降低新鲜水的使用，提高水的利用效率。综合分析企业现阶段环保设施布局和废气处理情况，制定相关升级方案；危险废物暂存场所不能满足《危险废物贮存污染控制标准》（GB 18597—2001）相关技术要求，存在一定的环境风险。

综上所述，审核小组认为，企业环保措施和降低能耗水耗均存在一定的清洁生产潜力。

（3）企业现有的能耗主要是生产部分用电，占企业总用电量的95%。企业照明现使用普通照明灯，能耗较大，通过对企业照明系统的改造，采用更节能的照明系统，可以大大降低照明系统的电耗，对企业降低综合能耗和产品成本起到一定作用，因此有一定的清洁生产潜力。

审核小组根据对企业现有情况的分析，确定本公司清洁生产备选审核重点为：铜杆车间、铜线车间、环保设施等。

3．提出和实施无/低费方案

公司组织工程技术人员广泛收集国内外同行业的先进技术，与本公司进行对比，结合公司实际情况，制定清洁生产方案。然后，部门集中汇总至审核小组，审核小组经过认真研究、筛选、分类汇总后报领导小组确定。

无/低费方案见表 4-59。

表 4-59 清洁生产审核无/低费方案汇总表

序号	方案名称	方案简介	预计投资/万元	预计效果	
				年经济效益/万元	环境效果
1	液化气和管道气交替使用	燃料液化气和管道气价格会有变化，合理选择，降低成本和节约能源	—	5	节约成本和能源消耗
2	加强工艺参数控制	优化产品工艺控制条件，做到精细化操作	—	3.3	降低能源的消耗节电 3.3 万 kW·h
3	冷却水设施改造	对冷却水设施进行排查，查找管道漏水情况，对设备冷却水系统进行升级改造	0.5	0.5	节水 0.25 万 t
4	控制进厂原料质量	控制原料采用，尽量采用期交所挂牌品种，保证原料进货品质	1.5	—	确保原料含铜量，杂质少
5	制氮机代替采购氮气	用制氮机代替采购液氮，降低企业成本	0.24	2.4	降低成本

序号	方案名称	方案简介	预计投资/万元	预计效果	
				年经济效益/万元	环境效果
6	用压缩空气代替生产增压风机	生产线原来用增压风机形成小于0.2MPa压力供给伸线机,增压风机容易造成故障停机,采用压缩空气降低生产过程中停机	0.2	1.2	提升效率,降低能耗
7	执行日常巡检记录制度	安全员与维修组每日早晨同时巡检,发现问题及时整改	—	—	提高员工的安全意识
8	加强培训,规范行为	定期组织各种形式的培训,提高员工素养,创造一个安全、清洁的环境	0.4	—	提高员工素质
9	加强生活、办公用水和用电管理	规范用水用电,减少水电浪费;对冬季和夏季空调的使用时间、控制温度和维护保养等作出明文规定	—	1.06	减少资源、能源,降低能耗节电1万kW·h
10	建立奖惩制度	对在环保管理、污染源治理、节能增效的部门和个人给予奖励	—	—	提高员工的环保意识
11	加强仪表管理	规定专人负责,及时对损坏仪表进行更换	1.27	—	降低因过程控制不严对产品质量的风险
12	完善设备管理"包机制"	明确操作工、维修工对设备管理的职责,提高设备使用率	—	—	减少设备"跑、冒、滴、漏"
13	保温炉保温	对保温炉及时更换保温材料,降低热损	0.2	1.44	降低能源的消耗
14	生活区节水器具的使用	生活区水龙头、马桶采用节水器具,减少废水产生	1.5	0.5	节水800 t/a,减少污水排放640 t/a
15	定期对环保设施进行维护	定期对环保设施检查维护,确保废气的处理达标	0.2		降低周边环境污染
16	修旧利废	领用仓库物资、备品备件一律以旧换新,旧电器设备能修则修,不能修的统一集中处置	1.5	1	减少物料消耗
17	回收废油	各主机岗位设废油桶,回收维修、更换的各类废油统一集中存放和统一转移处置,避免焚烧或流入水池污染	0.2	1.2	避免废油二次污染
18	铜板垫木回收	回收及使用过程产生的无法修复或使用的木架可换取垫木	—	2.5	节约成本
19	改造建设危险废弃物贮存场所	改建原危险废弃物贮存场所,规范化管理贮存危废	2.2	—	规范管理降低环境风险

（三）清洁生产中/高费方案及效益

详见表 4-60 所列。

表 4-60　清洁生产审核中/高费方案汇总表

序号	项目名称	项目简述	预计投资/万元
1	车间无组织废气收集处理	现阶段企业产生的无组织废气主要是铜线生产过程中退火产生的挥发性有机气体以及在铜杆生产过程中异丙醇还原产生的无组织废气，以上废气以非甲烷总烃计，结合相关文件的精神，"有机化工、医药化工、橡胶、涂料和包装印刷业的 VOCs 总收集、净化率均不低于 90%，其他行业原则上不低于 75%"的要求，现阶段企业非甲烷总烃的排放不能满足要求，拟定本方案进一步优化废气处理设施，减少废气的排放	20
2	引进双效废油蒸发浓缩设备	企业现阶段产生的废油较多，属于危险废弃物，需委托有资质单位进行处理，处置费用较高。结合同类生产企业的做法，因为使用后产生的废油含水量较大，通过浓缩蒸发后可以提高废油的浓度降低处置危险的费用。企业现阶段已采用老式的蒸发设备，蒸发效果不好且能耗较大，因此审核小组拟定本方案采用先进的双效废油蒸发浓缩设备替代原有的老设备，进一步降低能耗，降低企业经营成本，提高经济效益	12
3	更新淘汰老式变压器	企业现使用的变压器为建厂之初使用的老式变压器，使用时能耗较大，有时会影响企业正常生产，为进一步保证企业安全生产，降低企业能耗，拟采用环保节能新型变压器替换原有的老式变压器，进一步降低企业能耗	36

本轮清洁生产审核取得了很好的效果，公司的领导和员工对清洁生产工作有了更深刻的认识，并自觉应用到生产实际中，也深刻认识到清洁生产的必要性和急迫性。清洁生产审核工作改变了过去依赖被动末端治理控制污染模式的思想，转变为主动的污染预防模式。清洁生产审核是一种先进的科学管理方法，公司将继续深入开展清洁生产审核工作，以达到减污增效的目的。

公司通过前五个阶段的清洁生产审核工作，使得员工对清洁生产有了更深刻的认识，对方案的提出和实施给出了宝贵的建议。本阶段清洁生产审核提出 19 个可行的无/低费方案，并已基本实施完毕，无/低费方案总计投入资金 9.91 万元，方案实施后减少用电约 4.3 万 kW·h/a，减少新鲜水使用量为 3 300 t/a，直接经济效益约 20.1 万元。共提出三项中/高费方案，三个方案共计投入资金 68 万元，方案实施后可以降低企业能耗，减少污染物的排放，三项中/高费方案均可行。

点评：对照重点企业清洁生产审核程序，关注企业"双超双有"问题，重点考虑了公司熔炼、铸造、还原等工序工艺改进、污染防治的清洁生产潜力，产生了一定的环境效益和经济效益。

实例二

（一）企业概况

企业名称：江苏某钨钼股份有限公司

所属行业：有色金属压延加工

生产规模：年产 3 100 t 钼酸盐、660 t 拉丝钼条（棒）、100 t 钼板坯、600 t 锻轧钼棒的生产能力，主导产品拉丝钼条、钼板坯、锻轧钼棒。

环保手续：公司 1998 年 9 月技改项目通过环评批复，2005 年 9 月技改扩能项目通过环评批复。

（二）清洁生产潜力分析

1．公司现状调查

公司现有总资产 5 亿多元，占地面积 18 万 m²，建筑面积 10 万 m²，职工总数 300 人，具有高、中、初级技术职称的工程技术管理人员 95 人。

公司在上一轮清洁生产审核中提出了 3 个中/高费方案。主要内容及环境效益、经济效益如表 4-61 所示。

表 4-61　上一轮清洁生产的内容及环境效益、经济效益

方案名称	方案简介	投资/万元	效果	
			环境效益	经济效益/万元
更新设备，回收氢气	更新设备，新上氢气回收设备，回收氢气	100	原有大量氢气燃烧排放，会恶化作业环境。回收氢气不仅避免这一问题，还节约了资源	节约氢气 16.5 万 m³，减少成本 190.68 万元/a
中频感应烧结炉改造	新上 4 台 Φ560×850 大规格中频感应烧结炉，淘汰 4 台 Φ450×850 中频感应烧结炉，降低单位产品电能的消耗	280	节约用电	节约电费 630 万 kW·h/a，节约费用 504 万元/a
筛分工段粉尘的治理	增加集气罩及布袋除尘装置，治理废气	10	较少粉尘的排放，改善工作环境	全年回收的含钼粉尘折合纯钼 1 200 kg，增加效益 47.5 万元

上一轮清洁生产审核过程中提出的下一轮清洁生产计划：进一步增加氢气回收利用效率，逐步减少车间明火数量；进一步论证本公司煤燃烧产生 SO_2 达标可行性，增加脱硫设施，进一步改善环境；进一步完善钼酸铵生产工艺的变更。由于产业政策及环保要求的调整，目前上一轮清洁生产审核中提出的方案尚未全部实施。

（1）主要工艺流程

1）钼酸铵生产工艺

化学方程式：

$$MoO_3+2NH_3H_2O \longrightarrow (NH_4)_2MoO_4+H_2O$$

$$4(NH_4)_2MoO_4+6HNO_3 \longrightarrow (NH_4)_2Mo_4O_{13}2H_2O+6NH_4NO_3+H_2O$$

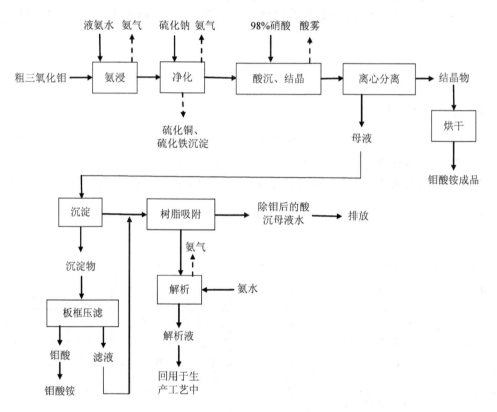

图 4-17　钼酸铵生产工艺流程图

钼酸铵生产工艺流程说明：

首先将粗三氧化钼浸入液氨水中，保持 pH 在 9～9.5 范围，然后加入硫化钠将杂质铜离子和铁离子去除，生成的硫化铜和硫化铁沉淀烧砖用。接着加入 98% 的硝酸，保持 pH<1，生成钼酸铵沉淀，然后结晶、离心沉淀后得到钼酸铵。生产的母液进一步通过树脂吸附回收钼酸铵，产生的硝酸铵母液，委托外协厂综合利用。

2）钼制品生产工艺

化学方程式：焙解 $(NH_4)_2Mo_4O_{13}2H_2O \longrightarrow 4MoO_3+2NH_3+3H_2O$

一次还原　$MoO_3+H_2 \longrightarrow MoO_2+H_2O$

二次还原　$MoO_2+2H_2 \longrightarrow Mo+2H_2O$

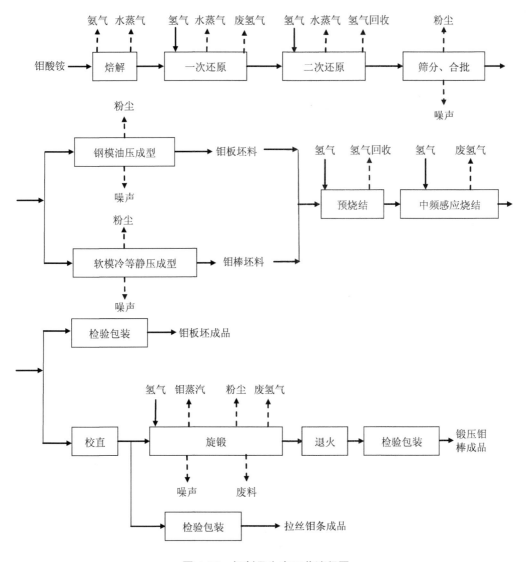

图 4-18　钼制品生产工艺流程图

钼制品工艺流程说明：

先将钼酸铵在 550℃ 的温度下焙解 3 h，产生的氨气和水蒸气经集气罩收集后再经水吸收后排放。接着对焙解物进行一次还原，在 650℃ 下，通入流量 2 m³/h 氢气，推舟速度 2 舟/30 min。一次还原结束后进行二次还原，在 920～950℃ 温度范围内，氢气流量 14 m³/h，推舟速度 1 舟/30 min。然后对部分钼粉进行钢模压型，制造钼板坯料；另外一部分进行软模成型，制造钼棒坯料。然后对钼板坯料和钼棒坯料进行预烧结，条件在 1 200℃温度下，通入氢气，流量为 8～10 m^3/h，时间为 1.5 h。然后在 1 950℃温度下，通入氢气，流量 8 m^3/h，时间为 15 h，生产钼板坯成品，校直后得到拉丝钼条成品。对钼棒成品在 1 680℃温度下，通入氢气，流量 8 m^3/h，时间为 4 h，进行退火旋锻，即得锻压钼棒成品。

3）甲醇裂解制氢生产工艺

化学反应方程式：$CH_3OH + H_2O \longrightarrow 3H_2 + CO_2$

甲醇裂解制氢工艺原理：在一定压力、一定温度及特种催化剂作用下，甲醇和水发生裂解变换反应。转化为 75%H_2 和 24%CO_2、极少量的 CO、CH_4。转化汽经过换热、冷凝、净化，自动程序控制让将未反应的水和甲醇返回原料液罐循环使用，净化后的气体依序通过装有多种特定吸附剂的吸附塔。一次性分离除去 CO、CH_4、CO_2 提取产品氢气。

审核期间的近三年产量、产值见表 4-62。

表 4-62　主要产品近三年产量、产值

产品	2015 年		2016 年		2017 年 1—6 月	
	钼酸铵	钼制品	钼酸铵	钼制品	钼酸铵	钼制品
年产量/t	2 034	1 038	2 903	1 428	1 740	786
产值/万元	18 300	23 800	23 200	31 400	12 100	15 700

（2）主要原辅料及能源消耗

企业主要能源消耗情况见表 4-63，主要原辅料情况见表 4-64。

表 4-63　企业近三年主要能源消耗情况

能源名称	单位	能源消耗量			能源消耗单耗					
		2015 年	2016 年	2017 年 1—6 月	2015 年		2016 年		2017 年 1—6 月	
					钼酸铵	钼制品	钼酸铵	钼制品	钼酸铵	钼制品
新鲜水	t/a	25 万	27 万	14 万	40	60	38	59	38	58
煤	t/a	1 410	1 777	870	—	1.36 t/t	—	1.24 t/t	—	1.1 t/t
蒸汽	t/a	5 320	6 567	3 566	2 t/t	—	1.9 t/t	—	1.8 t/t	—
电	万 kW·h/a	2 093	2 611	1 280	500 kW·h/t	2.2 万 kW·h/t	490	2.1 万 kW·h/t	480	2.1

表 4-64　近三年主要原辅料消耗情况

名称	产品名称	车间	岗位名称	近三年年消耗量			近三年单位产品消耗量		
				2015 年	2016 年	2017 年 1—6 月	单耗		
							2015 年	2016 年	2017 年 1—6 月
粗 MoO$_3$	MSA	钼化工	投料	2 600	3 140	1 980	95.5%	96.5%	96.6%
硝酸	MSA	钼化工	酸沉	1 600	2 200	1 300	0.8	0.78	.0.75
液氨	MSA	钼化工	投料	800	1 100	610	0.4	0.38	0.35
甲醇	钼制品	钼制品	氢气制造	2 076	2 468	1 300	0.68 kg/m^3	0.66 kg/m^3	0.65 kg/m^3

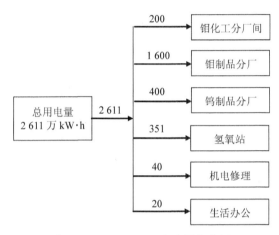

图 4-19　公司 2016 年电平衡分析

（3）企业产排污状况

企业主要污染物及来源见表 4-65。

表 4-65　主要污染物及处理措施

污染物	来源	处理措施
废水	主要由生产废水和辅助用水组成。公司生产过程排放废水主要为钼酸铵生产过程中产生的母液水，主要含有硝酸铵。辅助用水主要包括办公用水、车间清洗用水及职工浴室废水等	厂区现有设备清洗、地面清洗及员工生活废水等（不含工艺废水）经化粪池预处理后接园区污水管网
废气	含钼粉尘	脉冲袋式除尘器，15 m 排气筒达标排放
	钼湿法冶金和粉末冶金过程所产生的废气为氨气和氮氧化物酸性气体	吸收塔，15 m 排气筒达标排放
	燃煤导热油炉	旋风除尘器、花岗岩氢氧化钙碱液吸收塔，30 m 排气筒达标排放
噪声	空压机、冷却塔、水泵	减振消音隔音措施
固体废物	硫化渣、钼泥、生活垃圾	危废委托有资质单位处置，环卫部门处理

2. 存在的问题

通过之前的调查评价，已了解公司生产中现存的问题及薄弱环节。根据企业的组织结构图，企业主要生产部门包括异型件车间、钼酸铵车间、压延板坯车间、钨条车间等。结合本公司目前的生产状况和预评估阶段的调查分析，主要污染环节体现在以下几个重点部位：①钼酸铵车间；②钼粉车间；③异型件车间；④延压板坯车间；⑤坞条车间。

3. 提出和实施无/低费方案

无/低费方案见表 4-66。

表 4-66　无/低费方案分类汇总表

编号	方案名称	方案简介	预计投资/万元	预期效果
F1	修订完善环境管理制度	进一步完善企业环境管理制度，明确各类污染防治作业要求	0	完善企业环境管理体系及污染应急机制
F2	定期通报各厂区环保目标达成情况	利用调度会、各类专题会议等形式，及时对内部问题商讨改善对策	0	提高各厂区问题的解决速度，减少环境危害及风险，提高设备运作效率
F3	建立环保目标责任体系	实现环保任务分级管理	0	完善企业环境管理体制
F4	物料回收	布袋除尘后的灰渣回用于生产	0	可减少钼粉流失
F5	生活用水回用	卫生间及行政办公楼卫生间冲洗水改用回用水冲洗，降低成本，废水循环利用	4	水资源循环利用，减少废水排放
F6	加强岗位人员的技术培训	定期对员工进行通用知识、专业知识测评、操作技能测评，提高员工综合能力	1	提高员工专业技能，加强操作熟练程度
F7	员工清洁生产知识宣传教育	宣传清洁生产思想，提高员工环保意识	0	使清洁生产理念深入各厂区

（三）清洁生产中/高费方案及效益

详见表 4-67。

表 4-67　中/高费方案分类汇总表

编号	方案名称	方案简介	预计投资/万元	预期效果
F1	三级计量体系	完善厂区内的三级计量系统	50	对重点设备、岗位的用水、用电进行精细化管理，有效控制设备的运行
F2	冷凝水回用	硝酸铵母液在多效蒸发过程中的冷凝水进行回收	5	减少钼酸铵酸沉母液综合治理车间跑冒滴漏现象，减少硝酸铵排放
F3	钼粉还原炉改造	改用合适功率的还原炉设备	250	减少能源浪费，节约成本
F4	台车式箱式电阻炉改造	淘汰台车式箱式电阻炉，降低工人劳动强度	50	降低单位能耗，节约成本

企业在此次清洁生产工作中突出能源的降低，加强节电、节水，符合节能减排的要求。通过本轮清洁生产审核，效果明显，总计投资额 306 万元，预计年节电 192.8 万 kW·h，减少废水排放 9 900 t/a，节约电费 102.21 万元/a，全年可获得效益 300.21 万元，取得了较好的环境效益和经济效益，同时降低环境风险，消除安全隐患。

点评：通过本次审核，公司达到了"节能、降耗、减污、增效"的目的，其清洁生产水平已基本达到了二级国内较先进水平。但是，清洁生产是一项有始无终的工作，企业内部还有很多环节是需要改进和提高的，如积极探索改进废气吸收措施，进一步削减无组织废气排放量，降低原料使用量，完善应急措施，查找不合理的应急设备，降低环境风险等这些措施可以作为持续性清洁生产的方案落实到以后的工作中，进一步确保环境效益和社会效益的双赢。

第七节　石化行业

石油化学工业是指以石油和天然气为原料，生产有机化学品、合成树脂、合成纤维、合成橡胶等工业。该行业是国家重点发展的行业之一，具有所需物料种类众多，生产的周期长，产能大等显著特点，但石油化工业也是高污染性行业。从原料的采集到成品的加工都存在不同程度的污染。

因此，把清洁生产理念融入该行业领域，从原料生产到后期生产都积极做好污染防治，运用生产中使用到的化学原理和工程技术，对于减少和预防环境污染具有积极意义。

总之，石油化工企业清洁生产的总体思路是：查明废弃物的产生部位，分析其产生原因，提出减少或消除废弃物的清洁生产方案，并做到持续改进。

一、石化行业清洁生产审核行业依据

（1）《石油化工企业清洁生产审计工作指南》

（2）《石油化学工业污染物排放标准》（GB 31571—2015）

（3）《炼油单位产品能源消耗限额》（GB 30251—2013）

（4）《石化行业能源消耗统计指标及计算方法　炼油》（NB/SH/T 5001.1—2013）

（5）《清洁生产标准　基本化学原料制造业（环氧乙烷/乙二醇）》（HJ/T 190—2006）

（6）《清洁生产标准　氯碱工业（聚氯乙烯）》（HJ 476—2009）

（7）《聚氯乙烯行业清洁生产技术推行方案》（工信部节〔2010〕104 号）

（8）《国务院办公厅关于石化产业调结构促转型增效益的指导意见》（国办发〔2016〕57 号）

二、石化行业清洁生产推广技术

根据《大气污染防治重点工业行业清洁生产技术推行方案》（工信部节〔2014〕273 号），在石化行业采用先进适用清洁生产技术，实施清洁生产技术改造，推广技术如表 4-68、表 4-69 所示。

表 4-68　石化行业清洁生产推广技术

序号	技术名称	适用范围	技术主要内容	解决的主要问题	应用前景分析
1	油气回收技术	石化、化工行业	采用吸附法、分级冷却等技术回收油库、油品装车、储罐、仓储等挥发性有机物	回收含挥发性有机物气体中的有机成分	目前，该技术行业普及率 10%，预计 2017 年普及率 20%，可年削减挥发性有机物 5 万 t
2	泄漏检测与修复（LDAR）技术	石化、化工行业	采用固定或移动监测设备，监测化工企业易产生挥发性有机物泄漏处，并修复超过一定浓度的泄漏处，从而达到控制原料泄漏对环境造成污染	解决因微量泄漏造成的挥发性有机物无组织排放的问题	目前，该技术行业普及率不足 1%，预计 2017 年普及率 5%，可年削减挥发性有机物 10 万 t
3	低温等离子、光氧催化治理废气技术	石化、化工行业	通过低温等离子或光氧催化等技术，将废气中的挥发性有机物转换为二氧化碳和水	解决低浓度大风量废气中的挥发性有机物含量及臭气浓度超标的问题	目前，该技术行业普及率 5%，预计 2017 年普及率 15%，可年削减挥发性有机物 2 万 t
4	蓄热式热氧化、蓄热式催化热氧化、臭氧氧化等废气治理技术	石化、化工行业	通过蓄热式氧化焚烧、蓄热式催化热氧化焚烧或臭氧氧化等技术，将废气中的挥发性有机物转换为二氧化碳和水	解决高浓度、大风量废气中的挥发性有机物含量及臭气浓度超标的问题	目前，该技术行业普及率 5%，预计 2017 年普及率 15%，可年削减挥发性有机物 3 万 t
5	氨法、双碱法等烟气脱硫技术	石化、化工行业燃煤锅炉、煤化工行业	以氨水或 NaOH、CaO 等为吸收剂，循环吸收燃煤锅炉烟气中的二氧化硫，产生的副产物综合利用	脱硫效率达到 90% 以上，将烟气中的 SO_2 回收并资源化利用	目前，该技术行业普及率 10%，预计 2017 年普及率 40%，可年削减二氧化硫 20 万 t

表 4-69　聚氯乙烯行业清洁生产技术推行方案

序号	名称	技术主要内容	解决的主要问题	应用前景分析
1	乙烯氧氯化生产聚氯乙烯	乙烯在含铜催化剂存在下经过氯化反应生产出二氯乙烷，纯净的二氯乙烷经过裂解生产氯乙烯和氯化氢，氯化氢再与乙烯氧氯化反应生成二氯乙烷，二氯乙烷裂解生产氯乙烯，氯乙烯经聚合成聚氯乙烯		乙烯氧氯化法原料路线的产量约占 PVC 总产量的 14%；采用二氯乙烷主体联合法的 PVC 产量约占总产量的 16%。在东部沿海地区采用这种方法有一定的优势。但我国的乙烯资源短缺，为乙烯氧氯化生产氯乙烯带来了障碍
2	低汞触媒生产技术配套控氧干馏法回收废触媒中的 $HgCl_2$ 及活性炭的新工艺一体化技术	低汞触媒的氯化汞含量在 6% 左右（高汞触媒的氯化汞含量为 10.5%～12%），是采用多次吸附氯化汞及多元络合助剂技术将氯化汞固定在活性炭有效孔隙中的一种新型催化剂，大大提高了催化剂的活性、降低了汞升华的速度，重金属污染物汞的消耗量和排放量均大幅度下降。控氧干馏法回收废触媒中的 $HgCl_2$ 及活性炭的新工艺是针对低汞触媒开发的国内最先进的废汞触媒回收技术，这项工艺有效回收废汞触媒中的氯化汞，并使活性炭重复利用。整个生产工艺完全做到了密闭循环，没有废气、废液和废渣的排放，是汞触媒生产与回收的清洁生产技术	①降低了汞的消耗及排放量。新型低汞触媒的含量只有 6% 左右，汞消耗量下降 50%。同时减少了氯化汞的升华，因此降低了后处理中汞的排放。②减少了含汞废活性炭的排放。传统的废汞触媒回收，在回收汞的过程中残渣排放、填埋。控氧干馏法回收废触媒中的 $HgCl_2$ 及活性炭的新工艺回收的是氯化汞，活性炭可以回收利用，因此不会有含汞废活性炭的排放，避免了汞流失到环境中。③提高了汞的回收效率。传统的废汞触媒氯化汞回收的是汞，回收效率 70% 左右，而新的废汞触媒回收技术回收的是氯化汞，效率可以达到 99% 以上。④实现氯化汞循环。由于低汞触媒是由特殊的活性炭生产的，因此可以实现氯化汞的回收循环利用，进一步降低汞的消耗，低汞触媒氯化汞的升华量很小，失活后废汞触媒中的氯化汞含量仍很高，经回收可再利用，从而实现氯化汞的循环，使电石法聚氯乙烯行业汞消耗量下降 70%，汞排放量下降 90%。⑤回收工艺无"三废"排放。目前产生的废汞触媒用传统的回收方式污染严重，废渣、废气和废液都随便排放，而新型废汞触媒回收技术是在密闭条件下分别回收活性炭和氯化汞，没有三废的排放问题	低汞触媒无论是使用寿命、反应活性及选择性都达到或优于高汞触媒，完全可以代替高汞触媒并使 PVC 生产成本有所下降。不仅降低了氯化汞的含量还减少了氯化汞的升华量，是一项清洁生产技术，可予全行业推广。全行业推广需求量 1 万 t/a 左右，目前生产能力只有 4 000 t，年产量 1 500 t 左右。全行业推广以后，汞的消耗量下降 70% 以上，汞的排放量下降 90% 以上。该项技术相对原来的废汞触媒回收技术不仅可以高效回收氯化汞还可以回收活性炭。目前行业内每年产生的废汞触媒和含汞废活性炭有 1 万 t 以上。实现全行业回收后，可实现回收氯化汞 600 t/a 左右，减少 200 t/a 汞的排放。计划到 2012 年，低汞触媒的普及率达到 50%，每吨 PVC 汞的消耗量将下降 25%，汞的排放量下降 50% 以上。行业内产生的含汞活性炭实现全部回收

序号	名称	技术主要内容	解决的主要问题	应用前景分析
3	干法乙炔发生配套干法水泥技术	干法乙炔发生是用略多于理论量的水以雾态喷在电石粉上产生乙炔气，同时产生的电石渣为含水量1%～15%干粉，不再产生电石渣浆废水。干法乙炔工艺产生的电石渣可直接用于干法水泥生产，是解决电石渣排放最大、最有效的方法，同时干法乙炔发生技术产生的电石渣水分含量低，从而省去了压滤和烘干步骤，可以节省大量的能源	①解决了电石渣的排放。电石法PVC生产过程中，每吨PVC会产生1.5 t（干基）的电石渣。目前行业内的电石渣产生量超过1 000万t，大多数采用填埋，干法乙炔发生技术配套干法水泥生产技术把原产生的电石渣改变为石灰粉，并用于水泥生产、制砖等，拓宽了应用领域。②杜绝了电石渣浆的排放。湿法乙炔发生工艺，电石与水的反应比例为1∶17，因此每生产1 t PVC生产出25 t左右的电石渣浆。干法乙炔发生不产生电石渣废水。③节水、节能效果明显。采用干法乙炔发生配套干法水泥工艺，可以使每吨PVC降低水耗3 t，生产水泥更加节能。④降低能耗。新型干法水泥装置热耗由湿磨干烧的4 600 kJ/kg熟料降低到新型干法水泥的3 800 kJ/kg熟料，节煤21%以上，相当于减少0.18 t标煤/t，该工艺具有较好的节能效果	目前国内已有6～10家使用此技术。在行业内的普及率已有20%。该技术可在全行业内应用。全行业推广以后，减少近2亿t电石渣浆的产生。同时产生的电石渣将全部用于生产水泥。完成260万t产能的干法乙炔工艺配套780万t的干法水泥生产装置的新建及技术改造。减少6 500万t电石渣浆排放，减排约400万t的电石渣
4	低汞触媒应用配套高效汞回收技术	低汞触媒技术是聚氯乙烯行业减排方面的重大突破，它的汞含量在6%左右，氯化汞固定在活性炭有效孔隙中的一种新型催化剂，提高了催化剂的活性、降低了汞升华的速度，重金属污染物汞的消耗量和排放量均大幅度下降。对我国电石法PVC行业所面临的汞问题的压力可以起到缓解作用。在不改变生产工艺、设备的前提下，完全可以替代传统的高汞触媒。高效氯化汞回收技术是指通过工艺改造将升华到氯乙烯中的氯化汞回收的技术。PVC生产过程中升华的氯化汞蒸气随着氯乙烯气体进入汞吸附系统（包括冷却器、特殊结构的汞吸附器以及新型汞吸附剂），采用高效吸附工艺及吸附剂，可回收大部分氯化汞，这是有效截止氯化汞进入下道工序的关键	①降低行业内汞的使用量与排放量；②减少行业内排放的废水、废渣中的汞的含量；③降低PVC成本。由于低汞触媒的价格比较低，因此在一定程度上会降低PVC的生产成本；④可回收再利用氯化汞	高效汞回收技术是通过工艺改造，最大效率地回收已升华的氯化汞，有效截止氯化汞进入下道工序，应用前景良好。全行业内目前使用汞触媒量每年在8 000 t以上，计划到2012年，低汞触媒推广率达到50%，每吨PVC使用汞的量下降25%。实现高效汞回收技术的工业化

序号	名称	技术主要内容	解决的主要问题	应用前景分析
5	盐酸脱吸工艺技术	氯乙烯混合气中混有约5%~10%的 HCL 气体，经过水洗后产生一定量的含汞副产盐酸，目前处理副产盐酸的最好方法即采用盐酸全脱吸技术，将脱除的氯化氢重新回收利用，废水进吸收塔重新回到水洗工序，从而充分利用了氯化氢资源，且保证了含汞废水的不流失	①回收利用氯化氢、废酸达标，降低对环境的污染；②降低废酸中的汞对环境的污染	技术推广后，将杜绝通过盐酸出售而将汞带出系统之外。实现氯化氢的综合利用。目前行业内每年产生的含汞废盐酸在 40 万 t 左右，只有 20%废酸通过盐酸脱析技术处理。计划到 2012 年该技术推广率达到 50%以上
6	PVC 聚合母液处理技术	PVC 聚合母液是聚氯乙烯行业的主要废水，聚合母液中含有一定量的聚氯乙烯聚合用的助剂，COD 在 300 g/t 左右。生物膜法是利用附着生长于某些固体物表面的微生物（生物膜）进行有机污水处理的方法。生物膜法技术净化的母液废水出水指标满足《污水再生利用工程设计规范》（GB 50335—2002）中电厂循环水的回用水标准。生化处理技术可以使母液中的 COD 降到 30 g/t 以下。双膜法是采用超滤膜和反渗透膜两层主要的过滤膜来处理聚合母液，通过对母液废水的净化达到母液废水回用的效果。膜处理技术主要是通过纳滤膜+反渗透，母液回收率在 70%左右	①降低排放污水中的 COD 含量；②使废水综合利用，减少了母液污水的排放	目前以我国 PVC 产量计算，每年产生的含 COD 废水在 6 000 万 t 以上，如果全部采用该项技术，可减少 COD 排放 1.62 万 t 以上，可回收 4 200 万 t 母液废水。计划到 2012 年建成 3 600 万 t 聚合母液处理装置。可减少 0.97 万 t/a 的 COD 排放，可回收 2 500 万 t 以上的母液废水

三、石化行业审核过程关注点分析

1. 产污环节分析

要实现企业的清洁生产，需要从现有设备装置及生产过程的全过程实现对每一个环节、每一个岗位的清洁生产审定，并根据不同岗位和环节的产污现状，提出有针对性的解决措施和方案。石油化工工艺大体上分为炼油、乙烯和化纤三个工艺。

（1）炼油工艺

主要产生的污染源有原料加热炉、酸性气、含硫酸性废水、高浓度含盐废水，该环节所产生的主要污染物有：SO_2、NO_x、TSP、H_2S、NH_3、COD、BOD_5、SS、石油类、硫化物、挥发酚、氰化物、苯类、NH_3-N 等。

（2）乙烯工艺

该环节的主要污染源有裂解炉烟气、烧焦气、裂解炉清洗废水、清焦废渣，这一环节所产生的污染物主要有 COD、SS、COD、催化剂、废干燥、乙烯、丙烯、环氧乙烷、甲醛、苯、甲苯、丙烯腈等。

（3）化纤工艺

化纤工艺的主要污染源有尾气、废水、废液，其包含的污染物主要有：pH、COD、BOD_5 等。

2．石油化工业清洁生产对策

针对上述对石油工业产污环节的详细分析，可以有针对性地就不同环节的污染源及其污染物提出具体的清洁生产对策。

（1）改进生产技术

通过对石油工业生产每一个环节的污染物及其引起生产效率低下的原因分析，有针对性地对现有生产设备进行技术改造和生产工艺的转型升级，并结合企业的生产现状及技术水平，认真分析应选择对企业产生最大化环境效益的生产工艺。

严格落实清洁生产"三同时"的要求，选择资源利用率高、低污染的工艺和设备，以帮助企业实现节能降耗的预期效果。

（2）优化生产流程

石油化工业生产工艺复杂，需要根据不同环节的生产进行分析和研究，认真做好生产环节中的流程优化和控制，优化企业的生产程序，对于重复的生产程序或低效率的生产流程及时予以剔除，并对照石油化工业清洁生产标准，选择有利于实现清洁生产的工艺、设备、原料以及其他清洁生产措施。

（3）强化生产管理

清洁生产是新时期实现企业经济效益和环境效益的必然选择，也是新时期工业化发展模式的必然选择，是对于工业化经济时代加强环节保护的现实需要。石油化工业作为一项高污染行业，对环境的污染风险较高。据不完全统计，我国石油化工生产过程中许多污染物的产生和物料流失是由于管理不善造成的。

因此，就石油化工业来说，要把清洁生产纳入企业的日常生产管理中，建立 ISO 14000 环境管理体系标准，提升企业的生产专型。把清洁生产作为一项重要考核指标，加强对石油化工企业的生产督查，倒逼企业优化生产工艺，落实清洁生产的各项要求。

四、石化行业清洁生产审核案例

实例一

(一) 企业概况

企业名称：江苏某石化有限责任公司

主要产品：主要生产低密度聚乙烯、乙二醇、丁辛醇、丙烯酸及丙烯酸酯、甲酸、丙酸、甲胺、二甲基甲酰胺、乙苯、苯乙烯等。

产能：300 万 t/a 高质量石化产品。

环保手续：2000 年 12 月成立，2001 年 9 月开工建设，2005 年投入运营。

(二) 清洁生产潜力分析

1. 公司现状调查

目前公司拥有员工约 2 000 名，公司下属总裁办公室、基础化学事业部、丙烯酸类产品部、聚合物和环氧乙烷衍生物部、醇类和中间体部、人力资源和行政部、工程、维修、安全、健康、环保和公用工程部、财务、会计、电子数据处理和材料管理部、项目管理组。

公司主要生产工艺如下：

乙烯装置包括乙烯裂解装置、汽油加氢装置、芳烃抽提装置。乙烯裂解装置裂解原料——石脑油主要来自中国石化金陵石化公司，经管道输送至中央液体罐区，再用泵送至基础化学联合工厂的乙烯装置裂解炉。在高温下，石脑油和蒸汽被裂解，再经过各种工艺处理，获得乙烯、丙烯、裂解燃料油、甲烷、C6～C8 和 C9 等产品。乙烯用作高压聚乙烯装置、环氧乙烷/乙二醇装置和丙酸装置的原料。丙烯主要用作丁辛醇和丙烯酸及酯装置的原料，多余的部分则作为商品出售。来自乙烯装置的粗裂解汽油中含有烯烃、二烯烃等不饱和烯烃组分，以及硫和氮气等。经两段加氢和精馏后，获得 C6～C8 馏分和 C9 馏分等。C6～C8 馏分在芳烃抽提装置内被进一步处理，最终获得苯、甲苯和二甲苯等产品。

2. 存在的问题

从原辅料和能源、技术工艺、设备、过程控制、产品、废弃物、管理、员工等影响生产过程等 8 个方面来对废弃物产生的原因进行分析，结果见表 4-70。

表 4-70　产污环节分析

主要产污过程		乙烯裂解装置	乙苯/苯乙烯装置	环氧乙烷/乙二醇装置
原因分析	原辅料和能源	①原裂解炉注硫采用 DMDS（二甲基二硫），属于剧毒品 ②原急冷水系统注中和胺，中和胺对 COD 的贡献较大	①EB/SM 分离塔注高温阻聚剂 DNBP（2,4-二硝基邻丁基苯酚），有毒。 ②SM 产品塔注低温阻聚剂 TBC（叔丁基邻苯二酚），有毒	循环脱氢气排放造成乙烯浪费
	技术工艺	①氨泵排气造成 NH₃ 排放 ②压缩机精制水缺乏补充管线造成透平凝液排放至废水系统 ③裂解炉燃料气支管压力大，烧嘴负荷分配不均 ④乙烯装置的燃料气可以提供开工锅炉作为燃料 ⑤裂解炉传热效果不够 ⑥过滤器在清理时的物料挥发污染环境并对作业人员造成危害 ⑦裂解汽油罐的切水量大 ⑧缺乏烃类汽提，使得工艺水中油含量偏高 ⑨缺乏阻聚剂注入管线，固废偏多 ⑩来自 OXO 的不合格丙烯管线绕道，浪费能量	装置有工艺废水和非工艺废水。 工艺废水主要是工艺水经凝液汽提塔汽提后作为装置的废热锅炉给水重复循环使用，因此正常情况下无工艺废水，当凝液汽提塔不正常时，工艺废水排至废水预处理站。 非工艺废水主要是装置内 TBC、NSI 配制区的溢流、泄漏和冲洗液流至专用收集槽。这类废水含有游离烃，用活性炭吸附除去其中的烃类，废水送出界区处理。 其他非工艺废水主要是维修地面冲洗水和雨水。 废气主要产生烃化和反烃化催化剂汽提尾气去火炬、白土反应器汽提尾气去火炬、拔苯塔、EB 塔、PEB 塔、EB 回收塔、BZ/TOL 塔和真空泵出口不凝气去火炬。 EB 单元和 SM 单元加热炉燃烧气排放至大气。 废渣主要产生废催化剂、废白土、失效的无烟煤及活性炭，废催化剂、废白土汽提后掩埋，失效的无烟煤及活性炭去焚烧。 苯乙烯装置一存在特别的噪声问题，压缩机进出口均加消音器	三甘醇精馏能力不够造成残液偏多
	设备	①罐区常压罐泡沫玻璃破裂引起罐内烃挥发 ②油水分离器能力不够 ③废碱罐容量不够 ④裂解炉沉积烟尘，影响传热 ⑤STP1160 设计缺陷，时常检修时排放氨	①工艺废水由汽提塔处理，非工艺废水通过污水预处理站。 ②EB 单元产生的废气通过改造由拔苯塔送火炬改送至 SM 加热炉回收能量。 ③苯乙烯装置产生的焦油作为 EB 单元加热炉燃料回收能量降低能耗。 ④废渣包括废催化剂、废白土分别为分子筛、氧化铁、粒状活性土，不含重金属都通过反应器汽提后直接掩埋，无烟煤及活性炭汽提后直接焚烧。 ⑤本装置环保设施主要为火炬系统、污水处理站和焚烧系统	①高噪声设备缺乏隔声 ②缺少吸收水换热器 ③设备保温不够 ④需更换新型疏水器 ⑤高压蒸汽安全阀需更新，防泄漏

主要产污过程		乙烯裂解装置	乙苯/苯乙烯装置	环氧乙烷/乙二醇装置
原因分析	过程控制	软件实时监控装置需进一步优化	软件实时监控装置需进一步优化	①二氧化碳尾气可以作为 PEO 的热源 ②需要优化全装置生产控制
	产品	—	—	①PEG 残液未回用 ②二氧化碳废水未回用 ③物料包装桶可以回收 ④废润滑油没有回收 ⑤取样和设备倒空物料没有回收 ⑥污水到事故水管线未接通 ⑦分析废液没有回收
	废弃物特性	废黄油可回收 需加强 BCC 废水总排的在线监测 对裂解装置区内的地面水每天分析，分别排入生产废水或清净废水系统 对废碱液处理实施在线监测	废黄油、废润滑可回收 需加强 EB/SM 废水总排的在线监测 罐区呼吸阀排放气未收集 物料包装桶可以回收 取样和设备倒空物料回收 分析废液没有回收	
	管理	①需加强蒸汽跑冒滴漏的管理 ②对取样器凝液及压缩机阀常排水分析后改排放至清净水系统	①需加强蒸汽跑冒滴漏的管理 ②对机泵机械密封改干气密封 ③对开放式取样改密闭式采样	①雨水分流不够 ②化学品堆放区缺少地沟
	员工	—	需加强操作工的环保知识和操作技能的培训	需加强操作工的环保知识和操作技能的培训

点评：清洁生产审核重点确定为乙烯裂解装置、乙苯/苯乙烯装置、环氧乙烷/乙二醇/非离子表面活性剂装置。对其进行了重点评估，在全厂其他装置、部门也进行了清洁生产审核工作，并提出了一系列清洁生产方案。在公司生产、活动、服务过程中，考虑从源头抓起，削减废弃物的产生量并降低毒性，从而达到"节能、降耗、减污、增效"的目的。

3. 提出和实施无/低费方案

详见表 4-71。

表 4-71　无/低费方案一览表

一、乙烯裂解装置

序号	方案类别	方案名称	方案简介	投资/万元	预期效果
1	原辅料和能源	裂解炉使用液相 C4/C3 液化气作原料	原 C4/C3 液化气进入火炬系统	2	降低能耗，减少污染物排放
		SCTF 苯类常压罐压力控制方式变更	目前 SCTF 苯类常压罐压力控制方式为分程控制，为了维持一个罐压设定值，储罐的小呼吸损失造成白天排放较多的苯类和氮气混合气相，晚间补入较多的氮气。初步计算一天需消耗 2 000 Nm³。我们经过一个月对 T1520 的压力进行手动控制，在晚间罐压低于 3 kPa 时补氮，白天压力超过 12 kPa 时排放，补氮和排放时间缩短，补氮消耗和排放损失减少。 拟计划将苯类常压罐补氮和排放的压力分开控制，使两个控制压力有一段差距，减弱小呼吸损失，以减少氮气和物料损失	0	降低物耗，改善潜在的环境危害，全年经济效益约 2.4 万元
2	过程控制	丙烯精馏塔降压操作	进一步降低丙烯精馏塔所需低压蒸汽消耗，针对当前急冷水温度较低，低压蒸汽消耗偏大的现状，我们对丙烯精馏的控制进行了优化，降低丙烯精馏塔的操作压力，操作压力从原设计的 18.8 kg/cm² 降低至 17 kg/cm²，从而减少急冷水加热低压蒸汽消耗	0	低压蒸汽消耗量减少。此项工作使装置的综合能耗下降
		对辐射段炉管进行改造，提高裂解炉运行周期	结合装置裂解炉管已经运行至末期，需要全部更换的现状，装置计划在今后更换炉管同时，对现有炉管的型式进行改型，将现有裂解炉的运行周期从当前的 40~55 天延长至 120 天左右。此项工作能节省一半多的烧焦次数，节省大量能源	0	节约能耗
3	废弃物	裂解装置化学品注入系统新增围堰	裂解装置部分化学品注入泵和临时化学品存放处没有围堰，如果发生化学品泄漏有可能进入装置外围雨排系统。 1. 急冷区化学品注入系统围堰改造，确保化学品药剂桶在围堰内部； 2. 磷酸盐注入系统（Z-982）新增围堰； 3. 裂解气压缩机抗垢剂注入系统新增围堰	0.66	提高装置区安全性
		STT-1420 气相排放改去火炬系统	STT-1420 储存的物料由废溶剂（含甲苯）改为二聚物，为避免二聚物中的轻组分如 1,3-丁二烯进入活性炭吸附单元无法吸附而排入大气，故计划将该罐气相改排至火炬系统。在 PV-14201-2 阀后配制 1″管道至 STV-2031，并将原去活性炭吸附单元 STU-2010 的接口盲死	0.6	节约能耗

序号	方案类别	方案名称	方案简介	投资/万元	预期效果
4	管理	开工锅炉烟气余热利用,各增加一台省煤器或更换为高效省煤器	SUB 锅炉自从投用运行以来烟气排放温度一直偏高,造成能源浪费,为了充分利用烟气余热,SUB 需各增加一台省煤器来降低烟气温度,减少能耗	2.4	节约能耗
		Z-930 出口生产废水送出增加除油设施	EU 装置的含油废水经过 390-Z-930A/B 初步处理后作为生产废水排出装置区。由于现有的 390-Z-930A/B 只能去除大颗粒的悬浮物及油,不能满足生产废水的排放要求。拟在 390-Z-930A/B 出口增加除油设施以降低生产废水中的 COD 及悬浮物	0.2	防止生产废水对水体造成污染
		急冷油塔增加分散剂注入	急冷油塔系统中含有一些易聚合的物质,阻塞塔盘后,影响装置稳定运行。增加分散剂的注入可以抑制塔内聚合的发生 1.在盘油回流处注入分散剂;2.增加 1 台注药泵及注入管线	0.12	节约能耗

二、环氧乙烷/乙二醇/非离子表面活性剂装置

序号	方案类别	方案名称	所属装置	方案简介	投资/万元	预期效果
1	技术工艺	火炬气操作优化	EO/EG/NIS	火炬排放的循环气用作裂解装置的燃料气	2	节约能源,减少废气排放
2	过程控制	EO/EG 装置模型预测控制	EO/EG/NIS	EO 反应和吸收解析单元采用 MPC 模型控制,工艺操作平稳,节省蒸汽消耗,降低乙烯用量	0.024	节省金额约 236 万元/a,节约能源约 1 180 t 标煤/a

三、醇胺联合装置（EOA/EA/DMEOA）

序号	方案类别	方案名称	所属装置	方案简介	投资/万元	预期效果
1	技术工艺	给 E2503 暖水 6″回水线增加 2 寸旁路	EOA	原设计中 E2503 为内置冷却器在 C2500 塔顶,且回水阀为 6 寸,不好调节和控制水量,导致 C2500 塔釜温度偏低,增大了 C2500 的蒸汽消耗,通过增加 2 寸旁路控制后,水量较易调节,C2500 塔顶温度也相对好控制,从而减少了 C2500 蒸汽的消耗	0.3	节约能耗,产生经济效益
		给 E2603/E2653 暖水回水增加 1″旁路	EA	原设计中 E2603、E2653 为内置冷却器在 C2600、C2650 塔顶,且回水阀为 3 寸不好调节控制水量,导致 C2600 塔釜温度偏低,增大了 C2600 的蒸汽消耗,通过增加 1 寸旁路控制后,水量较易调节,C2600 塔顶温度也相对好控制,从而减少了 C2600 蒸汽的消耗	0.15	节约能耗,产生经济效益

序号	方案类别	方案名称	所属装置	方案简介	投资/万元	预期效果
2	过程控制	将 E2050 冷却水回水线改造	EOA	E2050 原冷却水回水线为 6″蝶阀，很难控制流量，实际生产过程中用水量都是过量，导致额外的蒸汽消耗来控制 V2050 的温度，造成能耗损失，通过改造将 6 寸蝶阀改为 4 寸截止阀，同时将原 1″旁路改为 2 寸，通过 4 寸截止阀和 2 寸旁路可以很好地控制冷却水量，减少蒸汽的浪费	0.54	节约能耗，产生经济效益
3	管理	当班能耗监控制度	ACN	由工程师编制表格从 PIMS 取得数据来计算装置的单耗能耗，每个班组指定专人负责监控装置单耗和能耗，如有超标需报告工程师并分析原因，及时做出调整	0	节约能耗，产生经济效益

四、C1 装置[丙酸装置（PA）、甲酸（FA）、甲胺（MA）、二甲基甲酰胺装置（DMF）]

序号	方案类别	方案名称	所属装置	方案简介	投资/万元	预期效果
1	原辅料和能源	E1271A/B/C 回水增加控制阀	PA	PA 装置正常运行中 E1271A/B/C 无工艺物料通过时，关闭冷却水，从而降低冷却水的消耗	3.4	循环水节约 1.4 万元/a
		降低催化剂的单耗	FA	适当提高合成反应器的压力和反应温度，降低 MeOH/CO 和 Cat/MeOH 比例以达到降低催化剂的单耗	0	将催化剂单耗从 1.48 t/tFA 降至 1.46 t/tFA。
		降低蒸汽单耗	FA	将水解单元 H_2O/MF 的进料比由操作法要求的 1.45 降低到 1.41，从而降低 1.6MPa 蒸汽的消耗	0	预计节省蒸汽 4 000 t/a
		延长催化剂使用时间	DMA	催化剂使用寿命为 5 年，通过控制反应器温度等参数的办法来保护催化剂，增加催化剂使用时间	0	每年催化剂的运行成本降低 7.5 万元
2	技术工艺	H36484 增加定位器	DMA	DMA 装置尾气排放至 C1 火炬时需要打开助燃气 H36484。增加定位器后可根据负荷来决定助燃气的使用量	0.5	预计节约天然气 1 500 kg/月
3	管理	增加单耗和能耗报表及 DCS 监控图	C1	通过 PI 系统导出数据，计算出一段时间的单耗和能耗情况进行监控和调整。在 DCS 系统增加蒸汽和循环水的单位消耗数据并进行实时监控和优化	0	有效跟踪，及时调整，避免公用工程和原料的浪费

五、合成气装置（SG）

序号	方案类别	方案名称	所属装置	方案简介	投资/万元	预期效果
1	原辅料和能源	适当提高炉膛温度，增加转化炉深度，提高产品收率	CBPS	控制转化炉出口的甲烷残余含量在 3.0%±0.2%，提高转化率，提高产品的收率。可以降低装置的物耗 0.001 t/t，2013 年全年消耗天然气原料 94 189 t，可以节约 94.19 t 天然气	0	节约天然气
2	技术工艺	优化燃烧空气系数，降低消耗	CBPS	燃烧空气系数 H_1-2088 正常情况下设定在 1.04，但在 H_2-elution 步骤人为干涉设定值，以减少波动，降低消耗，气温低的季节可以按此设定，夏季按照 1.06 设定。对流段的烟气氧含量来控制燃烧空气流量，氧含量由 2.0%降至 1.68%	0	减少天然气消耗
3	设备	增设 CO_2 排放消音器，降低噪音	CBPS	装置在引入 EO/EG CO_2 时，考虑其质量对转化镍催化剂的影响，注入转化炉前，需要现场排放 2 h，30bar 的气体排放大气产生巨大的噪声 110 dB，增设消音器 Z1401	2	环境效果预期噪声降低到 85 dB 以下，减少对人体听力伤害和噪声污染

六、聚苯乙烯装置/发泡聚苯乙烯装置（EPS）清洁生产方案

序号	方案类别	方案名称	所属装置	方案简介	投资/万元	预期效果
1	原辅料和能源	减少烧嘴堵塞次数	CEP/S	改造 PS 的 C 炉烧齐聚物烧咀，减少齐聚物处理量和节省天然气用量	0	每年增效 5 万元
2	技术工艺	增加夏季 HIPS 产量	CEP/S	D4651 使用 D4631 溢流过来的低温 RES，提高真空度	2	每年增效 90 万元

七、醇类和聚异丁烯装置

方案类别	方案名称	所属装置	方案简介	投资/万元	预期效果
技术工艺	T2503 部分水倒入 T2500 内	PIB	T2503 部分水倒入 T2500 内，由于 T2503 不含氟残液内含水量较高，所以在改造管线将废水排到 T2500 废水罐。当装车前将废水部分排到 T2500 内	0.2	减少残液中的废水量，提高残液的品质

八、丁二烯装置

序号	方案类别	方案名称	所属装置	方案简介	投资/万元	预期效果
1	过程控制	优化溶剂再生方法	BEU	延长溶剂再生时间，减少盘油消耗。再生次数从原来的 52 次/a，减少到 30 次/a	0	每次减少盘油 7 t，1 年可减少 154 t
		优化 IB 装置醚合成催化剂脱水方法	IB	优化 IB 装置醚合成催化剂使用前的脱水方法，减少异丁醇消耗，从 10 次/床减少到 7 次/床	0	每次脱水可减少异丁醇消耗 15 t
2	设备	丁二烯压缩机 K101 区域降噪声	BEU	装置丁二烯压缩机 K101 区域噪声平均在 95 dB 以上。噪声主要来源于该压缩机后的工艺管线部分，对这些管线采取增加隔音保温棉方式，以降低该区域维修和对操作人员听力的伤害	0.45	降低噪声到 87 dB，减少对操作人员听力损伤
		IB 装置取样器改造为封闭取样	BEU	IB 装置原取样器为现场就地置换排放，污染环境同时对操作人员造成伤害。将 IB 装置取样器改造为密闭置换排放取样	0	杜绝污染物现场排放；减少对操作人员的伤害
3	产品	增加管线将丁二烯的抽余油 3 送往乙烯C4 加氢	BEU	现场增加管线，将丁二烯的副产品抽余油 3 改送乙烯 C4 加氢	0.89	将低价值的抽余油 3 送往乙烯重新加氢裂解，以产生高附加值的产品

（三）清洁生产中/高费方案及效益

公司通过清洁生产审核，对废弃物分布、产生等情况有了更进一步的了解，提出了无/低费方案 54 个、中/高费方案 13 个，共投入资金 1 727.854 万元，预计将减少废水排放 165 000 t/a；减少固废排放约 200 t/a；减少 NO_x、CO_2 等废气排放；降低废水中 COD 浓度，减少 COD 排放量 632 t/a；降低噪声影响；减少蒸汽使用量 7 200 t/a；减少抽余油、甲醇等排放量。总计取得约 3 207 万元的经济效益，节能减排效果明显。表 4-72 列出典型的中/高费方案。

表 4-72　清洁生产审核中/高费方案汇总表

名称	方案	投资/万元	方案实施实际效果	
			环境效益	经济效益
F261 增加甲苯萃取流程	320-F-261 聚积器原设计使用滤芯将工艺水中的游离烃进行凝聚，形成油滴并在 320-F-261 中进行自然重力分离。由于急冷水的水质控制不稳定，320-F-261 的滤芯容易在高压差和高流量下被损坏，影响 320-F-261 的分离效果，实际操作中 F261 水中油含量从来没有达到设计的要求 30PPM。工艺水中的油含量及苯系含量偏高，造成工艺水系统及稀释蒸汽发生系统结垢和腐蚀以及排污 COD 超标。320-F-261 增加甲苯萃取工艺，可以有效地通过甲苯萃取功能将工艺水中的油及不饱和烃类吸附，改善工艺水的水质，减少工艺水系统内的油类物质结垢及苯乙烯类聚合物生成	165	减少废水中 COD 浓度	年节约成本 870 万元
对流段改造	现裂解装置裂解炉存在以下两点问题：1.排烟温度高，达 150℃；2.与原料混合前的稀释蒸汽温度高，达 700℃，与原料混合时的温差大，造成混合三通损坏，物料泄漏。对现有炉 H110 改造后，将对流段炉管重新布置，以上问题将得以解决：排烟温度将降至 120℃；热效率从 92.06%升到 93.74%；燃料消耗少 30 kg/h，裂解炉产汽量增加 620 kg/h；稀释蒸汽与原料混合处的温度降至 200℃，将解决 DS 三通经常损坏以到泄漏事故的发生	600	减少 CO_2 排放	年增加收益 81.78 万元
裂解炉风机改变频控制	目前 BYC 乙烯裂解炉风机使用的是定频电机，无法调节转速，风机电耗较大，裂解炉炉膛负压控制不稳定，因此需要增加变频器控制风机电机	134.3	减少不完全燃烧产生的 NO_x 量	年增加收益 32.25 万元
安全阀改造	D525 泵区安全阀在使用完后由于热膨胀会有持续的泄漏，而泄漏出的物料通过就地收集桶收集，然后作为废料送去焚烧。改造安全阀出口管线至泵入口，减少原料及产品浪费	23.7	—	年增加收益 19.64 万元
回收工艺水再利用	回收凝液回水罐 V1255，作为贫吸收液再利用。减少脱盐水用量，降低污水排放流量	31.6	减少污水排放 152 000 t/a	年节约成本 350 万元

　　点评：回收工艺水再利用减少脱盐水使用量，脱盐水单耗达到《清洁生产标准　基本化学原料制造业（环氧乙烷/乙二醇）》（HJ/T 190—2006）中一级水平。核算中/高费方案的经济效益需有效数据进行辅证，通过方案实施前后用水量数据对比，确定节约成本。

实例二

（一）企业概况

企业名称：中国石油化工集团江苏某分公司

主要产品：聚烯烃塑料、聚酯原料、基本有机化工原料、油品、合成橡胶 5 大类 60 余种产品。

主要产能：800 万 t/a 原油加工、65 万 t/a 乙烯、140 万 t/a 芳烃、105 万 t/a 精对苯二甲酸（PTA）、87 万 t/a 塑料、30 万 t/a 乙二醇、21 万 t/a 丁二烯。

（二）清洁生产潜力分析

1．公司现状调查

目前分公司拥有员工约 2 000 名，下设八个分厂，炼油及化工生产装置集中于炼油厂、烯烃厂、化工厂、芳烃厂和塑料厂五厂，热电厂、水厂、物流部为辅助生产装置及公用工程设施。

（1）主要生产工艺

原油经炼油厂常减压装置对原油进行馏分切割，主要产品为拔头油、直馏石脑油、常压柴油、减压柴油、蜡油、重油。部分直馏石脑油、常压柴油送到烯烃厂乙烯装置做裂解原料，另一部分直馏石脑油送芳烃厂重整装置做重整料，还有一部分常压柴油和减压柴油送芳烃厂加氢裂化装置做原料，蜡油送催化裂化装置做原料，重油绝大部分送焦化装置做原料，小部分进炉子燃烧。焦化装置通过高温热破坏和加氢精制使重油转化为轻质油品和石油焦，其中加氢石脑油、加氢轻柴油、加氢重柴油、石油焦作为商品卖出。

加氢石脑油送烯烃厂乙烯装置做裂解料，加氢轻柴油经调和作为柴油产品卖出，加氢重柴油送催化裂化装置和芳烃加氢裂化装置作为原料。常减压装置的蜡油掺部分重油经催化裂化装置加工处理，主要产品为汽油、轻柴油、液态烃，汽油主要作为商品卖出，轻柴油经调和作为柴油商品卖出，液化气经气分装置分离出聚合级丙烯产品送塑料厂聚丙烯装置做聚合原料。常减压装置的减压柴油和部分常压柴油、重油加工装置加氢重柴油经加氢裂化装置加工处理，主要产品为轻石脑油、重石脑油、航煤基础油、加氢尾油，轻石脑油部分送制氢装置催化制氢，多余轻石脑油和加氢尾油送烯烃厂，乙烯装置做裂解原料，航煤基础油经调和作为航煤商品卖出，加氢重石脑油和部分常减压装置出来的直馏石脑油经重整装置进行催化重整，产品送制苯与二甲苯装置分离加工生产出高纯度的苯、对二甲苯、邻二甲苯，部分对二甲苯送化工厂 PTA 装置做原料，苯、邻二甲苯和其余的对二甲苯作为商品卖出。

　　由炼油厂和芳烃厂来的混合石脑油、混合柴油、轻石脑油经烯烃厂乙烯装置高温裂解，主要产品为乙烯、丙烯、裂解碳四、裂解碳五、加氢汽油。乙烯送乙二醇装置、塑料厂聚乙烯装置和扬巴公司苯乙烯装置做原料，丙烯送塑料厂聚丙烯装置做原料，裂解碳五送伊斯曼碳五树脂装置做原料、裂解碳四经丁二烯装置抽提出 1,3-丁二烯作为橡胶原料商品卖出，加氢汽油经芳烃抽提装置抽提出苯和甲苯。乙二醇装置通过乙烯和氧气的催化反应生成环氧乙烷，并水合生成乙二醇，乙二醇作为聚酯原料商品卖出，环氧乙烷为精细化工原料商品卖出。塑料厂聚乙烯装置通过乙烯的聚合、造粒生产聚乙烯塑料粒子商品卖出，聚丙烯装置通过丙烯的聚合、造粒生产聚丙烯塑料粒子商品卖出。化工厂外购醋酸与芳烃厂来的对二甲苯经 PTA 装置催化氧化、精制，生成 PTA 产品，作为聚酯原料商品卖出，其余醋酸作为商品卖出。

　　主要生产工艺见图 4-20。

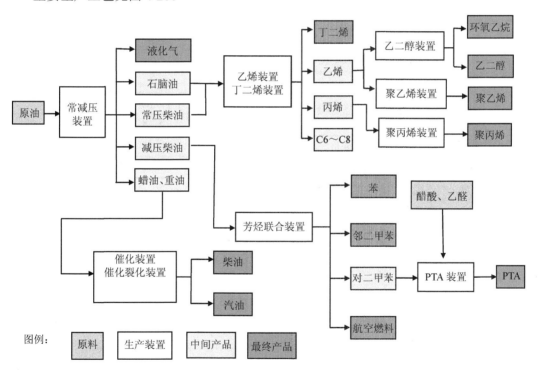

图 4-20　主要生产工艺

（2）清洁生产审核目标

　　审核工作小组参照集团公司《中国石油化工集团公司暨股份公司炼化企业清洁生产标准》中对单位产品的取水量、排水量等相关指标所做的规定（凡是集团公司下属企业清洁生产应符合此相关要求），并充分考虑了企业发展远景和规划要求、与国内外同类企业先进水平的差距以及 2013 年分公司废水、废气及物耗、能耗状况，结合公司实际情况，同时参照各装置的设计、达标数据，经厂清洁生产审核领导小组讨论，制定了 2017 年公司清洁生产目标，具体情况见表 4-73。

表 4-73　分公司清洁生产目标表（2017 年）

项目			基准值（2013 年）	目标值（2017 年）
公司	外排工业废水综合合格率/%	≥	98.9	99
	废气排放合格率/%		100	100
	固体废弃物处理处置率/%		100	100
	有限公司万元产值能耗/（t 标煤/万元）	≤	1.20	—
	分公司万元产值能耗/（t 标煤/万元）	≤	3.22	—
	原油加工损失率/%	≤	0.58	—
	乙烯收率/%	≥	31.4	—
	制水供水损耗	≤	7.938 7	—
	工业水重复利用率/%	≥	97.20	—
	循环冷却水系统新鲜水补水率/%	≤	1.26	—
	蒸汽凝结水回收率/%	≥	72.28	—
	COD 排放总量/t		1 537.67	1 120
	重大污染事故次数		0	0
炼油厂	万元产值能耗（10 年不变价）/（t 标煤/万元）			0.24
	炼油综合能耗/（kg 标油/t）			38
	万元产值耗水（10 年不变价）/（t/万元）			1.1
	污水排水综合合格率/%	≥		97
	废水处理率/%			100
	废渣（液）处理处置率/%			100
	烟气排放合格率/%			100
	工艺尾气合格率/%			100
	污水单排量/（t/t 原油）			0.27
	COD 单排量/（kg/t 原油）			0.18
烯烃厂	三烯新鲜水用量/（t/t 产品）		10.58	≤9.2
	乙二醇新鲜水用量/（t/t 产品）		10.16	≤11
	三烯污水排放量/（t/t 产品）		0.85	≤0.7
	乙二醇污水排放量/（t/t 产品）		1.94	≤2.1
	三烯污水 COD 排放量/（kg/t 产品）		0.66	≤0.65
	乙二醇污水 COD 排放量/（kg/t 产品）		0.83	≤1.4
	环保装置计划开工率/%		100	100

项目		基准值（2013 年）	目标值（2017 年）
烯烃厂	危险废弃物规范处置率/%	100	100
	废水处理率/%	100	100
	乙烯污水排水综合合格率/%	94.8	97
	乙二醇污水排水综合合格率/%	98.6	97
	二氧化硫排放总量/t	6 211.6	1 000
	静密封泄漏率/‰	0.13	≤0.2
	设备完好率/%	99.5	≥99.0
芳烃厂	污水排水综合合格率/%	99.63	≥97
	清净下水排水综合合格率/%	99.53	100
	废水处理率/%	100	100
	废渣（液）处理处置率/%	100	100
	烟气排放合格率/%	100	100
	工艺尾气合格率/%	100	100
	新鲜水用量	2.35	2.6
	污水排放量	1.08	1.1
	污水排放 COD	0.15	0.12
	万元产值能耗	0.621	0.66
	加氢裂化装置能耗	46.39	48
	当量 PX 综合能耗	748.77	715
塑料厂	万元产值能耗/（t 标煤/万元）	2.035	2.03
	1PE 能耗（kg 标油/t 产品）	183.94	169.00
	2PE 能耗/（kg 标油/t 产品）	103.31	103.58
	1PE 物耗/（kg/t 产品）	1 015.74	1 010.00
	2PE 物耗/（kg/t 产品）	1 004.79	1 004.50
	1PP 能耗/（kg 标油/t 产品）	132.67	115.00
	2PP 能耗/（kg 标油/t 产品）	111.39	102.00
	1PP 物耗/（kg/t 产品）	1 015.7	1 010.00
	2PP 物耗/（kg/t 产品）	1 006.63	1 004.50
	万元产值耗水/（t/万元）	3.26	3.42

> **点评**：部分指标的基准与目标倒挂的原因，是公司综合考虑部分装置在报告期内因市场低迷，部分生产线停产，或低负荷运行，导致产量降低，但装置仍然有能源消耗、水消耗和污水产生，对装置进行节能改造，全线停产，改造过程中仍有能源、新鲜水消耗和污水产生，在产量大幅下降的情况下，造成单耗指标高于前期。

2．存在的问题

（1）原辅料及能源的影响

1）原辅料不纯或（和）未净化，不仅影响物料方面的计量，同时在物料净化过程中，非常容易引起物料的损失。例如，炼油厂由于加工原油劣质化，原油乳化严重，经常造成原油带水，致使脱盐切水大量带油，切水量增加；化工厂原料 PX 纯度不稳定、计量存在偏差，催化剂浓度、杂质、活性对反应影响较大，3M707 进料母液含固量偏高，小粒度颗粒多，回收效果差；芳烃厂二甲苯装置原辅料含水等杂质造成部分物料损失。

2）原油性质不断恶化，导致电脱盐污水分层困难，乳化严重，造成大量油进入污水装置；

3）劣质高硫油的加工，导致生产、贮运过程中污水中的硫化物含量显著增加，同时通过贮罐呼吸，现场恶臭现象严重。

（2）技术工艺的影响

1）技术工艺落后，原料转化率低，或工艺本身的需要，引起物耗增加。例如，化工厂一、二装置采用美国的阿莫柯工艺技术，技术较成熟，但因是老工艺反应器能力偏小，能耗物耗偏高；塑料厂由于工艺本身原因，一旦造粒机组停下重新开工，必有废料产生。

2）连续生产能力差，引起物料损失。例如，化工厂由于母固系统运行周期不长，PTA 污水中的 PTA 不能回收，直接进入污水处理场。

3）生产过程中产生不凝气排放，导致火炬系统物料排放造成损失。

4）芳烃厂随着所炼原油品种的不断变化及炼油能力的提高，特别是加工高含硫原油时，污水含硫、含氨大幅度升高，导致汽提塔和氨精制系统操作负荷增大，特别是氨精制工艺的落后，使能耗加大。

5）生产运行不稳定，引起物料损失。例如芳烃厂贮运车间自动切水器稳定性差，不能油水分离；没有密闭采样系统；部分单元没有油品回收装置，只能排去污油池。

6）环保设施与主体工艺匹配性未对环保设施留够负荷余量，对污染物减排有一定程度的影响。例如，芳烃厂由于歧化装置在扩能改造未反应系统没有变化，反映出料以现有的设备条件不能达到期望的冷却效果，尤其在夏季冷却器 EA-504 1/2 必须使用大量的喷凝水进行辅助冷却；水厂事故池偏小，无法有效避免事故水冲击。

7）环保设施设计不符合环保要求，导致排污量增大。例如芳烃厂装置高温密闭采样器使用工业水作为冷却水，循环水回水采用直排的方式排放到装置区内的含油污水系统，无形中增大装置外部排水量；塑料厂循环水设计出现问题，污水外排量较大。

8）工艺设计存在缺陷，影响污染物排放达标。例如，烯烃厂的丁二烯装置易结焦，生产周期长设备运行效能降低也会造成污染物排放达标率偏低。

（3）设备的影响

1）储罐大小呼吸损耗，例如芳烃厂贮运车间部分贮罐是拱顶罐，大小呼吸损耗大；部分贮罐没有氮封、挥发损耗大；部分贮罐浮盘密封不严，挥发损耗大；部分贮罐附件故障、泄漏损耗大；部分设备和管线老化，检修和事故损耗大；部分机泵有效功率低，输转损耗大。

2）设备检修、装置开停工时吹扫置换不彻底，物料排放进入污水系统，若切换不及时或不到位也容易造成清净下水超标。例如，烯烃厂的乙二醇装置碱罐出口管线堵塞，清理排放，导致 pH 偏高；芳烃厂 DHH 管线因 FD101/103 和公用工程故障，造成喷油现象，带入含油污水；芳烃厂 D952 换剂时，残余 MDEA 的排放，使含油污水 COD 偏高。

（4）过程控制的影响

1）化工厂装置部分管线易腐蚀，法兰垫片存在问题，导致泄漏点多，这需要提高现场管线完好率，仔细巡检，及时消除漏点；炼油厂硫黄回收装置输送氨气管线较长，夏季损失较多；

2）炼油厂催化汽油碱渣，委托给有经营资质的单位进行处理，COD 和油含量未进行检测，部分烃就此损失掉；

3）某些工艺参数（如温度、压力、流量、浓度等）未能得到有效控制，导致物损。如化工厂 PTA 装置生产过程控制较复杂，工艺条件要求苛刻，在生产过程中由于仪表失灵、电气如晃电等原因会造成生产波动；

4）保持稳定生产，减少装置的异常排放对减排影响较大，例如，化工厂来水稳定性较差，造成水厂净二装置的 COD 波动加大；水厂净二装置营养盐投加不够精确，对外排废水有一定影响；污水处理系统、酸性水汽提、尾气净化、焚烧系统、火炬气回收以及气体脱硫系统，由于部分原因导致无法正常运行，硫回收率不高，无法确保烟囱 SO_2 浓度排放达标以及硫黄产量指标的完成；烯烃厂的丁二烯溶剂再生系统和溶剂精制系统发生波动也会造成污染物排放达标率偏低。

（5）废弃物的影响

对可利用废弃物未进行再用和循环使用。例如，芳烃厂部分物料会随污水、固体废弃物以及工艺废气排放；芳烃厂加氢车间原料过滤系统的废油排入 DHH，装置加工损失约 3 500 t/a；炼油厂石油焦装车过程中，有少量焦块会散落在地，这些焦块无法完全回收，造成一定损失；塑料厂含丙烯的聚合釜顶气、采样气、氢压机等的排放气未能回收，排放进入大气。

（6）管理的影响

1）有利于清洁生产的管理条例，岗位操作规程等未能得到有效执行。例如，炼油厂对装置的跑、冒、滴、漏管理不到位，对能够回收的物料管理不严，考核不到位；化工厂班组碱洗过滤机退料时，3M410AB 料斗未退空就进碱，导致物料损失，缺少相关考核。

2）生产记录（包括原料、产品和废弃物）方法不科学，或统计口径不统一，引起物料损失。例如，炼油厂石油焦出厂扣水按 8%计算，日常不做分析，石油焦出厂实际扣水率偏大，应加强管理办法对出厂石油焦实际含水进行定期分析，按照 SH-0527-92 标准，定期对石油焦含水进行检测，扣水实行"实测留 3"，即石油焦扣水量=实际分析水分–3%，最大限度地减少石油焦出厂损失；芳烃厂、塑料厂、炼油厂等化验采样分析后的油品虽然在化验中心统一回收，但未计入装置的油品回收中，导致损失部分物料；炼油厂催化汽油碱渣，外委给有经营资质的单位进行处理，COD 和油含量未进行检测，有部分烃就此损失掉。

3）含硫污水排放管理仍然存在漏洞，尤其是油品贮罐切水管理，硫化物、氨氮等高浓度污水对污水装置的冲击频次较高。

4）废碱渣处理途径受阻，长期试验排放，造成现场不利环境。

5）对于可回收利用的废弃物，缺少有效回用。例如，芳烃厂 TP 水排放量约为 20.214 万 t，可考虑对其进行回收利用，作为联合装置循环水补充水源，减少废水排放。

（7）员工的影响

1）芳烃厂重整车间部分操作人员操作技能不精，使不凝气排放量加大；

2）芳烃厂二甲苯车间部分操作人员缺乏对清洁生产的认识，污油回收工作落实不彻底，制氢车间部分操作人员冲洗操作责任心不强，导致吹扫蒸汽量增加；

3）员工环保意识不强，在操作过程中，由于疏忽大意，导致污染物大量排放。例如，烯烃厂丁二烯装置工艺操作上要保证多个产品同时合格，操作稍有不慎就会造成污染物排放达标率偏低。

> 点评：在审核过程中，从审核的八个方面对公司的物耗、能耗及废弃物产生情况进行了较为详细的分析。通过物料平衡分析，发现芳烃厂部分物料会随污水，固体废物以及工艺废气排放；生产过程中产生不凝气排放，使物料排放火炬系统造成损失。通过水平衡分析，发现分公司用水量、浪费量仍然很大，在加大锅炉排污、散集凝液等回收到循环水的力度同时，可以对公司塑料厂、烯厂、化工厂、芳烃厂的可行性进行研究，以进一步提高凝结水回收率，如芳烃厂 TP 水排放量较大，可回收利用作为联合装置循环水补充水源，减少废水排放。并且通过本轮清洁生产培训学习与员工自查发现较多容易因疏忽大意而造成污染物大量排放的问题。

3．提出和实施无/低费方案
本次清洁生产审核共提出无/低费方案 584 项，不再一一列出。

（三）清洁生产中/高费方案及效益

本轮清洁生产共产生可行的方案 643 项，其中可行的中/高费方案 59 项，无/低费方案 584 项，本轮清洁生产审核共投资 11.96 亿元，每年降低原辅料消耗 12 717.35 t，降低新鲜水耗 2 880 993.2 t，降低化学水耗 2 180 864 t，降低电耗 30 568 595 kW·h，降低蒸汽消耗 141 700.5 t；增加产品产量 361 473.3 t；减少废水产生量 3 406 314 t，减少废气产生量 245 106.6 t，减少废渣产生量 242 952.3 t；增加经济效益 12.38 亿元/a。

下面选取本轮审核中炼油、芳烃、烯烃、塑料及配套热电厂的典型中/高费方案做介绍：

1. 炼油厂

（1）柴油罐区拱顶罐改成内浮顶罐

一加氢柴油罐区共有 4 台储罐，共有 3 万 m^3，分别接受来自一加氢、二加氢、三加氢等装置的成品柴油，担负着炼油厂成品柴油储存及输送的任务。4 台储罐都为拱顶罐结构，采样都是人工操作，由于此罐区建造比较早，因此当时设计建造不能满足现在环保及安全的要求，拱顶罐间间距达不到国家规定新要求，拱顶罐顶部呼吸阀会溢出少量的油气，影响环境。不仅造成物料损失，还会污染环境。因此，炼油厂决定对拱顶罐进行改进，改为内浮顶罐，以减少油气挥发带来的物料损失及对环境造成的污染和安全隐患。

（2）柴油加氢装置新增石脑油稳定系统

随着近年来炼油厂高含硫原油加工比例的不断上升，120 万 t/a 柴油加氢精制装置（5400#）的原料硫含量也随之不断升高，另外为了平衡全厂焦化汽油的加工，焦化汽油的掺炼量最高已达到装置处理量的 20%。由于 5400#装置分馏系统为单塔汽提，未设石脑油稳定系统，粗石脑油产品硫含量较高且含有少部分液化气组分，硫化氢（H_2S）含量高时可达 $2\,000 \times 10^{-6}$ 以上，造成储罐周围大气中 H_2S 含量检测超标，对环境造成很大影响，且存在安全隐患。因此为了降低加氢精制装置石脑油中的 H_2S 含量，需要增加石脑油稳定系统。

（3）固体碱脱除液化气中的硫醇

催化液化气中的硫醇主要使用液体氢氧化钠溶液处理，产生大量废碱渣，需外委处置，产生高额排污费用。使用固体催化剂将液化气中的硫醇转化成二硫化物并进行分离，同样可以起到脱除液化气中硫醇的作用，同时不产生废碱渣。

（4）催化分馏塔低温热利用

催化裂化装置分馏塔顶循与原料油和空冷换热，温度从 150℃降至 90℃后返回分馏塔，由于使用空冷器进行冷却，消耗了大量的电能，也浪费了顶循的热能。将分馏塔顶循直接作为脱乙烷重沸器热源，利用现有的 E3（脱乙烷塔 C2 重沸器）作为 C2 塔的再沸器，用分馏塔顶循作为热源，以充分回收低温余热，并节约空冷电耗。经计算，可回收 13×10^5 kcal/h

的热量。一加氢 HGO 进催化做热进料，可满足分馏塔顶循撤除原料换热后的热量损失。

（5）新罐区增设罐顶气吸附脱硫装置

新罐区污油罐顶气过去直接排大气，现增设罐顶气吸附脱硫装置。新罐区污油罐罐顶气治理采用抚顺石油化工研究院研发的低温柴油吸收—碱液吸收脱硫技术。装置为成套专利装置，废气处理能力为 350 m³/h，废气中烃类物质主要通过低温柴油吸附回收，废气中的 H₂S 等大气污染物主要通过碱液回收脱臭处理，吸附柴油来自炼油厂加氢装置，吸附后的富柴油送至加氢装置处理，装置自动化程度较高，能够根据油罐的压力调整系统的处理量。罐区环境得到了根本性的改善、作业人员远离了危害性气体 H₂S、烃类油气可回收 200 t/a。

2. 芳烃厂

（1）硫回收车间酸性气送炼油厂

随着新一轮芳烃改造的进行，芳烃厂的酸性气总量（标态）将达到 3 200 m³/h，而 1 100 单元酸性气处理量大约 1 100 m³/h，届时将有约 2 000 m³/h 的酸性气得不到处理，为满足装置处理条件，充分利用资源，减少大气污染，可增加酸性气风机将多余的酸性气送至炼油厂硫回收装置处理回收，这不仅可以减少污染，还能回收资源生产硫黄。

（2）热油泵机封改型

二甲苯车间重要设备热油泵切换过程长、操作量大，因而要尽量减少日常切换操作的频次，以维持其稳定运行。其机械密封为单端面多弹簧机械密封，由于物料高温高压的特性，一旦泄漏则迅速散入大气，遇明火或达到爆炸极限极易发生不可控制的火灾爆炸事故；并且由于其物理特性，稍有泄漏就会导致现场异味明显。干气密封性能稳定，一旦一次密封泄漏，可通过密封气体流量变化明示，同时由二次密封的氮气进行泄漏保护，泄漏料经由积液罐排放至火炬，能最大限度地满足现场安全生产需要。通过将单端面机械密封改型为干气密封，可延长密封寿命、杜绝异味、达到机泵能够安全可靠长周期运行的目的。

（3）C8 预处理

芳烃外供 C8A 量巨大，而外购 C8A 在贮存、运输过程中一旦与空气接触，在游离氧和高温作用下易产生胶质杂质，或是附着在炉管内壁，影响加热炉炉管换热效率；或形成颗粒状物质，在炉管、脱庚烷塔塔底、脱庚烷塔进出料换热器、二甲苯精馏塔塔底等部位集聚，易造成脱庚烷塔底泵及二甲苯塔底泵过滤器堵塞频繁。

在罐区 C8A 送往装置之前，对 C8A 补料进行预处理，主要是通过在外供 C8A 补料流程上增加一个蒸汽换热器、一个白土罐，将外供 C8A 物料加热到 180℃后并经白土罐处理后送往主要生成装置。

（4）DA-801 塔顶气相热综合利用

目前，芳烃 1#二甲苯装置成品塔 DA605 塔底温度在 160℃左右，依靠加热炉 BA602

提供再沸，BA602FG 消耗量在 600 m³/h；同时二甲苯塔 DA801 塔在 0.3MPa 下操作，塔顶温度约 200℃，该塔顶数百吨的气相依靠废热锅炉 EA806 冷凝，塔底气相的这部分冷凝潜热用来副产 0.8MPa 蒸汽，产量在 95 t/h 左右。二甲苯塔 DA801 顶气相潜热热能品质高，用来副产 0.8MPa 的低品质蒸汽；成品塔 DA605 需要的热能品质低，却依靠高品质的燃料来提供再沸，这种能量利用方式极不合理，亟待改变。

利用二甲苯塔 DA-801 塔顶部分气相潜热为成品塔 DA-605 提供再沸，从而取消 BA-602 加热炉。同时根据 ASPEN 软件核算，在 DA-605 塔底新上一台高通量换热器，利用 DA-801 顶气相热量作为 DA-605 塔底再沸热源，取消 BA-602 加热炉，节约能量。

（5）EA7508 更换高通量管

EA7508 为 7500#脱庚烷塔再沸器，以 DA8501 塔顶气相为热源，对 DA7502 塔底物料进行加热，由于温差小，管壳式换热器传热效率低，冷凝/沸腾膜传热系数仅为 800/1000W/M2℃ 左右，能量利用率低，无法满足大型芳烃生产装置需要，因此需更换高能效换热器。

2013 年以来，DA7502 塔一直存在再沸能力不足问题，回流期偏低，严重影响了 DA7502 塔分离效果。2#装置 ADS-47 换剂后，装置产能增加，脱庚烷塔再沸能力必须配套增加。本次换热器改型采用国内自主开发的高通量管再沸器，投资 220 万元，施工简单，可靠性强，可在国内外同类扩能改造的换热器上广泛应用。

（6）GB 101 干气密封改造

加氢裂化 GB 101 是由蒸汽透平驱动的离心压缩机组，工艺介质为循环氢气。压缩机为圆筒式结构，有 4 级叶轮，背靠背排列。原轴封采用浮环密封，径向轴承为可倾瓦块推力轴承，推力轴承为米切尔轴承。GB 101 机组总体运行平稳，但也存在浮环密封运行波动，辅助密封油系统复杂，维护工作难度大，推力轴瓦温度偏高等问题，为了保证 GB 101 机组的安稳、长周期运行，对轴封系统进行干气密封改造以及对轴承等部件进行更换等。

GB 101 干气密封改造后，每年节约因密封油齿轮泵总检修费用为 105.6 万元。同时投用干气密封，无浮环密封酸油泄漏，每年减少消耗密封油 12.41 万元。从安全生产及环保角度考虑，无酸油排放，减少了污染物排放，总体提高了装置综合经济效益。

（7）加氢尾油余热使用

100 单元加氢裂化装置尾油经尾油/二段原料换热器（EA125）与原料换热后进入尾油空冷器（EC109）前的温度约 140℃，经过空冷器（EC109）冷却到 50℃送至罐区，910/920 单元液化气分离装置 C4 分离塔（DA912）塔釜再沸器使用 0.8MPa 蒸汽为热源，每小时耗 10 t 蒸汽，DA912 塔釜再沸器温度约 70℃。从以上现状可以看出尾油出厂前还有大量的低温余热没有回收，且增加了空冷风机的电耗。因此可以采用尾油低温热作为 DA912 塔的再沸器（EA915）热源，回收尾油低温余热，降低 DA912 塔底再沸器 0.8MPa 蒸汽用量和

EC109 风机电耗，达到节能降耗的目的。

（8）芳烃装置加热炉燃料油改用裂解柴油

目前，乙烯年产乙烯焦油（EBO）约 18.5 万 t，其中乙烯裂解柴油约 5 万 t，绝大部分混入乙烯焦油，作为废油外销处理，浪费了资源。公司拟将芳烃厂 BA-601 及 BA-801 加热炉使用的炼油厂渣油改为烯烃厂的裂解柴油，有利于烯烃的运行，并创造很大的经济效益。

3. 烯烃厂

（1）芳烃 500#歧化干气引入乙烯装置作裂解原料

芳烃厂 500#歧化装置干气（标态）（5 000 m³/h）原来作为燃料气使用，经济效益一般，干气中含有约 70%（体积分数）的乙烷和丙烷，是优质的乙烯裂解原料。

公司为了整合内部资源，优化乙烯裂解原料结构，提升整体经济效益，配管将歧化干气掺入烯烃厂的 LPG 系统，与 LPG 混合后送至 1#乙烯 BA105/BA106/BA107 炉中裂解。

（2）乙烯装置零排放改造

近年来，国家、社会对环保工作日益重视，新建石化装置零排放停开车设计基本成为共识，乙烯装置具有两套并列运行的优势，实现大修开停车零排放有先天基础，既可行，也可减少开停车费用。

乙烯装置在开停车期间，主要的排放损失有：

1）在裂解气压缩机低转速运行期间，裂解炉仍需投用物料，物料损失大；

2）乙烯精馏塔开车时放空物料损失大；

3）开车预冷物料损失大。

拟采取的措施有：

1）增设液体排污汽化器甩头和相应的蒸汽系统甩头；

2）增设绿油吸收塔/乙烯精馏塔回流罐接乙烯流程；

3）新增热区不凝气回收至裂解气压缩机一段吸入罐流程；

4）新增脱乙烷塔接丙烯流程；

5）新增开车碳二、碳三、氢气返回裂解气压缩机入口，回收物料流程；

6）新增丙烯精馏塔丙烯回收流程。

（3）废碱液系统综合治理

采用西门子公司最新湿式氧化法处理废碱技术处理乙烯装置和炼油装置产生的废碱和废渣，主要反应原理就是废碱中的硫化物在高温高压下与氧气发生氧化反应，最终生成硫酸盐和硫代硫酸盐，尾气和氧化液均能达到排放标准。处理废碱量为 4.6 t/h，设计处理时间为 8 000 h，废碱液流量范围 2.4～5.06 t/h。

新废碱处理装置采用新技术、新工艺，从根本上解决了废碱处理的环保难题，而且将置换出的二氧化碳全部回收利用，加快公司绿色低碳发展战略的实施。

（4）增加膜回收装置

乙烯氧化法制取环氧乙烷生产装置中，由于原料氧气中含有微量的氩气，而该气体不参加反应，会逐步在循环气中累积，如果浓度过高，对氧化反应器的催化剂产生影响，因此需要不间断排放，同时有部分乙烯、甲烷、乙烷等一起被排放掉，这股排放气作为 B-110 炉子的燃料，既浪费了宝贵的乙烯资源又对环境有影响，如能有效地回收并加以利用对于节能减排将具有十分重要的意义。

膜回收装置由一个撬装设备组成，放空气通过膜回收装置回收乙烯后再去 B-110 燃烧。

4．塑料厂

（1）塑料厂尾气回收改造

将塑料厂四套聚烯烃装置的尾气和部分火炬气集中收集后通过变压吸附分离，回收其中的非甲烷烃类，其中增设了吸附塔 12 个，分离罐 4 个，真空泵 5 台以及风机 2 台等动设备和静设备。

（2）改进 Z-501/2501 刀盘和水箱结构，稳定造粒机运行

通过特制切粒刀盘，增设颗粒水导流孔，并增强导流作用，改进颗粒水箱进水管的方位，同时改进工艺操作，稳定造粒运行，减少停车次数。

5．热电厂

（1）锅炉脱硝改造

1#～8#锅炉采用低氮燃烧、SNCR、SCR 组合脱硝技术，9#锅炉采用低氮燃烧、SCR 组合脱硝技术，装置年操作时间 8 000 h。

该项目实施后分公司热电厂 1#～9#燃煤锅炉 NO_x 排放量可由 15 808 t/a 减少到约 1 976 t/a，使装置 NO_x 排放浓度由 700～800 mg/m^3（干基，6%O_2）降低到 100 mg/m^3（干基，6%O_2），每年可减排 NO_x 约 13 832 t，对分公司热电厂 1#～9#炉锅炉完成污染物减排责任目标，实现可持续发展，建设创新环保友好型企业具有重要意义。

（2）热电厂燃煤锅炉增设烟气脱硫装置

本方案采用氨法脱硫，以进一步减少热电厂 SO_2 排放量，同时满足最新排放标准。该方案实施后，可减少 SO_2 排放 15 117.5 t/a，减少大气污染，生产出来的副产品硫铵销售可达 2 681 万元。因此，该方案环境评估结论完全可行。

点评：炼油厂污油罐顶气治理采用抚顺石油化工研究院研发的低温柴油吸收—碱液吸收脱硫技术，减少 H_2S 排放并回收烃类物质 200 t/a 以上，使罐区环境得到根本性改善的同时创造了经济效益；采用推荐技术氨法脱硫，方案实施后，可大大降低 SO_2 的排放量，减少大气污染，生产出来的副产品硫铵销售可获得经济效益。

第八节　钢铁行业

　　钢铁企业内各生产工序紧密相连，上游工序的产品多是下游工序所需的原料、辅助材料或燃料。钢材是钢铁企业的最终产品，有各种型材、管材、板（带）材和线材等。钢铁生产企业大致可分为两种类型。一是传统的联合企业（也称作长流程生产企业），主要有采矿、选矿、烧结和球团、炼焦、炼铁、炼钢（含连铸）、轧钢 7 个生产工序；选矿基本上在矿区，与采矿一起自成体系。部分企业在矿区也设有烧结、球团工序。二是钢冶炼、加工企业（过去称作特钢企业，也可称作短流程生产企业），主要由电炉炼钢和轧钢生产工序组成（目前某些企业为解决电炉炼钢原料来源和降低冶炼电耗，也增配了炼铁工序）。铁合金冶炼、耐火材料、炭素制品的生产多数是专业生产厂，也有少数附属在前两类企业中。

　　钢铁工业的特点是生产环节多、工艺流程长，以火法生产为主，涉及的原料、辅助原料、材料、燃料种类多，资源、能源和水的耗量大。各个生产环节都有污染物产生，构成一个面广、量大、性质复杂的污染源，其中部分属于有毒、有害类，是对环境产生污染和对生态环境与人体健康有潜在危害的行业。

一、钢铁行业清洁生产审核行业依据

1．产业政策

　　（1）《钢铁产业发展政策》（国家发展和改革委员会令　第 35 号）；

　　（2）《钢铁工业污染防治技术政策》（环境保护部公告　2013 年第 31 号）；

　　（3）《钢铁工业"十二五"发展规划》（工信规〔2011〕488 号）；

　　（4）《产业结构调整指导瞳录（2011 年）》（国家发展和改革委员会令　2011 年第 9 号）；

　　（5）《关于在化解产能严重过剩矛盾过程中加强环保管理的通知》（环发〔2014〕55 号）；

　　（6）《部分工业行业淘汰落后生产工艺装备和产品指导目录（2010 年）》（工产业〔2010〕第 122 号）；

　　（7）《国家工业节能技术装备推荐目录（2017）》（中华人民共和国工业和信息化部公告　2017 年第 50 号）；

　　（8）《外商投资产业指导目录（2015 年修订）》（国家发展和改革委、商务部令　第 22 号）；

　　（9）《钢铁产业调整和振兴规划》（国务院办公厅）；

　　（10）《焦化行业准入条件（2014 年修订）》（工信部公告　2014 年第 14 号）。

2．行业标准

《钢铁行业清洁生产评价指标体系》（国家发展和改革委员会、环境保护部、工业和信息化部公告　2014 年第 3 号）；

《钢铁工业水污染物排放标准》（GB 13456—2012）。

（1）炼铁

①《钢铁烧结、球团工业大气污染物排放标准》（GB 28662—2012）；

②《炼焦化学工业污染物排放标准》（GB 16171—2012）；

③《清洁生产标准　钢铁行业（烧结）》（HJ/T 426—2008）；

④《清洁生产标准　焦化行业》（HJ/T 126—2003）；

⑤《焦化行业清洁生产水平评价标准》（YB/T 4416—2014）；

⑥《清洁生产标准　钢铁行业（高炉炼铁）》（HJ/T 427—2008）。

（2）炼钢

①《炼钢工业大气污染物排放标准》（GB 28664—2012）；

②《清洁生产标准　钢铁行业（炼钢）》（HJ/T 428—2008）。

（3）轧钢

①《轧钢工业大气污染物排放标准》（GB 28664—2012）；

②《清洁生产标准　钢铁行业（中厚板轧钢）》（HJ/T 318—2006）。

二、钢铁行业清洁生产推广技术

详见表 4-74、表 4-75。

表 4-74　钢铁行业清洁生产推广技术（2012 年）

序号	技术名称	适用范围	技术主要内容	解决的主要问题	技术来源	所处阶段	应用前景分析
1	氧化钒清洁生产技术	含钒原料提取氧化钒	该技术分析传统钠盐提钒工艺的弱点和现有废水处理技术的缺点时，在吸收了俄罗斯图拉石灰法技术优点的基础上，自主研发的一种钒渣生产氧化钒工艺	通过工艺革新，从根本上解决传统氧化钒生产带来的高浓度氨氮废水问题；该技术较传统工艺收率提高 3%～5%，成本降低 5 000 元/t	自主研发	研发阶段	该技术不仅能解决传统工艺的废水问题，而且能使提钒残渣实现循环利用，提高钒资源的利用率。可彻底解决钒产业的环保问题，提钒技术领先

序号	技术名称	适用范围	技术主要内容	解决的主要问题	技术来源	所处阶段	应用前景分析
2	烧结干法脱硫灰综合利用技术	适用于钙基干法烧结脱硫系统	基于烧结机干法脱硫灰成分及特性的蒸压免烧生产工艺;基于蒸压免烧工艺的环保建筑砌块配方研究;基于干法脱硫灰特性和配方的生产线设计和开发	烧结机干法脱硫资源化利用;消耗钢铁企业部分水渣等其他固体废弃物;部分替代黏土实心砖	自主研发	研发阶段	解决钢铁企业现有干法烧结脱硫灰的综合利用问题;部分利用其他固体废弃物;有利于烧结法脱硫技术应用,推进烧结脱硫实施
3	烧结烟气循环富集技术	大中型烧结机	该技术是指将烧结总废气流中分出一部分返回烧结工艺的技术。可大幅度减少废气排放量,并实现了废热再利用,减少CO_2排放	大幅度减少废气量,节省对粉尘、重金属、二噁英、SO_x、NO_x、HCl 和 HF 等末端治理的投资和运行成本。实现分段废气循环、组合废气循环或选择废气循环	引进、消化吸收	应用阶段	预计近三年大中型烧结机推广使用,普及率达到10%以上,可以大幅减少末端处里费用15亿元,节约固体燃料消耗30万t标准煤,减少SO_2排放7.5万t
4	焦炉废塑料、废橡胶利用技术	适用于钢铁联合企业	废塑料、废橡胶无害化预处理后,利用焦炉处理废塑料、废橡胶,使其在高温、全封闭和还原气氛下,转化为焦炭、焦油和煤气,实现废塑料、废橡胶资源化利用	消化社会废塑料及废橡胶,节约炼焦煤消耗,减排CO_2	引进、消化吸收	应用阶段	预计约有 12 200 万 t 焦炭产量可采用本技术。废塑料及废橡胶配入量为 0.8%～1.2%,可利用废塑料及废橡胶约 122 万 t
5	高炉喷吹废塑料技术	适用于钢铁联合企业	对回收废塑料经过颗粒加工预处理,类似高炉喷煤进行高炉喷吹。质地较硬的废塑料采取直接破碎的方法加工预处理;质地较软的废塑料采取熔融造粒的方法	消纳社会废塑料,节约煤粉消耗,减排CO_2	引进、消化吸收	应用阶段	喷吹 1 kg 废塑料,相当于1.2 kg 煤粉;喷吹废塑料100 kg/t,可降低渣量30～40 kg/t;高炉每喷吹 1 t废塑料可减排 0.28 t CO_2。初步测算,一座年产 800 万～1 000 万 t 级的钢铁厂每年可消纳处理 14 万～28 万 t废塑料
6	氯化钛白生产技术	钛白生产	沸腾氯化生产四氯化钛技术;四氯化钛提纯技术;四氯化钛氧化工艺技术;钛白后处理工艺技术;氯化残渣无害化处理技术	沸腾氯化生产技术替代硫酸法生产,提高钛产品品质。污染物产生和排放量约为硫酸法的15%	引进、消化吸收	应用阶段	我国约 70 家钛白生产企业,仅 2～3 家拟建氯化法钛白生产技术,其余均为硫酸法生产技术,生产技术落后,能耗高,污染严重,产品档次低,品种少,品质不高。因此,氯化法钛白的发展在我国有广阔的前景

序号	技术名称	适用范围	技术主要内容	解决的主要问题	技术来源	所处阶段	应用前景分析
7	尾矿高浓度浓缩尾矿堆存技术	矿山企业	浓缩尾矿堆存技术：尾矿深锥浓缩机浓缩、高浓度输送、尾矿干堆	减少尾矿储存占地，降低基建投资，抑制尾矿扬尘；无长期蓄水，有效防止污染地下水和土壤；溃坝可能性小，安全性高；减少水分蒸发量，提高回水利用率	引进、消化吸收	应用阶段	以年产生 700 万 t 尾矿某矿山企业为例：浓缩尾矿堆存技术方案新增总体投资 2.48 亿元。尾矿吨运营费常规方案在 5～10 元/t，采用浓缩尾矿堆存技术方案运营费 2.78 元/t，减少生产成本，推广前景较好
8	尾矿制加气混凝土综合利用技术	矿山企业	尾矿制加气混凝土等建材产品生产技术，典型技术内容：配料、注模、切割、入釜蒸养、成品	减少尾矿排放，减少污染物	引进、消化吸收	推广阶段	预计未来 3 年，尾矿制加气混凝土等建材产品生产技术矿山普及率达到 5%～8%，年利用尾矿 3 000 万～4 000 万 t
9	洁净钢生产系统优化技术	适用于炼钢企业	优化炼钢企业现有冶金流程系统，采用铁水包脱硫，转炉脱磷，复吹转炉冶炼，100%钢水精炼，中间包冶金后进入高效连铸机保护浇铸，生产优质洁净钢，提高钢材质量，降低消耗和成本	提高钢材质量，降低消耗和成本	引进、消化吸收	推广阶段	吨钢石灰消耗下降 20%～30%，总渣量减少 20%～30%。目前普及率低于 30%。预计未来三年普及率提高到 40%
10	转炉炼钢自动控制技术	适用于转炉炼钢企业	在转炉炼钢三级自动化控制设备基础上，通过完善控制软件，开发和应用计算机通信自动恢复程序、动态模型系数优化、转炉长寿炉龄下保持复吹、副枪或炉气分析等技术，实现转炉炼钢从吹炼条件、吹炼过程控制，直至终点前动态预测和调整，吹制设定的终点目标是自动提枪的全程计算机控制	实现转炉炼钢终点成分和温度达到双命中，做到快速出钢，提高钢水质量，提高劳动生产率，降低成本	引进、消化吸收	推广阶段	该技术使吹炼氧耗降低 4.27 标准 m^3/（t·s），铝耗减少 0.276kg/（t·s），钢水铁损耗降低 1.7kg/（t·s），既减少了钢水过氧化造成的烟尘量，又节约了能源，年经济效益可达千万元以上。目前普及率低于 15%。预计未来三年普及率提高到 30%

序号	技术名称	适用范围	技术主要内容	解决的主要问题	技术来源	所处阶段	应用前景分析
11	转底炉处理含铁尘泥生产技术	适用于大中型钢铁联合企业，经济规模为处理尘泥在20万t以上	将含铁尘泥加上结合剂按照配比进行润磨混合、造球。经过干燥装入转底炉，利用炉内约1 300℃高温还原性气氛及球团中的碳产生还原反应，将氧化铁还原为金属化铁，同时将氧化锌的大部分亦还原为锌，并回收	转底炉主要处理钢铁厂高炉、转炉、烧结生产过程中产生的各种以氧化物为主的含铁除尘灰、尘泥等固体废弃物，同时有效回收锌资源	引进、消化吸收	推广阶段	每生产1 t金属化铁，可减少粉尘（尘泥）排放量1.5 t。转底炉可集中处理各种尘泥，向高炉或炼钢炉提供成分均匀、稳定的产品，优化炼铁系统的操作。可回收 Zn、Pb 等有价金属，特别是对 Zn 的回收，可使尘泥中90%以上的 Zn 被回收。目前仅建有一套生产线。预计未来三年将新建10套以上生产线，减少粉尘排放量300万t以上
12	废水膜处理回用技术	适用于钢铁企业废水再生利用	钢铁企业废水膜法深度处理后再生回用	改善废水回用水水质，提高废水再生回用率	引进、消化吸收	推广阶段	可使钢铁企业废水回用率稳定达到75%以上，节水潜力达到约5亿 m^3，减排COD约25万t。目前普及率低于15%，预计未来三年可达50%，节水1.8亿 m^3，减排 COD 约10万t
13	钢渣微粉生产技术	适用于转炉炼钢企业	钢渣微粉的生产是水泥粉磨技术与选矿技术相结合的边缘技术，其核心技术就是渣与钢的分离粉磨技术和分级磁选技术。为了实现渣与钢的分离，采用选矿生产中常用的预粉磨技术；为了实现钢渣微粉的分离，采用风力分级与磁选相组合的工艺路线	此项技术不仅解决了钢渣中铁金属的回收利用，而且为钢渣尾渣找到了规模化、高附加值利用的最佳途径	自主研发	推广阶段	目前国内仅少数几家企业建有生产线，还未广泛应用。预计未来三年，形成800万t的生产能力，减少钢渣排放800万t

表 4-75　国家工业节能技术装备推荐目录（2017 年）（钢铁行业）

序号	技术名称	技术介绍	适用范围	目前推广比例/%	未来 5 年节能潜力	
					预计推广比例/%	节能能力/（万 tce/a）
1	磁铁矿用高压辊磨机选矿技术	采用高压辊磨机工艺，将矿石反复破碎和磁选并不断将粗粒尾矿排出，最终将矿石破碎到 1 mm 以下。颗粒尾矿则以废石的形式堆存，不占用尾矿库，提高堆存的稳定可靠性，大幅减少安全隐患	适用于超贫磁铁矿和贫磁铁矿选矿领域	10	30	280
2	热风炉优化控制技术	通过采集处理温度、流量、压力和阀位等工艺参数，建立各热风炉工艺特点数据库；适时判断不同的参数变化和烧炉情况，利用模糊控制、人工智能和专家系统等控制技术，自动计算出最佳空燃比，配合人机界面和数据库对烧炉控制参数进行修改维护，实现烧炉全过程（强化燃烧、蓄热期和减烧期）自动优化控制	适用于钢铁行业高炉热风炉的优化控制	3	10	141
3	焦炉上升管荒煤气显热回收利用技术	通过上升管换热器结构设计，采用纳米导热材料导热和焦油附着，采用耐高温耐腐蚀合金材料防止荒煤气腐蚀，采用特殊的几何结构保证换热和稳定运行有机结合，将焦炉荒煤气利用上升管换热器和除盐水进行热交换，产生饱和蒸汽，将荒煤气的部分显热回收利用	适用于钢铁、冶金、焦化行业焦炉荒煤气余热利用	1	35	185
4	干式高炉煤气能量回收透平装置技术	利用高炉炉顶煤气的余压余热，采用干式煤气透平技术，把煤气导入透平膨胀机，充分利用高炉煤气原有的热能和压力能，驱动发电机发电，最大限度地利用煤气的余压余热进行发电	适用钢铁行业高炉煤气余压余热发电	10	35	100

三、钢铁行业审核过程关注点分析

《国务院关于印发"十三五"节能减排综合工作方案的通知》（国发〔2016〕74 号）中要求，"到 2020 年，工业能源利用效率和清洁化水平显著提高，规模以上工业企业单位增加值能耗比 2015 年降低 18%以上，电力、钢铁、有色、建材、石油石化、化工等重点耗能行业能源利用效率达到或接近世界先进水平。实施重点区域、重点流域清洁生产水平提升行动。实施电力、钢铁、水泥、石化、平板玻璃、有色等重点行业全面达标排放治理工程。"

钢铁行业开展清洁生产审核，应重点关注污染物的减排。因此在审核过程中，要全流程梳理企业的主要污染源与污染物。

1. 烧结工艺

（1）大气污染

1）原料场、原料准备系统。主要排放源有原料装卸设备、胶带运输机、原料转运站、破粉碎、筛分、混匀、配料装置等。主要污染物有矿粉尘、熔剂粉尘等，呈面源连续排放，粉尘原始浓度为 5～10 g/m³。

2）混合料系统。主要排放源是混合机，主要污染物是具有一定温度的水汽-粉尘共生物，呈连续排放。

3）烧结过程烟气。主要排放源有烧结机头，主要污染物是烧结过程燃料燃烧和铁矿石、熔剂内一些物质分解形成的烟尘、SO_2、NO_x、CO 等；某些特殊矿种还可以有氟化物、砷化物，由于配料中有氯和有机化合物等的存在，还会有二噁英等，呈有组织高架连续排放。

4）烧结矿处理系统：主要排放源有破碎机、筛分机、鼓风冷却过程、贮运过程等，主要污染物为具有一定温度的粉尘。

（2）水污染

主要来源有湿式除尘废水，清洗皮带废水，水封拉链废水和冲洗地坪废水，主要污染物是悬浮物。还有设备间接冷却水循环系统的排污水，主要污染物为盐类。

（3）废渣

主要是烧结机头、机尾、烧结矿破粉碎、筛分等各种除尘装置捕集的粉尘。

（4）噪声污染

由机械的撞击、摩擦、转动引起的机械噪声以及由于气流引起的空气动力噪声。其主要噪声源有破粉碎设备、筛分设备、混合机、造球机、各类风机、空压机、泵类等。

2．球团工艺

（1）大气污染

1）原料场、原料、燃料准备系统：主要排放源有燃料装卸设备、胶带运输机、原料燃料转运站、破粉碎装置、球磨机等，主要污染物有矿粉尘、黏结剂尘、煤尘等，呈面源连续排放。

2）球团干燥、预热焙烧过程：主要排放源有回转窑尾，主要污染物是球团焙烧矿物分解和回转窑燃烧重油、煤气或煤粉而形成的烟气，主要污染物有烟尘、SO_2、NO_x、CO 等，呈有组织连续性排放。

3）球团矿筛分系统：主要排放源有筛分装置，主要污染物是粉尘。

（2）水污染

主要来源有清洗皮带废水、冲洗地坪废水，主要污染物是悬浮物。设备间接冷却水循环系统摊污水、污染物及盐类。

（3）固体废物

主要是各类除尘装置收集的粉尘。

（4）噪声污染

主要噪声源有破粉碎设备、球磨机、混合机、造球机、各类风机、泵类等。

3．炼焦

（1）大气污染

1）储煤场、煤准备系统。主要排放源有：翻车机、堆取料机、煤粉碎装置、煤转运站、运煤胶带运输机、配煤室等。主要污染物是煤尘，呈面源连续性排放。

2）炼焦系统。主要污染源有：焦炉装煤和推焦操作过程、炉顶上升管、装煤孔和炉门的泄漏等。主要污染物有烟尘、BaP、SO_2、NO_x、H_2S、CO、C_mH_n、NH_3、HCN 和酚类等。焦炉炉体污染物呈面源无组织排放。

焦炉加热煤气燃烧废气的主要污染物有 SO_2、NO_x、CO 和烟尘等，呈有组织高架源连续排放。

湿法熄焦塔顶散发蒸汽，主要污染物有焦尘、H_2S、NH_3、酚、氰等。干法熄焦焦炭装．出于熄焦装置操作过程和放散剩余循环气体，主要污染物有烟尘、工业粉尘、SO_2、CO 等。焦污染物呈面源无组织、间歇排放。

3）焦处理系统。主要排放源有：焦台、筛焦楼、焦转运站、焦库等，主要污染物为焦尘，基本呈面源连续性排放。

4）煤气净化系统。主要排放源有：化学反应和分离操作的尾气、系统和设备、管道的放空、放散和泄漏、燃烧装置的烟气等，诸如脱硫液再生塔废气、硫酸铵干燥塔废气、苯回收管式炉燃烧废气。主要污染物有原料中的挥发性气体、尾气中的分解气体和燃烧废气。废气中含有 NH_3、H_2S、HCN、C_mH_n、SO_2、NO_x、CO、烟尘和粉尘，基本呈面源连续性排放。

（2）水污染

1）剩余氨水。含有高浓度的氨、酚、氰化物、硫化物及有机油类。

2）生产净废水。用于设备、工艺过程不与物料接触的用水和用汽形成的废水，如间接冷却水、加热蒸汽冷凝水等。

3）生产污水。在工艺过程中与各类物质接触的工艺用水和用汽形成的废水，可分成接触粉尘废水及含酚氰污水两类。

接触粉尘废水主要有煤处理、贮筛焦系统等除尘洗涤水，主要含较高浓度的固体悬浮物。湿法熄焦废水主要含焦尘、酚、氰、H_2S、NH_3 等。

含酚氰污水主要有煤气直接冷却水、粗苯分离水、蒸氨废水以及煤气管网水封废水等。含有较高浓度的酚、氰化物、硫化物及油类，水量较大，成分复杂。

设备间接冷却循环水系统的排污水，主要污染物为盐类。

（3）废渣和废液

1）煤气净化系统产生的焦油渣、再生器残渣、沥青渣、脱硫废液、酸焦油等。

2）污水处理站产生的废油、生化污泥。

3）各除尘系统回收的粉尘。

（4）噪声污染

由于机械的撞击、摩擦、转动等引起的机械噪声以及由于气流引起的空气动力性噪声，其主要噪声源有：煤破碎、粉碎设备、筛焦设备、各类风机、空压机、泵类以及蒸汽放散管等。

4. 炼铁

（1）大气污染

1）供料系统。主要污染源有矿槽、熔剂槽、焦炭槽，在给料、筛分、称量和转运时散发的粉尘，以面源无组织排放。

2）炉顶作业。炉顶上料在受料斗、皮带机头运行时，逸散粉尘，以面源无组织排放。

3）炉顶泄漏和均压放散煤气。主要污染物为烟尘、CO，以点源无组织排放和间歇排放。

4）出铁场。主要污染源有出铁口、出渣口、撇渣器、残铁罐、铁沟流铁等，主要污染物为烟尘，呈面源无组织排放。

5）炉前冲渣。主要污染物为含 H_2S 水蒸气，以面源无组织排放。

6）热风炉。主要污染物是燃烧废气的烟尘、SO_2、NO_x、CO 等，以点源连续有组织排放。

7）喷煤用的煤粉制备系统。主要污染物是煤尘，以面源和点源排放。

8）碾泥机室。主要污染物为粉尘，以面源无组织排放。

（2）水污染

1）高炉煤气湿式清洗产生污水，其中主要污染物为悬浮物、酚、氰化物。

2）高炉冲渣废水，主要污染物为悬浮物、硫化物。

3）设备间接冷却循环泵统排污水，主要为盐类。

（3）固体废渣

1）粗煤气系统重力除尘器回收的粉尘。

2）高炉煤气湿法清洗水处理产生的泥饼。

3）高炉煤气干法除尘回收的瓦斯灰。

4）各类除尘器回收的工业粉尘。

5）炼铁渣（高炉渣）。

（4）噪声污染

各类风机、煤气减压阀、余压发电机组、煤气均压放散、放风阀、空气压缩机等由气体动产生的噪声和各类机械撞击产生的噪声。

5．炼钢

（1）转炉炼钢

1）大气污染

①供料系统。主要污染源有转炉顶原辅料槽在辅料给料、筛分、称量和转运时散发的粉尘，以面源无组织排放。

②铁水预处理。对铁水罐喷粉和吹氧以及出渣时产生烟尘，以面源无组织排放。

③受铁站倒铁水、混铁炉兑入铁水和向铁水包倒铁水、铁水包向转炉兑铁水、出钢等作业，主要污染物是烟尘，以面源无组织排放。

④转炉冶炼。产生一次烟气（煤气），含烟尘、CO、氟化物，以点源有组织排放。在排烟罩与炉口缝隙间泄漏的二次烟气，含烟尘、CO、氟化物，以面源无组织排放。

⑤钢水炉外精炼。产生废气，含烟尘、氟化物，以点源、面源排放。

⑥铸钢系统。钢水连铸或模铸逸散粉尘，以面源无组织排放。

⑦转炉和钢包整修过程。拆炉、拆包、修炉、修包切砖、磨砖产生粉尘，以面源无组织排放。

⑧钢包烘烤、铁合金烘烤。产生烟尘、SO_2，以面源无组织排放。

⑨渣处理过程。倒渣、清渣时产生粉尘，以面源无组织排放。

2）水污染

①转炉煤气湿法净化洗涤水，主要污染物是悬浮物。

②钢水炉外精炼炉冷却吹氧烟气产生污水，主要污染物是悬浮物。

③连铸钢坯冷却废水，主要污染物为悬浮物、油类。

④转炉渣处理产生的污水，主要污染物为悬浮物、碱性物等。

⑤设备间接冷却循环系统排污水，污染物主要是盐。

3）固体废渣

①转炉煤气干法净化回收除尘灰，湿法净化洗涤水处理产生的污泥（泥饼）。

②各类除尘器回收的粉尘。

③转炉冶炼渣、铁水预处理渣、钢水精炼渣。

④转炉、钢包整修拆除的废耐火材料。

4）噪声污染

由转炉吹氧、各类风机、水泵、氮气、氩气压缩机、空压机、减压阀、放散阀等因气体流动产生的噪声，以及各类机械撞击产生的噪声。

（2）电炉炼钢

1）大气污染

①供料系统。主要污染源有废钢储运、加工的扬尘，辅料给料、筛分、称量和转运时散发的粉尘，以面源无组织排放。

②电炉冶炼。在加料、出钢和吹氧过程中产生的烟气，含烟尘、CO、氟化物，由于入炉废钢料不同，还会有少量二噁英、呋喃等，以面源排放。

③钢水炉外精炼。产生含烟粉尘、氟化物废气，以点源、面源排放。

④铸钢系统。钢水模铸或连铸逸散粉尘，以面源无组织排放。

⑤电炉和钢包整修过程。拆炉、拆包、修炉、修包、切砖、磨砖产生粉尘，以面源无组织排放。

⑥钢包烘烤、铁合金烘烤产生烟尘、SO_2，以面源无组织排放。

2）水污染

①钢水炉外精炼冷却吹氧烟气产生污水，主要污染物是悬浮物。

②连铸坯冷却废水，主要污染物是悬浮物、油类。

③设备间接冷却循环系统排污水，污染物主要是盐类。

3）固体废渣

①电炉冶炼渣。

②各类除尘器回收粉尘。

③电炉、钢包拆除的废耐火材料。

4）噪声污染

电炉弧放电噪声；由各类风机、空压机、氮气、氩气压缩机等因气流产生的噪声；各类机械撞击产生的噪声。

6．轧钢

（1）热轧

1）大气污染

①加热炉烟气，主要污染物为烟尘、SO_2、NO_x，以点源有组织排放。

②热轧机组产生的氧化铁尘雾气，以面源无组织排放。

③热轧板平整机抛光产生的尘，以面源无组织排放。

2）水污染

①轧机冷却系统、轧机工作辊、支撑辊、辊道冷却水、高压除鳞水、冲洗铁皮用水等形成热轧废水，主要污染物为悬浮物（氧化铁）、油。

②轧材冷却水，主要污染物为悬浮物。

3）固体废弃物

①轧制产生的氧化铁皮。

②废水处理产生的废油和污泥。

③加热炉修砌产生的废耐火材料。

4）噪声污染

主要噪声来自生产线上轧钢机组、电机、减速机、矫直机、剪（锯）切机、钢板卷取机、轧材转运跌落碰撞、各类风机、泵类等运行产生的噪声。

（2）冷轧（含镀、涂层）

1）大气污染

①热轧卷开卷、拉矫、焊接产生的氧化铁尘，以面源无组织排放。

②酸洗机组酸洗槽、清洗槽产生的酸雾，以面源无组织排放。

③冷轧机组轧制过程和湿平整机组平整过程产生的乳化液烟雾，以面源无组织排放。

④连续退火机组清洗段、镀层机组清洗脱脂段、彩涂机组清洗段产生的碱雾，以面源无组织排放。

⑤镀（涂）机组钢材表面钝化处理产生钝化剂雾，以面源排放。

⑥彩涂机组产生的有机涂料溶剂气体，以面源无组织排放。

⑦各机组退火炉加热燃料燃烧产生的废气，含烟尘、SO_2、NO_x，以点源有组织排放。

⑧废酸再生装置排出含 HCl、氧化铁粉尾气，以点源有组织排放。

⑨不锈钢酸洗产生的有硝酸、氯氟酸和 NO_x 的酸雾气，以面源无组织排放。

2）水污染

①轧制系统的含油及乳化液废水。

②酸洗产生的含酸废水。

③碱洗产生的含碱废水。

④钢板钝化产生的含六价铬废水。

⑤不锈钢酸洗产生含铬、镍等重金属的酸性废水。

3）固体废物

①酸洗机组产生的废酸液。

②轧制系统产生的废乳化液。

③钝化产生的废铬酸渡。

④镀锌机组产生的锌渣。

⑤水处理系统产生的废油、污泥。

⑥废酸再生装置产生的氧化铁粉。

⑦不锈钢酸洗废水处理产生的含铬、镍等重金属污泥。

⑧退火炉修砌产生的废耐火材料。

4）噪声污染

产生噪声污染情况与热轧类似。

四、钢铁行业清洁生产审核案例

实例一

（一）企业概况

企业名称：某钢铁厂烧结分厂

烧结分厂主要生产烧结矿，现有烧结机 3 台。3#烧结机设计面积 180 m²，于 2004 年 3 月 18 日建成投产；4#烧结机设计面积 400 m²，于 2009 年 5 月 9 日建成投产，并于 2012 年 2 月扩容改造为 450 m²；5#烧结机设计面积 450 m²，于 2011 年 12 月 6 日建成投产。3 台烧结机设计年产烧结矿 1 112 万 t。

（二）存在的问题

详见表 4-76。

表 4-76 审核阶段发现存在的问题

现象	原因	拟采取可能解决措施
3#烧结机机尾排气粉尘存在超标风险	3#烧结机机尾电除尘器规格为 190 m² 单室（双区）三电场，该机尾电除尘器于 2004 年投运至今，已运行 10 年，由于设备老化，负荷加重后，经常出现跳电冒烟现象，对周边环境影响较大，而针对新污染物排放标准，存在超标的风险	对 3#烧结机机尾电除尘进行改造，拟拆除原有电除尘，新建布袋除尘器对机尾尾气进行除尘改造
二次混匀配料槽区域无组织排放粉尘较严重	二次混匀配料槽原由中冶赛迪设计，主要接受烧结返矿料及二次料场碎矿粉通过配料槽混匀后经圆盘给料机返回二次混匀料场或直接参。2008 年、2010 年梅山设计院对该配料工艺进行改造设计，目前该工艺设施具有直接参与配料的功能，即具备原有向二次混匀料返料功能，也具备直接向一次混合机供料。二次混匀料槽在建设初期，仅对料槽上部 LF-2 可逆皮带机及槽下 F307 皮带机配套建设除尘捕集设施，其除尘风量取自机尾电除尘站。2008 年、2010 年工艺改造时，对 F304 皮带机移动小车增设移动通风槽，并对 LF-2 可逆皮带机产尘点捕集罩、风管进行优化，除尘风量仍取自机尾电除尘站。由于未对产生扬尘的圆盘给料机区域统一设计除尘设施，后期虽现场对部分扬尘点增设了集尘罩、除尘管路，但仍有部分扬尘点需进行治理。同时该区域同一路由的除尘主管路有 2 支，现场比较凌乱，配料槽顶与槽下风量分配不合适，造成除尘效果不理想	对除尘管路系统优化及相应的土建、电气及仪表改造
烧结生石灰槽区域	生石灰槽原由鞍山矿山设计院设计，主要向烧结系统配加消化后的生石灰（2012 年烧结机综合技改时对仓顶除尘器进行扩容）。对生石灰消化设施采用顶部喷淋技术抑尘，但由于生石灰极易堵塞喷头、黏接管道，运行效果也不太理想。而对其配料转运扬尘点未做除尘处理。2008 年曾对消化器及转运扬尘点进行扬尘治理，有效地控制了扬尘点的排放。但目前生石灰工艺有所变化，生石灰不进行消化，直接送一混配料，因此转运点扬尘有所增大。所以无组织排放增加	拆除现有的除尘设施；重新设计除尘管路系统及相应的土建、电气及仪表改造
烧结原料配料室区域	烧结原料配料室原由鞍山矿山设计院设计，主要是为烧结配送梅精矿、混匀矿、燃料、熔剂等原料。原设计仅对配料仓顶转运扬尘点设置了除尘设施。而对配料仓顶部转运点未设置除尘设施；对配料仓底部卸料点未设置除尘设施，存在扬尘现象	增设除尘管路系统及相应的土建、电气及仪表改造

现象	原因	拟采取可能解决措施
环冷机问题	环冷机服役已达 11 年，近 11 年来设备运转导致老化严重、故障率高、单次停机时间长，造成停机损失大。长期存在如下问题：①环冷机框架钢结构腐蚀、变形，旋转精度差；②台车本体老化、磨损严重，影响运行精度；③散料输送系统故障多，影响烧结矿冷却效果；④环冷机密封罩、旋转密封和固定密封性能较差，导致环冷机漏风率高，冷却效果差，环冷区域粉尘污染严重。为了满足环保要求，三烧结机尾除尘系统必须进行相应技术改造，以满足烧结机头烟气排放要求	拟实施环冷机水平轨道梁及以上部分进行整体更新，才能解决旋转框架、平轨、轨道梁变形严重等设备问题，以及改善冷却效果和抑制扬尘
3#烧结机整体密封系统	烧结机系统漏风率与烧结机本体和主抽风系统的密封性有关，主要包括主抽风系统、风箱支管、伸缩节等烟气通行设备、台车、滑道以及机头、机尾的密封状况，以上各方面的密封设备状态不佳导致出现大量漏风点，难以在定修和短时间年修中得到彻底治理。三烧结系统漏风率已达 60%～70%，烧结机机旁等设备附近的噪声变大，烧结生产吨矿电耗增加由 2009 年的 41.62 kW·h/（t·s）上升到 2014 年的 53.58 kW·h/（t·s），更重要的是烧结机生产率和成品率均无法提升	拟通过烧结机大修整改，可以对包括以上几方面的影响劳动生产率的因素进行综合治理，以便进一步提升烧结工序的劳动生产率

（三）清洁生产潜力分析

清洁生产审核小组成员在分厂正常生产情况下对公司各生产岗位进行了实地调研。公司在整体生产工艺、技术及设备方面处于同类产品的国内较先进水平，分厂近两年来生产一直平稳有序。

1. 原辅料和能源

烧结分厂主要生产烧结矿，采用的主要原辅料为行业内广泛应用的原辅料，所以从原辅料方面考虑，清洁生产潜力不大，另外公司使用的主要能源为焦炭、焦炉煤气及电能，焦炭及焦炉煤气由炼焦分厂提供，同时公司建有余热回收装置，通过调查分析，烧结机余热回收系统存在能源浪费现象。综上所述，公司在进一步提高能源回收利用方面存在一定的清洁生产潜力。

2. 技术工艺

分厂产品的工艺路线是企业研制成功的最新工艺，整体的生产技术工艺具有一定的先进性，3#烧结机由于建成较早，存在一定的设备技术方面的升级改造潜力。

3. 设备

设备作为技术工艺的具体体现，在生产过程中具有重要的作用，分厂主要生产设备多数处于较好的水平，且设备运转良好，通过对照《产业结构调整指导目录》（2011 年及 2013 年修改清单）和《高耗能落后机电设备（产品）淘汰目录（第一批、第二批、第三批）》，发现企业现有部分电机属于淘汰落后机电设备，存在一定的设备更新空间，另外由于分厂 3#烧结机建成较早，运行时间较长，存在一定的设备升级改造潜力，如烧结机本体技术改造、台车体有效宽度提高、烧结机尾导料箱改造，采用大阶梯料磨料形式，延长其寿命等。

4．过程控制

公司对各个生产工序建有完善的岗位要求及工作流程，建有完善的过程控制管理程序，通过现场调查发现，公司部分操作岗位过程控制存在一定的优化空间，如预审核阶段发现的"在烧结检（定）修作业、高炉仓满时，更换台车时存在生产不稳定，无组织排放加大等情况""检修及需停机时，环冷料全部倒空过程中扬尘严重""3#机余热除氧器排气管噪声控制"等方面存在一定的清洁生产潜力。

（四）清洁生产方案及效益

在本轮清洁生产审核过程中，产生和实施完成无/低费清洁生产方案 14 项，共投入资金 148.1 万元，节约用电 79.64 万 kW·h，减少了粉尘的无组织排放等，同时提高了原辅料及能源的利用效率，总计取得 85.27 万元的经济效益。无/低费方案见表 4-77。

表 4-77　无/低费方案效益汇总表

方案编号	方案名称	方案简介	投资/万元	取得效果	
				环境效益	经济效益
F1	烧结停机布料操作法优化	改造前在烧结检（定）修作业、高炉仓满时，一般要求烧结机倒空台车，原操作法：配混系统走料结束，台车料面全部推过点火器后，烧结机速度置"0"，抽风至大烟道温度 150℃时（>150℃易引起主抽风机故障），停主抽风机，在给定烧结机机速，倒空台车。运用该操作方法，烧结机前半台面（1#～13#风箱）因①烧结时间短；②料层透气性小，风量分配少；致使其燃烧不到底，夹生料多，烧结矿强度差，粒度不均，5～10 mm 比重大，机尾卸料时易冒"黄烟"，不利于降低烧结粉尘排放。本方案拟采用"递减式"停机布料操作对其进行优化，配混系统停止上料时，泥辊转速控制由自动模式切换至手动模式，切换后转速下调 0.2 r/min，5 min 后，再次下调 0.2 r/min，以此类推，停机料面布成逐级"递减"的梯形，待配混系统料全部走空后，台车料面推过点火器后，主抽风机正常开启，逐一关闭无料台车对应的风箱风门，保证混合料烧尽，无夹生料	0	保证混合料烧尽，无夹生料，避免机尾卸料时冒"黄烟"	提高混合料的烧结率，增加效益 15 万元

方案编号	方案名称	方案简介	投资/万元	取得效果	
				环境效益	经济效益
F2	烧结机更换台车优化	目前烧结机更换台车，点检为了便于吊台车，往往要求生产空台车，一旦台车空出来，就会影响生产的稳定，导致台面漏风严重，情况恶劣，可能会出现环冷跑红矿的现象，导致生产不稳定。本次优化后烧结机更换台车时不要空台车，按料层的50%布料，不点火，能减少台面漏风的现象出现，避免生产的波动，减少红矿出现的频率	0	有效避免台面漏风造成的无组织排放	稳定生产，增加效益7.5万元
F3	加大宣传力度	通过广泛宣传动员发动全体员工参与清洁生产	0.5	鼓励员工积极参与清洁生产	
F4	强化员工的各项培训	定期对员工进行安全、环保、岗位技能、清洁生产意识等进行培训，提高员工专业技术水平、操作技能及意识，避免因人为原因造成产品不合格及浪费资料等情况发生	2.0	减少生产废品次品	提高生产效率，年增加效益11万元
F5	倒料环冷扬尘优化控制	方案实施前，当倒料时会产生较大的扬尘，现场环境较差，本方案通过倒料时的优化控制，来减少扬尘。具体如下：1. 从加水的控制，料层的控制，风门的控制等方面制定出一套严格的停机倒料操作要求；2. 烧结机开始倒料后机尾除尘风机风门增开至90%；3. 烧结机开始倒料后20 min余热组织停炉，停炉过程严禁开启环冷余热密封段直排的1#闸门；4. 环冷开始倒料后将整粒除尘风机风门增开至90%；5. 环冷整个倒料过程安排人员现场观察，发现扬尘大立即通知中控关小相应位置环冷鼓风机风门	0	减少倒料时扬尘的无组织排放	无
F6	4#机尾和整粒除尘管道改造	对机尾和整粒部分除尘支管过小而产生扬尘、风量过大而引起管道经常性磨穿的部位进行改进，更换部分磨损严重的除尘管道为耐磨材质，延长除尘管道的使用寿命；改变除尘罩的密封形式，提高烟尘捕集效果	8.5	减少无组织排放，提高粉尘等收集率	无
F7	4#机尾除尘罩改造	目前4#烧结机机尾密封除尘罩太小，大部分粉尘未被除尘风机吸走，直接排放到大气中；本方案拟扩大4#机尾除尘罩，同时改变除尘罩的密封形式，以提高除尘效率，改善环境	4.6	提高收集效率，改善环境	无
F8	3#机余热除氧器排气管降噪	经过调查，发现3#机余热除氧器排气管上未装消音器，主要因为3#为最早建成的烧结机，后期建设的4#、5#烧结机均配有消声器，所以本方案拟对3#机余热除氧器排气管上安装消音器，降低噪声污染	15	降低噪声污染，改善环境	无
F9	4#机生石灰消化器滚轴密封改造	原4#机生石灰消化器滚轴处不密封，料从此处外泄一部分，且造成现场生石灰扬尘大。本方案将4#机生石灰消化器滚轴加密封圈或密封装置来密封，提高配料准确及减少扬尘	1.5	有效减少4#生石灰消化器扬尘	无

方案编号	方案名称	方案简介	投资/万元	取得效果	
				环境效益	经济效益
F10	5#机环冷台车受料口、下料口除尘改造	原5#机环冷台车受料口南部、下料口上部位置处有扬尘，且无直接除尘设施，有生料时扬尘加剧，本次拟在5#机环冷台车受料口南部、下料口上部位置处增加除尘管道覆盖，并留有活动式观察孔，对此处的扬尘进行收集处理，减少无组织排放，改善环境	0.8	减少无组织排放，改善环境	无
F11	平衡优化4#、5#余热除盐水用水量	目前经常出现4#余热或者5#余热软水箱水位低现象，或者出现一个水位低一个水位高现象，继而水位低的就要减产来维持生产，影响余热产汽量。根据两台余热平常产汽量来合理分配，调节好两个软水箱水位调节阀，非特殊情况严禁调节此阀门	0.2	无	稳定余热产汽量，增加效益
F12	优化控制小风箱翻板	烧结机烟道1#、2#、3#风箱处于点火器下部，生产时它的翻板是处于全开位置状态，负压在8～13 kPa。它的全开一是炉膛负压在10.4 Pa左右，相对来说偏高，没有完全到达微负压点火要求；二是煤气消耗量过大，热量损失较大；三是点火深度过深。生产时，将1#、2#、3#翻板开度控制在0～10%，降低炉膛负压在4.0 Pa以下，1#、2#、3#风箱负压控制在8.00 kPa以下，降低三个风箱负压和炉膛负压，实现微负压点火，减少煤气消耗，改善点火效果	0	无	减少点火煤气消耗，增加效益
F13	优化烧结机余热回收系统	原烧结机余热回收系统中2#电动闸阀在正常生产时开度为100%，局限为：没有根据生产中实际情况做出适当的调整。比如：刚开机时，2#电动闸阀处的烧结矿温度低，扬尘多。此时不如把2#闸阀关闭，既避免了低温废气、大量扬尘灰的吸入，又能做到快速开炉，快速升温的目的。通过调节2#电动闸阀来稳定余热产气量，具体操作如下：操作方式分三种状况，一是刚开机时，具备开炉条件后，在原操作方式不变的基础上只需把2#电动闸阀关闭。二是正常生产时，根据烧结机终点温度来调节2#电动闸阀。又分以下两点：1. 如烧结矿终点温度超过380℃，2#电动闸阀开50%；2. 如烧结矿终点温度低于380℃，2#电动闸阀开100%。三是在出现烧结过程特殊情况下，如有大量生料进入环冷机时，可以采取关闭2#电动闸阀，避免烧结矿灰尘的吸入余热锅炉管道内	0	优化控制余热回收，减少烧结矿灰尘进入余热锅炉管道	稳定余热产汽量，增加效益
F14	淘汰落后机电设备	对照《高耗能落后机电设备（产品）淘汰目录（第一批、第二批、第三批）》，对公司机电设施进行系统的排查，按照相关淘汰要求，对需淘汰的电机进行淘汰更新	115	节电79.64万kW·h	增加效益51.77万元

项目产生和实施中/高费方案 3 项，共投入资金 6 970.01 万元，实施完成后取得如下成果：年减少电耗 1 973.62 万 kW·h，年减少了粉尘的排放 118.17 t，共计取得 868 万元的经济效益。中/高费方案见表 4-78。

表 4-78   中/高费方案取得成果汇总表

方案编号	方案名称	方案简介	投资/万元	取得效果	
				环境效益	经济效益
F15	3#烧结机尾及配料区域除尘系统改造	主要包含合建的机尾与配料除尘站、二次混匀配料槽区域除尘系统优化、生石灰槽区域及烧结原料配料室增设除尘设施等，及其由环保设施改造引起的土建、总图、电气及仪表改造等内容	2 038.78	年减少粉尘排放 86.6 t	无
F16	3#烧结机头电除尘提标改造	因除尘器本体结构缺陷以及高压电源系统引起烟气粉尘荷电效率低，造成除尘器除尘效率低，除尘器出口排放浓度高；同时电除尘器出口浓度高，对后续的湿法脱硫工艺生产设备影响较大，经常造成气喷管堵塞而需停机检修，以及进入湿法脱硫设备的烟气含尘量大，影响脱硫副产品的品质及品相。所以本方案拟对机头电除尘进行提标改造	658.82	年减少粉尘排放 31.57 t	无
F17	3#烧结机技术升级改造	由于工艺设备系统状态及其功能精度的劣化，导致三烧结的电力单耗和 COG 单耗均呈上升趋势，进而在很大程度上使得三烧结的工序能耗上升从 2004 年的 51.70 kgce/（t·s）上升至 2014 年的 58.58 kgce/（t·s）。本方案拟通过对烧结机本体的升级改造来提高能源利用率，进而提高劳动生产率	4 272.41	年减少电能消耗 1 973.62 万 kW·h	减少能源消耗，年增加效益 868 万元

方案 F15：3#烧结机尾及配料区域除尘系统改造

方案实施后，对 3#烧结机尾除尘站改造，在现有机尾电除尘器南侧新建一套集中脉冲布袋除尘站，提高除尘效率；二次混匀配料槽区域除尘风量由现有机尾电除尘器提供，本方案对现有除尘系统进行优化；烧结原料配料室新增除尘管路系统，烧结原料配料室新增除尘管路系统，另外对烧结制粒室现有 15 胶带机区域皮带秤及胶带机受料点未设置除尘设施部位，增加导料槽、捕集罩及相应的除尘管路，引入除尘系统，有效地减少了粉尘的无组织排放。方案实施后，按目前生产情况，连续运行一年可减少颗粒物排放量 86.6 t。

方案 F16：3#烧结机头电除尘提标改造

本方案通过对影响电除尘器除尘效率几方面主要因素的分析和讨论，分别制订了相应的提标改造方案，通过对各影响因素的提标改造，有效地提高了除尘效率，方案实施后，按目前生产情况，连续运行一年可减少颗粒物排放量 31.57 t，具有明显的环保效果。

方案 F17：3#烧结机技术升级改造

方案实施前，3#烧结机虽然经过了 2010 年和 2014 年的年修，但是因其范围较小、工期较短，仅能维持设备状态稳定 1～2 年时间，且未显著提升工艺设备功能精度、节能环保装备水平和自动化控制水平。

由于工艺设备系统状态及其功能精度的劣化，导致三烧结的电力单耗和 COG 单耗均呈上升趋势，进而在很大程度上使得三烧结的工序能耗从 51.70 kgce/（t·s）上升至 58.58 kgce/（t·s）。

主要原因为 3#烧结机的三电控制系统以及烧结机整体密封系统等状态不佳，导致劳动生产率无法进一步提升，甚至有下降趋势，本方案通过对三电控制系统及烧结机整体密封系统的升级改造，达到了良好的节能减排效果。

方案实施后，可有效减少 3#烧结机工序能耗，可由改造前 58.58 kgce/（t·s）降至 50.25 kgce/（t·s），按目前生产情况分析，连续运行一年可减少电耗 1 973.62 万 kW·h，共计产生效益 868 万元/a。

实例二

（一）企业概况

企业名称：某钢铁厂炼焦分厂

炼焦分厂现有 2 座 55 孔炭化室高 6 m 复热式单集气管顶装焦炉，配套 140 t 干熄焦装置一座。分别投产于 2007 年 12 月 18 日、2008 年 2 月 18 日、2008 年 3 月 28 日。年生产能力 100 万 t。2 座 60 孔炭化室高 7 m 复热式单集气管三吸气管顶装焦炉，配置一套 190 t 干熄焦装置（热电厂管理）。4#焦炉及 2#干熄焦分别在 2010 年 3 月 13 日、5 月 15 日投产。3#焦炉 2012 年 4 月 22 日投产，二期年生产能力 150 万 t。

（二）存在的问题

详见表 4-79。

表 4-79   审核阶段发现存在的问题

现象	原因	拟采取可能解决措施
配煤皮带输送过程中部分工位存在漏煤现象	由于原煤在配煤过程中落在 B101 皮带上分布不均,加上皮带在运行过程中游离跑偏使皮带上的原煤在运行到某一段时会间断性外溢,影响环境,增加劳动强度	通过在 B101 皮带上分段加装导料板,使料层在运行皮带上向皮带中心聚拢;减少料层分散造成皮带跑偏因素,防止原煤外溢,减少影响环境因素;减轻岗位人员工作强度
加煤车捅煤盖板、炉框等存在荒煤气外漏现象	1. 盖板等设备需经常维护; 2. 员工操作问题; 3. 因设备本身材质问题,导致经常破损	1. 加强设备的维护保养; 2. 加强员工操作技能的培训; 3. 更换盖板材质,采用耐腐蚀材料
3#4#拦焦车除尘盖板处存在无组织排放	调查发现主要原因为拦焦车除尘盖板分两块,由两个油缸控制开启,存在油缸不同步,导致只要一块盖板开启到位,则除尘导套即开始动作连接,导致另一块开启不完全,影响除尘效果	拟对除尘盖板推杆进行改进,用一个油缸控制两根推杆,或者将除尘盖板换成一整块,使除尘盖板能 100%开启,减少无组织排放
2A2B 炉导焦栅尾部底板、侧板常出现破损	2A2B 炉导焦栅尾部底板、侧板虽然经常更换,但是常出现破损,通过审核小组成员的调查分析,造成破损的主要原为因积留红焦,长时间烧烤,导致烧穿,出现无组织排放现象	拟把导焦栅尾部斜板在原有基础上再往里减少 10~15 cm,斜板长度增加,保证落焦点不变,推焦杆行程数据再增加一点,这样导焦栅尾部不易积存红焦,使用寿命也就延长了,出现无组织排放的概率减小
JNX3-70-1型焦炉沉淀火泥存在再次利用空间	4#炉炉盖的密封泥料,每天有很多被浪费,拌浆桶内的上层泥浆用完,下面的一层很厚的沉淀料,这种料就无法密封炉盖,只能当垃圾被倒掉,浪费材料,不利于降本增效	将沉淀火泥再次利用,炉顶缝隙灌浆时将沉淀火泥与拌浆泥料混合使用,效果很好,减少了泥料的浪费
D204/205 转运站无组织排放	过滤面积设计较小,部分点位未被除尘罩收集	扩大 D204/205 转运站的过滤面积,对除尘系统进行整体改造,在转运站下部溜槽扇形闸门增设 4 个除尘点,引至 D204/205 转运站除尘
无组织排放废气	1. 1#拦焦车上除尘电气控制与外部除尘不同步造成效果不理想 2. 1#2#出焦除尘系统盖板存在漏风现象,造成无组织排放 3. 一期焦炉推焦机侧没有除尘设施,造成推焦、平煤时机侧烟尘大量外逸	1. 对 1#拦焦车上除尘装置的电气控制与外部除尘不同步进行调整和改进成同步,来提高除尘效果; 2. 完善盖板密封性,保证收集效率; 3. 优化出焦除尘的清灰控制程序,修改为高低速清灰模式,可有效提高 1#出焦除尘的利用风量约 1/8=12.5%(离线清灰始终关闭一个仓室); 4. 新增一期焦炉推焦机侧除尘设施
机侧推焦车放焦时漏焦	1. 未设相应的挡板 2. 员工操作问题 3. 推焦车控制问题,导致漏焦现象	经过调查,本次拟在焦斗的南面加一块挡板,避免余焦从南面翻出

（三）清洁生产潜力分析

1. 原辅料和能源

炼焦分厂主要生产焦炭，采用的主要原辅料为行业内广泛应用的原辅料，所以从原辅料方面考虑，清洁生产潜力不大，另外公司使用的主要能源为蒸汽及电能，同时公司建有余热回收装置，自产蒸汽，电能由公司集中供应，所以，公司在原辅料和能源方面清洁生产潜力不大。

2. 技术工艺

公司产品的工艺路线是企业研制成功的最新技术，整体的生产技术工艺具有一定的先进性，仅 1#、2#焦炉由于建成较早，存在一定的设备技术方面的升级改造潜力。

3. 设备

设备作为技术工艺的具体体现，在生产过程中具有重要的作用，公司主要生产设备多数处于较高水平，且设备运转良好，通过对照《产业结构调整指导目录》（2011 年及 2013 年修改清单）和《高耗能落后机电设备（产品）淘汰目录（第一批、第二批、第三批）》，发现企业现有部分电机属于淘汰落后机电设备，存在一定的设备更新空间，另外由现场调查发现，部分设备需进行维护、更换材质等改造，存在一定的设备升级改造潜力，如加煤车捅煤盖板、炉框等、除尘盖板推杆控制改造等。

4. 过程控制

公司对各个生产工序建有完善的岗位要求及工作流程，建有完善的过程控制管理程序，通过现场调查发现，公司部分操作岗位过程控制存在一定的优化空间，如预审核阶段发现的 D204/205 转运站在无组织排放点等方面存在一定的清洁生产潜力。

（四）清洁生产方案及效益

1. 已实施的无/低费方案

详见表 4-80。

表 4-80　无/低费方案效益汇总表

序号	方案名称	方案简介	投入/万元	预计效果	
				环境效果	经济效益
F1	炉框冒烟处理改造	2 期焦炉部分炉框有冒烟现象一般采用泥料加隔热材料密封，但不长久。本方案将先用石棉绳扎紧，再用泥料密封，处理效果较好且可持续时间长	3.4	降低炉框冒烟概率	延长维修时间，年增加效益 18.9 万元

序号	方案名称	方案简介	投入/万元	预计效果	
				环境效果	经济效益
F2	3#4#拦焦车除尘盖板改进	拦焦车除尘盖板分两块,由两个油缸控制开启,由于油缸不同步,经常出现一块盖板开启到位后,除尘导套开始动作连接,导致另一块开启不完全,影响除尘效果,本方案拟改进除尘盖板推杆,用一个油缸控制两根推杆,或者将除尘盖板换成一整块,使除尘盖板能100%开启	1.4	降低无组织排放量	无
F3	2#加煤车捅煤盖板改造	2#加煤车捅煤盖板及插销经长时间使用有的变形弯曲,加煤时荒煤气从损坏处冒出,污染环境危害健康。本次将2#加煤车捅煤盖板及插销损坏部位,更换耐腐材料,减少荒煤气外漏污染环境的危害及更换频次	2.7	降低炉框冒烟概率	延长维修时间,年增加效益5.6万元
F4	B101皮带输送优化	由于原煤在配煤过程中落在B101皮带上分布不均,加上皮带在运行过程中游离跑偏使皮带上的原煤在运行到某一段时会间断性外溢,影响环境、且增加了岗位人员的清扫工作强度。本次改造通过在B101皮带上分段加装导料板,使料层在运行皮带上向皮带中心聚拢;减少料层分散造成皮带跑偏因素,防止原煤外溢,减少影响环境因素;减轻岗位人员工作强度	0.8	减少原煤掉落,改善环境	减少原煤损失,节省人力,年增加效益8.2万元
F5	导焦栅优化改造	2A2B炉投产至今,导焦栅尾部底板,侧板由于红焦积留,长时间烧烤,导致烧穿、变形,推焦时漏焦,易引起电机车推焦联锁跳电,造成无组织排放,而且需频繁更换底板,侧板,槽钢既耗时又增添生产费用。本次将导焦栅尾部斜板在原有基础上再往里减少10~15 cm,斜板长度增加,保证落焦点不变,推焦杆行程数据再增加一点,这样导焦栅尾部不易积存红焦,延长使用寿命	5.5	降低导焦栅尾部底板破损概率,减少无组织排放	延长维修时间,年增加效益56.1万元
F6	余热综合利用于办公	目前休息室、办公室均采用大功率空调,冬季电能消耗高,本次改造将休息室、办公室安装余热蒸汽,发挥企业自产蒸汽余热,代替冬季空调的使用,降低电能消耗	4.6	减少电能消耗21.6万kW·h	节约用电,年增加效益13.72万元
F7	炉盖的密封泥料综合利用	4#炉炉盖的密封泥料,每天有很多的被浪费,拌浆桶内的上层泥浆用完,下面的一层很厚的沉淀料无法密封炉盖,只能当垃圾被倒掉,浪费材料,不利于降本增效。本方案将该沉淀火泥再次利用,炉顶缝隙灌浆时将沉淀火泥与拌浆泥料混合使用,效果很好,减少了泥料的浪费,每天灌浆利用沉淀泥料15 kg左右,节省黏土泥料15 kg左右,达到了降本增效的目的	0	减少废泥料的产生	节约泥料使用,年增加效益1.2万元
F8	D204/205转运站除尘改造	扩大D204/205转运站的过滤面积,对除尘系统进行整体改造,在转运站下部溜槽扇形闸门增设4个除尘点,引至D204/205转运站除尘,解决此处无除尘吸点问题	11.2	减少粉尘无组织排放	无

序号	方案名称	方案简介	投入/万元	预计效果	
				环境效果	经济效益
F9	淘汰落后机电设备	对照《高耗能落后机电设备（产品）淘汰目录（第一批、第二批、第三批）》，对公司机电设施进行系统的排查，按照相关淘汰要求，对需淘汰的电机进行淘汰更新	82	减少电能消耗 56.84 万 kW·h	节约用电，年增加效益 36.09 万元
F10	1#拦焦车除尘电气改进	1#拦焦车上除尘装置的电气控制与外部除尘不同步造成效果不理想，无组织排放较严重，本次对 1#拦焦车上除尘装置的电气控制与外部除尘不同步进行调整并改进成同步，来提高除尘效果	1.5	提高除尘效果，减少无组织排放	无
F11	机侧放焦斗加挡板改造	现机侧推焦车放焦时经常从焦斗南面翻出，增加了工人的清扫强度，同时也污染了环境。本次改造在焦斗的南面加一块挡板，避免余焦从南面翻出，改善环境	0.8	避免漏焦，改善环境	减少焦炭损失，节省人力，年增加效益 8.4 万元
F12	对小炉门附近的腹板改造	1A1B 炉小炉门口部位腹板由于受长期高温烘烤，造成腹板穿漏，刀边腹板其他地方基本完好，以往这样刀边腹板会进行整体更换，浪费比较大，本次拟用 2.5 mm 的不锈钢板，将小炉门口老腹板进行更换，用电焊焊接好，这样可有效控制冒烟，同时控制成本	1.7	无	减少腹板投入，年增加效益 14.7 万元
F13	1#2#出焦除尘系统改造	更换 1#出焦除尘器顶部所有盖板，减少系统漏风量，避免雨水进入除尘系统，提高烟尘捕集能力；更换 1#出焦下部双层卸灰阀，减小除尘器本体漏风；优化 1#出焦除尘的清灰控制程序，修改为高低速清灰模式，可有效提高 1#出焦除尘的利用风量约 1/8（12.5%）（离线清灰始终关闭一个仓室）	22.5	提高烟尘捕集能力，减少烟尘排放	提高风量利用效率，节电 125 万 kW·h，年增加效益 79.24 万元

在本轮清洁生产审核过程中，共产生和实施完成无/低费清洁生产方案 13 项，共投入资金 56.1 万元，节约用电 161.09 万 kW·h，减少了粉尘的无组织排放等，同时提高了原辅料及能源的利用效率，总计取得 242.15 万元的经济效益，节能减排成果显著。

2. 已实施的中/高费方案

方案 F14：一期焦炉推焦机侧除尘改造

通过对审核重点（1#、2#焦炉）设备的调查，方案实施前，炼焦分厂一期焦炉推焦机侧未设除尘设施，二期配有相应除尘设施，对照《焦化行业清洁生产水平评价标准》（YB/T 4416—2014）的相关要求，一期焦炉焦侧在导焦车上设集尘罩，通过翻板阀由固定管道连接地面除尘系统实现烟尘处理，而机侧推焦机未设除尘系统，焦炉在推焦、平煤过程中，机侧炉门上方有大量烟尘外溢，给现场环境造成较大污染。需增设推焦机侧除尘系统，以解决推焦、平煤时机侧烟尘大量外溢的问题，这不符合新规定。同时筛焦楼除尘和炉前焦库除尘为一期和二期四座焦炉共用，没有检修时间。每次筛焦楼除尘或炉前焦库除尘设施停机检修只能让四台焦炉全停，或者工艺稍加控制后无组织排放，对焦炉生产和现场环境均造成一定影响。

所以本方案增加一期焦炉推焦机侧除尘，一方面可解决一期焦炉推焦机侧冒烟无组织排放问题，同时也可作为筛焦楼除尘和炉前焦库除尘故障时的临时切换备用，以减少废气的无组织排放，实施完成后连续运行一年可回收粉尘 7 000 t，取得了较好的环境效果。

方案 F15：焦炉自动放散点火装置改造

方案实施前，分厂根据要求建设有荒煤气放散自动点火装置，且配置率 100%，在集气管压力超标，达到设定条件时，自动放散打开进行点火放散，压力下降后达到关闭条件进行灭火关闭。但由于化工恢复过程较为缓慢就会形成反复点火放散灭火关闭的振荡状态，造成系统压力不稳定及化工恢复的延长，最终使煤气管网的不安全大幅上升和放散量增加，点火状态不能实时掌控，这就存在重大环境污染风险。本次通过增加控制系统、控制阀、热电偶、点火器等，实现自动放散点火的单控，避免环境污染风险，取得了较好的效果。

正在实施的两项中/高费方案预计取得的成果见表 4-81。

表 4-81　两项中/高费方案取得成果汇总表

方案编号	方案名称	方案简介	投资/万元	取得效果	
				环境效益	经济效益
F14	一期焦炉推焦机侧除尘改造	方案实施前，炼焦分厂一期焦炉推焦机侧未设除尘设施，二期配有相应除尘设施，对照《焦化行业清洁生产水平评价标准》（YB/T 4416—2014）的相关要求，推焦机机侧需配有相应的除尘设施，所以本次改造拟在未增加除尘设施的一期焦炉机侧新增尘设施，来减少废气的无组织排放	2 500	年减少粉尘无组织排放 7 000 t	无
F15	焦炉自动放散点火装置改造	方案实施前，分厂根据要求建设有荒煤气放散自动点火装置，且配置率 100%，在集气管压力超标，达到设定条件时，自动放散打开进行点火放散，压力下降后达到关闭条件时灭火关闭。但由于化工恢复过程较为缓慢就会形成反复点火放散灭火关闭的振荡状态，给系统造成压力不稳定及化工恢复延长，最终造成煤气管网的不安全大幅上升及放散量增加，点火状态不能实时掌控，这就存在重大环境污染风险。本次通过增加控制系统、控制阀、热电偶、点火器等，实现自动放散点火的单控，避免环境污染风险	148	实现自动放散点火的单控，避免环境污染风险	无

在本轮清洁生产审核过程中，初步选定本轮实施的两项中/高费方案，预计共投入资金2 648 万元，实施完成后取得如下成果：年减少了粉尘的排放 7 000 t，焦炉自动放散点火装置实现自动放散点火的单控，避免环境污染风险，具有明显的节能减排效果，由于均属于环保型方案，经济效益不明显。

实例三

（一）企业概况

企业名称：某钢铁厂高炉分厂

高炉分厂目前有三座高炉，分别为 2#高炉（1 280 m³）、4#高炉（3 200 m³）、5#高炉（4 070 m³），年产生铁 700 万 t，炉渣 210 万 t，高炉煤气 105 亿 m³，一次炉灰 5.6 万 t，二次灰 5 万 t。

（二）存在的问题

详见表 4-82。

表 4-82　审核阶段发现存在的问题

问题	原因	拟采取可能解决措施
槽下除尘系统运行不稳定	1．员工巡视、检查不及时，造成运行不稳定未能及时解决 2．设备运行控制存在问题，偶尔会出现除尘压差较高，从而影响除尘效果	1．加强员工技术培训，提高员工素质； 2．槽下除尘压差增加报警系统，待压差达到一定程度时，报警提醒工作人员及时解决问题，稳定除尘效率
风口粉煤无组织排放	通过调查发现，目前风口未设煤堵是造成粉煤散落、污染环境的主要因素，在风口排放煤粉时，煤粉污染现场的环境	拟在风口做一个回收煤粉的装置，确保整个生产安全，确保现场的环境，同时也可减少粉煤的损失
排水器存在无组织排放废水	目前一均排水器排放的污水是直接排放在该附近的绿化地内，影响现场的环境，甚者将绿化破坏	将该部位经常排污的地面安装一个排污管道，保证污水不乱排，以保证绿化的完好及现场的作业环境
重力除尘器排灰时存在扬尘现象	通过调查，重力除尘器排灰时直接把下料口打开将炉灰排放到车子上，在排放时很容易扬灰或冒黄烟，污染环境	把重力除尘器排灰改为排灰罐车排灰，从排灰口连接管道直接排到罐车中，避免扬灰和冒黄烟现象
4#高炉摆动沟嘴处存在无组织排放	4#高炉摆动沟嘴为后期设备的优化改造，主要是为了便于往鱼雷罐中加小铁，增加漏斗后加小铁的效果较好，但是现场调查发现，出铁时，会较大影响除尘效果，有大量的烟尘冒出，污染环境	对摆动沟嘴处的漏斗改造，在漏斗上加盖，加小铁时打开，出铁时盖上，防止烟尘冒出

问题	原因	拟采取可能解决措施
每次放出主沟残铁进入撇渣器时会产生黄盐，呈无组织排放	主要原因是放出主沟残铁进入撇渣器时，由于其温度较高，暴露在空气中会产生黄烟，而在此部位也未设任何废气吸收处理设施	制作一个活动式吸尘罩盖，把撇渣器残铁沟前段铁水落点处盖住，将放残铁中产生的黄烟收集抽走，减少冒黄烟问题
喷煤主场房存在长明灯现象	1. 员工节电意识不强； 2. 主厂房目前照明开关为手动	1. 加强员工节电意识培训； 2. 将照明开关改为自动控制
4#高炉出铁场及槽下除尘系统收集效率不高； 4#、5#高炉矿焦槽槽下各除尘点存在能源浪费现象	4#高炉共有四个铁口，现有出铁场除尘系统配置两台风机并联运行，原设计考虑每次1个铁口出铁，两个铁口不搭接。实地观察出铁场除尘状况，当单个铁口出铁时，除尘效果明显，生产环境较好，现由于产能提高，出现两个铁口出铁的情况，这就造成了另一个出铁口除尘效果较差，无组织排放较严重；4#、5#矿焦槽除尘系统为两套独立除尘系统，无论工艺设备是否运行，所有除尘点均为常开位置，存在除尘风量浪费现象	出铁场增加一套除尘系统，以达到实际生产需求，满足环境保护要求。对于矿焦槽风能浪费，拟将4#、5#矿焦槽除尘系统总管连通，设置手动阀门，互为备用。不同时工作的除尘点，在其除尘支干管增设气动阀门，与对应槽下工艺设备连锁
2#炉制粉系统除尘效率不高	1. 设备老化，需进行维护更新 2. 目前2#炉制粉系统是一次除尘，可增加二次除尘，提高去除率 3. 箱体存在漏风点，影响除尘效果	拟在1#、2#主排风机出口增加一台30～50 m³的除尘箱体，对排放废气进行二次处理，提高排放质量，同时对漏风点及时维护。另外对二次除尘箱体在2～8层设置开口，易于清理泄漏粉尘
2#高炉多数除尘系统存在问题	1. 目前出铁场采用电除尘，且使用时间较长，常出现设备问题 2. 2#高炉炉顶未除尘设施 3. 矿焦槽目前采用电除尘，且使用时间较长，常出现设备问题，造成除尘效率不高	通过调查分析，审核小组决定本次对2#高炉除尘系统进行改进，一方面将现有的两台电除尘器改为布袋除尘，提高去除效率，同时对未设除尘的炉顶增设一套除尘设施，减少废气的无组织排放
再循环风余热利用	目前由于热风炉废气不够使用，两台中速磨在生产过程中需要使用再循环风，而再循环阀门没有开度显示，在调节开度时不知道开度大小，只能凭感觉调节阀门开度，这就造成了余热浪费	可将再循环阀门开度改为可显示开度的阀门，每次开机后能够有一个标准开度，有利于废气的余热利用。对设备的能耗做到控制有度

（三）清洁生产潜力分析

高炉分厂在整体生产工艺、技术及设备方面处于同类产品的国内较先进水平。

1. 原辅料和能源

高炉分厂主要生产生铁，采用的主要原辅料为行业内广泛应用的原辅料，所以从原辅料方面考虑，清洁生产潜力不大，另外公司使用的主要能源为自产煤气、焦炭及电能等，焦炭由炼焦分厂提供，同时公司建有高炉炉顶煤气余压回收发电装置，通过调查分析，公司的原辅料和能源清洁生产潜力不大。

2．技术工艺

公司产品的工艺路线为较先进、成熟、可靠的工艺技术。

（1）选用带有附加燃烧炉的双预热装置

选用带有附加燃烧炉的双预热装置，由附加燃烧炉、换热装置（空气为两级预热）及烟气引风机等构成。该装置采用一级热管换热器将高炉煤气预热到 200℃，采用一级热管和二级高温换热器将空气预热到 450℃。目前热风炉单烧高炉煤气可以实现高于 1 250℃的风温。

（2）高炉煤气净化系统

高炉炉顶煤气经重力除尘器一次除尘后进入布袋除尘器二次除尘，除尘后的煤气进入透平机膨胀做功带动发电机发电，从透平机出来的煤气进入净煤气管网。干法除尘具有节水节电、减少二次污染、占地面积小和节约投资的优点，同时也符合《产业结构调整指导目录（2011 年本）》（2013 年修改清单）中鼓励类第八项"钢铁"中的第 17 条"高炉、转炉煤气干法除尘"。

（3）喷吹系统

分厂采用双系列、双罐并列、两根喷吹主管、两个炉前分配器的直接喷吹工艺，具有技术成熟、设备简单、操作方便等优点。

（4）小块焦回收利用

将焦槽槽下焦炭筛筛下焦中 10～25 mm 的小块焦回收，与矿石混装入炉，具有良好的冶炼效果，可置换等量以上的冶金焦，置换比在 1.0～1.2，经济效益显著。

（5）采用新 INBA 法水渣处理系统

炉渣处理采用新 INBA 法水渣处理工艺。新 INBA 法水渣处理工艺冲渣过程产生的水蒸气，通过排气筒内的冷水喷淋装置予以冷却，从而减少蒸汽以及硫化氢、二氧化硫等污染物的排放，同时达到节水的效果，具有一定的先进性。

综上所述，高炉分厂在生产工艺技术方面，引进先进的装置设备、优化生产工艺流程、提高整个生产过程中的自动化程度和产品质量，具有一定的先进性，所以从生产工艺及技术方面分析，清洁生产潜力不大。

3．设备

设备作为技术工艺的具体体现，在生产过程中具有重要的作用，高炉分厂主要生产设备多数处于较好的水平，且设备运转良好，通过对照《产业结构调整指导目录》（2011 年及 2013 年修改清单）和《高耗能落后机电设备（产品）淘汰目录（第一批、第二批、第三批）》，发现企业现有部分电机属于淘汰落后机电设备，存在一定的设备更新空间。

4．过程控制

公司对各个生产工序建有完善的岗位要求及工作流程，建有完善的过程控制管理程序，通过现场调查发现，公司部分操作岗位过程控制存在一定的优化空间，如通过调查发现，目前风口未设煤堵是造成粉煤散落和污染环境的主要因素，在风口排放煤粉时，煤粉污染现场的环境，所以分厂过程控制方面存在一定的清洁生产潜力。

5．管理

企业的管理现状和水平也是导致物料、能源的浪费和废弃物增加的一个主要原因，加强管理是一个公司发展的永恒主题，任何管理上的松懈和遗漏都会影响公司的成本、产品质量、废弃物的产生等，本公司目前建有较完善的管理制度，同时配有有效的奖惩制度，但由预评估阶段分析，公司在部分岗位的管理方面，存在进一步优化调节的潜力。

（四）清洁生产方案及效益

1．已实施的无/低费方案

本项目产生和实施完成无/低费清洁生产方案 16 项，共投入资金 62.5 万元，节约能源消耗，减少了粉尘的无组织排放等，同时提高了原辅料及能源的利用效率，总计取得203.6 万元的经济效益，节能减排成果显著。已实施的无/低费方案所取得的成果汇总于表 4-83。

表 4-83　无/低费方案效益汇总表

序号	方案名称	方案简介	投资/万元	预计效果	
				环境效果	经济效益
F1	槽下除尘压差增加报警系统	目前槽下除尘压差偶尔会偏高，但工作人员很少监测槽下除尘系统画面，若除尘压差高，不能及时发现，造成除尘效果不高，本方案在槽下除尘系统设置除尘压差报警系统，压差高于一定值后报警，可以及时发现问题，及时处理除尘问题	3.6	减少环境风险	无
F2	优化混合煤气投用阀门控制程序	由于混合煤气投入使用时，混合煤气调节阀开度与阀门开度输入值不一致，存在很大差异，造成残氧短时间很低，从烟囱冒出黑烟。一旦遇到混合煤气的投入还会出现冒黑烟现象。本次修改混合煤气投用时阀门控制程序，保证阀门开度与设定值一致，杜绝异常波动，避免冒黑烟污染环境	0	杜绝异常波动，避免冒黑烟污染环境	无
F3	风口回收粉煤改造	目前风口未设煤堵，在风口排放煤粉时，煤粉污染现场的环境。在风口做一个回收煤粉的装置，确保整个安全生产，确保现场的环境	0.6	减少煤粉无组织排放 73.8 t/a	减少粉煤损失，年增加效益 4.8 万元

序号	方案名称	方案简介	投资/万元	预计效果	
				环境效果	经济效益
F4	排水器无组织排放废水收集	目前一均排水器排放的污水是直接排放在附近的绿化地内，影响现场的环境，甚者破坏绿化。将该部位经常排污的地面安装一排污管道，保证污水不乱排，以保证绿化的完好及现场的作业环境	1.5	减少废水无组织排放	无
F5	重力除尘器排灰改造	现在重力除尘器排灰时直接把下料口打开把炉灰排放到车子上，在排放时很容易扬灰或冒黄烟，造成环境污染。本方案把重力除尘器排灰改为排灰罐车排灰，从排灰口连接管道直接排到罐车中，避免扬灰和冒黄烟现象	0	避免扬灰，改善环境	无
F6	对摆动沟嘴防尘改造	改造前为了便于往鱼雷罐中加小铁，4#高炉对摆动沟嘴处改造，增加了漏斗，加小铁的效果较好，但是带来了一个问题，出铁时影响除尘效果，有大量的烟尘冒出，污染环境，本方案对摆动沟嘴处的漏斗改造，在漏斗上加盖，加小铁时打开，出铁时盖上，防止烟尘冒出	1.2	减少粉尘无组织排放	无
F7	5#高炉出铁口除尘优化	目前 5#高炉炉前出铁同时开三个铁口会出现除尘效果不好的状况，易造成无组织排放，本方案规定在休沟的过程中可开启风机除尘，出铁过程也打开风机除尘，当铁口退炮完成关闭阀门，在停沟未工作的状态，也可以关闭阀门，这样不仅可以加强铁口出铁时的除尘效果，同时还能节约用电	0	减少粉尘无组织排放	节约用电，增加效益4.7万元/a
F8	制作收集撇渣器放残铁吸烟罩	目前每次放出主沟残铁时，产生大量黄烟，污染环境，本方案制作一个活动式吸尘罩盖，把撇渣器残铁沟前段铁水落点处盖住，将放残铁中产生的黄烟收集抽走，减少冒黄烟问题	3.5	减少粉尘无组织排放	无
F9	喷煤作业区煤场行车抓斗改进	喷煤作业区煤场卸煤行车抓斗，由于厂家设计不合理，并成套使用新旧煤场抓斗，使用过程中新煤场 5 台行车抓斗易损坏抓斗或抓斗钢丝绳，每年直接损失近百万元。本次将煤场（新煤场服务铁厂大高炉用煤）5 台行车抓斗上方，增加框架式平衡支架稳定上下钢丝绳，减少抓斗或钢丝绳的损失，达到降本增效的目的	12.6	减少维修带来的污染	减少抓斗损坏，年增加效益87万元
F10	烟道跑风改造	5#高炉热风炉和4#东烟道跑风声大，同时造成冷风能源浪费，本次在跑风处做背包，可明显改善现场环境，降低能源浪费	1.1	降低跑风噪声	节能，年增加效益15万元
F11	撇渣器加盖改造	在铁沟退出捅撇渣器时炉前冒黄烟比较严重，由于除尘 C 盖没盖，除尘效果不佳，无组织排放较重，本方案在捅开撇渣器后用行车把除尘 C 盖盖上可以有效发挥除尘器的作用，同时减少黄烟无组织排放	1.7	减少粉尘无组织排放	无

序号	方案名称	方案简介	投资/万元	预计效果	
				环境效果	经济效益
F12	大灰仓回气管改造	5#干法除尘由于前期含尘量高，大灰仓回气管 U 形底部易出现堵塞现象，造成大灰仓回气不畅，致使灰尘内的龙骨被顶起，只能开启灰尘放散进行输灰。本方案将大灰仓回气管 U 形改成直管，防止瓦斯灰在底部沉积堵塞管道，优化控制	15.6	无	减少人工，年增加效益 2.4 万元
F13	原煤在线烘干改造	目前制粉系统生产的原煤是由原煤的生产厂家通过火车运入喷煤的原煤料场，在运输过程中，一旦遇到雨雪天气，接入原煤料场的原煤水分较高，进入制粉系统将会导致：1. 制粉生产过程中的干燥炉消耗高炉煤气量大幅度增加；2. 制粉系统的生产能力下降。审核小组考虑到制粉系统生产过程中烟囱排出的热烟气具有一定的热量（温度在80℃左右），本次改造在原煤仓下锥体部增加一层封闭外壳，将制粉系统生产过程中排出的热烟气接入原煤仓下锥部封闭外壳底部，从原煤仓下锥部封闭外壳的上部引出一根管道和原来的烟囱对接；这样制粉系统生产过程中的热烟气将会对原煤仓内的原煤在进入给煤机时实现在线烘干，从而降低原煤水分，由此减少干燥炉消耗的高炉煤气量，同时也能够提高制粉系统的生产能力	7.4	实现原煤在线烘干，减少煤气的使用，从而减少污染物排放	减少高炉煤气消耗，年增加效益 85.7 万元
F14	喷煤主场房照明开关改造	喷煤平时要检修或巡检，中夜班喷煤主厂房照明灯为手动开关，员工早上常忘记关灯，而出现长明灯现象，本次改造在喷煤主场房安装自动开关，保证定时开、关主厂房照明，节约能源	0.9	减少电能消耗	节电，年增效益 1.3 万元
F16	1#、2#主排风出口除尘改造	目前，2#炉制粉系统是一次除尘，不能彻底解决粉尘排放。对环境有一定影响。本方案在 1#、2#主排风机出口再增加一台 30～50 m³ 的除尘箱体，对排放废气进行二次处理，提高排放质量。同时二次除尘箱体在 2～8 层设置开口，对泄漏粉尘的清理也能达到要求	12.4	提高粉尘去除效率，减少污染	无
F18	2#再循环风余热利用	改造前由于热风炉废气不够使用，两台中速磨在生产过程中需要使用再循环风，而再循环阀门没有开度显示，在调节开度时不知道开度大小，只能凭感觉调节阀门开度。本方案将再循环阀门开度改为可显示开度的阀门，每次开机后有一个标准开度，有利于废气的使用。对设备的能耗做到控制有度	0.4	无	节能，年增加效益 2.7 万元

2. 已实施的中/高费方案

本项目初步选定实施的 2 项中/高费方案，共投入资金 6 818 万元，实施完成后取得如下成果：年减少电耗 1 973.62 万 kW·h，年减少标煤消耗 12 800 t，年减少粉尘的无组织排放 2.3 万 t，削减原有组织排放粉尘 121.8 t，减少标煤消耗 478.23 t，共计取得 211.08 万元/a 的经济效益，节能减排效果显著。

方案 F15：4#高炉出铁场及槽下除尘系统改造

方案实施后，本方案主要对梅钢 4#高炉出铁场区域新增 1 套铁口顶吸除尘系统，并对现有设施进行优化，提高粉尘收集及处理效率，减少粉尘排放，按实施前运行情况分析，连续运行一年可减少 1.2 万 t 粉尘排放。

本方案为环保型方案，不产生明显的经济效益，同时也会增加压缩空气和水的消耗等，改造后年新增压缩空气耗量 400 万 m^3，折合标煤 60.00 t。工业水耗量增加 0.07 万 m^3，折合标煤 0.074 t。

但是由于对原系统风机进行节能改造，改造完成后，连续运行一年约可减少电能消耗 438 万 kW·h，折合标煤 538.30 t。

方案 F17：2#高炉除尘系统改造

本方案主要对梅钢 2#高炉出铁除尘系统的电除尘改为布袋除尘；炉顶新增一套除尘设施用于处理高炉炉顶废气；本方案同出铁场除尘改造一样，将旧的电除尘改为布袋除尘，提高粉尘收集和处理效率，减少对环境造成的污染，主要为以下三个方面：

（1）出铁场原采用电除尘，且使用时间较长，常出现设备问题，本次改造将旧的电除尘改为布袋除尘，可减少粉尘排放 25%，连续运行一年可减少粉尘排放 29.7 t；

（2）原 2#高炉炉顶未设除尘设施，本次新增一套除尘设施用于处理高炉炉顶废气，连续运行一年可减少 1.1 万 t 粉尘无组织排放；

（3）矿焦槽目前采用电除尘，且使用时间较长，常出现设备问题，造成除尘效率不高，本方案采用布袋除尘，有效提高了除尘效率，减少粉尘排放 25%，连续运行一年可减少粉尘排放 32.1 t。

已实施的两项中/高费方案见表 4-84。

表 4-84　两项中/高费方案取得成果汇总表

方案编号	方案名称	方案简介	投资/万元	取得效果	
				环境效益	经济效益
F15	4#高炉出铁场及槽下除尘系统改造	4#高炉共有四个铁口，现有出铁场除尘系统配置两台风机并联运行，原设计考虑每次 1 个铁口出铁，两个铁口不搭接。如出现两个铁口同时出铁，则会造成另一个出铁口除尘效果较差，无组织排放较严重；另外 4#、5#矿焦槽除尘系统为两套独立除尘系统，无论工艺设备是否运行，所有除尘点均在常开位置，存在除尘风量浪费现象，所以本方案拟在出铁口新增一套除尘设施，同时对 4#、5#矿焦槽除尘系统总管连通，设置手动阀门，互为备用，对于不同时工作的除尘点，在其除尘支干管增设气动阀门，与对应槽下工艺设备连锁	2 718	提高粉尘收集效率，年减少 1.2 万 t 粉尘排放	提高能源利用效率，增加效益 211.08 万元

方案编号	方案名称	方案简介	投资/万元	取得效果	
				环境效益	经济效益
F17	2#高炉除尘系统改造	本次2#高炉除尘系统改造主要包含以下三点：1.目前出铁场采用电除尘，且使用时间较长，常出现设备问题，本次改造拟将旧的电除尘改为布袋除尘；2.原高炉炉顶未设除尘设施，本次新增一套除尘设施用于处理高炉炉顶废气；3.矿焦槽目前采用电除尘，且使用时间较长，常出现设备问题，造成除尘效率不高，本方案如出铁场除尘改造一样，将旧的电除尘改为布袋除尘，提高粉尘收集、处理效率，减少对环境的污染	4 100	提高废气收集、处理效率，增加效益	无

实例四

（一）企业概况

企业名称：某钢铁厂炼钢分厂

一炼钢自1999年投产以来，现主要装备3座铁水脱硫站、3座150t顶底复吹转炉、（1座150t的脱磷装置）、3座吹氩站、2座LF精炼炉、2座RH炉、1台两机两流的单点矫直全弧形板坯连铸机、1台两机两流的连续矫直立弯式板坯连铸机；二炼钢2012年投产后有两座（单工位）复合喷吹铁水脱硫装置、两座250t顶底复吹转炉、两座在线钢包底吹氩精炼装置、一座LF炉和一座RH炉外精炼设备、两台两机两流立弯型高效连铸机。是具备760万t钢年生产能力的现代化大型钢铁企业。

（二）存在的问题

详见表4-85。

表4-85　审核阶段发现存在的问题

现象	原因	拟采取可能解决措施
一炼钢转炉无三次除尘设施	一炼钢建设年代较早，未涉及三次除尘设施	增加一炼钢转炉三次除尘，减少粉尘无组织排放
一炼钢倒罐站粉尘无组织排放较多	一炼钢倒罐站除尘设施2002年投运，除尘器采用自然反吹风大布袋工艺，除尘效率不高	对一炼钢倒罐站除尘设施进行升级改造，改为脉冲式布袋除尘器

现象	原因	拟采取可能解决措施
发现企业现有部分电机属于淘汰落后机电设备	企业建厂时间较早，早年购买的电机目前仍运转良好，所以一直未对其进行更换，但是对照《高耗能落后机电设备（产品）淘汰目录（第一批、第二批、第三批）》，发现部分属于高耗能落后机电设备，需对其进行更换	对公司机电设施进行系统的排查，按照相关淘汰要求，对需淘汰的电机进行淘汰更新
一炼钢连铸负荷中心行车电源老旧	由于原断路器老化严重、整定值动作不灵，经常因现场滑线或起重机设备故障导致线路总进线开关跳闸	炼钢连铸负荷中心行车电源柜进行更换改造
二炼钢厂主厂房噪声较大	屋顶气楼高度较低，主厂房内设备布置紧凑，受装备水平限制未进行有效的减震降噪处理，生产过程产生有较严重的噪声衍射	对厂房进行改造，并采用隔声罩进行包扎处理
二炼钢 1#转运站粉尘无组织较多	除尘设备能力不足，除尘效果不理想，导致车间岗位粉尘浓度较高	更换除尘系统，用于捕集 1#转运站在生产过程中产生的粉尘
一炼钢铁包钢包清理区域粉尘无组织排放较多	一炼钢铁包钢包清理区域无粉尘收集和处理装置，导致粉尘无组织排放	在钢包倾翻台增加移动集尘罩，就近并入转炉二次除尘系统
连铸区域生产杂用水系统使用时，浇铸跨处的用水点有时会无水可用	回用水水压偏低，导致浇铸跨处的用水点无水可用	在钢渣处理区设置生产杂用水供水系统，由连铸区域的两条供水主管进行供水

（三）清洁生产潜力分析

炼钢厂在整体生产工艺、技术及设备方面处于同类产品的国内较先进水平。

1．原辅料和能源

炼钢厂主要生产连铸坯，采用的主要原辅料为行业内广泛应用的原辅料，所以从原辅料方面考虑，清洁生产潜力不大，另外炼钢厂使用的主要能源为煤气、压缩空气、氧气、氮气、氩气、水及电能，同时炼钢厂建有煤气与蒸汽等余能回收装置。通过调查分析，炼钢厂一炼钢由于设备老化造成的电能浪费。综上所述，炼钢厂在进一步提高能源回收利用方面存在一定的清洁生产潜力。

2．技术工艺

炼钢厂产品的工艺是企业研制成功的最新工艺，整体的生产技术工艺具有一定的先进性，但"炉衬寿命（炉）"指标为三级，存在一定的清洁生产潜力。

3．设备

设备作为技术工艺的具体体现，在生产过程中具有重要的作用，炼钢厂主要生产设备多数处于较好的水平，且设备运转良好，通过对照《产业结构调整指导目录》（2011 年及2013 年修改清单）和《高耗能落后机电设备（产品）淘汰目录（第一批、第二批、第三批）》，发现炼钢厂现有部分电机属于淘汰落后机电设备，存在一定的设备更新空间。另外由于一炼钢机建成较早，运行时间较长，存在一定的设备升级改造潜力。

4．过程控制

炼钢厂对各个生产工序建有完善的岗位要求及工作流程，建有完善的过程控制管理程序，通过现场调查发现，炼钢厂部分操作岗位过程控制存在一定的优化空间，如二炼钢脱硫站两个扒渣周期较长，因此存在一定的清洁生产潜力。

（四）清洁生产方案及效益

1．已实施的无/低费方案

本项目产生和实施完成无/低费清洁生产方案 11 项，共投入资金 3 761 万元，平均脱硫扒渣周期缩短 6 min，降低单位铁水损耗 4 kg/t，节约用电 23.74 万 kW·h/a，减少了粉尘的无组织排放等，同时提高了原辅料及能源的利用效率，总计取得 806.07 万元的经济效益。已实施的无/低费方案见表 4-86。

表 4-86　无/低费方案效益汇总表

序号	方案名称	方案简介	投资/万元	取得效益	
				环境效益	经济效益
F2	一炼钢连铸负荷中心行车电源柜改造	原设计负荷计算偏小，随着一炼钢生产规模扩大，前期所配置的各跨配电断路器已无法满足现有设备的供电负荷需求，同时由于原断路器老化严重、整定值动作不灵，经常因现场滑线或起重机设备故障导致线路总进线开关跳闸，导致设备重启次数较多。并且该套供电系统为连铸区域接受跨以后的所有起重机供配电开关柜，总开关跳电，对连铸后续生产流程包含板坯下线、中包倒运等造成重大影响。因此对一炼钢连铸负荷中心行车电源柜进行改造更换	470	—	保障生产稳定，提高效率，增加效益
F3	强化员工的各项培训	定期对员工进行安全、环保、岗位技能、清洁生产意识等项目培训，提高员工专业技术水平、操作技能和环保意识，避免因人为原因造成产品不合格及浪费资料等情况发生	3	减少固废产生量 35.6 t/a	提高生产效率，增加效益
F4	二炼钢厂房通风降噪改善	改造前：主厂房为全封闭结构，由于屋顶气楼高度较低，通风能力不足，导致厂房内大量有害高温气体无法及时排出；此外，主厂房内设备布置紧凑，受装备水平限制未进行有效的减震降噪处理，生产过程产生有较严重的噪声衍射。改造措施：①对连铸厂房离检区域用双层压型复合墙板进行封闭；②在厂房高低跨及西、北、南山墙增设通风透气带，拆除厂房屋面通风天窗两侧下部钢板，炼钢区域墙面增设立窗；③对连铸四台排蒸风机及管道使用隔声罩进行包扎处理，对现有 7 台钢包烘烤风机、4 台中包烘烤风机采用可拆卸式隔声罩隔离，以降低风机噪声，同时对风机安装整体减振机架	490	改善车间工作环境，降低噪声危害	—

序号	方案名称	方案简介	投资/万元	取得效益	
				环境效益	经济效益
F5	石灰窑区域除尘升级改造	改造前：二炼钢1#转运站除尘设备能力不足。导致除尘效果不理想，车间岗位粉尘浓度较高。改造措施：对二炼钢1#转运站除尘系统进行改造，废除现有单机除尘器，新增1套除尘系统，用于捕集1#转运站在生产过程中产生的粉尘	380	提高粉尘收集效率，减少无组织排放	—
F6	一炼钢渣滚筒改造项目	改造前：一炼钢原有一台滚筒渣处理装置，于2008年10月建成投运，为双腔悬臂结构，属于第一代产品。已不符合现生产状况，筒体会发生轴向串动、偏斜，导致筒体和固定环经常卡死，影响正常生产；渣滚筒无法继续使用，仅靠五个渣池维持生产，无法满足一炼钢转炉渣处理的要求。改造措施：在渣处理厂房3-4柱间新建一套BSSF-D单腔斜式滚筒渣处理装置，保障转炉渣处理效率	420	—	保障生产效率，增加经济效益
F7	完善二炼钢杂用水设施	改造前：连铸区域生产杂用水系统使用过程中，由于回用水水压偏低，导致浇铸跨处的用水点无水可用。同时，该生产杂用水环网只有进水主管设置了总阀，而各个支管均未设阀门，不便检修。钢渣处理区属于液态金属作业区域，需打水冷却，且钢渣易发生喷溅，需要生产杂用水进行控制，但该区域现无生产杂用供水系统。改造措施：连铸区域，增补原供水系统中缺少的检修隔离阀门；在两路回用水进水总管上增加流量和压力检测系统；在钢渣处理区设置生产杂用水供水系统，由连铸区域的两条供水主管进行供水	215	提高杂用水使用效率	稳定杂用水供水系统，保障生产效率
F8	一炼钢铁包钢包清理除尘改造	在钢包倾翻台增加移动集尘罩，就近并入转炉二次除尘系统，钢包清理工位增加水喷雾抑尘设施，增加钢包冷包切割工位集尘设施，风管并入精炼除尘系统，增加铁包冷包切割除尘设施，风管并入脱硫扒渣除尘系统	354	减少粉尘无组织排放	—
F9	炼钢厂转炉少渣冶炼改造	改造内容：①一、二炼钢转炉炉后钢包加料改造，由目前的汇总斗下的翻板阀改为变频电振给料机，实现加料速度控制。②一炼钢1#、2#两座转炉高位料仓改为独立称量、加料且实现自动控制，并使用变频电振给料机实现加料速度控制。③3#RH微合金料仓加料溜管高度及角度修改，避免溜管堵料、留料、混料。④一炼钢辅原料加料系统电振给料机变频改造。⑤二炼钢辅原料加料称量斗、汇总斗的秤目前量程是20t，称量不准，改为称量范围5t，以提高称量精度。⑥二炼钢辅原料加料系统部分给料机电机加大，提高加料速度	486	减少钢水喷溅产生的固废	提高原辅料利用率，取得效益791万元/a
F10	二炼钢气动赶渣改造项目	在二炼钢脱硫站两个扒渣工位各增加一套气动赶渣装置，对现有脱硫除尘罩及脱硫扒渣操作室进行改造	445	—	平均脱硫扒渣周期缩短6min，降低单位铁水损耗4kg/t

序号	方案名称	方案简介	投资/万元	取得效益	
				环境效益	经济效益
F11	淘汰落后机电设备	对照《高耗能落后机电设备（产品）淘汰目录（第一批、第二批、第三批）》，对公司机电设施进行系统排查，按照相关淘汰要求，对需淘汰的电机进行淘汰更新	35	节约用电23.74万 kW·h/a	年增加效益15.07万元
F12	一炼钢1#LF炉循环水直供改造	改造前：1#LF炉水冷炉盖冷却为净循环水，管道内壁结垢严重，影响水冷炉盖的冷却换热效果，炉盖寿命仅为二炼钢的一半。并且1#LF炉使用的软水由钢包精炼炉水处理间软水循环泵组提供，软水循环泵组内板式热交换器的冷媒水由中心泵房5组、6组泵提供，这样的运行方式增加了系统复杂性，不但造成能源浪费，也增加了故障点和设备检修工作，不利于生产的稳定、高效运行。改造措施：将现有一炼钢中心泵房内软水泵站第9组软水旁滤泵组的其中2台旁滤水泵拆除，将本次设计的软水循环泵安装于该泵位。软水循环泵的吸水管及附属设施利用原有2台旁滤泵吸水管。新增软水供水泵的出水总管与原有第5组、第6组净循环水泵的出水总管连接，并在出水总管上设置自清洗过滤器1台。在现有软水池附近的检修场地上新增2套蒸发空冷器，单台处理水量：250 m³/h。新增软水供水系统的供水主管利用原有第5组、第6组水泵的供水主管，新增软水循环系统的回水主管利用原有净循环水回水主管，并将回水主管接至新增蒸发空冷器进水管处。钢包精炼炉水处理间内原有软水供回水主管与旧的原净循环水供回水主管连通，由中心泵房新增软水泵组统一进行供水	463	提高循环冷却水使用效率，减少水资源流失	增加LF炉盖寿命，提高生产稳定，增加经济效益

2. 已实施的中/高费方案

本轮实施的3项中/高费方案，共投入资金7 016万元，实施完成后取得如下成果：钢包加盖降低焦炉煤气消耗约175万 m³/a，钢水电单耗下降近2 450万 kW·h/a，减少了粉尘无组织排放量约1.08万 t/a，可以节约费用2 523.5万元。方案见表4-87。

表 4-87　中/高费方案取得成果汇总表

方案编号	方案名称	方案简介	投资/万元	取得效果	
				环境效益	经济效益
F1	二炼钢钢包全程加盖改造	改造前：在炼钢过程中，钢包是移动范围最大、承钢时间最长的容器，钢水在钢包中的温降也是最大的，钢包加盖技术可以有效保持钢水温度、减少热损失，并降低铁水吹损、氧耗及造渣消耗。改造措施：①新建 6 套钢包加揭盖装置及配套机电液压设施，增加钢包盖 16 套及钢包盖吊具 2 套；②对现有 25 套钢包进行相应改造；③对现有 LF、RH 平台进行改造，满足钢水包起吊安全距离要求	1 650	降低焦炉煤气消耗 0.5 m³/t，钢水电单耗下降近 7～8 kW·h/t	减少煤气消耗 170 万 m³/a，节电 2 450 万 kW·h/a，可以节约费用 2 523.5 万元
F13	一炼钢新增三次除尘系统	增加一炼钢转炉三次除尘系统，除尘设备采用长袋低压脉冲袋式除尘器。除尘器采用高架布置，下面是钢筋混凝土平台。粉尘排放浓度 <15 mg/m³（标准状态），排放高度为 30 m。除尘器出灰采用刮板机、斗提机、体外储粉仓。储灰仓卸灰平台下三面封闭，定期用吸排罐车运出。系统风机采用变频调速。除尘系统的除尘器采用机电一体化设备	4 273	减少粉尘无组织排放量约 1 万 t/a	—
F14	一炼钢倒罐站除尘系统改造	一炼钢倒罐站除尘系统于 2002 年投运，原设计除尘器采用自然反吹风大布袋工艺，其排放已经无法满足新国标要求，且每年更换布袋的费用较高；其变频系统及本体元器件劣化严重，运行稳定性大大降低；风机电机与变频器不匹配，且经过几次大修后性能下降，影响除尘效果。因此对一炼钢倒罐站除尘系统进行改造	1 093	减少粉尘无组织排放量约 800 t/a	—

实例五

（一）企业概况

企业名称：某钢铁厂热轧分厂

热轧分厂主要有两条生产线 1422 产线和 1780 产线。1422 产线：为日本堺厂引进的二手设备，1991 年 11 月 28 日奠基开工，1996 年 3 月建成投产，年设计能力 115.4 万 t。2002

年进行了精轧卷取改造，2005—2006 年进行了粗轧和精轧主传动改造，改造后年设计能力 305 万 t。1780 产线：于 2010 年 9 月 27 日开工建设，2012 年 4 月建成热试，年设计能力 401 万 t。是具备年生产 700 多万 t 热轧钢能力的现代化大型企业。

（二）存在的问题

详见表 4-88。

表 4-88　审核阶段发现存在的问题

现象	原因	拟采取可能解决措施
1780 产线加热炉在工作时，有时入口风门需要调小，加大了阻力，为克服阻力增加电耗	入风口变小，需要克服的阻力变大，增加了电耗	1780 产线加热炉助燃风机改造为变频
1422 分厂二次平流供水系统设备频繁启停，故障率较高	使用年限较长、效率低，随着技术的改进，已不能满足现有生产	对 1422 分厂二次平流供水系统水泵进行更换
发现企业现有部分电机属于淘汰落后机电设备	企业建厂时间较早，早年购买的电机目前仍运转良好，所以一直未对其进行更换，但是对照《高耗能落后机电设备（产品）淘汰目录（第一批、第二批、第三批）》，发现部分属于高耗能落后机电设备，需对其进行更换	对公司机电设施进行系统排查，按照相关淘汰要求，对需淘汰的电机进行淘汰更新
辊道附近电机故障率较高	辊道附近产生大量水汽，电机没有防护措施，导致电机绝缘性降低，造成电机损坏	增加电机防水罩等措施，避免电机与水汽的直接接触，并定期对防护措施进行维护
板坯库照明灯在白天光线较好时仍处于打开状态	在换班时，操作人员未及时关闭照明系统	①提高热轧厂员工的节能意识②将手动控制改为自动和手动控制结合，减少不必要的电能损失
精轧区域有漏水现象	精轧区域水管采用软管，磨损较为严重，并且没有及时对软管进行检修和更换，导致软管损坏	加强精轧区软管的检修，并及时维修或更换损坏的管线
飞剪切损率不稳定	飞剪剪切每两周一次，精度不能及时校准	每周进行飞剪精度校准，并针对不同钢种调整剪切参数

（三）清洁生产潜力分析

企业在整体生产工艺、技术及设备方面处于同类产品的国内较先进水平，且自投运以来生产比较平稳有序。

1. 原辅料和能源

企业目前用能源有水、电、压缩空气、高炉煤气、焦炉煤气和转炉煤气。通过调研，企业板坯库照明设备 24 h 开启，造成电的浪费；部分车间的冲洗用水用自来水，梅钢公司回用水水质可以作为车间冲洗水。因此，热轧厂在节约能源上有一定的清洁生产潜力。

2. 技术工艺

热轧厂主要产品为热轧卷，热轧技术在国内已较为成熟，热轧厂所采用的技术工艺已为成熟的先进工艺技术，并且热轧厂对技术工艺不断进行研发和优化，但是"连铸坯热装热送"指标为三级，存在一定的清洁生产潜力。

3. 设备

设备作为技术工艺的具体体现，在生产过程中具有重要的作用，企业主要生产设备处于较好的水平，且设备运转良好。热轧厂生产设备大多采用进口先进设备，产品质量有保障。因此，热轧厂主要生产设备的升级改造清洁生产潜力较小，但是进口设备的配件损坏时维修或更换周期较长，造成产品质量不稳定，随着国内技术的提升，部分国产配件完全可以替代进口产品，因此配件的国产化可降低配件损坏对产品质量的影响。

4. 过程控制

过程控制对生产过程十分重要，精确的过程控制可以保证产品质量，降低产品二次加工次数，对产品的合格率和废弃物产生数量具有直接的影响。企业生产线基本实现自动化生产，过程控制精确度较高，因此清洁生产潜力较小。

通过调研，了解到 1780 产线加热炉在工作时，有时入口风门需要调小，加大了阻力，为克服阻力增加电耗，根据审核小组与热轧厂的沟通，通过变频控制助燃风机，可以起到降低电能消耗作用，因此存在一定的清洁生产潜力。

（四）清洁生产方案及效益

1. 已实施的无/低费方案

本项目产生和实施完成无/低费清洁生产方案 11 项，共投入资金 35.1 万元，节约用水 1 200 t/a，减少废水产生 1 200 t/a，节约用电 80 万 kW·h/a，总计取得 130.4 万元的经济效益。无/低费方案见表 4-89。

表 4-89　无/低费方案效益汇总表

序号	方案名称	方案简介	投资/万元	取得效益	
				环境效益	经济效益
F1	1780 产线粗轧机架辊备件改造	目前 R1R2 机架辊安装在轧机内，在除鳞水的冲刷和带板冲击下，易发生修复后的辊面使用出现高低不平焊接材料，影响表面质量，同时也降低了辊子的使用时间。改造措施：1. 制作机架辊身新品，延长其使用周期；2. 对机架辊轴颈键与轴套端槽进行修改，提高连接可靠性；3. 对机架辊接手采用铰制螺栓连接，保证传动轴与接手可以重复利用	8.7	—	降低机架辊更换成本，年节支 16 万元
F2	1422 线优化飞剪切损率	飞剪剪切精度由每两周一次改为每周一次，并调整参数，保障带钢速度波动平稳；时刻关注切损率，发现切损率较高，及时分析原因和调整；针对不同钢种和厚度，调整尾部剪切参数，减小尾部剪切量	0.5	减少飞剪产生的固废	提高原料利用率，年节支 34 万元
F3	优化板坯库照明控制开关	板坯库 100 盏 400W 照明灯 24 h 常亮，白天自然亮度足够生产使用，现有照明控制箱由手动改成自动和手动控制，可减少每天照明灯工作时间	0.2	—	节约用电 70 万 kW·h/a，年节支 44.45 万元
F4	优化润滑泵关闭系统	现状：每次关闭除鳞泵后，除鳞系统润滑泵不能及时关闭，造成电的浪费。改造措施：将润滑油泵的控制设定为除鳞泵停运 10 min 后自动停止	0	—	节约用电 10 万 kW·h/a，年节支 6.35 万元
F5	1780 线出钢托轮防护改造	1780 线除鳞箱前部冲出来的高压水夹杂着氧化铁皮冲刷出钢机托轮，造成托轮使用寿命大大降低。改造措施：在托轮外侧设计制作防护罩，减弱高压水及氧化铁皮对托轮的冲击；在托轮前部安装制作擦拭器，将轨道上的氧化铁皮及杂物清除，减少对托轮的冲击；加强对托轮的维护	2.7	—	减少拖轮更换量，节约成本 3.5 万元/a
F6	加强精轧软管的维护	加强精轧区域软管检修，利用检修进行状态点检，发现异常后及时维修或更换，延长使用周期；软管碰擦处采用圆角过渡，降低磨损坏的风险，减少软管破损现象	1.5	减少废水产生量 300 t/a	减少水资源流失，年节支 2.1 万元
F7	加强电机的保护措施	分厂 R2 轧机区域振动及高温，易造成电机接手及绝缘损坏；辊道电机和层流辊道电机，由于现场水汽较大造成电机绝缘低，都易造成电机损坏。改造措施：在现场水汽大的区域增加电机防水罩，不能增加防水罩的电机加盖防水薄膜，并定期更换损坏薄膜；加强电机点检，接手异常及时更换，防止机械接手损坏造成电机损坏；周期检查电机紧固件，松动紧固件及时处理	7.6	—	年节约成本 4.3 万元

序号	方案名称	方案简介	投资/万元	取得效益	
				环境效益	经济效益
F8	不匹配电机的更换	现状：1. 部分电机的功率与泵的功率不匹配，常发生泵的轴颈扭断；2. 泵与电机采用分体式连接，同轴度比较难调整，低压泵容易损坏。措施：更换电机与泵功率要匹配；采用泵与电机的连接形式为钟形罩，保证同心度	6.4	—	节约用电，提高工作效率，年增加效益8.7万元
F9	加强回用水使用	粗轧补油站和精轧补油站内的冲洗水由工业新水改为回用水；入料侧冷检冷却、出料侧激光检测器冷却切换用水由工业新水改为回用水	1.3	—	减少工业新水使用量，年节支9.7万元
F10	生活用水管网的更新	对全厂生活用水水管进行检修，维修或更换损坏的自来水管，减少水资源的流失	4.7	减少废水产生900 t/a	年节支2.5万元
F11	压缩空气降耗优化	1. 建立产线压缩空气消耗点台账，落实区域责任制和区域点维标准；2. 对每个消耗点使用量和阀门开度进行验证，并制定开度标准；3. 每日跟踪产线消耗情况，以及定期进行现场检查验证，发现异常立即寻源或整改处理；4. 追踪新型节耗降噪的喷嘴运用	1.5		减少压缩空气使用量，年节支11.3万元

2. 已实施的中/高费方案

本轮实施的 2 项中/高费方案，共投入资金 370.35 万元，实施完成后取得如下成果：节电 336.38 万 kW·h/a，可以节约费用 213.6 万元。中/高费方案见表 4-90。

表 4-90　中/高费方案取得成果汇总表

方案编号	方案名称	方案简介	投资/万元	取得效益	
				环境效益	经济效益
F12	1780 产线加热炉助燃风机改造为变频	将 1780 加热炉 6 台风机中的两台进行变频改造，风量需求较小时，工频风机工作数量，降低电耗	206.35	—	节约用电129.74万 kW·h/a，年节支82.38万元
F13	1422 产线二次平流系统节能改造	将 1422 产线二次平流供水系统中 4 台水泵进行更换，更换为低扬程、高流量水泵，避免水泵频繁启停、降低故障发生率	164	—	节约用电206.64万 kW·h/a，年节支131.22万元

实例六

(一) 企业概况

企业名称：某钢铁厂冷轧分厂

冷轧厂共包括 85 万 t 酸洗冷轧机组、20 万 t 连续热镀锌机组、25 万 t 连续热镀铝锌机组、40 万 t 冷轧镀锡机组及公辅设施。

(二) 存在的问题

详见表 4-91。

表 4-91　审核阶段发现存在的问题

现象	原因	拟采取可能解决措施
制钢水处理脱泥间地面积水较严重	制钢水处理脱泥间每天叉车进出更换泥斗，导致地面脏，冲洗水无相应排放去向，使地面经常积水	减少清洗次数，从而减少积水，间接减少叉车进出所带污泥；在脱水间东侧开设排水孔，冲地的泥浆水流入泥浆收集水池，同原废水进入处理站处理
制钢工厂定滑轮经常故障	拉动过跨车的定滑轮盖板目前其上部直接盖一铁板，而铁板未经固定，铁板移动后会造成钢渣、灰尘等进入定滑轮，严重影响其正常工作	拟对定滑轮增设固定盖板，保证其封闭性，一方面具有一定的安全性，另一方面可以减少钢渣、粉尘等进入滑轮组，影响其工作，减少维修次数，延长其使用寿命，提高生产效率
1#炉经常等待　2#炉合汤	1#炉目前合汤需时间 50 min 左右，而 2#炉需 60 min 左右，造成时间间隔较长，能源浪费	拟通过合理调节投料量来改变其合汤时间，使其 2 台电炉合汤时间尽可能接近，减少因等待产生能耗
热镀 (铝) 锌取样板后被作为废钢处理	热镀 (铝) 锌产品取 4 块样，包含初复样，绝大多数的复检样板不再使用，被当作废钢处理掉	优化取样方案，减少样板报废数量
机组清洗段电导率传感器损坏更换频繁	机组清洗段水质波动较大，对传感器损坏较为严重	调整设备工作参数，优化设备工作环境
机组部分有跑冒滴漏现象	机组部分需要水喷淋，接近开关配管内会存积大量积水，导致管损坏	防护配管上增加排水孔来减少接近开关损坏
平整机支撑辊更换频率好高	生产中为了保证产品质量，在规格由窄到宽切换时，往往需要对平整机支撑辊进行更换，来保证产品质量，导致支承辊辊耗较高	优化生产计划，更加支撑辊辊面状况
热镀锌和热镀铝锌机组明火段产品质量波动较大	热镀锌和热镀铝锌机组明火段，在小负荷生产时，空气阀门开度较小，处于非线性工作区间，调节精度差，空气流量容易波动，影响空燃比，易造成带钢氧化，致使产品质量不稳定	对热镀铝锌机组和热镀锌机组助燃风机进行变频改造

（三）清洁生产潜力分析

公司在整体生产工艺、技术及设备方面处于同类产品的国内较先进水平,近两年来生产一直平稳有序。

1. 原辅料和能源

冷轧主要生产普冷板、镀锡卷/板、镀锌卷和镀铝锌卷等,采用的主要原辅料为热轧的热轧卷和热镀、电镀行业内广泛应用的原辅料,所以从原辅料方面考虑,清洁生产潜力不大,另外公司使用的主要能源为煤气、蒸汽、水及电能,在能源替换上清洁生产潜力较小,但存在一定的节能空间。综上所述,公司在进一步提高能源回收利用方面存在一定的清洁生产潜力。

2. 过程控制

冷轧厂对各个生产工序建有完善的岗位要求及工作流程,建有完善的过程控制管理程序,通过现场调查发现,公司部分操作岗位过程控制存在一定的优化空间,如"退火炉吹扫步骤""热镀(铝)锌产品取样"存在一定的清洁生产潜力。

（四）清洁生产方案及效益

1. 已实施的无/低费方案

本项目产生和实施完成无/低费清洁生产方案 11 项,共投入资金 16.5 万元,节约辊润滑油 1 600 L/a,减少碱性废液产生量 12 t/a,减少废水产生 23 t/a,减少固废量 28 t/a,总计取得 202 万元的经济效益。无/低费方案见表 4-92。

表 4-92　无/低费方案效益汇总表

序号	方案名称	方案内容		投资/万元	取得效益	
		实施前	实施后		环境效益	经济效益
F1	退火炉吹扫步骤的优化	连续退火机组往往由于炉内断带或定修结束后多种原因需要对退火炉进行炉内氛围吹扫作业,常规处理方法是采用退火炉控制系统 L1 自动进行吹扫作业,此过程包括炉内冷吹扫—炉内升温—炉内执行氢气吹扫三个作业步骤,由于炉内氛围处于不可控状态,往往需要操作人员多次启动吹扫流程,才可以使炉内氛围达到工艺要求的目的,因此采用此方法吹扫过程时间长,吹扫效率较低,而且造成大量氮气和氢气资源浪费	在保证炉内压力不小于15 kPa 的前提下可适当打开炉顶放散阀,同时通过调节辐射管温度,使炉内温度提高,加强炉内氛围的流通,方便炉内含氧气体的流出,提高炉内含氧气体的吹扫效率,降低吹扫用氮气、氢气的消耗量	8.7	—	降低能源消耗,年增加经济效益 18 万元

序号	方案名称	方案内容		投资/万元	取得效益	
		实施前	实施后		环境效益	经济效益
F2	支撑辊润滑油在线回收改造	支撑辊更换时轴承座内存在很多残油，到磨辊车间下线修复，轴承座内存油被吹到磨辊车间一小油箱。操作工拔支撑辊油管，需对回油管装堵头，作业烦琐，且堵头容易丢失。有时装不好，轴承座内部油液直接流到机架内，作业效率低。现油箱进行回收，可是仍有油液损耗	利用轧机旁压缩空气，加工制作专用工具，在支撑辊更换时停掉 2#稀润滑泵，将其装在支撑辊进油管上，把支撑辊内部存油直接吹回油箱。改进后的效果：①避免油液的二次污染。②支撑辊更换时操作无须装堵头，不会因堵头丢失或装不好而漏油	1.2	减少含油废弃物产生	节约辊润滑油1 600 L/a，年增加经济效益25 万元
F3	热镀（铝）锌产品取样优化	目前热镀（铝）锌产品 CQ 料力学性能和镀层合格率均达到 99%左右，产品设计是取两块样，有的还取四块样，包含初复样，绝大多数的复样样板不会使用，而备样样板被当作废钢处理掉	针对性能合格率高的 CQ 料实行一块样板，若确有必要复样检验的，再开包取样。能够减少样板数量，同时亦能提高机组的成材率	0.1	减少固体废物量12 t/a	提高板材使用率，年增加经济效益34 万元
F4	钢卷内圈输送过程的改良	酸轧或准备机组返修的厚度在0.35 mm 以上无套筒的钢卷，因内圈板型不良或被行车夹钳夹坏，不方便连退机组的快节奏生产，上料时，这样的内圈损坏的钢卷，往往需要采用拉刀拉掉或直接做退料到返修机组进行返修，即使上到开卷机上后，作业人员往往是加大抛尾量，造成不必要的降级或报废，给企业带来不必要的经济损失	采用废旧捆带，制作钢卷内圈板型不良的夹紧工具，对内圈板型不良的钢卷进行夹紧，保证内圈损坏的钢卷的正常上料，同时降低机组生产这样钢卷的抛尾量，避免到返修机组对这样的钢卷进行返修的烦琐过程	1.7	减少固体废物量7 t/a	年提高经济效益18 万元
F5	通过设备改进来延长机组电导率传感器使用寿命	机组清洗段电导率传感器损坏更换频繁，导致备件成本高，并且增加了现场碱性废液的产生量	通过设备改进来延长机组电导率传感器使用寿命	1.3	减少碱性废液产生量12 t/a	年增加经济效益16 万元
F6	防护配管增加排水孔	目前机组部分有水喷淋的场合，现场接近开关配管内会存积大量积水，导致配管重量增加，将接近开关电缆拉坏，造成水资源的流失	在防护配管上增加排水孔来减少接近开关损坏	1.7	减少废水产生23 t/a	年增加经济效益14 万元

序号	方案名称	方案内容		投资/万元	取得效益	
		实施前	实施后		环境效益	经济效益
F7	制定轧硬卷测量标准	酸轧机组和连退机组对带尾局部边浪标准上不一致，造成连退机组在连退入口大批量退料，给机组的正常生产带来困难。且为保证连退机组的稳定生产，轧硬卷经常进行开卷检查评审，致使轧硬卷的返修量增加，造成质量损失和能耗增加	对轧硬卷带尾局部边浪建立统一标准，从轧硬卷外观角度制定可操作易执行的标准，便于现场操作，减少质量损失，降低能耗	1.2	—	减少返修量220 t/a，年节支27万元
F8	支承辊辊耗的优化	平整机作为连续退火机组出口段的主要设备，生产过程中支撑辊表面状态的好坏，将直接影响工作辊的表面质量，进而影响产品质量。生产中为了保证产品质量，在规格由窄到宽切换时，往往需要对平整机支撑辊进行更换，以保证产品质量，这就导致支承辊辊耗较高	通过合理编排生产计划、更加支撑辊辊面状况，决定是否更换支承辊，降低支承辊辊耗	0.4	—	减少支撑辊使用80根/a，年增加经济效益35万元
F9	内圈塌卷的钢卷返修方法改良	准备机组作为返修机组，每年会遇到10卷左右的内圈因塌卷而无法上开卷机的钢卷，无法完成返修操作，这样的钢卷往往直接被生技室判为降级产品或废品	采用拆去机组开卷机扇形块的方法，实现塌卷部分顺利插入开卷机芯轴，同时将机组速度控制在一定的速度，降低开卷机的轴向跳动，完成内圈塌卷钢卷的返修操作，具体操作主要包括以下三个作业步骤：①采用行车将内圈塌卷的钢卷放在入口钢卷鞍座上。②对开卷机上方的一片扇形块拆卸后采用手动点动开卷机旋转，将拆去扇形块的部分对准钢卷内圈塌卷部分，采用手动上卷，此时需两人配合作业，确认到位。③上卷完毕后，完成机组正常穿带作业，机组速度维持在100～200 m/min，带尾板型不良部分做抛尾处理	0.6	减少固体废物9 t/a	年增加经济效益15万元

2. 已实施的中/高费方案

本轮实施 2 项中/高费方案，共投入资金 132 万元，实施完成后取得如下成果：节约电能 24.33 万 kW·h/a，年减少委托处置费用 100 万元，中/高费方案见表 4-93。

表 4-93　中/高费方案取得成果汇总表

方案编号	方案名称	方案简介		投资/万元	取得效果	
		实施前	实施后		环境效益	经济效益
F10	镀（铝）锌机组助燃风机变频改造	热镀锌和热镀铝锌机组明火段，在小负荷生产时，空气阀门开度较小，处于非线性工作区间，调节精度差，空气流量容易波动，影响空燃比，易造成带钢氧化，致使产品质量不稳定。同时空气流量波动也会导致炉压不稳，明火段炉气反窜，造成明火段出口辐射高温计带钢检测温度波动，从而影响带钢自动加热控制	拟对热镀铝锌机组和热镀锌机组助燃风机进行变频改造：①助燃风机及空气控制阀改造；②燃烧系统热工测试、诊断及调整	87	—	节约电能24.33万kW·h/a，年节支15.45万元
F11	梅钢公司含铬污泥内部处置的改造	梅钢公司含铬污泥委托扬州宁达贵金属有限公司进行处置，但今年由于资质问题，该公司没有再接受本公司含铬污泥，导致公司含铬污泥储存量较大	根据对马钢的考察，并对公司的含铬污泥、产品中含铬量等进行分析，将冷轧厂产生的含铬污泥处理后，送至炼铁厂进行利用	45	减少含铬污泥委托处置量	年减少委托处置费用100万元

第九节　化学行业

化学工业是生产化学产品的工业，在各国的国民经济中占有重要地位，是许多国家的基础产业和支柱产业。化学工业的发展速度和规模对社会经济的各个部门有着直接影响，世界化工产品年产值已超过 15 000 亿美元。化学工业一般可分为无机化学工业、基本有机化学工业、高分子化学工业和精细化化学工业。按《国民经济行业分类》（GB/T 4754—2002），包括第 26 类"化学原料及化学制品制造业"及第 27 类"医药制造业"中的原料药和制剂生产。化学工业有如下特点：①在国民经济中占有重要地位；②产品品种繁多、原料广泛、工艺多样、流程复杂；③装置型工业；④资金密集型、资源能源密集型、知识技术密集型；⑤污染大户；⑥安全问题；⑦科研和新产品开发费用高。由于化学工业门类繁多、工艺复杂、产品多样，生产中排放的污染物种类多、数量大、毒性高，化工产品在加工、贮存、使用和废弃物处理等各个环节都有可能产生大量有毒物质而影响生态环境、危及人类健康。化学工业发展走可持续发展道路对于人类经济、社会发展具有重要的现实意义。因此在化学工业实施清洁生产是企业实现降低能耗、物耗，减少污染物排放，企业通过产品结构升级加快转变方式，淘汰落后工艺，采用先进技术提高化学工业发展质量和效益，成为水泥行业的寻求发展之路的重要方式。

一、化学工业行业清洁生产审核行业依据

1．无机化学工业
（1）《无机化学工业污染物排放标准》（GB 31573—2015）；
（2）《烧碱、聚氯乙烯工业污染物排放标准》（GB 15581—2016）；
（3）《清洁生产标准　氮肥制造业》（HJ/T 188—2006）；
（4）《磷肥工业水污染物排放标准》（GB 15580—2011）；
（5）《硫酸工业污染防治技术政策》（环境保护部公告　2013 年第 31 号）；
（6）《清洁生产标准　氯碱工业（聚氯乙烯）》（HJ 476—2009）；
（7）《清洁生产标准　氯碱工业（烧碱）》（HJ 475—2009）；
（8）《磷肥行业清洁生产评价指标体系（试行）》（2007 年 4 月）；
（9）《清洁生产标准　纯碱行业》（HJ 474—2009）；
（10）《硫酸行业清洁生产评价指标体系（试行）》（2007 年 7 月）。

2．基本有机化学工业
《清洁生产标准　基本化学原料制造业（环氧乙烷/乙二醇）》（HJ/T 190—2006）。

3．高分子化学工业
《合成树脂工业污染物排放标准》（GB 31572—2015）。

4．精细化学工业
《精对苯二甲酸（PTA）行业清洁生产评价指标体系（试行）》（2009 年 2 月）。

5．能耗、水耗相关法律法规
（1）《节水型企业评价导则》（GB/T 7119—2006）；
（2）《烧碱单位产品能源消耗限额》（GB 21257—2007）；
（3）《工业余热术语、分类、等级及余热资源量计算方法》（GB/T 1028）；
（4）《产品单位产量能源消耗定额编制通则》（GB/T 12723）；
（5）《化工企业能源计量器具配备和管理要求》（GB/T 18820）；
（6）《工业企业产品取水定额编制通则》（GB/T 18820）；
（7）《取水定额　第 8 部分：合成氨》（GB/T 18916.8）；

（8）《取水定额　第 13 部分：乙烯生产》（GB/T 18916.13）。

二、化学工业行业清洁生产推广技术

化学工业行业清洁生产推广技术见表 4-94。

表 4-94　石化、化学工业行业清洁生产推广技术

序号	技术名称	适用范围	技术主要内容	解决的主要问题	应用前景分析
1	油气回收技术	石化、化工行业	采用吸附法、分级冷却等技术回收油库、油品装车、储罐、仓储等挥发性有机物	回收含挥发性有机物气体中的有机成分	目前，该技术行业普及率 10%，预计 2017 年普率 20%，可年削减挥发性有机物 5 万 t
2	泄漏检测与修复（LDAR）技术	石化、化工行业	采用固定或移动监测设备，监测化工企业易产生挥发性有机物泄漏处，并修复超过一定浓度的泄漏处，从而达到控制原料泄漏对环境造成污染	解决因微量泄漏造成的挥发性有机物无组织排放的问题	目前，该技术行业普及率不足 1%，预计 2017 年普及率 5%，可年削减挥发性有机物 10 万 t
3	低温等离子、光氧催化治理废气技术	石化、化工行业	通过低温等离子或光氧催化等技术，将废气中的挥发性有机物转换为二氧化碳和水	解决低浓度大风量废气中的挥发性有机物含量及臭气浓度超标的问题	目前，该技术行业普及率 5%，预计 2017 年普及率 15%，可年削减挥发性有机物 2 万 t
4	蓄热式热氧化、蓄热式催化热氧化、臭氧氧化等废气治理技术	石化、化工行业	通过蓄热式氧化焚烧、蓄热式催化热氧化焚烧或臭氧氧化等技术，将废气中的挥发性有机物转换为二氧化碳和水	解决高浓度、大风量废气中的挥发性有机物含量及臭气浓度超标的问题	目前，该技术行业普及率 5%，预计 2017 年普及率 15%，可年削减挥发性有机物 3 万 t
5	氨法、双碱法等烟气脱硫技术	石化、化工行业燃煤锅炉、煤化工行业	以氨水或 NaOH、CaO 等为吸收剂，循环吸收燃煤锅炉烟气中的二氧化硫，产生的副产物综合利用	脱硫效率达到 90% 以上，将烟气中的 SO_2 回收并资源化利用	目前，该技术行业普及率 10%，预计 2017 年普及率 40%，可年削减二氧化硫 20 万 t
8	国产高效硫酸钒催化剂生产新技术	硫酸行业	该技术应用新配方，采取新的混合、碾压和干燥工艺等新技术，提高催化剂效率，从源头上减少二氧化硫产生量	提高国产催化剂质量替代进口，同时减少硫酸行业的二氧化硫排放量	目前，该技术硫酸行业普及率 5%，预计到 2017 年普及率 20%，可年削减二氧化硫 6 万 t
9	硫酸尾气脱硫技术		利用过氧化氢法脱硫技术、超重力脱硫技术和低温催化法脱硫技术等处理硫酸尾气	解决硫酸尾气二氧化硫排放超标，尾气吸收副产物需要另行处理的问题	目前，该技术硫酸行业普及率 20%，预计到 2017 年普及率 90%，可年削减二氧化硫 4 万 t

序号	技术名称	适用范围	技术主要内容	解决的主要问题	应用前景分析
12	黄磷尾气治理及综合利用技术	黄磷生产	采用干法除尘、湿法除尘等技术处理炉气。处理炉气采用自动抽气及输送系统，经净化后深加工利用	有效降低粉尘排放，解决煤气综合利用水平低问题	目前，该技术磷化工行业普及率15%，预计2017年普及率60%，可年削减烟（粉）尘5万t
13	尿素造粒塔粉尘洗涤回收技术	尿素生产	造粒塔顶设置粉尘回收装置，洗涤回收粉尘，产生尿素溶液通过尿素装置蒸发造粒回收	可降低造粒塔尾气中的尿素粉尘含量	目前，该技术在氮肥行业普及率为30%，预计2017年的普及率50%，可年削减尿素粉尘4万t
14	硫化橡胶粉常压连续脱硫成套设备	再生胶行业	采用常压、变频调速、数显智能温控、连续联动化等技术，在螺旋装置内密封输送状态下，加热脱硫及夹套式螺旋冷却工艺完成脱硫	与传统动态脱硫法相比，节能20%以上，无废水、废气排放	目前，该技术行业普及率5%，预计2017年普及率60%，可年削减挥发性有机物5万t
15	原料系统除尘技术	化肥原料筛分、输送等的袋式除尘	采用防水防油效果良好的聚丙烯纤维滤料，该技术布袋清灰容易，不黏结布袋，价格实惠，阻力小	减少原料的损失和外溢的无组织排放粉尘，改善厂区环境。填补布袋除尘器在化肥行业的空缺	目前，该技术行业普及率不足40%，预计2017年行业普及率90%。可年削减烟（粉）尘5万t
16	生产设备除尘技术	化肥生产中的冷却机、烘干机等设备的袋式除尘	采用防水防油效果良好的聚丙烯纤维滤料，在除尘器前合理增加热风炉很好地解决了布袋糊袋；延长布袋的使用寿命	在这种易反吸潮的高湿环境中，很好地解决了布袋糊袋；延长布袋的使用寿命，实现更低的粉尘排放浓度（标态）<30 mg/m³。填补布袋除尘器在化肥行业的空缺	目前，该技术行业普及率不足20%，预计2017年行业普及率90%。可年削减烟（粉）尘5万t
17	成品系统除尘技术	化肥成品输送、包装等的袋式除尘	采用防水防油效果良好的聚丙烯纤维滤料，该技术布袋清灰容易，不黏结布袋，价格实惠，阻力小	减少化肥产品的损失和外溢的无组织排放粉尘，改善厂区环境。填补布袋除尘器在化肥行业的空缺	目前，该技术行业普及率不足30%，预计2017年行业普及率90%。可年削减烟（粉）尘8万t
18	光催化氧化技术	油烟治理、挥发性有机物治理	在一定波长光照下，光催化剂将有机物氧化成无机碳氧化物和氢氧化物	对油烟具有分解净化、防火防臭消毒杀菌等功能。对有机工业尾气具有分解和遏制化工异味的功能	目前该技术已经成型并实现产业化，在石化、有机化工行业废气治理方面应用较为普及
19	低温等离子体技术	工业领域VOC类有机废气及恶臭气体的治理	等离子体内部产生富含极高化学活性的粒子，如电子、离子、自由基和激发态分子等。废气中的污染物质与这些具有较高能量的活性基团发生反应，最终转化为CO_2和H_2O等物质，从而达到净化废气的目的	可用于石油化工、制药行业、饲料和肥料加工厂、畜牧产品农场、化纤厂、皮革厂、制漆厂、污水泵站、各类污水处理厂、涂料、食品添加剂、皮革加工、感光材料、汽车制造以及公厕、粪便转运站等诸多行业存在的有机废气、异味、恶臭等污染问题	应用范围广，净化效率高，尤其适用于其他方法难以处理的多组分恶臭气体，如化工、医药等行业。占地面积小；电子能量高，几乎可以和所有的恶臭气体分子作用；运行费用低。目前已实现产业化

三、化学工业审核过程关注点分析

1. "双超" 问题

浓度超标：关注常规因子及项目特征因子；排放总量超标：关注第一类污染物是否在车间或装置排口控制，以及企业是否存在废水稀释排放等问题。

2. 有毒有害物质削减

关注涉重、其他有毒有害物质的削减，其中主原料削减应注重化学反应转化率的提高，辅助原料（溶剂、催化剂、酸碱调节剂等）削减应注重各类溶剂回收循环利用及替代，如溶剂水性化、溶剂冷凝回收、酸碱调节剂循环套用等。

3. 高能耗与节能

关注企业能源及水、电的梯级使用情况；关注高温设备表面散热、高温烟气、高温废水等热能回收。例如，高质能源在一个装置中已降至经济适用范围以外时，即可转至另一个能够适用这种较低能质的装置中，使总的能源利用率达到最高水平，能量的梯级利用能够有效地满足各单位的用能需要，而不增加能源消耗，极大地提高能源利用率；将经过循环再处理的、达到城市再利用水质标准的再生水用于企业空调冷却水补充、绿化、厕所冲洗等。

4. 污染物来源

（1）废水主要来源

生产工艺排水，如母液、物料洗涤水；设备冷却水，如间接、直接冷却水；洗涤水，如废气装置喷淋水；设备场地冲洗水；初期雨水等。

（2）废气主要来源

化学反应、反应不完全或副反应所产生的废气；原料、产品加工和使用过程中产生的废气；工艺气体或易挥发液体从各类设备、管道的密封点跑、冒、滴、漏产生的废气；储运过程废气；开停车及其他非正常工况下排放的废气；废弃物处理过程中排放的废气；恶臭污染物；事故性排放产生废气等。

5. 清洁生产目标的规范性

清洁生产目标可分为三大类：①降低单耗、减少污染物排放及节能，重点关注对任一指标是否同时给出单位产品产生量和总量；②以减排指标得出减排总量核算清洁生产新增污染物削减量；③"存在的问题—目标设定—筛选出的方案"三者间应有明确的因果关系。

6. 审核重点的确定

将企业情况对照清洁生产标准、清洁生产指标体系或类比同行业资料后，从 8 个方面进行分析，得到物料流失、能耗和管理缺陷方面的问题汇总。

四、化学工业行业清洁生产审核案例

实例一

（一）企业概况

企业名称：江苏某化学公司

所属行业：化学原料及化学制品制造

主要产品及产能：75 万 t/a 离子膜烧碱、60 万 t/a 液氯、18.5 万 t/a 硝基苯、13 万 t/a 苯胺、50 万 t/a 氯乙烯、32 万 t/a 苯乙烯。

（二）清洁生产潜力分析

1．公司现状调查

公司下设苯胺厂、苯乙烯厂、氯碱厂、氯乙烯厂、公用处、储运处及其他行政部门。现有年产 75 万 t 离子膜烧碱装置、年产 18.5 万 t 硝基苯、年产 60 万 t 液氯装置、年产 13 万 t 苯胺装置、年产 50 万 t 氯乙烯装置、年产 32 万 t 苯乙烯装置、自备热电厂及配套码头有 10 000 t 级化工码头一个、40 000 t 级化工码头一个、50 000 t 级通用码头一个。

（1）主要工艺流程

1）离子膜烧碱项目

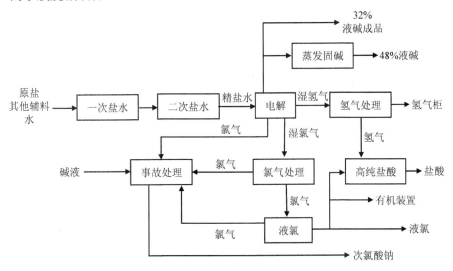

图 4-21　离子膜烧碱生产工艺流程

2）苯胺及硝基苯项目

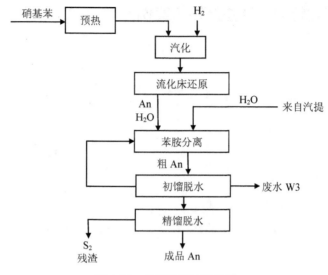

图 4-22　苯胺生产工艺流程

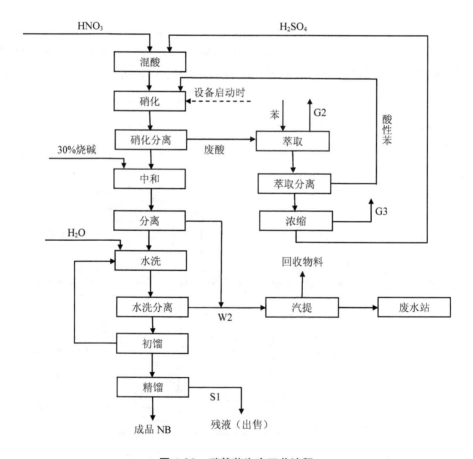

图 4-23　硝基苯生产工艺流程

3）氯乙烯项目

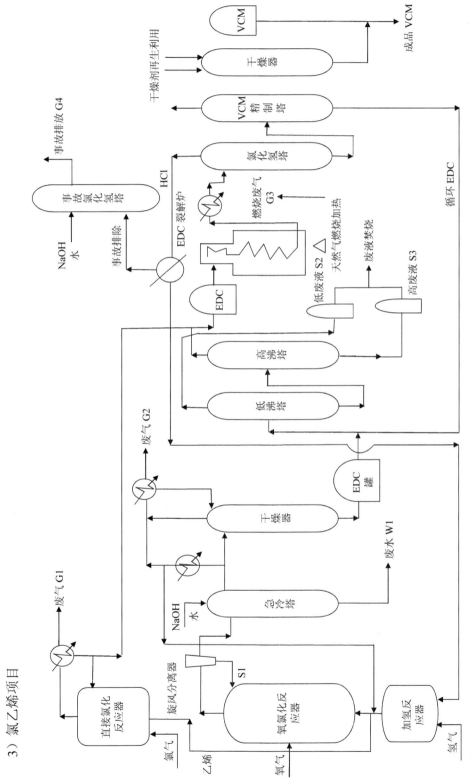

图 4-24　VCM 工艺流程以及产污环节

4）苯乙烯项目

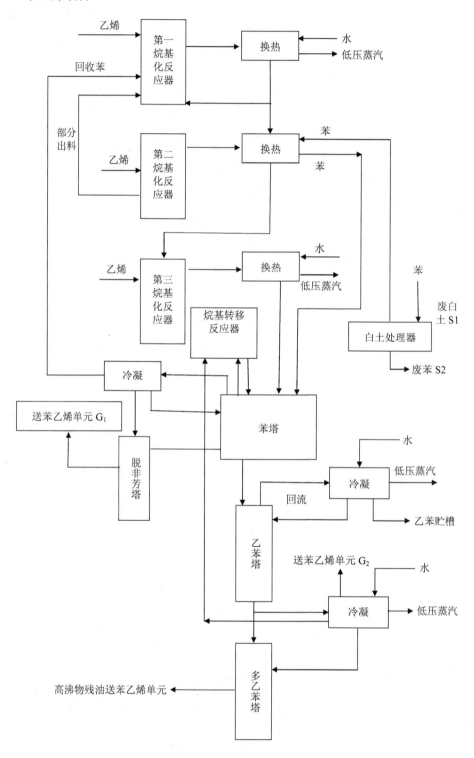

图 4-25 苯乙烯项目乙苯单元生产工艺及排污环节

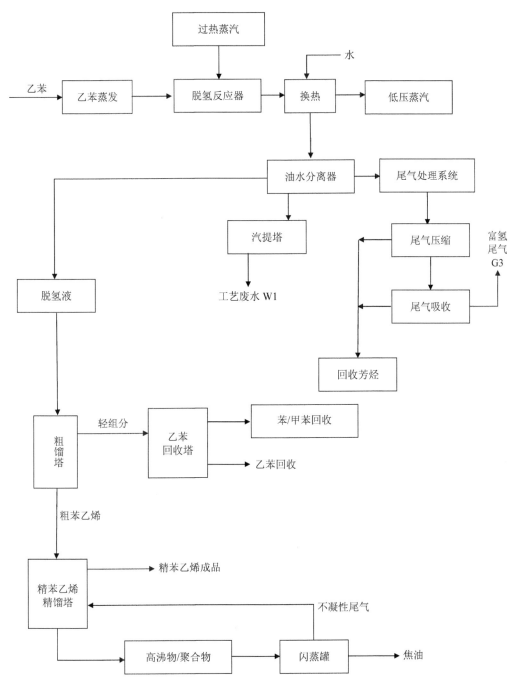

图 4-26 苯乙烯项目苯乙烯单元生产工艺及排污环节

5) 氯化苯项目

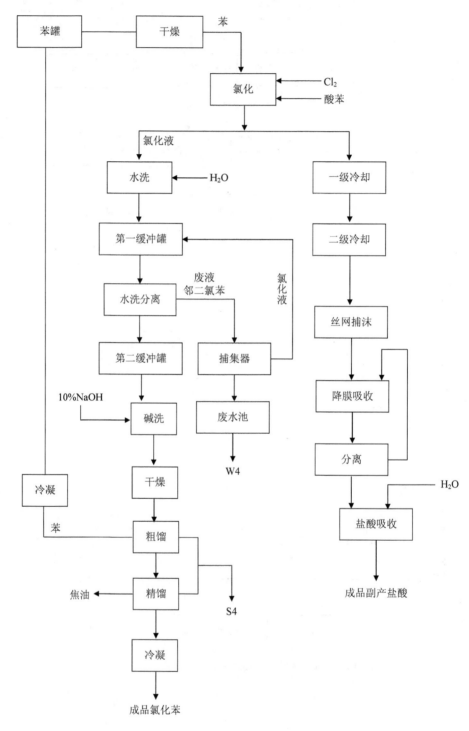

图 4-27 氯化苯生产工艺流程

6）对/邻硝基氯苯项目

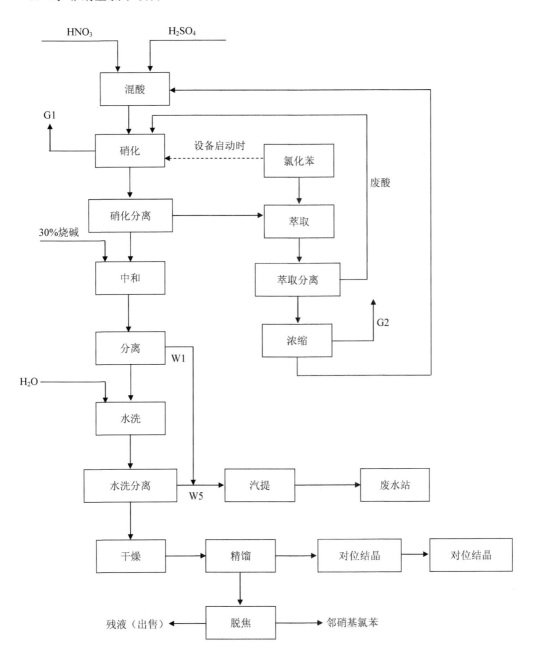

图 4-28 对/邻硝基氯苯生产工艺流程

（2）码头项目概况

公司现有10 000 t级化工码头、40 000 t级液体化工码头、50 000 t级通用码头各一座。各码头接驳品种见表4-94。

表4-94　码头接驳品种汇总表

序号	码头规模	接驳货种	原批复接驳能力/（t/a）	务注
1	10 000 t级液体化学品码头	32%液碱	100 000～110 000	2003年2月项目获批，2005年通过"三同时"验收
		48%液碱	15 000～20 000	
		31%工业盐酸	10 000	
		31%高纯盐酸	10 000	
		硝基苯	1 500	
		苯胺	1 500	
		氯化苯*	1 500	
		苯	25 000～30 000	
		98%硝酸	60 000～80 000	
		98%硫酸	1 500～2 000	
		丙烯腈*	10 000～15 000	
		乙酸	15 000～20 000	
2	40 000 t级液体化学品码头	乙烯	29万	2008年4月项目获批
		二氯乙烷	23万	
		离子膜烧碱	35万	
		氯乙烯	20万	
		苯	23万	
		苯乙烯	20万	
		油品	25万	
3	50 000 t级通用码头	煤炭	—	2009年5月项目获批

注：*氯化苯已停产、丙稀腈为其他公司转运，建成以来仅中转一次，目前已停止转运。

2. 存在的问题

审核小组在全厂正常生产的情况下，对厂区内的各产品生产工艺、污染防治措施、公用工程等进行了实地调查，核实了各类废气和废水的产生和处置现状。经过清洁生产审核小组现场调查和查阅资料等，发现企业在生产过程和环境治理过程中存在的问题见表4-95。

表 4-95 生产过程中主要问题

所属车间	主要问题	调查原因	拟采取的可能解决措施
氯乙烯厂	8#循环水泵耗电量大	水泵机型问题	对水泵进行更换
氯碱厂	废氯气泄漏，存在环境风险	废氯气单塔吸收装置运行不稳定	增加废氯气吸收装置
苯胺厂	蒸汽跑冒现象严重，造成蒸汽浪费	蒸汽阀门老化	对疏水阀进行更换
储运处	发货区无组织废气排放较多	吸收装置吸收效率较低	对吸收系统进行改造
储运处	工业水消耗量大	冷却水未循环利用造成工业水浪费	氯乙烯球罐喷淋冷却水回收循环利用

3. 提出和实施无/低费方案

无/低费方案见表 4-96。

表 4-96 清洁生产审核无/低费方案汇总表

编号	方案类别	方案名称	方案简介	预计投资/万元	预期效益
F1	内部管理	修订完善环境管理制度	进一步完善企业环境管理制度，明确各类污染防治作业要求	0	完善企业环境管理体系及污染应急机制
F2		定期通报各厂区环保目标达成情况	利用调度会、HSE 小组会议、各类专题会议等形式，及时对内部问题商讨改善对策	0	提高各厂区问题的解决速度，减少环境危害及风险，提高设备运作效率
F3		建立环保目标责任体系	实现环保任务分级管理	0	完善企业环境管理体制
F4	过程控制	建立硝化加水标准	通过建立硝化一水洗二水洗加水标准，减少硝基苯洗涤废水产生量	0	可减少硝基苯废水量 8 000 t/a
F5		苯乙烯罐区冷冻机组启动时间优化	根据苯乙烯罐内物料温度计环境温度调整冷冻机组启动时间	0	节约工业用电 482 100 kW，电费按 0.55 元/（kW·h）计算，可节约电费 26.5 万元/a
F6		盐泥库砌围堰收集盐泥	堆砌围堰，避免盐泥进入雨水线	0.7	提高清下水排口达标率
F7	管理	物料回收	北厂区装车后剩余物料（二氯乙烷、甲苯、苯乙烯）用氮气回吹至槽罐	0.4	减少无组织废气排放，改善储运处现场环境
F8		废水收集地沟防腐处理	一次盐水、二次盐水岗位及一期氯处理岗位废水收集地沟进行防腐处理	6	避免酸碱废水渗漏进入雨水线，提高清下水排口达标率
F9		生活用水回收利用	生产单位的卫生间冲洗水及行政办公楼卫生间冲洗水，改用回收水冲洗，降低成本，废水循环利用	4	节约水资源，减少废水排放
F10		更换水表	对苯胺厂工业水水表进行更换	1.25	准确计量新鲜水用量
F11	人员	加强岗位人员的技术培训	定期对员工进行通用知识、专业知识测评、操作技能测评，提高员工综合能力	1	提高员工专业技能，加强操作熟练程度
F12		员工清洁生产知识宣传教育	宣传清洁生产思想，提高员工环保意识	0	使清洁生产理念深入各厂区

（三）清洁生产中/高费方案及效益

本轮实施的中/高费方案见表4-97,总投资245万元,可减少无组织排放盐酸量3.01 t/a,减少废水排放量60 480 t/a,降低环境风险,消除安全隐患,节约工业电量340万 kW·h,全年可获得效益211.86万元。其中方案F16实现能耗下降情况见表4-98。

表4-97 本轮清洁生产审核中/高费方案汇总表

编号	方案名称	方案内容	总投资/万元	环境效益
F13	VCM球罐喷淋水循环利用	目前工业水对球罐喷淋降温后直接排至地沟,无回收循环利用装置,造成水资源极大的浪费。本方案提出通过新建一个工业水循环水池,分回水池与清水池,中间加装闸阀控制,围堰内水渠出水口安装过滤网,从原有工业水管线上引一段 DN100 管线至清水池,可以用工业水对清水池进行液位补充,防止初期因清水池内液位不够而使水泵空泵甚至损坏水泵;同时在清水池上方直接固定一台液下泵,从泵出口引一根 DN100 管道与原喷淋工业水管相连,该段管道中部另有一段管线通至原罐区排水渠,泵出口及去工业水管、去排水渠处各装一个球阀,这样既可控制池内水进入喷淋系统,又可在池内水量偏高时将水排至地沟	15	减少工业水消耗量60 480 t/a
F14	更换吹扫氢压机	更换 2 台大功率的吹扫氢压机,同时对进出口管道、循环水管道、氮气管道进行重新配管,使小功率的吹扫氢压机更适应苯胺厂的生产,正常开车时无须关小进口阀门调节氢气流量,小功率的吹扫氢压机可与生产所需流量匹配,降低装置的安全隐患	55	降低电耗293 760 kW,节约电费15.5万元,同时消除安全隐患
F15	盐酸发货区酸气吸收系统改造	将浓硫酸 100 m³ 储罐拆除,增加两套酸气吸收填料塔及循环水槽,在吸收塔后安装风机,两套酸气吸收填料塔并联方式安装。将循环泵进口开三通连接在循环水槽,出口分别配管连接至填料吸收塔,用清水进行循环,风机将发货平台的酸气吸进填料吸收塔与塔内清水混合吸收。当罐内酸水浓度达到20%或吸收效果不好时,通过泵(P1001A, B)将酸气送入5%盐酸储槽外	17	减少无组织排放盐酸废气量3.01 t/a
F16	8#循环水系统高效节能泵改造	通过 4 台高效节能泵替换原 8#循环水系统水泵,平时两台大泵与一台小泵并联运行,运行时间 6 300 h/a,总管流量控制在 10 600 m³/h 以上,冬季两台大泵并联运行,运行时间 2 100 h/a,总管流量控制在 8 800 m³/h	158	减少工业用电量340万 kW·h/a,节约工业电费约180.2万元

表 4-98　8#循环水系统节能技改前后节电率统计表

技改前能耗统计时间：2017 年 7 月 24 日—2017 年 7 月 27 日

序号	系统名称	设备名称	计量起始时间 T_1	电度表读数 Q_1	计量结束时间 T_2	电度表读数 Q_2	互感器倍率	单泵运行时间/h	技改前单泵单位能耗/kW·h	技改前系统单位总能耗 $Q_{前}$/kW·h
1	8#循环水系统	SP201A 循环水泵	7.25-14:02	0.750	7.27-14:00	5.208	100×100	47.967	929.39	3 237.45
		SP201B 循环水泵	7.24-14:06	928.911	7.26-14:00	933.508	100×100	47.900	959.70	
		SP201C 循环水泵	7.24-14:08	874.436	7.25-13:50	876.742	100×100	47.683	974.77	
			7.26-14:01	876.742	7.27-14:00	879.084				
		SP201D 循环水泵	7.24-14:07	960.936	7.27-14:00	966.307	50×100	71.883	373.59	

技改后能耗统计时间：2018 年 10 月 14 日—2018 年 10 月 17 日

序号	系统名称	设备名称	计量起始时间 T_1	电度表读数 Q_1	计量结束时间 T_2	电度表读数 Q_2	互感器倍率	单泵运行时间/h	技改后单泵单位能耗/kW·h	技改后系统单位总能耗 $Q_{后}$/kW·h
2	8#循环水系统	SP201A 循环水泵	10.14-9:00	650.273	10.15-9:15	651.872	100×100	48.30	660.455	2 268.949
			10.16-9:17	651.876	10.17-9:20	653.467	100×100			
		SP201B 循环水泵	10.15-9:15	111.906	10.17-9:20	115.050	100×100	48.08	653.869	
		SP201C 循环水泵	10.14-9:05	214.224	10.16-9:17	217.430	100×100	48.20	665.145	
		SP201D 循环水泵	10.14-9:06	197.946	10.17-9:20	202.128	50×100	72.23	289.480	

（四）持续清洁生产计划

本轮清洁生产审核工作主要体现了先易后难和以点带面的原则，仍有生产单元和生产过程未能进行深入的物料衡算，有待于通过持续清洁生产审核来进一步削减污染，提供资源、能源利用效率，持续清洁生产中/高费方案见表 4-99。

表 4-99　持续清洁生产计划

编号	方案名称	方案简介	预计投资/万元	预期效果
F17	硫酸发货区废气收集	对南厂区硫酸装车区的无组织排放废气进行收集	10	减少无组织排放废气
F18	完善三级计量系统	完善以班组、重点耗能设备为核算单位进行管理的计量点	300	对重点设备、岗位的用水、用电量进行管理，有效控制设备运行状况，减少浪费
F19	南厂区清污分流改造	对南厂区的污水进行清污分流改造，提高清下水排污的达标率	962.8	提高清下水排污的达标率
F20	回收二氯乙烷尾气	二氯乙烷中间罐区增加乙二醇冷凝器	30	回收尾气中的二氯乙烷,年回收量为 800 t
F21	增加废气二级吸收装置	实现废气系统的双塔运行	817	增加废气吸收系统的稳定性及可靠性，降低环境风险
F22	增加节能型疏水阀	苯胺厂 2.0MPa 蒸汽回汽增加节能型疏水阀	6.3	可节约 2.0 MPa 蒸汽约 2%,降低成本 10 万元/a
F23	氯乙烯厂一二期蒸汽互通	对氯乙烯一、二期 0.3MPa 的蒸汽管道进行改进	7.5	可节约 0.3 MPa 蒸汽约 2.5 万元

实例二

（一）企业概况

企业名称：江苏某化工有限公司

所属行业：化学原料及化学制品制造

主要产品：对氯氰苄、对氯三氟甲苯。

主要产能：对氯氰苄 1 000 t/a、对氯三氟甲苯 1 000 t/a。

环保手续：2008 年取得环评批复，2011 年通过竣工环保验收。

（二）清洁生产潜力分析

1．公司现状调查

现共有职工 300 人，公司下设办公室、市场部、质检部、财务部、生产技术部、能源部等部门。

（1）主要工艺流程

生产对氯氰苄所使用的主要原料为对氯甲苯、氯气和氰化钠，生产对氯三氟甲苯所使用的主要原料为对氯甲苯及氯气。

对氯氰苄生产工艺流程如图 4-29 所示。

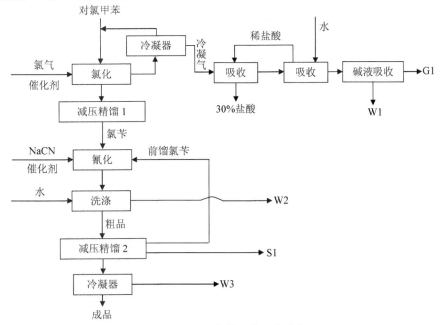

图 4-29　对氯氰苄生产工艺流程

对氯三氟甲苯生产工艺流程见图 4-30。

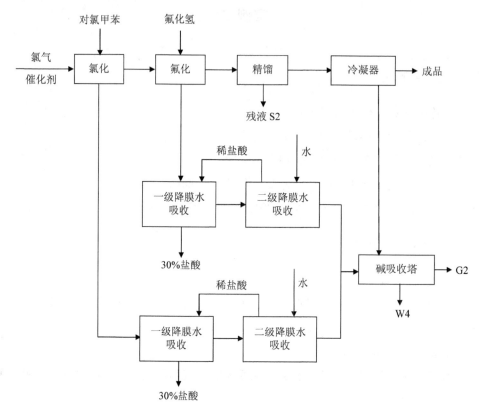

图 4-30 对氯三氟甲苯工艺流程

（2）主要原辅料及能源消耗

生产中的主要能耗消耗情况见表 4-100，生产过程原辅料情况见表 4-101，公司历年产品产量情况见表 4-102。

表 4-100 审核期间近三年主要能源消耗情况表

能源	使用部位	近三年年消耗量				单位产品消耗量			
		单位	2015 年	2016 年	2017 年	单位	2015 年	2016 年	2017 年
电	对氯氰苄	kW·h	599 032	599 230	594 822	kW·h/t	854.74	797.91	665.09
	对氯三氟甲苯		712 081	690 993	745 875		784.23	731.21	773.73
蒸汽	对氯氰苄	t	1 400	1 504	1 804	t/t	2.00	2.005 3	1.986 8
	对氯三氟甲苯		1 439	1 607	1 622		1.584 7	1.701 2	1.682 6
水	全厂	t	25 551	28 781	31 000	t/t	15.89	16.98	16.63

表 4-101　近三年主要原辅料消耗情况表

主要原辅料	使用部位	近三年年消耗量				单位产品消耗量			
		单位	2015 年	2016 年	2017 年	单位	2015 年	2016	2017
对氯甲苯	对氯氰苄	t	650.00	698.60	843.60	t/t	0.928 6	0.929 0	0.929 1
	对氯三氟甲苯		695.00	715.20	725.00		0.764 7	0.756 4	0.752 1
氯气	对氯氰苄	t	398.40	426.82	507.51	t/t	0.569 1	0.569 1	0.563 9
	对氯三氟甲苯		1 167.14	1 337.36	1 268.00		1.285 4	1.415 2	1.315 3
氟化氢	对氯氰苄	t	—	—	—	t/t	—	—	—
	对氯三氟甲苯		359.66	364.20	382.32		0.396 1	0.385 4	0.396 6
氰化钠	对氯氰苄	t	686.51	823.52	988.20	t/t	1.098 0	1.098 0	1.098 0
	对氯三氟甲苯		—	—	—		—	—	—
偶氮二异丁腈	对氯氰苄	kg	1 133.00	1 207.58	1 447.11	kg/t	1.618 6	1.610 4	1.607 9
	对氯三氟甲苯		516.10	542.90	503.98		0.568 4	0.574 5	0.522 8
苄基三乙基氯化铵	对氯氰苄	kg	19 618.00	21 068.00	25 432.00	kg/t	28.026 0	28.016 0	28.009 0
	对氯三氟甲苯		—	—	—		—	—	—
过氧化苯甲酰	对氯氰苄	kg	—	—	—	kg/t	—	—	—
	对氯三氟甲苯		3 655.42	3 970.32	4 148.00		4.025 8	4.201 4	4.302 9

表 4-102　公司历年产品产量情况表

产品名称	近三年年产量/t			近三年年产值/万元		
	2015 年	2016 年	2017 年	2015 年	2016 年	2017 年
对氯氰苄	701	749	902	2 103	2 248	2 706
对氯三氟甲苯	908	945	964	2 724	2 835	2 896

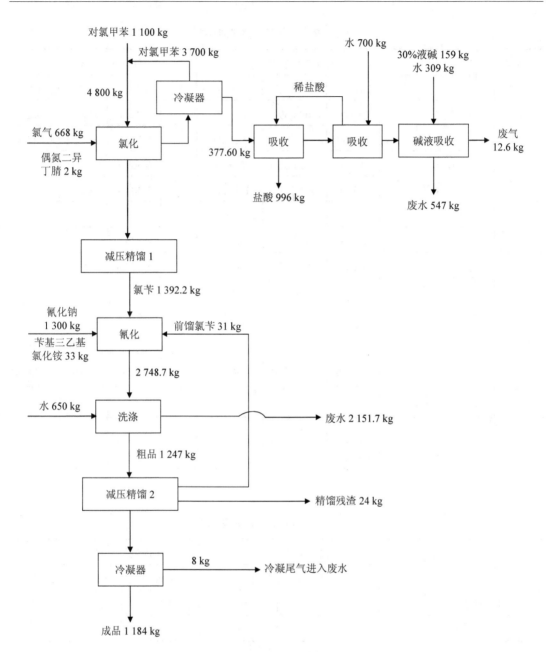

图 4-31　对氯氰苄生产物料平衡图

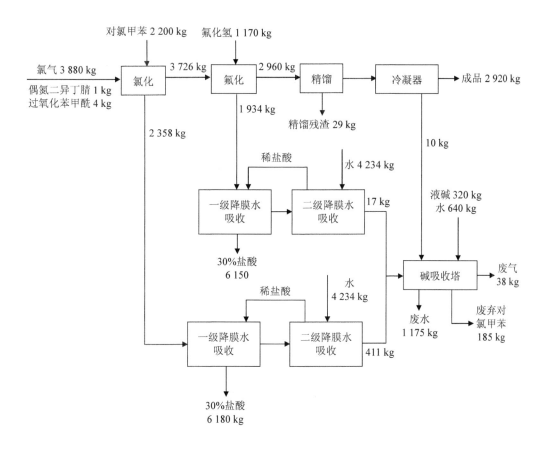

图 4-32　对氯三氟甲苯物料平衡图

（3）企业产排污状况

企业主要污染物及来源见表 4-103。

表 4-103　主要污染物及处理措施

污染物	污染物种类及来源	处理措施
废水	对氯氰苄车间氰化洗涤产生的含氰废水、对氯三氟甲苯车间废气碱吸收废水以及生产冷却水等 生活污水、地面冲洗水等	经厂区污水站"芬顿工艺+生化处理"工艺处理后达标排放
废气	生产车间的氯化氢气体 未参与反应的少量氯气、对氯甲苯、氟化氢	二级降膜水吸收+碱吸收
噪声	磨机、空压机、主排风机、磨尾风机、负压吸灰机	减振措施
固体废物	氯氰苄车间的蒸馏残渣、废水处理产生的污泥、生活垃圾	生活垃圾由环卫部门定期清运，危险废弃物集中回收后委托镇江市新宇固废处置公司焚烧处理

2．存在的问题

审核小组对厂区内的各产品生产工艺、污染防治措施、公用工程等进行了实地调查，核实了各类废气和废水的产生和处置现状。经过清洁生产审核小组现场调查和查阅资料等手段，发现企业在生产过程和环境治理过程中存在的问题见表4-104。

表4-104　生产过程中的主要问题

所属车间	主要问题	调查原因	拟采取的可能解决措施
氯氰苄	物料损失大，跑冒滴漏现象严重	氰化反应，先加氰化钠（碱性），再滴加氯苄（酸性）至酸性，氯苄的投加量较大	调整反应物的添加顺序，先加氯苄（酸性），再滴加氰化钠（碱性），保持反应前期保持酸性状态，提高氯氰苄收率
氯三氟甲苯	氯三氟甲苯车间氯化初始阶段氯气单耗较大	通氯温度过高、速度过大，使得氯气接触补充不充分	控制初始阶段氯气投料与流量
	氯甲苯单耗较大	氯化时带出对氯甲苯原料造成物料损耗	对氯三氟甲苯车间氯化后期反应釜压力控制，防止氯化时负压过高带出对氯甲苯
全厂	水耗、能耗较高	水循环利用率有待提高，蒸汽、电力等能源消耗	节水、节蒸汽、节电

3．提出和实施无/低费方案

无/低费方案见表4-105。

表4-105　清洁生产审核无/低费方案汇总表

编号	方案名称	主要内容	预计效果	
			经济效益	环境效益
1	对氯三氟甲苯车间氯气汽化器安装输水阀	氯气汽化器加热出水口安装输水阀，减少蒸汽排放	节约蒸汽费用8.7万元/a	减少蒸汽耗用量1 t/d，约300 t/a
2	对氯三氟甲苯车间氟化调整生产时间	冷冻机在上午8点前盐水降至−20℃，氟化上午10点开车，连续生产至第二天8点，充分利用峰谷电价	节约电费约3万元	减轻电网负荷
3	循环水池建设	收集蒸汽冷凝水、生产冷却水进入循环池循环利用，减少取水量和废水排放量	节约取水费用、水处理与排放费用共计26万元	减少新鲜水取水量24 000 t，减少污水排放16 000 t，减排COD 1.28 t
4	对氯氰苄车间氯化氯气投料调节	氯化结束时用空气赶气20 min，使物料在釜内进一步反应，减少氯气用量	节约氯气费用3万元/a	减少氯气用量约4%，约20 t/a

编号	方案名称	主要内容	预计效果	
			经济效益	环境效益
5	对氯氰苄车间氰化反应物料滴加顺序调节	调整反应物的添加顺序，先加氯苄（酸性），再滴加氰化钠（碱性），保持反应前期保持酸性状态	减少蒸馏残渣的处理费用 0.06 万元/a，提高对氯氰苄收率，创收约 2.5 万元/a	减少1%的蒸馏残渣，增加产品收率1%
6	对氯三氟甲苯车间氯化初始阶段氯气投料与流量控制	氯化初始反应从原 120℃减至 90℃后开始通氯气，通氯速度从 100 m³/h 减至 80 m³/h	节约对氯甲苯原料成本4.5 万元/a	减少对氯甲苯的流失约 0.5%，约 5 t/a
7	对氯三氟甲苯车间氯化升温蒸汽控制	氯化升温时提前 20 min 关闭蒸汽，利用余气加热至反应温度	节约蒸汽费用4.3 万元/a	节约蒸汽 0.5 t/批次，约 150 t/a
8	对氯三氟甲苯车间氯化后期反应釜压力控制	尾气负压管加设一根放空管，以保持负压状态，防止氯化时负压过高带出对氯甲苯	节约对氯甲苯原料成本 1.5 万元/a	节约对氯甲苯 1.5 t/a
9	对氯三氟甲苯车间氟化时间调整	延长氟化时间至 2.5 h，减缓泄压速度，减少氟化氢的流失	节约氟化氢原料成本约 5 万元/a	减少氟化氢流失量 2%，约 10 t/a
10	对氯三氟甲苯车间放空口增设干燥器	放空口增设干燥器，防止反应中间体同空气中的水分反应发生水解	提高对氯三氟甲苯收率，约 9 万元/a	提高产品收率0.5%，约 5 t 对氯三氟甲苯
11	对氯三氟甲苯车间精馏工序改进	将投放 5 t 料放一次下脚改为先投放 5 t 料，精馏到一半时，向精馏釜滴加带有余温的粗品物料，连续投放至 30 t，结束后放下脚	节约蒸汽费用5.8 万元/a	减少蒸汽单耗 0.2 t/t
12	蒸馏残渣的管理	规范接收、转移蒸馏残渣的操作，减少跑冒滴漏	减少场地清洗相关费用	改善工作环境，减少气体无组织排放
13	钢瓶余氯检查	余氯空瓶过地磅，以确认瓶内余氯量	节约氯气费用0.9 万元/a	节约氯气 8.775 t/a

（三）清洁生产中/高费方案及效益

详见表 4-106。

表 4-106   清洁生产审核中/高费方案汇总表

编号	方案名称	主要内容	费用/万元	效果	
				经济效益	环境效益
1	对氯氰苄车间物料回收方案	对氯氰苄氯化工段、氰化工段以及负压系统设计回收槽罐	15.25	节约对氯甲苯等原料成本、增加产品共 19 万/a	削减对氯甲苯用量 19 t/a,对氯氰苄 5.45 t/a
2	对氯三氟甲苯车间对氯甲苯回收方案	增设尾冷器,沉降槽,增粗尾气管道,回收生产废气中的对氯甲苯	16.2	减少对氯甲苯使用成本 21.6 万元/a	削减对氯甲苯用量 21.6 t/a

由表 4-107 可知,与 2017 年同期相比,开展清洁生产审核后对氯氰苄车间的主要原料的单耗均有下降,对氯甲苯的单耗下降了 0.019 t/t,氯气单耗下降 0.016 t/t,氰化钠单耗下降 0.064 t/t。

表 4-107   对氯氰苄车间原料单耗对比

年度	类别	3 月		4 月		平均单耗/(t/t)
		总量/t	单耗/(t/t)	总量/t	单耗/(t/t)	
2017 年	对氯甲苯	63.8	0.930	85.1	0.927	0.929
	氯气	38.8	0.566	51.5	0.561	0.564
	氰化钠	74.1	1.08	101.06	1.101	1.091
	对氯氰苄	68.6		91.8		—
2018 年	对氯甲苯	96.7	0.909	85.2	0.910	0.910
	氯气	58.3	0.548	51.2	0.547	0.548
	氰化钠	109.4	1.028	95.9	1.025	1.027
	对氯氰苄	106.4		93.6		—

由表 4-108 可知,与 2017 年同期相比,开展清洁生产审核后对氯三氟甲苯车间的主要原料的单耗也均有下降,对氯甲苯的单耗下降了 0.024 t/t,氯气单耗下降 0.005 t/t,氟化氢单耗下降 0.015 t/t。

在原料单耗降低之前,这部分节约的原料作为废弃物进入废气或废水处理后,仍有小部分会排入环境,因此对氯氰苄车间清洁生产方案的实施不仅产生了直接的经济效益,同时降低了废气、废水的处理成本,减少了向环境中排放的污染物的量,产生了良好的间接经济效益和显著的环境效益。

表 4-108　对氯三氟甲苯车间原料单耗对比

年度	类别	3月		4月		平均单耗/（t/t）
		总量/t	单耗/（t/t）	总量/t	单耗/（t/t）	
2017年	对氯甲苯	63.4	0.753	59.0	0.751	0.752
	氯气	111.0	1.318	102.8	1.308	1.313
	氟化氢	33.4	0.397	31.2	0.397	0.397
	对氯三氟甲苯	84.2		78.6		—
2018年	对氯甲苯	80.4	0.728	66.0	0.727	0.728
	氯气	144.2	1.306	118.6	1.309	1.308
	氟化氢	42.8	0.388	34.1	0.376	0.382
	对氯三氟甲苯	110.4		90.6		—

由表 4-109 可知，循环水池建设方案实施后，全厂补给水量有了明显的减少，节水效果明显。在方案实施后，公司的单位产品新鲜水耗用量大幅下降，新鲜水取水量从 2017 年 3 月、4 月的 15.98 t/t 下降到 2018 年 3 月、4 月的 4.45 t/t，削减率达到了 72%。

表 4-109　全厂用水情况对比　　　　　　　　　　　　单位：t

年度	类别	3月	4月	合计	平均单耗/（t/t）
2017年	对氯氰苄	68.6	91.8	160.4	15.98
	对氯三氟甲苯	106.4	93.6	200	
	开机时间	18.5	13.5	32	—
	取水量 180 m³/h	3 330.0	2 430.0	5 760	—
2018年	对氯氰苄	84.2	78.6	162.8	4.45
	对氯三氟甲苯	110.4	90.6	201	
	开机时间	5	4	9	—
	取水量 180 m³/h	900.0	720.0	1 620	—

点评：通过分析对氯氰苄和对氯三氟甲苯物料平衡图，可以看出：对氯氰苄生产过程中，在减压精馏、氯化尾气吸收、氰化、洗涤、减压精馏、成品冷凝等环节，都存在不同程度的物料损失；对氯三氟甲苯生产过程中，物料损失主要存在于精馏环节、冷凝、氯化和氟化尾气吸收环节、反应釜转移物料的环节。两种产品的生产工艺与其他同类企业基本类似，且目前尚未开发出新的生产技术，因此在工艺流程上清洁生产潜力不大。但是对一些操作进行细微调整，可以提高反应效率，减少物料使用量，并最终提升产品收率，减少污染物的排放。

第五章　清洁生产法律、法规和产业政策

第一节　清洁生产法律、法规及规范

中华人民共和国清洁生产促进法

中华人民共和国主席令　第 54 号

　　《全国人民代表大会常务委员会关于修改〈中华人民共和国清洁生产促进法〉的决定》已由中华人民共和国第十一届全国人民代表大会常务委员会第二十五次会议于 2012 年 2 月 29 日通过，现予公布，自 2012 年 7 月 1 日起施行。

中华人民共和国主席　胡锦涛

2012 年 2 月 29 日

中华人民共和国清洁生产促进法

　　（2002 年 6 月 29 日第九届全国人民代表大会常务委员会第二十八次会议通过　根据 2012 年 2 月 29 日第十一届全国人民代表大会常务委员会第二十五次会议《关于修改〈中华人民共和国清洁生产促进法〉的决定》修正）

第一章　总　则

第一条　为了促进清洁生产，提高资源利用效率，减少和避免污染物的产生，保护和改善环境，保障人体健康，促进经济与社会可持续发展，制定本法。

第二条　本法所称清洁生产，是指不断采取改进设计、使用清洁的能源和原料、采用先进的工艺技术与设备、改善管理、综合利用等措施，从源头削减污染，提高资源利用效率，减少或者避免生产、服务和产品使用过程中污染物的产生和排放，以减轻或者消除对人类健康和环境的危害。

第三条　在中华人民共和国领域内，从事生产和服务活动的单位以及从事相关管理活动的部门依照本法规定，组织、实施清洁生产。

第四条　国家鼓励和促进清洁生产。国务院和县级以上地方人民政府，应当将清洁生产促进工作纳入国民经济和社会发展规划、年度计划以及环境保护、资源利用、产业发展、区域开发等规划。

第五条　国务院清洁生产综合协调部门负责组织、协调全国的清洁生产促进工作。国务院环境保护、工业、科学技术、财政部门和其他有关部门，按照各自的职责，负责有关的清洁生产促进工作。

县级以上地方人民政府负责领导本行政区域内的清洁生产促进工作。县级以上地方人民政府确定的清洁生产综合协调部门负责组织、协调本行政区域内的清洁生产促进工作。县级以上地方人民政府其他有关部门，按照各自的职责，负责有关的清洁生产促进工作。

第六条　国家鼓励开展有关清洁生产的科学研究、技术开发和国际合作，组织宣传、普及清洁生产知识，推广清洁生产技术。

国家鼓励社会团体和公众参与清洁生产的宣传、教育、推广、实施及监督。

第二章　清洁生产的推行

第七条　国务院应当制定有利于实施清洁生产的财政税收政策。

国务院及其有关部门和省、自治区、直辖市人民政府，应当制定有利于实施清洁生产的产业政策、技术开发和推广政策。

第八条　国务院清洁生产综合协调部门会同国务院环境保护、工业、科学技术部门和其他有关部门，根据国民经济和社会发展规划及国家节约资源、降低能源消耗、减少重点污染物排放的要求，编制国家清洁生产推行规划，报经国务院批准后及时公布。

国家清洁生产推行规划应当包括：推行清洁生产的目标、主要任务和保障措施，按照资源能源消耗、污染物排放水平确定开展清洁生产的重点领域、重点行业和重点工程。

国务院有关行业主管部门根据国家清洁生产推行规划确定本行业清洁生产的重点项目，制定行业专项清洁生产推行规划并组织实施。

县级以上地方人民政府根据国家清洁生产推行规划、有关行业专项清洁生产推行规划，按照本地区节约资源、降低能源消耗、减少重点污染物排放的要求，确定本地区清洁生产的重点项目，制定推行清洁生产的实施规划并组织落实。

第九条 中央预算应当加强对清洁生产促进工作的资金投入，包括中央财政清洁生产专项资金和中央预算安排的其他清洁生产资金，用于支持国家清洁生产推行规划确定的重点领域、重点行业、重点工程实施清洁生产及其技术推广工作，以及生态脆弱地区实施清洁生产的项目。中央预算用于支持清洁生产促进工作的资金使用的具体办法，由国务院财政部门、清洁生产综合协调部门会同国务院有关部门制定。

县级以上地方人民政府应当统筹地方财政安排的清洁生产促进工作的资金，引导社会资金，支持清洁生产重点项目。

第十条 国务院和省、自治区、直辖市人民政府的有关部门，应当组织和支持建立促进清洁生产信息系统和技术咨询服务体系，向社会提供有关清洁生产方法和技术、可再生利用的废弃物供求以及清洁生产政策等方面的信息和服务。

第十一条 国务院清洁生产综合协调部门会同国务院环境保护、工业、科学技术、建设、农业等有关部门定期发布清洁生产技术、工艺、设备和产品导向目录。

国务院清洁生产综合协调部门、环境保护部门和省、自治区、直辖市人民政府负责清洁生产综合协调的部门、环境保护部门会同同级有关部门，组织编制重点行业或者地区的清洁生产指南，指导实施清洁生产。

第十二条 国家对浪费资源和严重污染环境的落后生产技术、工艺、设备和产品实行限期淘汰制度。国务院有关部门按照职责分工，制定并发布限期淘汰的生产技术、工艺、设备以及产品的名录。

第十三条 国务院有关部门可以根据需要批准设立节能、节水、废弃物再生利用等环境与资源保护方面的产品标志，并按照国家规定制定相应标准。

第十四条 县级以上人民政府科学技术部门和其他有关部门，应当指导和支持清洁生产技术和有利于环境与资源保护的产品的研究、开发以及清洁生产技术的示范和推广工作。

第十五条 国务院教育部门，应当将清洁生产技术和管理课程纳入有关高等教育、职业教育和技术培训体系。

县级以上人民政府有关部门组织开展清洁生产的宣传和培训，提高国家工作人员、企业经营管理者和公众的清洁生产意识，培养清洁生产管理和技术人员。

新闻出版、广播影视、文化等单位和有关社会团体，应当发挥各自优势做好清洁生产宣传工作。

第十六条 各级人民政府应当优先采购节能、节水、废弃物再生利用等有利于环境与资源保护的产品。

各级人民政府应当通过宣传、教育等措施，鼓励公众购买和使用节能、节水、废弃物再生利用等有利于环境与资源保护的产品。

第十七条 省、自治区、直辖市人民政府负责清洁生产综合协调的部门、环境保护部门，根据促进清洁生产工作的需要，在本地区主要媒体上公布未达到能源消耗控制指标、重点污染物排放控制指标的企业的名单，为公众监督企业实施清洁生产提供依据。

列入前款规定名单的企业，应当按照国务院清洁生产综合协调部门、环境保护部门的规定公布能源消耗或者重点污染物产生、排放情况，接受公众监督。

第三章 清洁生产的实施

第十八条 新建、改建和扩建项目应当进行环境影响评价，对原料使用、资源消耗、资源综合利用以及污染物产生与处置等进行分析论证，优先采用资源利用率高以及污染物产生量少的清洁生产技术、工艺和设备。

第十九条 企业在进行技术改造过程中，应当采取以下清洁生产措施：

（一）采用无毒、无害或者低毒、低害的原料，替代毒性大、危害严重的原料；

（二）采用资源利用率高、污染物产生量少的工艺和设备，替代资源利用率低、污染物产生量多的工艺和设备；

（三）对生产过程中产生的废弃物、废水和余热等进行综合利用或者循环使用；

（四）采用能够达到国家或者地方规定的污染物排放标准和污染物排放总量控制指标的污染防治技术。

第二十条 产品和包装物的设计，应当考虑其在生命周期中对人类健康和环境的影响，优先选择无毒、无害、易于降解或者便于回收利用的方案。

企业对产品的包装应当合理，包装的材质、结构和成本应当与内装产品的质量、规格和成本相适应，减少包装性废弃物的产生，不得进行过度包装。

第二十一条 生产大型机电设备、机动运输工具以及国务院工业部门指定的其他产品的企业，应当按照国务院标准化部门或者其授权机构制定的技术规范，在产品的主体构件上注明材料成分的标准牌号。

第二十二条 农业生产者应当科学地使用化肥、农药、农用薄膜和饲料添加剂，改进种植和养殖技术，实现农产品的优质、无害和农业生产废弃物的资源化，防止农业环境污染。

禁止将有毒、有害废弃物用作肥料或者用于造田。

第二十三条   餐饮、娱乐、宾馆等服务性企业，应当采用节能、节水和其他有利于环境保护的技术和设备，减少使用或者不使用浪费资源、污染环境的消费品。

第二十四条   建筑工程应当采用节能、节水等有利于环境与资源保护的建筑设计方案、建筑和装修材料、建筑构配件及设备。

建筑和装修材料必须符合国家标准。禁止生产、销售和使用有毒、有害物质超过国家标准的建筑和装修材料。

第二十五条   矿产资源的勘查、开采，应当采用有利于合理利用资源、保护环境和防止污染的勘查、开采方法和工艺技术，提高资源利用水平。

第二十六条   企业应当在经济技术可行的条件下对生产和服务过程中产生的废弃物、余热等自行回收利用或者转让给有条件的其他企业和个人利用。

第二十七条   企业应当对生产和服务过程中的资源消耗以及废弃物的产生情况进行监测，并根据需要对生产和服务实施清洁生产审核。

有下列情形之一的企业，应当实施强制性清洁生产审核：

（一）污染物排放超过国家或者地方规定的排放标准，或者虽未超过国家或者地方规定的排放标准，但超过重点污染物排放总量控制指标的；

（二）超过单位产品能源消耗限额标准构成高耗能的；

（三）使用有毒、有害原料进行生产或者在生产中排放有毒、有害物质的。

污染物排放超过国家或者地方规定的排放标准的企业，应当按照环境保护相关法律的规定治理。

实施强制性清洁生产审核的企业，应当将审核结果向所在地县级以上地方人民政府负责清洁生产综合协调的部门、环境保护部门报告，并在本地区主要媒体上公布，接受公众监督，但涉及商业秘密的除外。

县级以上地方人民政府有关部门应当对企业实施强制性清洁生产审核的情况进行监督，必要时可以组织对企业实施清洁生产的效果进行评估验收，所需费用纳入同级政府预算。承担评估验收工作的部门或者单位不得向被评估验收企业收取费用。

实施清洁生产审核的具体办法，由国务院清洁生产综合协调部门、环境保护部门会同国务院有关部门制定。

第二十八条   本法第二十七条第二款规定以外的企业，可以自愿与清洁生产综合协调部门和环境保护部门签订进一步节约资源、削减污染物排放量的协议。该清洁生产综合协调部门和环境保护部门应当在本地区主要媒体上公布该企业的名称以及节约资源、防治污染的成果。

第二十九条   企业可以根据自愿原则，按照国家有关环境管理体系等认证的规定，委托经国务院认证认可监督管理部门认可的认证机构进行认证，提高清洁生产水平。

第四章 鼓励措施

第三十条 国家建立清洁生产表彰奖励制度。对在清洁生产工作中做出显著成绩的单位和个人，由人民政府给予表彰和奖励。

第三十一条 对从事清洁生产研究、示范和培训，实施国家清洁生产重点技术改造项目和本法第二十八条规定的自愿节约资源、削减污染物排放量协议中载明的技术改造项目，由县级以上人民政府给予资金支持。

第三十二条 在依照国家规定设立的中小企业发展基金中，应当根据需要安排适当数额用于支持中小企业实施清洁生产。

第三十三条 依法利用废弃物和从废弃物中回收原料生产产品的，按照国家规定享受税收优惠。

第三十四条 企业用于清洁生产审核和培训的费用，可以列入企业经营成本。

第五章 法律责任

第三十五条 清洁生产综合协调部门或者其他有关部门未依照本法规定履行职责的，对直接负责的主管人员和其他直接责任人员依法给予处分。

第三十六条 违反本法第十七条第二款规定，未按照规定公布能源消耗或者重点污染物产生、排放情况的，由县级以上地方人民政府负责清洁生产综合协调的部门、环境保护部门按照职责分工责令公布，可以处十万元以下的罚款。

第三十七条 违反本法第二十一条规定，未标注产品材料的成分或者不如实标注的，由县级以上地方人民政府质量技术监督部门责令限期改正；拒不改正的，处以五万元以下的罚款。

第三十八条 违反本法第二十四条第二款规定，生产、销售有毒、有害物质超过国家标准的建筑和装修材料的，依照产品质量法和有关民事、刑事法律的规定，追究行政、民事、刑事法律责任。

第三十九条 违反本法第二十七条第二款、第四款规定，不实施强制性清洁生产审核或者在清洁生产审核中弄虚作假的，或者实施强制性清洁生产审核的企业不报告或者不如实报告审核结果的，由县级以上地方人民政府负责清洁生产综合协调的部门、环境保护部门按照职责分工责令限期改正；拒不改正的，处以五万元以上五十万元以下的罚款。

违反本法第二十七条第五款规定，承担评估验收工作的部门或者单位及其工作人员向被评估验收企业收取费用的，不如实评估验收或者在评估验收中弄虚作假的，或者利用职务上的便利谋取利益的，对直接负责的主管人员和其他直接责任人员依法给予处分；构成犯罪的，依法追究刑事责任。

第六章 附 则

第四十条 本法自 2003 年 1 月 1 日起施行。

中华人民共和国循环经济促进法

（2008年8月29日第十一届全国人民代表大会常务委员会第四次会议通过 根据2018年10月26日第十三届全国人民代表大会常务委员会第六次会议《关于修改〈中华人民共和国野生动物保护法〉等十五部法律的决定》修正）

第一章 总 则

第一条 为了促进循环经济发展，提高资源利用效率，保护和改善环境，实现可持续发展，制定本法。

第二条 本法所称循环经济，是指在生产、流通和消费等过程中进行的减量化、再利用、资源化活动的总称。

本法所称减量化，是指在生产、流通和消费等过程中减少资源消耗和废物产生。

本法所称再利用，是指将废物直接作为产品或者经修复、翻新、再制造后继续作为产品使用，或者将废物的全部或者部分作为其他产品的部件予以使用。

本法所称资源化，是指将废物直接作为原料进行利用或者对废物进行再生利用。

第三条 发展循环经济是国家经济社会发展的一项重大战略，应当遵循统筹规划、合理布局，因地制宜、注重实效，政府推动、市场引导，企业实施、公众参与的方针。

第四条 发展循环经济应当在技术可行、经济合理和有利于节约资源、保护环境的前提下，按照减量化优先的原则实施。

在废物再利用和资源化过程中，应当保障生产安全，保证产品质量符合国家规定的标准，并防止产生再次污染。

第五条 国务院循环经济发展综合管理部门负责组织协调、监督管理全国循环经济发展工作；国务院生态环境等有关主管部门按照各自的职责负责有关循环经济的监督管理工作。

县级以上地方人民政府循环经济发展综合管理部门负责组织协调、监督管理本行政区域的循环经济发展工作；县级以上地方人民政府生态环境等有关主管部门按照各自的职责负责有关循环经济的监督管理工作。

第六条 国家制定产业政策，应当符合发展循环经济的要求。

县级以上人民政府编制国民经济和社会发展规划及年度计划，县级以上人民政府有关部门编制环境保护、科学技术等规划，应当包括发展循环经济的内容。

第七条 国家鼓励和支持开展循环经济科学技术的研究、开发和推广，鼓励开展循环经济宣传、教育、科学知识普及和国际合作。

第八条 县级以上人民政府应当建立发展循环经济的目标责任制，采取规划、财政、投资、政府采购等措施，促进循环经济发展。

第九条 企业事业单位应当建立健全管理制度，采取措施，降低资源消耗，减少废物的产生量和排放量，提高废物的再利用和资源化水平。

第十条 公民应当增强节约资源和保护环境意识，合理消费，节约资源。

国家鼓励和引导公民使用节能、节水、节材和有利于保护环境的产品及再生产品，减少废物的产生量和排放量。

公民有权举报浪费资源、破坏环境的行为，有权了解政府发展循环经济的信息并提出意见和建议。

第十一条 国家鼓励和支持行业协会在循环经济发展中发挥技术指导和服务作用。县级以上人民政府可以委托有条件的行业协会等社会组织开展促进循环经济发展的公共服务。

国家鼓励和支持中介机构、学会和其他社会组织开展循环经济宣传、技术推广和咨询服务，促进循环经济发展。

第二章 基本管理制度

第十二条 国务院循环经济发展综合管理部门会同国务院生态环境等有关主管部门编制全国循环经济发展规划，报国务院批准后公布施行。设区的市级以上地方人民政府循环经济发展综合管理部门会同本级人民政府生态环境等有关主管部门编制本行政区域循环经济发展规划，报本级人民政府批准后公布施行。

循环经济发展规划应当包括规划目标、适用范围、主要内容、重点任务和保障措施等，并规定资源产出率、废物再利用和资源化率等指标。

第十三条 县级以上地方人民政府应当依据上级人民政府下达的本行政区域主要污染物排放、建设用地和用水总量控制指标，规划和调整本行政区域的产业结构，促进循环经济发展。

新建、改建、扩建建设项目，必须符合本行政区域主要污染物排放、建设用地和用水总量控制指标的要求。

第十四条 国务院循环经济发展综合管理部门会同国务院统计、生态环境等有关主管部门建立和完善循环经济评价指标体系。

上级人民政府根据前款规定的循环经济主要评价指标，对下级人民政府发展循环经济的状况定期进行考核，并将主要评价指标完成情况作为对地方人民政府及其负责人考核评价的内容。

第十五条 生产列入强制回收名录的产品或者包装物的企业，必须对废弃的产品或者包装物负责回收；对其中可以利用的，由各该生产企业负责利用；对因不具备技术经济条件而不适合利用的，由各该生产企业负责无害化处置。

对前款规定的废弃产品或者包装物，生产者委托销售者或者其他组织进行回收的，或者委托废物利用或者处置企业进行利用或者处置的，受托方应当依照有关法律、行政法规的规定和合同的约定负责回收或者利用、处置。

对列入强制回收名录的产品和包装物，消费者应当将废弃的产品或者包装物交给生产者或者其委托回收的销售者或者其他组织。

强制回收的产品和包装物的名录及管理办法，由国务院循环经济发展综合管理部门规定。

第十六条　国家对钢铁、有色金属、煤炭、电力、石油加工、化工、建材、建筑、造纸、印染等行业年综合能源消费量、用水量超过国家规定总量的重点企业，实行能耗、水耗的重点监督管理制度。

重点能源消费单位的节能监督管理，依照《中华人民共和国节约能源法》的规定执行。

重点用水单位的监督管理办法，由国务院循环经济发展综合管理部门会同国务院有关部门规定。

第十七条　国家建立健全循环经济统计制度，加强资源消耗、综合利用和废物产生的统计管理，并将主要统计指标定期向社会公布。

国务院标准化主管部门会同国务院循环经济发展综合管理和生态环境等有关主管部门建立健全循环经济标准体系，制定和完善节能、节水、节材和废物再利用、资源化等标准。

国家建立健全能源效率标识等产品资源消耗标识制度。

第三章　减量化

第十八条　国务院循环经济发展综合管理部门会同国务院生态环境等有关主管部门，定期发布鼓励、限制和淘汰的技术、工艺、设备、材料和产品名录。

禁止生产、进口、销售列入淘汰名录的设备、材料和产品，禁止使用列入淘汰名录的技术、工艺、设备和材料。

第十九条　从事工艺、设备、产品及包装物设计，应当按照减少资源消耗和废物产生的要求，优先选择采用易回收、易拆解、易降解、无毒无害或者低毒低害的材料和设计方案，并应当符合有关国家标准的强制性要求。

对在拆解和处置过程中可能造成环境污染的电器电子等产品，不得设计使用国家禁止使用的有毒有害物质。禁止在电器电子等产品中使用的有毒有害物质名录，由国务院循环经济发展综合管理部门会同国务院生态环境等有关主管部门制定。

设计产品包装物应当执行产品包装标准，防止过度包装造成资源浪费和环境污染。

第二十条　工业企业应当采用先进或者适用的节水技术、工艺和设备，制定并实施节水计划，加强节水管理，对生产用水进行全过程控制。

工业企业应当加强用水计量管理，配备和使用合格的用水计量器具，建立水耗统计和用水状况分析制度。

新建、改建、扩建建设项目，应当配套建设节水设施。节水设施应当与主体工程同时设计、同时施工、同时投产使用。

国家鼓励和支持沿海地区进行海水淡化和海水直接利用，节约淡水资源。

第二十一条　国家鼓励和支持企业使用高效节油产品。

电力、石油加工、化工、钢铁、有色金属和建材等企业，必须在国家规定的范围和期限内，以洁净煤、石油焦、天然气等清洁能源替代燃料油，停止使用不符合国家规定的燃油发电机组和燃油锅炉。

内燃机和机动车制造企业应当按照国家规定的内燃机和机动车燃油经济性标准，采用节油技术，减少石油产品消耗量。

第二十二条　开采矿产资源，应当统筹规划，制定合理的开发利用方案，采用合理的开采顺序、方法和选矿工艺。采矿许可证颁发机关应当对申请人提交的开发利用方案中的开采回采率、采矿贫化率、选矿回收率、矿山水循环利用率和土地复垦率等指标依法进行审查；审查不合格的，不予颁发采矿许可证。采矿许可证颁发机关应当依法加强对开采矿产资源的监督管理。

矿山企业在开采主要矿种的同时，应当对具有工业价值的共生和伴生矿实行综合开采、合理利用；对必须同时采出而暂时不能利用的矿产以及含有有用组分的尾矿，应当采取保护措施，防止资源损失和生态破坏。

第二十三条　建筑设计、建设、施工等单位应当按照国家有关规定和标准，对其设计、建设、施工的建筑物及构筑物采用节能、节水、节地、节材的技术工艺和小型、轻型、再生产品。有条件的地区，应当充分利用太阳能、地热能、风能等可再生能源。

国家鼓励利用无毒无害的固体废物生产建筑材料，鼓励使用散装水泥，推广使用预拌混凝土和预拌砂浆。

禁止损毁耕地烧砖。在国务院或者省、自治区、直辖市人民政府规定的期限和区域内，禁止生产、销售和使用黏土砖。

第二十四条　县级以上人民政府及其农业等主管部门应当推进土地集约利用，鼓励和支持农业生产者采用节水、节肥、节药的先进种植、养殖和灌溉技术，推动农业机械节能，优先发展生态农业。

在缺水地区，应当调整种植结构，优先发展节水型农业，推进雨水集蓄利用，建设和管护节水灌溉设施，提高用水效率，减少水的蒸发和漏失。

第二十五条 国家机关及使用财政性资金的其他组织应当厉行节约、杜绝浪费，带头使用节能、节水、节地、节材和有利于保护环境的产品、设备和设施，节约使用办公用品。国务院和县级以上地方人民政府管理机关事务工作的机构会同本级人民政府有关部门制定本级国家机关等机构的用能、用水定额指标，财政部门根据该定额指标制定支出标准。

城市人民政府和建筑物的所有者或者使用者，应当采取措施，加强建筑物维护管理，延长建筑物使用寿命。对符合城市规划和工程建设标准，在合理使用寿命内的建筑物，除为了公共利益的需要外，城市人民政府不得决定拆除。

第二十六条 餐饮、娱乐、宾馆等服务性企业，应当采用节能、节水、节材和有利于保护环境的产品，减少使用或者不使用浪费资源、污染环境的产品。

本法施行后新建的餐饮、娱乐、宾馆等服务性企业，应当采用节能、节水、节材和有利于保护环境的技术、设备和设施。

第二十七条 国家鼓励和支持使用再生水。在有条件使用再生水的地区，限制或者禁止将自来水作为城市道路清扫、城市绿化和景观用水使用。

第二十八条 国家在保障产品安全和卫生的前提下，限制一次性消费品的生产和销售。具体名录由国务院循环经济发展综合管理部门会同国务院财政、生态环境等有关主管部门制定。

对列入前款规定名录中的一次性消费品的生产和销售，由国务院财政、税务和对外贸易等主管部门制定限制性的税收和出口等措施。

第四章 再利用和资源化

第二十九条 县级以上人民政府应当统筹规划区域经济布局，合理调整产业结构，促进企业在资源综合利用等领域进行合作，实现资源的高效利用和循环使用。

各类产业园区应当组织区内企业进行资源综合利用，促进循环经济发展。

国家鼓励各类产业园区的企业进行废物交换利用、能量梯级利用、土地集约利用、水的分类利用和循环使用，共同使用基础设施和其他有关设施。

新建和改造各类产业园区应当依法进行环境影响评价，并采取生态保护和污染控制措施，确保本区域的环境质量达到规定的标准。

第三十条 企业应当按照国家规定，对生产过程中产生的粉煤灰、煤矸石、尾矿、废石、废料、废气等工业废物进行综合利用。

第三十一条 企业应当发展串联用水系统和循环用水系统，提高水的重复利用率。

企业应当采用先进技术、工艺和设备，对生产过程中产生的废水进行再生利用。

第三十二条 企业应当采用先进或者适用的回收技术、工艺和设备，对生产过程中产生的余热、余压等进行综合利用。

建设利用余热、余压、煤层气以及煤矸石、煤泥、垃圾等低热值燃料的并网发电项目，应当依照法律和国务院的规定取得行政许可或者报送备案。电网企业应当按照国家规定，与综合利用资源发电的企业签订并网协议，提供上网服务，并全额收购并网发电项目的上网电量。

第三十三条 建设单位应当对工程施工中产生的建筑废物进行综合利用；不具备综合利用条件的，应当委托具备条件的生产经营者进行综合利用或者无害化处置。

第三十四条 国家鼓励和支持农业生产者和相关企业采用先进或者适用技术，对农作物秸秆、畜禽粪便、农产品加工业副产品、废农用薄膜等进行综合利用，开发利用沼气等生物质能源。

第三十五条 县级以上人民政府及其林业草原主管部门应当积极发展生态林业，鼓励和支持林业生产者和相关企业采用木材节约和代用技术，开展林业废弃物和次小薪材、沙生灌木等综合利用，提高木材综合利用率。

第三十六条 国家支持生产经营者建立产业废物交换信息系统，促进企业交流产业废物信息。

企业对生产过程中产生的废物不具备综合利用条件的，应当提供给具备条件的生产经营者进行综合利用。

第三十七条 国家鼓励和推进废物回收体系建设。

地方人民政府应当按照城乡规划，合理布局废物回收网点和交易市场，支持废物回收企业和其他组织开展废物的收集、储存、运输及信息交流。

废物回收交易市场应当符合国家环境保护、安全和消防等规定。

第三十八条 对废电器电子产品、报废机动车船、废轮胎、废铅酸电池等特定产品进行拆解或者再利用，应当符合有关法律、行政法规的规定。

第三十九条 回收的电器电子产品，经过修复后销售的，必须符合再利用产品标准，并在显著位置标识为再利用产品。

回收的电器电子产品，需要拆解和再生利用的，应当交售给具备条件的拆解企业。

第四十条 国家支持企业开展机动车零部件、工程机械、机床等产品的再制造和轮胎翻新。

销售的再制造产品和翻新产品的质量必须符合国家规定的标准，并在显著位置标识为再制造产品或者翻新产品。

第四十一条 县级以上人民政府应当统筹规划建设城乡生活垃圾分类收集和资源化利用设施，建立和完善分类收集和资源化利用体系，提高生活垃圾资源化率。

县级以上人民政府应当支持企业建设污泥资源化利用和处置设施，提高污泥综合利用水平，防止产生再次污染。

第五章　激励措施

第四十二条　国务院和省、自治区、直辖市人民政府设立发展循环经济的有关专项资金，支持循环经济的科技研究开发、循环经济技术和产品的示范与推广、重大循环经济项目的实施、发展循环经济的信息服务等。具体办法由国务院财政部门会同国务院循环经济发展综合管理等有关主管部门制定。

第四十三条　国务院和省、自治区、直辖市人民政府及其有关部门应当将循环经济重大科技攻关项目的自主创新研究、应用示范和产业化发展列入国家或者省级科技发展规划和高技术产业发展规划，并安排财政性资金予以支持。

利用财政性资金引进循环经济重大技术、装备的，应当制定消化、吸收和创新方案，报有关主管部门审批并由其监督实施；有关主管部门应当根据实际需要建立协调机制，对重大技术、装备的引进和消化、吸收、创新实行统筹协调，并给予资金支持。

第四十四条　国家对促进循环经济发展的产业活动给予税收优惠，并运用税收等措施鼓励进口先进的节能、节水、节材等技术、设备和产品，限制在生产过程中耗能高、污染重的产品的出口。具体办法由国务院财政、税务主管部门制定。

企业使用或者生产列入国家清洁生产、资源综合利用等鼓励名录的技术、工艺、设备或者产品的，按照国家有关规定享受税收优惠。

第四十五条　县级以上人民政府循环经济发展综合管理部门在制定和实施投资计划时，应当将节能、节水、节地、节材、资源综合利用等项目列为重点投资领域。

对符合国家产业政策的节能、节水、节地、节材、资源综合利用等项目，金融机构应当给予优先贷款等信贷支持，并积极提供配套金融服务。

对生产、进口、销售或者使用列入淘汰名录的技术、工艺、设备、材料或者产品的企业，金融机构不得提供任何形式的授信支持。

第四十六条　国家实行有利于资源节约和合理利用的价格政策，引导单位和个人节约和合理使用水、电、气等资源性产品。

国务院和省、自治区、直辖市人民政府的价格主管部门应当按照国家产业政策，对资源高消耗行业中的限制类项目，实行限制性的价格政策。

对利用余热、余压、煤层气以及煤矸石、煤泥、垃圾等低热值燃料的并网发电项目，价格主管部门按照有利于资源综合利用的原则确定其上网电价。

省、自治区、直辖市人民政府可以根据本行政区域经济社会发展状况，实行垃圾排放收费制度。收取的费用专项用于垃圾分类、收集、运输、贮存、利用和处置，不得挪作他用。

国家鼓励通过以旧换新、押金等方式回收废物。

第四十七条 国家实行有利于循环经济发展的政府采购政策。使用财政性资金进行采购的，应当优先采购节能、节水、节材和有利于保护环境的产品及再生产品。

第四十八条 县级以上人民政府及其有关部门应当对在循环经济管理、科学技术研究、产品开发、示范和推广工作中做出显著成绩的单位和个人给予表彰和奖励。

企业事业单位应当对在循环经济发展中做出突出贡献的集体和个人给予表彰和奖励。

第六章 法律责任

第四十九条 县级以上人民政府循环经济发展综合管理部门或者其他有关主管部门发现违反本法的行为或者接到对违法行为的举报后不予查处，或者有其他不依法履行监督管理职责行为的，由本级人民政府或者上一级人民政府有关主管部门责令改正，对直接负责的主管人员和其他直接责任人员依法给予处分。

第五十条 生产、销售列入淘汰名录的产品、设备的，依照《中华人民共和国产品质量法》的规定处罚。

使用列入淘汰名录的技术、工艺、设备、材料的，由县级以上地方人民政府循环经济发展综合管理部门责令停止使用，没收违法使用的设备、材料，并处五万元以上二十万元以下的罚款；情节严重的，由县级以上人民政府循环经济发展综合管理部门提出意见，报请本级人民政府按照国务院规定的权限责令停业或者关闭。

违反本法规定，进口列入淘汰名录的设备、材料或者产品的，由海关责令退运，可以处十万元以上一百万元以下的罚款。进口者不明的，由承运人承担退运责任，或者承担有关处置费用。

第五十一条 违反本法规定，对在拆解或者处置过程中可能造成环境污染的电器电子等产品，设计使用列入国家禁止使用名录的有毒有害物质的，由县级以上地方人民政府市场监督管理部门责令限期改正；逾期不改正的，处二万元以上二十万元以下的罚款；情节严重的，依法吊销营业执照。

第五十二条 违反本法规定，电力、石油加工、化工、钢铁、有色金属和建材等企业未在规定的范围或者期限内停止使用不符合国家规定的燃油发电机组或者燃油锅炉的，由县级以上地方人民政府循环经济发展综合管理部门责令限期改正；逾期不改正的，责令拆除该燃油发电机组或者燃油锅炉，并处五万元以上五十万元以下的罚款。

第五十三条 违反本法规定，矿山企业未达到经依法审查确定的开采回采率、采矿贫化率、选矿回收率、矿山水循环利用率和土地复垦率等指标的，由县级以上人民政府地质矿产主管部门责令限期改正，处五万元以上五十万元以下的罚款；逾期不改正的，由采矿许可证颁发机关依法吊销采矿许可证。

第五十四条　违反本法规定，在国务院或者省、自治区、直辖市人民政府规定禁止生产、销售、使用黏土砖的期限或者区域内生产、销售或者使用黏土砖的，由县级以上地方人民政府指定的部门责令限期改正；有违法所得的，没收违法所得；逾期继续生产、销售的，由地方人民政府市场监督管理部门依法吊销营业执照。

第五十五条　违反本法规定，电网企业拒不收购企业利用余热、余压、煤层气以及煤矸石、煤泥、垃圾等低热值燃料生产的电力的，由国家电力监管机构责令限期改正；造成企业损失的，依法承担赔偿责任。

第五十六条　违反本法规定，有下列行为之一的，由地方人民政府市场监督管理部门责令限期改正，可以处五千元以上五万元以下的罚款；逾期不改正的，依法吊销营业执照；造成损失的，依法承担赔偿责任：

（一）销售没有再利用产品标识的再利用电器电子产品的；

（二）销售没有再制造或者翻新产品标识的再制造或者翻新产品的。

第五十七条　违反本法规定，构成犯罪的，依法追究刑事责任。

第七章　附　则

第五十八条　本法自 2009 年 1 月 1 日起施行。

清洁生产审核办法（2016）

第一章 总 则

第一条 为促进清洁生产，规范清洁生产审核行为，根据《中华人民共和国清洁生产促进法》，制定本办法。

第二条 本办法所称清洁生产审核，是指按照一定程序，对生产和服务过程进行调查和诊断，找出能耗高、物耗高、污染重的原因，提出降低能耗、物耗、废物产生以及减少有毒有害物料的使用、产生和废弃物资源化利用的方案，进而选定并实施技术经济及环境可行的清洁生产方案的过程。

第三条 本办法适用于中华人民共和国领域内所有从事生产和服务活动的单位以及从事相关管理活动的部门。

第四条 国家发展和改革委员会会同环境保护部负责全国清洁生产审核的组织、协调、指导和监督工作。县级以上地方人民政府确定的清洁生产综合协调部门会同环境保护主管部门、管理节能工作的部门（以下简称"节能主管部门"）和其他有关部门，根据本地区实际情况，组织开展清洁生产审核。

第五条 清洁生产审核应当以企业为主体，遵循企业自愿审核与国家强制审核相结合、企业自主审核与外部协助审核相结合的原则，因地制宜、有序开展、注重实效。

第二章 清洁生产审核范围

第六条 清洁生产审核分为自愿性审核和强制性审核。

第七条 国家鼓励企业自愿开展清洁生产审核。本办法第八条规定以外的企业，可以自愿组织实施清洁生产审核。

第八条 有下列情形之一的企业，应当实施强制性清洁生产审核：

（一）污染物排放超过国家或者地方规定的排放标准，或者虽未超过国家或者地方规定的排放标准，但超过重点污染物排放总量控制指标的；

（二）超过单位产品能源消耗限额标准构成高耗能的；

（三）使用有毒有害原料进行生产或者在生产中排放有毒有害物质的。

其中有毒有害原料或物质包括以下几类：

第一类，危险废物。包括列入《国家危险废物名录》的危险废物，以及根据国家规定的危险废物鉴别标准和鉴别方法认定的具有危险特性的废物。

第二类，剧毒化学品、列入《重点环境管理危险化学品目录》的化学品，以及含有上述化学品的物质。

第三类，含有铅、汞、镉、铬等重金属和类金属砷的物质。

第四类，《关于持久性有机污染物的斯德哥尔摩公约》附件所列物质。

第五类，其他具有毒性、可能污染环境的物质。

第三章 清洁生产审核的实施

第九条 本办法第八条第（一）款、第（三）款规定实施强制性清洁生产审核的企业名单，由所在地县级以上环境保护主管部门按照管理权限提出，逐级报省级环境保护主管部门核定后确定，根据属地原则书面通知企业，并抄送同级清洁生产综合协调部门和行业管理部门。

本办法第八条第（二）款规定实施强制性清洁生产审核的企业名单，由所在地县级以上节能主管部门按照管理权限提出，逐级报省级节能主管部门核定后确定，根据属地原则书面通知企业，并抄送同级清洁生产综合协调部门和行业管理部门。

第十条 各省级环境保护主管部门、节能主管部门应当按照各自职责，分别汇总提出应当实施强制性清洁生产审核的企业单位名单，由清洁生产综合协调部门会同环境保护主管部门或节能主管部门，在官方网站或采取其他便于公众知晓的方式分期分批发布。

第十一条 实施强制性清洁生产审核的企业，应当在名单公布后1个月内，在当地主要媒体、企业官方网站或采取其他便于公众知晓的方式公布企业相关信息。

（一）本办法第八条第（一）款规定实施强制性清洁生产审核的企业，公布的主要信息包括：企业名称、法人代表、企业所在地址、排放污染物名称、排放方式、排放浓度和总量、超标及超总量情况。

（二）本办法第八条第（二）款规定实施强制性清洁生产审核的企业，公布的主要信息包括：企业名称、法人代表、企业所在地址、主要能源品种及消耗量、单位产值能耗、单位产品能耗、超过单位产品能耗限额标准情况。

（三）本办法第八条第（三）款规定实施强制性清洁生产审核的企业，公布的主要信息包括：企业名称、法人代表、企业所在地址、使用有毒有害原料的名称、数量、用途、排放有毒有害物质的名称、浓度和数量，危险废物的产生和处置情况，依法落实环境风险防控措施情况等。

（四）符合本办法第八条两款以上情况的企业，应当参照上述要求同时公布相关信息。

企业应对其公布信息的真实性负责。

第十二条 列入实施强制性清洁生产审核名单的企业应当在名单公布后2个月内开展清洁生产审核。

本办法第八条第（三）款规定实施强制性清洁生产审核的企业，2次清洁生产审核的间隔时间不得超过 5 年。

第十三条 自愿实施清洁生产审核的企业可参照强制性清洁生产审核的程序开展审核。

第十四条 清洁生产审核程序原则上包括审核准备、预审核、审核、方案的产生和筛选、方案的确定、方案的实施、持续清洁生产等。

第四章 清洁生产审核的组织和管理

第十五条 清洁生产审核以企业自行组织开展为主。实施强制性清洁生产审核的企业，如果自行独立组织开展清洁生产审核，应具备本办法第十六条第（二）款、第（三）款的条件。

不具备独立开展清洁生产审核能力的企业，可以聘请外部专家或委托具备相应能力的咨询服务机构协助开展清洁生产审核。

第十六条 协助企业组织开展清洁生产审核工作的咨询服务机构，应当具备下列条件：

（一）具有独立法人资格，具备为企业清洁生产审核提供公平、公正和高效率服务的质量保证体系和管理制度。

（二）具备开展清洁生产审核物料平衡测试、能量和水平衡测试的基本检测分析器具、设备或手段。

（三）拥有熟悉相关行业生产工艺、技术规程和节能、节水、污染防治管理要求的技术人员。

（四）拥有掌握清洁生产审核方法并具有清洁生产审核咨询经验的技术人员。

第十七条 列入本办法第八条第（一）款和第（三）款规定实施强制性清洁生产审核的企业，应当在名单公布之日起 1 年内，完成本轮清洁生产审核并将清洁生产审核报告报当地县级以上环境保护主管部门和清洁生产综合协调部门。

列入第八条第（二）款规定实施强制性清洁生产审核的企业，应当在名单公布之日起 1 年内，完成本轮清洁生产审核并将清洁生产审核报告报当地县级以上节能主管部门和清洁生产综合协调部门。

第十八条 县级以上清洁生产综合协调部门应当会同环境保护主管部门、节能主管部门，对企业实施强制性清洁生产审核的情况进行监督，督促企业按进度开展清洁生产审核。

第十九条 有关部门以及咨询服务机构应当为实施清洁生产审核的企业保守技术和商业秘密。

第二十条 县级以上环境保护主管部门或节能主管部门，应当在各自的职责范围内组织清洁生产专家或委托相关单位，对以下企业实施清洁生产审核的效果进行评估验收：

（一）国家考核的规划、行动计划中明确指出需要开展强制性清洁生产审核工作的企业。

（二）申请各级清洁生产、节能减排等财政资金的企业。

上述涉及本办法第八条第（一）款、第（三）款规定实施强制性清洁生产审核企业的评估验收工作由县级以上环境保护主管部门牵头，涉及本办法第八条第（二）款规定实施强制性清洁生产审核企业的评估验收工作由县级以上节能主管部门牵头。

第二十一条 对企业实施清洁生产审核评估的重点是对企业清洁生产审核过程的真实性、清洁生产审核报告的规范性、清洁生产方案的合理性和有效性进行评估。

第二十二条 对企业实施清洁生产审核的效果进行验收，应当包括以下主要内容：

（一）企业实施完成清洁生产方案后，污染减排、能源资源利用效率、工艺装备控制、产品和服务等改进效果，环境、经济效益是否达到预期目标。

（二）按照清洁生产评价指标体系，对企业清洁生产水平进行评定。

第二十三条 对本办法第二十条中企业实施清洁生产审核效果的评估验收，所需费用由组织评估验收的部门报请地方政府纳入预算。承担评估验收工作的部门或者单位不得向被评估验收企业收取费用。

第二十四条 自愿实施清洁生产审核的企业如需评估验收，可参照强制性清洁生产审核的相关条款执行。

第二十五条 清洁生产审核评估验收的结果可作为落后产能界定等工作的参考依据。

第二十六条 县级以上清洁生产综合协调部门会同环境保护主管部门、节能主管部门，应当每年定期向上一级清洁生产综合协调部门和环境保护主管部门、节能主管部门报送辖区内企业开展清洁生产审核情况、评估验收工作情况。

第二十七条 国家发展和改革委员会、环境保护部会同相关部门建立国家级清洁生产专家库，发布行业清洁生产评价指标体系、重点行业清洁生产审核指南，组织开展清洁生产培训，为企业开展清洁生产审核提供信息和技术支持。

各级清洁生产综合协调部门会同环境保护主管部门、节能主管部门可以根据本地实际情况，组织开展清洁生产培训，建立地方清洁生产专家库。

第五章 奖励和处罚

第二十八条 对自愿实施清洁生产审核，以及清洁生产方案实施后成效显著的企业，由省级清洁生产综合协调部门和环境保护主管部门、节能主管部门对其进行表彰，并在当地主要媒体上公布。

第二十九条 各级清洁生产综合协调部门及其他有关部门在制定实施国家重点投资计划和地方投资计划时，应当将企业清洁生产实施方案中的提高能源资源利用效率、预防污染、综合利用等清洁生产项目列为重点领域，加大投资支持力度。

第三十条 排污费资金可以用于支持企业实施清洁生产。对符合《排污费征收使用管理条例》规定的清洁生产项目，各级财政部门、环境保护部门在排污费使用上优先给予安排。

第三十一条 企业开展清洁生产审核和培训的费用，允许列入企业经营成本或者相关费用科目。

第三十二条 企业可以根据实际情况建立企业内部清洁生产表彰奖励制度，对清洁生产审核工作中成效显著的人员给予奖励。

第三十三条 对本办法第八条规定实施强制性清洁生产审核的企业，违反本办法第十一条规定的，按照《中华人民共和国清洁生产促进法》第三十六条规定处罚。

第三十四条 违反本办法第八条、第十七条规定，不实施强制性清洁生产审核或在审核中弄虚作假的，或者实施强制性清洁生产审核的企业不报告或者不如实报告审核结果的，按照《中华人民共和国清洁生产促进法》第三十九条规定处罚。

第三十五条 企业委托的咨询服务机构不按照规定内容、程序进行清洁生产审核，弄虚作假、提供虚假审核报告的，由省、自治区、直辖市、计划单列市及新疆生产建设兵团清洁生产综合协调部门会同环境保护主管部门或节能主管部门责令其改正，并公布其名单。造成严重后果的，追究其法律责任。

第三十六条 对违反本办法相关规定受到处罚的企业或咨询服务机构，由省级清洁生产综合协调部门和环境保护主管部门、节能主管部门建立信用记录，归集至全国信用信息共享平台，会同其他有关部门和单位实行联合惩戒。

第三十七条 有关部门的工作人员玩忽职守，泄露企业技术和商业秘密，造成企业经济损失的，按照国家相应法律法规予以处罚。

第六章 附 则

第三十八条 本办法由国家发展和改革委员会和环境保护部负责解释。

第三十九条 各省、自治区、直辖市、计划单列市及新疆生产建设兵团可以依照本办法制定实施细则。

第四十条 本办法自 2016 年 7 月 1 日起施行。原《清洁生产审核暂行办法》（国家发展和改革委员会、国家环境保护总局令第 16 号）同时废止。

清洁生产审核评估与验收指南

第一章　总　则

第一条　为科学规范推进清洁生产审核工作，保障清洁生产审核质量，指导清洁生产审核评估与验收工作，根据《中华人民共和国清洁生产促进法》和《清洁生产审核办法》（国家发展和改革委员会、环境保护部令　第 38 号），制定本指南。

第二条　本指南所称清洁生产审核评估是指企业基本完成清洁生产无/低费方案，在清洁生产中/高费方案可行性分析后和中/高费方案实施前的时间节点，对企业清洁生产审核报告的规范性、清洁生产审核过程的真实性、清洁生产中/高费方案及实施计划的合理性和可行性进行技术审查的过程。

本指南所称清洁生产审核验收是指按照一定程序，在企业实施完成清洁生产中/高费方案后，对已实施清洁生产方案的绩效、清洁生产目标的实现情况及企业清洁生产水平进行综合性评定，并做出结论性意见的过程。

第三条　本指南适用于《清洁生产审核办法》第二十条规定的"国家考核的规划、行动计划中明确指出需要开展强制性清洁生产审核工作的企业"和"申请各级清洁生产、节能减排等财政资金的企业"以及从事清洁生产管理活动的部门，其他需要开展清洁生产审核评估与验收的企业可参照本指南执行。

第四条　清洁生产审核评估与验收应坚持科学、公正、规范、客观的原则。

第五条　地方各级环境保护主管部门或节能主管部门组织清洁生产专家或委托相关单位，负责职责范围内的清洁生产审核评估与验收工作。

第二章　清洁生产审核评估

第六条　地市级（县级）环境保护主管部门或节能主管部门按照职责范围提出年度需开展清洁生产审核评估的企业名单及工作进度安排，逐级上报省级环境保护主管部门或节能主管部门确认后书面通知企业。

第七条　需开展清洁生产审核评估的企业应向本地具有管辖权限的环境保护主管部门或节能主管部门提交以下材料：

（一）《清洁生产审核报告》及相应的技术佐证材料；

（二）委托咨询服务机构开展清洁生产审核的企业，应提交《清洁生产审核办法》第十六条中咨询服务机构需具备条件的证明材料；自行开展清洁生产审核的企业应按照《清洁生产审核办法》第十五条、第十六条的要求提供相应技术能力证明材料。

第八条 清洁生产审核评估应包括但不限于以下内容：

（一）清洁生产审核过程是否真实，方法是否合理；清洁生产审核报告是否能如实客观反映企业开展清洁生产审核的基本情况等。

（二）对企业污染物产生水平、排放浓度和总量，能耗、物耗水平，有毒、有害物质的使用和排放情况是否进行客观、科学的评价；清洁生产审核重点的选择是否反映了能源、资源消耗、废物产生和污染物排放方面存在的主要问题；清洁生产目标设置是否合理、科学、规范；企业清洁生产管理水平是否得到改善。

（三）提出的清洁生产中/高费方案是否科学、有效，可行性是否论证全面，选定的清洁生产方案是否能支撑清洁生产目标的实现。对"双超"和"高耗能"企业通过实施清洁生产方案的效果进行论证，说明能否使企业在规定的期限内实现污染物减排目标和节能目标；对"双有"企业实施清洁生产方案的效果进行论证，说明其能否替代或削减其有毒、有害原辅材料的使用和有毒有害污染物的排放。

第九条 本地具有管辖权限的环境保护主管部门或节能主管部门组织专家或委托相关单位成立评估专家组，各专家可采取电话函件征询、现场考察、质询等方式审阅企业提交的有关材料，最后专家组召开集体会议，参照《清洁生产审核评估评分表》（见附表1）打分界定评估结果并出具技术审查意见。

第十条 清洁生产审核评估结果实施分级管理，总分低于 70 分的企业视为审核技术质量不符合要求，应重新开展清洁生产审核工作；总分为 70～90 分的企业，需按专家意见补充审核工作，完善审核报告，上报主管部门审查后，方可继续实施中/高费方案；总分高于 90 分的企业，可依据方案实施计划推进中/高费方案的实施。

技术审查意见参照《清洁生产审核评估技术审查意见样表》（见附表3）内容进行评述，提出清洁生产审核中尚存的问题，对清洁生产中/高费方案的可行性给出意见。

第十一条 本地具有管辖权限的环境保护主管部门或节能主管部门负责将评估结果及技术审查意见反馈给企业，企业需在清洁生产审核过程中予以落实。

第三章 清洁生产审核验收

第十二条 地方各级环境保护主管部门或节能主管部门应督促企业实施完成清洁生产中/高费方案并及时开展清洁生产审核验收工作。

第十三条 需开展清洁生产审核验收的企业应将验收材料提交至负责验收的环境保护主管部门或节能主管部门，主要包括：

（一）《清洁生产审核评估技术审查意见》；

（二）《清洁生产审核验收报告》；

（三）清洁生产方案实施前、后企业自行监测或委托有相关资质的监测机构提供的污染物排放、能源消耗等监测报告。

第十四条 《清洁生产审核验收报告》应由企业或委托咨询服务机构完成，其内容应当包括但不限于以下方面：（1）企业基本情况；（2）《清洁生产审核评估技术审查意见》的落实情况；（3）清洁生产中/高费方案完成情况及环境、经济效益汇总；（4）清洁生产目标实现情况及所达到的清洁生产水平；（5）持续开展清洁生产工作机制建设及运行情况。

第十五条 负责清洁生产审核验收的环境保护主管部门或节能主管部门组织专家或委托相关单位成立验收专家组，开展现场验收。现场验收程序包括听取汇报、材料审查、现场核实、质询交流、形成验收意见等。

第十六条 清洁生产审核验收内容包括但不限于以下内容：

（一）核实清洁生产绩效：企业实施清洁生产方案后，对是否实现清洁生产审核时设定的预期污染物减排目标和节能目标，是否落实有毒有害物质减量、减排指标进行评估；查证清洁生产中/高费方案的实际运行效果及对企业实施清洁生产方案前后的环境、经济效益进行评估；

（二）确定清洁生产水平：已经发布清洁生产评价指标体系的行业，利用评价指标体系评定企业在行业内的清洁生产水平；未发布清洁生产评价指标体系的行业，可以参照行业统计数据评定企业在行业内的清洁生产水平定位或根据企业近三年历史数据进行纵向对比说明企业清洁生产水平改进情况。

第十七条 清洁生产审核验收结果分为"合格"和"不合格"两种。依据《清洁生产审核验收评分表》（见附表2）综合得分达到60分及以上的企业，其验收结果为"合格"。存在但不限于下列情况之一的，清洁生产审核验收不合格：

（一）企业在方案实施过程中存在弄虚作假行为；

（二）企业污染物排放未达标或污染物排放总量、单位产品能耗超过规定限额的；

（三）企业不符合国家或地方制定的生产工艺、设备以及产品的产业政策要求；

（四）达不到相关行业清洁生产评价指标体系三级水平（国内清洁生产一般水平）或同行业基本水平的；

（五）企业在清洁生产审核开始至验收期间，发生节能环保违法违规行为或未完成限期整改任务；

（六）其他地方规定的相关否定内容。

第十八条 地市级（县级）环境保护主管部门或节能主管部门应及时将验收"合格"与"不合格"企业名单报送省级主管部门，由省级主管部门以文件形式或在其官方网站向社会公布，对于验收"不合格"的企业，要求其重新开展清洁生产审核。

第四章　监督和管理

第十九条　生态环境部、国家发展改革委负责对全国的清洁生产审核评估与验收工作进行监督管理，并委托相关技术支持单位定期对全国清洁生产审核评估与验收工作情况及评估验收机构进行抽查。

第二十条　省级环境保护主管部门、节能主管部门每年按要求将本行政区域开展清洁生产审核评估与验收工作情况报送生态环境部、国家发展改革委。

第二十一条　清洁生产审核评估与验收工作经费及培训经费由组织评估与验收的部门提出年度经费安排，报请地方财政部门纳入预算予以保障，承担评估与验收工作的部门或者专家不得向被评估与验收企业及咨询服务机构收取费用。

第二十二条　评估与验收的专家组成员应从国家或地方清洁生产专家库中选取，由熟悉行业、清洁生产及节能环保的专家组成，且具有高级职称或十年以上从业经验的中级职称，专家组成员不得少于 3 人。参加评估或验收的专家如与企业或清洁生产审核咨询服务机构存在利益关系的，应当主动回避。

第二十三条　评估与验收组织部门应定期对专家进行培训，统一清洁生产审核评估与验收尺度，承担评估与验收工作的部门及专家应对评估或验收结论负责。

第五章　附　则

第二十四条　本指南引用的有关文件，如有修订，按最新文件执行。

第二十五条　各省、自治区、直辖市、计划单列市及新疆生产建设兵团有关主管部门可以依照本指南制定适合本区域的实施细则。

第二十六条　本指南由生态环境部、国家发展改革委负责解释，自印发之日起施行。

附表 1：清洁生产审核评估评分表

附表 2：清洁生产审核验收评分表

附表 3：清洁生产审核评估技术审查意见样表

附表 4：清洁生产审核验收意见样表

附表 1

清洁生产审核评估评分表

企业名称：_____　　　　　　　　年　　月　　日

序号	指标内容	要　求	分值	得分
一、清洁生产审核报告规范性评估				
1	报告内容框架符合性	清洁生产审核报告符合《清洁生产审核指南　制订技术导则》中附录 E 的规定	3	
2	报告编写逻辑性	体现了清洁生产审核发现问题、分析问题、解决问题的思路和逻辑性	7	
二、清洁生产审核过程真实性评估				
1	审核准备	企业高层领导支持并参与	2	
		建立了清洁生产审核小组，制定了审核计划	1	
		广泛宣传教育，实现全员参与	1	
2	现状调查情况	企业概况、生产状况、工艺设备、资源能源、环境保护状况、管理状况等情况内容齐全，数据详实	4	
		工艺流程图能够体现主要原辅物料、水、能源及废物的流入、流出和去向，并进行了全面合理的介绍和分析	3	
		对主要原辅材料、水和能源的总耗和单耗进行了分析，并根据清洁生产评价指标体系或同行业水平进行客观评价	4	
3	企业问题分析情况	能够从原辅材料（含能源）、技术工艺、设备、过程控制、管理、员工、产品、废物等八个方面全面合理地分析和评价企业的产排污现状、水平和存在的问题	3	
		客观说明纳入强制性审核的原因，污染物超标或超总量情况，有毒、有害物质的使用和排放情况	2	
		能够分析并发现企业现存的主要问题和清洁生产潜力	3	
4	审核重点设置情况	能够将污染物超标、能耗超标或有毒有害物质使用或排放环节作为必要考虑因素	4	
		能够着重考虑消耗大、公众压力大和有明显清洁生产潜力的环节	2	
5	清洁生产目标设置情况	能够针对审核重点，具有定量化、可操作性，时限明确	4	
		如是"双超"企业，其清洁生产目标设置能使企业在规定的期限内达到国家或地方污染物排放标准、核定的主要污染物总量控制指标、污染物减排指标；如是"高耗能"企业，其清洁生产目标设置能使企业在规定的期限内达到单位产品能源消耗限额标准；如是"双有"企业，其清洁生产目标设置能体现企业有毒、有害物质减量或减排要求	4	
		对于生产工艺与装备、资源能源利用指标、产品指标、污染物产生指标、废物回收利用指标及环境管理要求指标设置至少达到行业清洁生产评价指标三级基准值的目标	3	

序号	指标内容	要　　求	分值	得分
6	审核重点资料的准备情况	能涵盖审核重点的工艺资料、原材料和产品及生产管理资料、废弃物资料、同行业资料和现场调查数据等	3	
		审核重点的详细工艺流程图或工艺设备流程图符合实际流程	3	
7	审核重点输入输出物流实测情况	准备工作完善，监测项目、监测点、监测时间和周期等明确，监测方法符合相关要求，监测数据详实可信	4	
8	审核重点物料平衡分析情况	准确建立了重点物料、能源、水和污染因子等平衡图，针对平衡结果进行了系统的追踪分析，阐述清晰	6	
9	审核重点废弃物产生原因分析情况	结合企业的实际情况，能从影响生产过程的八个方面深入分析，找出审核重点物料流失或资源、能源浪费、污染物产生的环节，分析物料流失和资源浪费原因，提出解决方案	6	
三、清洁生产方案可行性的评估				
1	无/低费方案的实施	无/低费方案能够遵循边审核边产生边实施原则基本完成，并能够现场举证，如落实措施、制度、照片、资金使用账目等可查证资料	3	
		对实施的无/低费方案进行了全面、有效的经济和环境效益的统计	3	
2	中/高费方案的产生	中/高费方案针对性强，与清洁生产目标一致，能解决企业清洁生产审核的关键问题	6	
3	中/高费方案的可行性分析	中/高费方案具备详实的环境、技术、经济分析	6	
		所有量化数据有统计依据和计算过程，数据真实可靠	6	
4	中/高费方案的实施计划	有详细合理的统筹规划，实施进度明确，落实到部门	2	
		具有切实的资金筹措计划，并能确保资金到位	2	
总　分			100	

专家签名：　　　　　　　　　时间：　　　　　　　　年　月　日

附表2

清洁生产审核验收评分表

企业名称：_____　　　　　　　　　年　　月　　日

清洁生产审核验收关键指标			
序号	内　　容	是	否
1	企业在方案实施过程中无弄虚作假行为		
2	企业稳定达到国家或地方要求的污染物排放标准，实现核定的主要污染物总量控制指标或污染物减排指标要求		
3	企业单位产品能源消耗符合限额标准要求		
4	已达到相关行业清洁生产评价指标体系三级水平（国内清洁生产一般水平）或同行业基本水平		
5	符合国家或地方制定的生产工艺、设备以及产品的产业政策要求		
6	清洁生产审核开始至验收期间，未发生节能环保违法违规行为或已完成违法违规的限期整改任务		
7	无其他地方规定的相关否定内容		
清洁生产审核与实施方案评价		分值	得分
清洁生产验收报告	提交的验收资料齐全、真实	3	
	报告编制规范，内容全面，附件齐全	3	
	如实反映审核评估后企业推进清洁生产和中/高费方案实施情况	4	
方案实施及相关证明材料	本轮清洁生产方案基本实施	5	
	清洁生产无/低费方案已纳入企业正常的生产过程和管理过程	4	
	中/高费方案实施绩效达到预期目标	4	
	中/高费方案未达到预期目标时，进行了原因分析，并采取了相应对策	4	
	未实施的中/高费方案理由充足，或有相应的替代方案	5	
	方案实施前后企业物料消耗、能源消耗变化等资料符合企业生产实际	4	
	方案实施后特征污染物环境监测数据或能耗监测数据达标	4	
	设备购销合同、财务台账或设备领用单等信息与企业实施方案一致	4	
	生产记录、财务数据、环境监测结果支持方案实施的绩效结果	5	
	经济和环境绩效进行了详实统计和测算，绩效的统计有可靠充足的依据	8	
企业清洁生产水平评估	方案实施后能耗、物耗、污染因子等指标认定和等级定位（与国内外同行业先进指标对比），以及企业清洁生产水平评估正确	6	

清洁生产审核验收关键指标			
序号	内　容	是	否
清洁生产绩效	按照行业清洁生产评价指标要求对生产工艺与装备、资源能源利用、产品、污染物产生、废物回收利用、环境管理等指标进行清洁生产审核前后的测算、对比，评估绩效	10	
现场考察	企业生产现场不存在明显的跑冒滴漏现象	3	
	中/高费方案实施现场与提供资料内容相符合	6	
	中/高费方案运行正常	6	
	无/低费方案持续运行	6	
持续清洁生产情况	企业审核临时工作机构转化为企业长期持续推进清洁生产的常设机构，并有企业相关文件给予证明	2	
	健全了企业清洁生产管理制度，相关方案落实到管理规程、操作规程、作业文件、工艺卡片中，融入企业现有管理体系	2	
	制定了持续清洁生产计划，有针对性，并切实可行	2	
总　分		100	
验收结论：合格（　　） 不合格（　　）			

注：关键指标 7 条否决指标中任何 1 条为"否"时，则验收不合格。

专家签名： 时间： 年 月 日

附表 3

清洁生产审核评估技术审查意见样表

企业名称			
企业联系人		联系电话	
评估时间			
组织单位			
清洁生产咨询服务机构			
评估技术审查意见			

一、总体评价

1．企业概况（企业领导重视程度、培训教育工作机制、企业合规性及清洁生产潜力分析是否到位）；

2．对审核重点、目标确定结果及审核重点物料平衡分析的技术评估结果；

3．对无/低费方案质量、数量、实施情况及绩效的核查结果；

4．从方案的科学合理和针对性角度对拟实施中/高费方案进行评估（"双超"企业达标性方案、"高耗能"企业节能方案和"双有"企业的减量或替代方案）；

5．对本次审核过程的规范性、针对性、有效性给出技术评估结果。

二、对企业规范审核过程，不断深化审核，完善清洁生产审核报告以及进行整改的技术意见

专家组组长（签名）：

年　　月　　日

附表 4

清洁生产审核验收意见样表

企业名称			
企业联系人		联系电话	
验收时间			
组织单位			

验收意见
一、清洁生产审核验收总体评价 1．对企业提交审核验收资料规范性评价； 2．对审核评估后进行的清洁生产完善工作的核查结果； 3．现场核查情况； 4．无/低费方案是否纳入正常生产管理； 5．中/高费方案实施情况及绩效（已实施的方案数，企业投入以及产生环境效益、经济效益以及其他方面的成效等）； 6．对照清洁生产评价指标体系评价企业达到清洁生产的等级和水平； 7．对企业本次审核的验收结论。 二、强化企业清洁生产监督，持续清洁生产的管理意见   专家组组长（签名）： 年　　月　　日

工业清洁生产审核规范

第一章 总 则

第一条 为落实《中华人民共和国清洁生产促进法》，规范工业清洁生产审核，促进企业不断提高清洁生产水平，制定本规范。

第二条 本规范所称工业清洁生产审核是指按照一定程序，对工业生产过程进行调查和诊断，找出能耗高、物耗高、污染重的原因，提出减少有毒、有害物料的使用和产生，降低能耗、物耗以及污染物产生的方案，并对方案的投入、产出效果进行分析，进而选定技术、经济及环境可行的清洁生产方案并实施的过程。

第三条 本规范适用于中华人民共和国境内所有从事工业生产活动的单位以及从事相关管理活动的部门。

第四条 工业清洁生产审核以工业企业为主体，鼓励企业自愿开展审核，按照自主审核为主的原则，因地制宜，有序开展，注重实效，持续推进。

第二章 审核类型

第五条 工业清洁生产审核分为自愿性审核和强制性审核。

第六条 有下列情形之一的企业，应当实施强制性审核：

（一）污染物排放超过国家或地方规定的排放标准，或者虽未超过国家或地方规定的排放标准，但超过重点污染物排放总量控制指标的（以下简称"双超"企业）；

（二）超过单位产品能源消耗限额标准构成高耗能的（以下简称"高耗能"企业）；

（三）使用有毒、有害原料进行生产或者在生产中排放有毒、有害物质的（以下简称"双有"企业）。

有毒、有害物质是指被列入《危险货物品名表》（GB 12268）、《危险化学品目录》《国家危险废物名录》和《剧毒化学品目录》中的剧毒、强腐蚀性、强刺激性、放射性（不包括核电设施和军工核设施）、致癌、致畸等物质。

第七条 自愿性审核是指本规范第六条规定的强制性审核以外的企业，根据自身发展需要，为进一步节约资源、削减污染物排放量，自愿开展的清洁生产审核。

第三章 审核方式

第八条 工业清洁生产审核方式包括企业自主审核和咨询机构协助审核。

第九条 开展清洁生产审核的人员应具备以下条件：

（一）掌握清洁生产审核知识；

（二）至少包括工艺技术、环保、能源、财务等专业人员；

（三）具有三年以上行业从业经验；

（四）工艺技术、环保、能源三专业的审核人员至少有一名具有高级职称。

第十条 鼓励具备上述审核人员条件的企业自主开展清洁生产审核。

第十一条 不具备上述审核人员条件的企业，可以聘请外部审核人员或委托咨询服务机构协助企业组织开展清洁生产审核。

咨询机构应按其服务的行业范围开展相应咨询服务，开展服务的人员也应具备上述审核人员条件。

第十二条 鼓励企业自主审核与咨询机构协助审核相结合的创新方式。

县级以上工业主管部门可结合本地区行业特点，针对行业存在的关键共性问题，组织开展行业清洁生产审核。

对于工业企业聚集的各类工业园区，可充分发挥工业园区管委会的组织协调作用，开展园区集中式清洁生产审核。

第四章　组织实施

第十三条 工业清洁生产审核原则上按照审核准备、预审核、审核、方案产生和筛选、实施方案的确定、编写审核报告、方案的实施等程序开展。

第十四条 县级以上工业主管部门组织推动辖区内企业自愿性审核工作，指导企业开展审核。

开展自愿性审核的企业在编制完成审核报告后一个月内将审核报告报送所在地县级以上工业主管部门，并在媒体上公布清洁生产方案的实施计划，接受公众监督，但涉及商业秘密的除外。

对按上述要求开展自愿性审核的企业，县级以上工业主管部门在其部门网站或主要媒体上公布名单，予以表彰。

第十五条 县级以上工业主管部门根据当地环境保护部门发布的"双超""双有"企业名单和当地节能主管部门发布的"高耗能"企业名单，按职责指导企业开展强制性清洁生产审核。

实施强制性清洁生产审核的企业，应当将审核结果向所在地县级以上地方人民政府负责清洁生产综合协调的部门、环境保护部门报告，并在本地区主要媒体上公布，接受公众监督，但涉及商业秘密的除外。

第五章 鼓励措施

第十六条 县级以上工业主管部门应指导和督促企业实施清洁生产方案。对开展自愿性审核的企业，可利用清洁生产、技术改造、节能减排等资金对企业实施清洁生产方案给予优先支持；对审核成效显著的企业可给予奖励。

第十七条 县级以上工业主管部门可根据实际情况制定相应的补贴或奖励政策，鼓励企业将推行清洁生产纳入发展战略，编制清洁生产规划，开展清洁生产审核，持续推进清洁生产各项工作。

第十八条 县级以上工业主管部门可以依照本规范制定实施细则。

工业清洁生产实施效果评估规范

第一条　为落实《中华人民共和国清洁生产促进法》，指导和鼓励工业企业有效实施清洁生产审核提出的方案，规范实施效果评估程序，制定本规范。

第二条　本规范所称工业清洁生产实施效果评估，是指按照一定程序，在企业实施完成清洁生产方案之后，对所取得的绩效及企业清洁生产水平进行科学地、量化地评估，并给出评估结果的过程。

第三条　县级以上工业主管部门会同同级相关管理部门，结合地区工业布局、资源能源及环境突出问题，组织对所在地开展强制性清洁生产审核的重点企业实施效果开展评估。

第四条　工业清洁生产实施效果评估应在企业清洁生产方案全部实施并稳定达到设计目标后三个月内开展，评估一般不超过一个月。

对于需评估的"双超"和"高耗能"企业，方案实施完成后，必须在达到污染物排放标准、总量控制以及单位产品能耗限额指标要求后，再进行实施效果评估。

对于需评估的"双有"企业，方案实施完成后，可直接进行实施效果评估。

第五条　工业清洁生产实施效果评估人员至少包括工艺技术、环保、能源、财务等专业人员，且应掌握清洁生产审核知识，具有高级职称及五年以上行业从业经验。参加评估的人员与企业或审核咨询服务机构存在利益关系，可能影响评估公正时，应当主动提出回避。

第六条　工业清洁生产实施效果评估包括两部分内容：一是绩效评估，即企业清洁生产方案实施前后的环境、经济效益评估，是与自身的纵向对比；二是清洁生产水平评价，即企业实施完成清洁生产方案后，其清洁生产水平在行业内的定位，是与同类企业的横向对比。

第七条　绩效评估重点是企业实施清洁生产技术改造方案前后的环境、经济效益评估，评估内容包括但不限于以下内容：

（一）产业政策与法规符合性。

（二）与清洁生产审核的目标和指标进行衔接、对比情况。

（三）产品改进情况，如产品合格率、产品质量、产品寿命、生命周期评价等。

（四）资源能源利用改进情况，如单位产品能耗、单位产品耗水量、原料利用率等。

（五）工艺、装备与过程控制改进情况，如主体工艺装备水平、信息化水平、自动化水平等。

（六）污染物控制改进情况，如污染物排放总量、产（排）污强度、有毒、有害物质的替代、废弃物无害化和减量化、无组织排放控制等。

第八条　清洁生产水平评价是指企业在行业内的清洁生产水平定位。已经发布清洁生产评价指标体系的行业，利用评价指标体系评定企业在行业内的清洁生产水平定位；未发布清洁生产评价指标体系的行业，可以参照行业统计数据评定企业在行业内的清洁生产水平定位。

第九条　县级以上工业主管部门根据本地区情况组织开展工业清洁生产实施效果评估，出具评估报告。评估报告应包括企业清洁生产绩效评估结果和清洁生产水平评价结果。

第十条　工业清洁生产实施效果评估所需费用纳入同级政府预算，承担评估工作的部门不得向被评估企业收取费用。

第十一条　工业清洁生产实施效果评估报告可作为工业企业行业准入，落后产能界定，清洁生产示范企业认定，申请政府财政清洁生产、技术改造、节能减排等资金补助的参考依据。

第十二条　鼓励自愿性审核的企业参照本规范开展清洁生产实施效果评估，发布实施效果自评估报告。

第十三条　县级以上工业主管部门可以依照本规范制定实施细则。

第二节　清洁生产相关产业政策

"十三五"节能减排综合工作方案

一、总体要求和目标

（一）总体要求。全面贯彻党的十八大和十八届三中、四中、五中、六中全会精神，深入贯彻习近平总书记系列重要讲话精神，认真落实党中央、国务院决策部署，紧紧围绕"五位一体"总体布局和"四个全面"战略布局，牢固树立创新、协调、绿色、开放、共享的发展理念，落实节约资源和保护环境基本国策，以提高能源利用效率和改善生态环境质量为目标，以推进供给侧结构性改革和实施创新驱动发展战略为动力，坚持政府主导、企业主体、市场驱动、社会参与，加快建设资源节约型、环境友好型社会，确保完成"十三五"节能减排约束性目标，保障人民群众健康和经济社会可持续发展，促进经济转型升级，实现经济发展与环境改善双赢，为建设生态文明提供有力支撑。

（二）主要目标。到 2020 年，全国万元国内生产总值能耗比 2015 年下降 15%，能源消费总量控制在 50 亿 t 标准煤以内。全国化学需氧量、氨氮、二氧化硫、氮氧化物排放总量分别控制在 2 001 万 t、207 万 t、1 580 万 t、1 574 万 t 以内，比 2015 年分别下降 10%、10%、15%和 15%。全国挥发性有机物排放总量比 2015 年下降 10%以上。

二、优化产业和能源结构

（三）促进传统产业转型升级。深入实施"中国制造 2025"，深化制造业与互联网融合发展，促进制造业高端化、智能化、绿色化、服务化。构建绿色制造体系，推进产品全生命周期绿色管理，不断优化工业产品结构。支持重点行业改造升级，鼓励企业瞄准国际同行业标杆全面提高产品技术、工艺装备、能效环保等水平。严禁以任何名义、任何方式核准或备案产能严重过剩行业的增加产能项目。强化节能环保标准约束，严格行业规范、准入管理和节能审查，对电力、钢铁、建材、有色、化工、石油石化、船舶、煤炭、印染、造纸、制革、染料、焦化、电镀等行业中，环保、能耗、安全等不达标或生产、使用淘汰类产品的企业和产能，要依法依规有序退出。（牵头单位：国家发展改革委、工业和信息化部、环境保护部、国家能源局，参加单位：科技部、财政部、国务院国资委、质检总局、

国家海洋局等）

（四）加快新兴产业发展。加快发展壮大新一代信息技术、高端装备、新材料、生物、新能源、新能源汽车、节能环保、数字创意等战略性新兴产业，推动新领域、新技术、新产品、新业态、新模式蓬勃发展。进一步推广云计算技术应用，新建大型云计算数据中心能源利用效率（PUE）值优于 1.5。支持技术装备和服务模式创新。鼓励发展节能环保技术咨询、系统设计、设备制造、工程施工、运营管理、计量检测认证等专业化服务。开展节能环保产业常规调查统计。打造一批节能环保产业基地，培育一批具有国际竞争力的大型节能环保企业。到 2020 年，战略性新兴产业增加值和服务业增加值占国内生产总值比重分别提高到 15% 和 56%，节能环保、新能源装备、新能源汽车等绿色低碳产业总产值突破 10 万亿元，成为支柱产业。（牵头单位：国家发展改革委、工业和信息化部、环境保护部，参加单位：科技部、质检总局、国家统计局、国家能源局等）

（五）推动能源结构优化。加强煤炭安全绿色开发和清洁高效利用，推广使用优质煤、洁净型煤，推进煤改气、煤改电，鼓励利用可再生能源、天然气、电力等优质能源替代燃煤使用。因地制宜发展海岛太阳能、海上风能、潮汐能、波浪能等可再生能源。安全发展核电，有序发展水电和天然气发电，协调推进风电开发，推动太阳能大规模发展和多元化利用，增加清洁低碳电力供应。对超出规划部分可再生能源消费量，不纳入能耗总量和强度目标考核。在居民采暖、工业与农业生产、港口码头等领域推进天然气、电能替代，减少散烧煤和燃油消费。到 2020 年，煤炭占能源消费总量比重下降到 58% 以下，电煤占煤炭消费量比重提高到 55% 以上，非化石能源占能源消费总量比重达到 15%，天然气消费比重提高到 10% 左右。（牵头单位：国家发展改革委、环境保护部、国家能源局，参加单位：工业和信息化部、住房城乡建设部、交通运输部、水利部、质检总局、国家统计局、国管局、国家海洋局等）

三、加强重点领域节能

（六）加强工业节能。实施工业能效赶超行动，加强高能耗行业能耗管控，在重点耗能行业全面推行能效对标，推进工业企业能源管控中心建设，推广工业智能化用能监测和诊断技术。到 2020 年，工业能源利用效率和清洁化水平显著提高，规模以上工业企业单位增加值能耗比 2015 年降低 18% 以上，电力、钢铁、有色、建材、石油石化、化工等重点耗能行业能源利用效率达到或接近世界先进水平。推进新一代信息技术与制造技术融合发展，提升工业生产效率和能耗效率。开展工业领域电力需求侧管理专项行动，推动可再生能源在工业园区的应用，将可再生能源占比指标纳入工业园区考核体系。（牵头单位：工业和信息化部、国家发展改革委、国家能源局，参加单位：科技部、环境保护部、质检

总局等）

（七）强化建筑节能。实施建筑节能先进标准领跑行动，开展超低能耗及近零能耗建筑建设试点，推广建筑屋顶分布式光伏发电。编制绿色建筑建设标准，开展绿色生态城区建设示范，到 2020 年，城镇绿色建筑面积占新建建筑面积比重提高到 50%。实施绿色建筑全产业链发展计划，推行绿色施工方式，推广节能绿色建材、装配式和钢结构建筑。强化既有居住建筑节能改造，实施改造面积 5 亿 m^2 以上，2020 年前基本完成北方采暖地区有改造价值城镇居住建筑的节能改造。推动建筑节能宜居综合改造试点城市建设，鼓励老旧住宅节能改造与抗震加固改造、加装电梯等适老化改造同步实施，完成公共建筑节能改造面积 1 亿 m^2 以上。推进利用太阳能、浅层地热能、空气热能、工业余热等解决建筑用能需求。（牵头单位：住房城乡建设部，参加单位：国家发展改革委、工业和信息化部、国家林业局、国管局、中直管理局等）

（八）促进交通运输节能。加快推进综合交通运输体系建设，发挥不同运输方式的比较优势和组合效率，推广甩挂运输等先进组织模式，提高多式联运比重。大力发展公共交通，推进"公交都市"创建活动，到 2020 年大城市公共交通分担率达到 30%。促进交通用能清洁化，大力推广节能环保汽车、新能源汽车、天然气（CNG/LNG）清洁能源汽车、液化天然气动力船舶等，并支持相关配套设施建设。提高交通运输工具能效水平，到 2020 年新增乘用车平均燃料消耗量降至 5.0L/100 km。推进飞机辅助动力装置（APU）替代、机场地面车辆"油改电"、新能源应用等绿色民航项目实施。推动铁路编组站制冷/供暖系统的节能和燃煤替代改造。推动交通运输智能化，建立公众出行和物流平台信息服务系统，引导培育"共享型"交通运输模式。（牵头单位：交通运输部、国家发展改革委、国家能源局，参加单位：科技部、工业和信息化部、环境保护部、国管局、中国民航局、中直管理局、中国铁路总公司等）

（九）推动商贸流通领域节能。推动零售、批发、餐饮、住宿、物流等企业建设能源管理体系，建立绿色节能低碳运营管理流程和机制，加快淘汰落后用能设备，推动照明、制冷和供热系统节能改造。贯彻绿色商场标准，开展绿色商场示范，鼓励商贸流通企业设置绿色产品专柜，推动大型商贸企业实施绿色供应链管理。完善绿色饭店标准体系，推进绿色饭店建设。加快绿色仓储建设，支持仓储设施利用太阳能等清洁能源，鼓励建设绿色物流园区。（牵头单位：商务部，参加单位：国家发展改革委、工业和信息化部、住房城乡建设部、质检总局、国家旅游局等）

（十）推进农业农村节能。加快淘汰老旧农业机械，推广农用节能机械、设备和渔船，发展节能农业大棚。推进节能及绿色农房建设，结合农村危房改造稳步推进农房节能及绿色化改造，推动城镇燃气管网向农村延伸和省柴节煤灶更新换代，因地制宜采用生物质能、太阳能、空气热能、浅层地热能等解决农房采暖、炊事、生活热水等用能需求，提升农村能源利用的清洁化水平。鼓励使用生物质可再生能源,推广液化石油气等商品能源。到 2020 年,全国农村地区基本实现稳定可靠的供电服务全覆盖,鼓励农村居民使用高效节能电器。(牵头单位:农业部、国家发展改革委、工业和信息化部、国家能源局,参加单位:科技部、住房城乡建设部等)

(十一)加强公共机构节能。公共机构率先执行绿色建筑标准,新建建筑全部达到绿色建筑标准。推进公共机构以合同能源管理方式实施节能改造,积极推进政府购买合同能源管理服务,探索用能托管模式。2020 年公共机构单位建筑面积能耗和人均能耗分别比 2015 年降低 10%和 11%。推动公共机构建立能耗基准和公开能源资源消费信息。实施公共机构节能试点示范,创建 3 000 家节约型公共机构示范单位,遴选 200 家能效领跑者。公共机构率先淘汰老旧车,率先采购使用节能和新能源汽车,中央国家机关、新能源汽车推广应用城市的政府部门及公共机构购买新能源汽车占当年配备更新车辆总量的比例提高到 50%以上,新建和既有停车场要配备电动汽车充电设施或预留充电设施安装条件。公共机构率先淘汰采暖锅炉、茶浴炉、食堂大灶等燃煤设施,实施以电代煤、以气代煤,率先使用太阳能、地热能、空气能等清洁能源提供供电、供热/制冷服务。(牵头单位:国管局、国家发展改革委,参加单位:工业和信息化部、环境保护部、住房城乡建设部、交通运输部、国家能源局、中直管理局等)

(十二)强化重点用能单位节能管理。开展重点用能单位"百千万"行动,按照属地管理和分级管理相结合原则,国家、省、地市分别对"百家""千家""万家"重点用能单位进行目标责任评价考核。重点用能单位要围绕能耗总量控制和能效目标,对用能实行年度预算管理。推动重点用能单位建设能源管理体系并开展效果评价,健全能源消费台账。按标准要求配备能源计量器具,进一步完善能源计量体系。依法开展能源审计,组织实施能源绩效评价,开展达标对标和节能自愿活动,采取企业节能自愿承诺和政府适当引导相结合的方式,大力提升重点用能单位能效水平。严格执行能源统计、能源利用状况报告、能源管理岗位和能源管理负责人等制度。(牵头单位:国家发展改革委,参加单位:教育部、工业和信息化部、住房城乡建设部、交通运输部、国务院国资委、质检总局、国家统计局、国管局、国家能源局、中直管理局等)

(十三)强化重点用能设备节能管理。加强高耗能特种设备节能审查和监管,构建安全、节能、环保三位一体的监管体系。组织开展燃煤锅炉节能减排攻坚战,推进锅炉生产、经营、使用等全过程节能环保监督标准化管理。"十三五"期间燃煤工业锅炉实际运行效率提高 5 个百分点,到 2020 年新生产燃煤锅炉效率不低于 80%,燃气锅炉效率不低于 92%。普及锅炉能效和环保测试,强化锅炉运行及管理人员节能环保专项培训。开展锅炉节能环保普查整治,建设覆盖安全、节能、环保信息的数据平台,开展节能环保在线监测试点并实现信息共享。开展电梯能效测试与评价,在确保安全的前提下,鼓励永磁同步电机、变频调速、能量反馈等节能技术的集成应用，开展老旧电梯安全节能改造工程试点。推广高效换热器，提升热交换系统能效水平。加快高效电机、配电变压器等用能设备开发和推广应用，淘汰低效电机、变压器、风机、水泵、压缩机等用能设备，全面提升重点用能设备能效水平。（牵头单位：质检总局、国家发展改革委、工业和信息化部、环境保护部，参加单位：住房城乡建设部、国管局、国家能源局、中直管理局等）

四、强化主要污染物减排

（十四）控制重点区域流域排放。推进京津冀及周边地区、长三角、珠三角、东北等重点地区，以及大气污染防治重点城市煤炭消费总量控制，新增耗煤项目实行煤炭消耗等量或减量替代；实施重点区域大气污染传输通道气化工程，加快推进以气代煤。加快发展热电联产和集中供热，利用城市和工业园区周边现有热电联产机组、纯凝发电机组及低品位余热实施供热改造，淘汰供热供气范围内的燃煤锅炉（窑炉）。结合环境质量改善要求，实施行业、区域、流域重点污染物总量减排，在重点行业、重点区域推进挥发性有机物排放总量控制，在长江经济带范围内的部分省市实施总磷排放总量控制，在沿海地级及以上城市实施总氮排放总量控制，对重点行业的重点重金属排放实施总量控制。加强我国境内重点跨国河流水污染防治。严格控制长江、黄河、珠江、松花江、淮河、海河、辽河七大重点流域干流沿岸的石油加工、化学原料和化学制品制造、医药制造、化学纤维制造、有色金属冶炼、纺织印染等项目。分区域、分流域制定实施钢铁、水泥、平板玻璃、锅炉、造纸、印染、化工、焦化、农副食品加工、原料药制造、制革、电镀等重点行业、领域限期整治方案，升级改造环保设施，确保稳定达标。实施重点区域、重点流域清洁生产水平提升行动。城市建成区内的现有钢铁、建材、有色金属、造纸、印染、原料药制造、化工等污染较重的企业应有序搬迁改造或依法关闭。（牵头单位：环境保护部、国家发展改革委、工业和信息化部、质检总局、国家能源局，参加单位：财政部、住房城乡建设部、国管局、国家海洋局等）

（十五）推进工业污染物减排。实施工业污染源全面达标排放计划。加强工业企业无组织排放管理。严格执行环境影响评价制度。实行建设项目主要污染物排放总量指标等量或减量替代。建立以排污许可制为核心的工业企业环境管理体系。继续推行重点行业主要污染物总量减排制度，逐步扩大总量减排行业范围。以削减挥发性有机物、持久性有机物、重金属等污染物为重点，实施重点行业、重点领域工业特征污染物削减计划。全面实施燃煤电厂超低排放和节能改造，加快燃煤锅炉综合整治，大力推进石化、化工、印刷、工业涂装、电子信息等行业挥发性有机物综合治理。全面推进现有企业达标排放，研究制修订农药、制药、汽车、家具、印刷、集装箱制造等行业排放标准，出台涂料、油墨、胶黏剂、清洗剂等有机溶剂产品挥发性有机物含量限值强制性环保标准，控制集装箱、汽车、船舶制造等重点行业挥发性有机物排放，推动有关企业实施原料替代和清洁生产技术改造。强化经济技术开发区、高新技术产业开发区、出口加工区等工业聚集区规划环境影响评价及污染治理。加强工业企业环境信息公开，推动企业环境信用评价。建立企业排放红黄牌制度。（牵头单位：环境保护部，参加单位：国家发展改革委、工业和信息化部、财政部、质检总局、国家能源局等）

（十六）促进移动源污染物减排。实施清洁柴油机行动，全面推进移动源排放控制。提高新机动车船和非道路移动机械环保标准，发布实施机动车国Ⅵ排放标准。加速淘汰黄标车、老旧机动车、船舶以及高排放工程机械、农业机械。逐步淘汰高油耗、高排放民航特种车辆与设备。2016年淘汰黄标车及老旧车380万辆，2017年基本淘汰全国范围内黄标车。加快船舶和港口污染物减排，在珠三角、长三角、环渤海京津冀水域设立船舶排放控制区，主要港口90%的港作船舶、公务船舶靠港使用岸电，50%的集装箱、客滚和邮轮专业化码头具备向船舶供应岸电的能力；主要港口大型煤炭、矿石码头堆场全面建设防风抑尘设施或实现煤炭、矿石封闭储存。加快油品质量升级，2017年1月1日起全国全面供应国Ⅴ标准的车用汽油、柴油；2018年1月1日起全国全面供应与国Ⅴ标准柴油相同硫含量的普通柴油；抓紧发布实施第六阶段汽、柴油国家（国Ⅵ）标准，2020年实现车用柴油、普通柴油和部分船舶用油并轨，柴油车、非道路移动机械、内河和江海直达船舶均统一使用相同标准的柴油。车用汽柴油应加入符合要求的清净剂。修订《储油库大气污染物排放标准》《加油站大气污染物排放标准》，推进储油储气库、加油加气站、原油成品油码头、原油成品油运输船舶和油罐车、气罐车等油气回收治理工作。加强机动车、非道路移动机械环保达标和油品质量监督执法，严厉打击违法行为。（牵头单位：环境保护部、公安部、交通运输部、农业部、质检总局、国家能源局，参加单位：国家发展改革委、财政部、工商总局等）

（十七）强化生活源污染综合整治。对城镇污水处理设施建设发展进行填平补齐、升级改造，完善配套管网，提升污水收集处理能力。合理确定污水排放标准，加强运行监管，实现污水处理厂全面达标排放。加大对雨污合流、清污混流管网的改造力度，优先推进城中村、老旧城区和城乡接合部污水截流、收集、纳管。强化农村生活污染源排放控制，采取城镇管网延伸、集中处理和分散处理等多种形式，加快农村生活污水治理和改厕。促进再生水利用，完善再生水利用设施。注重污水处理厂污泥安全处理处置，杜绝二次污染。到2020年，全国所有县城和重点镇具备污水处理能力，地级及以上城市建成区污水基本实现全收集、全处理，城市、县城污水处理率分别达到95%、85%左右。加强生活垃圾回收处理设施建设，强化对生活垃圾分类、收运、处理的管理和督导，提升城市生活垃圾回收处理水平，全面推进农村垃圾治理，普遍建立村庄保洁制度，推广垃圾分类和就近资源化利用，到 2020 年，90%以上行政村的生活垃圾得到处理。加大民用散煤清洁化治理力度，推进以电代煤、以气代煤，推广使用洁净煤、先进民用炉具，制定散煤质量标准，加强民用散煤管理，力争 2017 年底前基本解决京津冀区域民用散煤清洁化利用问题，到 2020 年底前北方地区散煤治理取得明显进展。加快治理公共机构食堂、餐饮服务企业油烟污染，推进餐厨废弃物资源化利用。家具、印刷、汽车维修等政府定点招标采购企业要使用低挥发性原辅材料。严格执行有机溶剂产品有害物质限量标准，推进建筑装饰、汽修、干洗、餐饮等行业挥发性有机物治理。（牵头单位：环境保护部、国家发展改革委、住房城乡建设部、国家能源局，参加单位：工业和信息化部、财政部、农业部、质检总局、国管局、中直管理局等）

（十八）重视农业污染排放治理。大力推广节约型农业技术，推进农业清洁生产。促进畜禽养殖场粪便收集处理和资源化利用，建设秸秆、粪便等有机废弃物处理设施，加强分区分类管理，依法关闭或搬迁禁养区内的畜禽养殖场（小区）和养殖专业户并给予合理补偿。开展农膜回收利用，到 2020 年农膜回收率达到 80%以上，率先实现东北黑土地大田生产地膜零增长。深入推广测土配方施肥技术，提倡增施有机肥，开展农作物病虫害绿色防控和统防统治，推广高效低毒低残留农药使用，到 2020 年实现主要农作物化肥农药使用量零增长，化肥利用率提高到 40%以上，京津冀、长三角、珠三角等区域提前一年完成。研究建立农药使用环境影响后评估制度，推进农药包装废弃物回收处理。建立逐级监督落实机制，疏堵结合、以疏为主，加强重点区域和重点时段秸秆禁烧。（牵头单位：农业部、环境保护部、国家能源局，参加单位：国家发展改革委、财政部、住房城乡建设部、质检总局等）

五、大力发展循环经济

（十九）全面推动园区循环化改造。按照空间布局合理化、产业结构最优化、产业链接循环化、资源利用高效化、污染治理集中化、基础设施绿色化、运行管理规范化的要求，加快对现有园区的循环化改造升级，延伸产业链，提高产业关联度，建设公共服务平台，实现土地集约利用、资源能源高效利用、废弃物资源化利用。对综合性开发区、重化工产业开发区、高新技术开发区等不同性质的园区，加强分类指导，强化效果评估和工作考核。到 2020 年，75%的国家级园区和 50%的省级园区实施循环化改造，长江经济带超过 90%的省级以上（含省级）重化工园区实施循环化改造。（牵头单位：国家发展改革委、财政部，参加单位：科技部、工业和信息化部、环境保护部、商务部等）

（二十）加强城市废弃物规范有序处理。推动餐厨废弃物、建筑垃圾、园林废弃物、城市污泥和废旧纺织品等城市典型废弃物集中处理和资源化利用，推进燃煤耦合污泥等城市废弃物发电。选择 50 个左右地级及以上城市规划布局低值废弃物协同处理基地，完善城市废弃物回收利用体系，到2020 年，餐厨废弃物资源化率达到30%。（牵头单位：国家发展改革委、住房城乡建设部，参加单位：环境保护部、农业部、民政部、国管局、中直管理局等）

（二十一）促进资源循环利用产业提质升级。依托国家"城市矿产"示范基地，促进资源再生利用企业集聚化、园区化、区域协同化布局，提升再生资源利用行业清洁化、高值化水平。实行生产者责任延伸制度。推动太阳能光伏组件、碳纤维材料、生物基纤维、复合材料和节能灯等新品种废弃物的回收利用，推进动力蓄电池梯级利用和规范回收处理。加强再生资源规范管理，发布重点品种规范利用条件。大力发展再制造产业，推动汽车零部件及大型工业装备、办公设备等产品再制造。规范再制造服务体系，建立健全再生产品、再制造产品的推广应用机制。鼓励专业化再制造服务公司与钢铁、冶金、化工、机械等生产制造企业合作，开展设备寿命评估与检测、清洗与强化延寿等再制造专业技术服务。继续开展再制造产业示范基地建设和机电产品再制造试点示范工作。到 2020 年，再生资源回收利用产业产值达到 1.5 万亿元，再制造产业产值超过 1 000 亿元。（牵头单位：国家发展改革委，参加单位：科技部、工业和信息化部、环境保护部、住房城乡建设部、商务部等）

（二十二）统筹推进大宗固体废弃物综合利用。加强共伴生矿产资源及尾矿综合利用。推动煤矸石、粉煤灰、工业副产石膏、冶炼和化工废渣等工业固体废弃物综合利用。开展大宗产业废弃物综合利用示范基地建设。推进水泥窑协同处置城市生活垃圾。大力推动农作物秸秆、林业"三剩物"（采伐、造材和加工剩余物）、规模化养殖场粪便的资源化利用，因地制宜发展各类沼气工程和燃煤耦合秸秆发电工程。到 2020 年，工业固体废物综合利用率达到73%以上，农作物秸秆综合利用率达到85%。（牵头单位：国家发展改革委，参加单位：工业和信息化部、国土资源部、环境保护部、住房城乡建设部、农业部、国家林业局、国家能源局等）

（二十三）加快互联网与资源循环利用融合发展。支持再生资源企业利用大数据、云计算等技术优化逆向物流网点布局，建立线上线下融合的回收网络，在地级及以上城市逐步建设废弃物在线回收、交易等平台，推广"互联网+"回收新模式。建立重点品种的全生命周期追溯机制。在开展循环化改造的园区建设产业共生平台。鼓励相关行业协会、企业逐步构建行业性、区域性、全国性的产业废弃物和再生资源在线交易系统，发布交易价格指数。支持汽车维修、汽车保险、旧件回收、再制造、报废拆解等汽车产品售后全生命周期信息的互通共享。到 2020 年，初步形成废弃电器电子产品等高值废弃物在线回收利用体系。（牵头单位：国家发展改革委，参加单位：科技部、工业和信息化部、环境保护部、交通运输部、商务部、保监会等）

六、实施节能减排工程

（二十四）节能重点工程。组织实施燃煤锅炉节能环保综合提升、电机系统能效提升、余热暖民、绿色照明、节能技术装备产业化示范、能量系统优化、煤炭消费减量替代、重点用能单位综合能效提升、合同能源管理推进、城镇化节能升级改造、天然气分布式能源示范工程等节能重点工程，推进能源综合梯级利用，形成 3 亿 t 标准煤左右的节能能力，到 2020 年节能服务产业产值比 2015 年翻一番。（牵头单位：国家发展改革委，参加单位：科技部、工业和信息化部、财政部、住房城乡建设部、国务院国资委、质检总局、国管局、国家能源局、中直管理局等）

（二十五）主要大气污染物重点减排工程。实施燃煤电厂超低排放和节能改造工程，到 2020 年累计完成 5.8 亿千瓦机组超低排放改造任务，限期淘汰 2 000 万千瓦落后产能和不符合相关强制性标准要求的机组。实施电力、钢铁、水泥、石化、平板玻璃、有色等重点行业全面达标排放治理工程。实施京津冀、长三角、珠三角等区域"煤改气"和"煤改电"工程，扩大城市禁煤区范围，建设完善区域天然气输送管道、城市燃气管网、农村配套电网，加快建设天然气储气库、城市调峰站储气罐等基础工程，新增"煤改气"工程用气 450 亿 m^3 以上，替代燃煤锅炉 18.9 万蒸吨。实施石化、化工、工业涂装、包装印刷等重点行业挥发性有机物治理工程，到 2020 年石化企业基本完成挥发性有机物治理。（牵头单位：环境保护部、国家能源局，参加单位：国家发展改革委、工业和信息化部、财政部、国务院国资委、质检总局等）

（二十六）主要水污染物重点减排工程。加强城市、县城和其他建制镇生活污染减排设施建设。加快污水收集管网建设，实施城镇污水、工业园区废水、污泥处理设施建设与提标改造工程，推进再生水回用设施建设。加快畜禽规模养殖场（小区）污染治理，75%以上的养殖场（小区）配套建设固体废弃物和污水贮存处理设施。（牵头单位：环境保护部、国家发展改革委、住房城乡建设部，参加单位：工业和信息化部、财政部、农业部、国家海洋局等）

（二十七）循环经济重点工程。组织实施园区循环化改造、资源循环利用产业示范基地建设、工农复合型循环经济示范区建设、京津冀固体废弃物协同处理、"互联网+"资源循环、再生产品与再制造产品推广等专项行动，建设 100 个资源循环利用产业示范基地、50 个工业废弃物综合利用产业基地、20 个工农复合型循环经济示范区，推进生产和生活系统循环链接，构建绿色低碳循环的产业体系。到 2020 年，再生资源替代原生资源量达到 13 亿 t，资源循环利用产业产值达到 3 万亿元。（牵头单位：国家发展改革委、财政部，参加单位：科技部、工业和信息化部、环境保护部、住房城乡建设部、农业部、商务部等）

七、强化节能减排技术支撑和服务体系建设

（二十八）加快节能减排共性关键技术研发示范推广。启动"十三五"节能减排科技战略研究和专项规划编制工作，加快节能减排科技资源集成和统筹部署，继续组织实施节能减排重大科技产业化工程。加快高超超临界发电、低品位余热发电、小型燃气轮机、煤炭清洁高效利用、细颗粒物治理、挥发性有机物治理、汽车尾气净化、原油和成品油码头油气回收、垃圾渗滤液处理、多污染协同处理等新型技术装备研发和产业化。推广高效烟气除尘和余热回收一体化、高效热泵、半导体照明、废弃物循环利用等成熟适用技术。遴选一批节能减排协同效益突出、产业化前景好的先进技术，推广系统性技术解决方案。（牵头单位：科技部、国家发展改革委，参加单位：工业和信息化部、环境保护部、住房城乡建设部、交通运输部、国家能源局等）

（二十九）推进节能减排技术系统集成应用。推进区域、城镇、园区、用能单位等系统用能和节能。选择具有示范作用、辐射效应的园区和城市，统筹整合钢铁、水泥、电力等高耗能企业的余热余能资源和区域用能需求，实现能源梯级利用。大力发展"互联网+"智慧能源，支持基于互联网的能源创新，推动建立城市智慧能源系统，鼓励发展智能家居、智能楼宇、智能小区和智能工厂，推动智能电网、储能设施、分布式能源、智能用电终端协同发展。综合采取节能减排系统集成技术，推动锅炉系统、供热/制冷系统、电机系统、照明系统等优化升级。（牵头单位：国家发展改革委、工业和信息化部、国家能源局，参加单位：科技部、财政部、住房城乡建设部、质检总局等）

（三十）完善节能减排创新平台和服务体系。建立完善节能减排技术评估体系和科技创新创业综合服务平台，建设绿色技术服务平台，推动建立节能减排技术和产品的检测认证服务机制。培育一批具有核心竞争力的节能减排科技企业和服务基地，建立一批节能科技成果转移促进中心和交流转化平台，组建一批节能减排产业技术创新战略联盟、研究基地（平台）等。继续发布国家重点节能低碳技术推广目录，建立节能减排技术遴选、评定及推广机制。加快引进国外节能环保新技术、新装备，推动国内节能减排先进技术装备"走出去"。（牵头单位：科技部、国家发展改革委、工业和信息化部、环境保护部，参加单位：住房城乡建设部、交通运输部、质检总局等）

八、完善节能减排支持政策

（三十一）完善价格收费政策。加快资源环境价格改革，健全价格形成机制。督促各地落实差别电价和惩罚性电价政策，严格清理地方违规出台的高耗能企业优惠电价

政策。实行超定额用水累进加价制度。督促各地严格落实水泥、电解铝等行业阶梯电价政策，促进节能降耗。研究完善天然气价格政策。完善居民阶梯电价（煤改电除外）制度，全面推行居民阶梯气价（煤改气除外）、水价制度。深化供热计量收费改革，完善脱硫、脱硝、除尘和超低排放环保电价政策，加强运行监管，严肃查处不执行环保电价政策的行为。鼓励各地制定差别化排污收费政策。研究扩大挥发性有机物排放行业排污费征收范围。实施环境保护费改税，推进开征环境保护税。落实污水处理费政策，完善排污权交易价格体系。加大垃圾处理费收缴力度，提高收缴率。（牵头单位：国家发展改革委、财政部，参加单位：工业和信息化部、环境保护部、住房城乡建设部、水利部、国家能源局等）

（三十二）完善财政税收激励政策。加大对节能减排工作的资金支持力度，统筹安排相关专项资金，支持节能减排重点工程、能力建设和公益宣传。创新财政资金支持节能减排重点工程、项目的方式，发挥财政资金的杠杆作用。推广节能环保服务政府采购，推行政府绿色采购，完善节能环保产品政府强制采购和优先采购制度。清理取消不合理化石能源补贴。对节能减排工作任务完成较好的地区和企业予以奖励。落实支持节能减排的企业所得税、增值税等优惠政策，修订完善《环境保护专用设备企业所得税优惠目录》和《节能节水专用设备企业所得税优惠目录》。全面推进资源税改革，逐步扩大征收范围。继续落实资源综合利用税收优惠政策。从事国家鼓励类项目的企业进口自用节能减排技术装备且符合政策规定的，免征进口关税。（牵头单位：财政部、税务总局，参加单位：国家发展改革委、工业和信息化部、环境保护部、住房城乡建设部、国务院国资委、国管局等）

（三十三）健全绿色金融体系。加强绿色金融体系的顶层设计，推进绿色金融业务创新。鼓励银行业金融机构对节能减排重点工程给予多元化融资支持。健全市场化绿色信贷担保机制，对于使用绿色信贷的项目单位，可按规定申请财政贴息支持。对银行机构实施绿色评级，鼓励金融机构进一步完善绿色信贷机制，支持以用能权、碳排放权、排污权和节能项目收益权等为抵（质）押的绿色信贷。推进绿色债券市场发展，积极推动金融机构发行绿色金融债券，鼓励企业发行绿色债券。研究设立绿色发展基金，鼓励社会资本按市场化原则设立节能环保产业投资基金。支持符合条件的节能减排项目通过资本市场融资，鼓励绿色信贷资产、节能减排项目应收账款证券化。在环境高风险领域建立环境污染强制责任保险制度。积极推动绿色金融领域国际合作。（牵头单位：人民银行、财政部、国家发展改革委、环境保护部、银监会、证监会、保监会）

九、建立和完善节能减排市场化机制

（三十四）建立市场化交易机制。健全用能权、排污权、碳排放权交易机制，创新有偿使用、预算管理、投融资等机制，培育和发展交易市场。推进碳排放权交易，2017 年启动全国碳排放权交易市场。建立用能权有偿使用和交易制度，选择若干地区开展用能权交易试点。加快实施排污许可制，建立企事业单位污染物排放总量控制制度，继续推进排污权交易试点，试点地区到 2017 年底基本建立排污权交易制度，研究扩大试点范围，发展跨区域排污权交易市场。（牵头单位：国家发展改革委、财政部、环境保护部）

（三十五）推行合同能源管理模式。实施合同能源管理推广工程，鼓励节能服务公司创新服务模式，为用户提供节能咨询、诊断、设计、融资、改造、托管等"一站式"合同能源管理综合服务。取消节能服务公司审核备案制度，任何地方和单位不得以是否具备节能服务公司审核备案资格限制企业开展业务。建立节能服务公司、用能单位、第三方机构失信黑名单制度，将失信行为纳入全国信用信息共享平台。落实节能服务公司税收优惠政策，鼓励各级政府加大对合同能源管理的支持力度。政府机构按照合同能源管理合同支付给节能服务公司的支出，视同能源费用支出。培育以合同能源管理资产交易为特色的资产交易平台。鼓励社会资本建立节能服务产业投资基金。支持节能服务公司发行绿色债券。创新投债贷结合促进合同能源管理业务发展。（牵头单位：国家发展改革委、财政部、税务总局，参加单位：工业和信息化部、住房城乡建设部、人民银行、国管局、银监会、证监会、中直管理局等）

（三十六）健全绿色标识认证体系。强化能效标识管理制度，扩大实施范围。推行节能低碳环保产品认证。完善绿色建筑、绿色建材标识和认证制度，建立可追溯的绿色建材评价和信息管理系统。推进能源管理体系认证。制修订绿色商场、绿色宾馆、绿色饭店、绿色景区等绿色服务评价办法，积极开展第三方认证评价。逐步将目前分头设立的环保、节能、节水、循环、低碳、再生、有机等产品统一整合为绿色产品，建立统一的绿色产品标准、认证、标识体系。加强节能低碳环保标识监督检查，依法查处虚标企业。开展能效、水效、环保领跑者引领行动。（牵头单位：国家发展改革委、工业和信息化部、环境保护部、质检总局，参加单位：财政部、住房城乡建设部、水利部、商务部等）

（三十七）推进环境污染第三方治理。鼓励在环境监测与风险评估、环境公用设施建设与运行、重点区域和重点行业污染防治、生态环境综合整治等领域推行第三方治理。研究制定第三方治理项目增值税即征即退政策，加大财政对第三方治理项目的补助和奖励力度。鼓励各地积极设立第三方治理项目引导基金，解决第三方治理企业融资难、融资贵问题。引导地方政府开展第三方治理试点，建立以效付费机制。提升环境服务供给水平与质量。到 2020 年，环境公用设施建设与运营、工业园区第三方治理取得显著进展，污染治理效率和专业化水平明显提高，环境公用设施投资运营体制改革基本完成，涌现出一批技术能力强、运营管理水平高、综合信用好、具有国际竞争力的环境服务公司。（牵头单位：国家发展改革委、环境保护部，参加单位：工业和信息化部、财政部、住房城乡建设部等）

（三十八）加强电力需求侧管理。推行节能低碳、环保电力调度，建设国家电力需求侧管理平台，推广电能服务，总结电力需求侧管理城市综合试点经验，实施工业领域电力需求侧管理专项行动，引导电网企业支持和配合平台建设及试点工作，鼓励电力用户积极采用节电技术产品，优化用电方式。深化电力体制改革，扩大峰谷电价、分时电价、可中断电价实施范围。加强储能和智能电网建设，增强电网调峰和需求侧响应能力。（牵头单位：国家发展改革委，参加单位：工业和信息化部、财政部、国家能源局等）

十、落实节能减排目标责任

（三十九）健全节能减排计量、统计、监测和预警体系。健全能源计量体系和消费统计指标体系，完善企业联网直报系统，加大统计数据审核与执法力度，强化统计数据质量管理，确保统计数据基本衔接。完善环境统计体系，补充调整工业、城镇生活、农业等重要污染源调查范围。建立健全能耗在线监测系统和污染源自动在线监测系统，对重点用能单位能源消耗实现实时监测，强化企业污染物排放自行监测和环境信息公开，2020 年污染源自动监控数据有效传输率、企业自行监测结果公布率保持在 90% 以上，污染源监督性监测结果公布率保持在 95% 以上。定期公布各地区、重点行业、重点单位节能减排目标完成情况，发布预警信息，及时提醒高预警等级地区和单位的相关负责人，强化督促指导和帮扶。完善生态环境质量监测评价，建立地市报告、省级核查、国家审查的减排管理机制，鼓励引入第三方评估；加强重点减排工程调度管理，对环境质量改善达不到进度要求、重点减排工程建设滞后或运行不稳定、政策措施落实不到位的地区及时预警。（牵头单位：国家发展改革委、环境保护部、国家统计局，参加单位：工业和信息化部、住房城乡建设部、交通运输部、国务院国资委、质检总局、国管局等）

（四十）合理分解节能减排指标。实施能源消耗总量和强度双控行动，改革完善主要污染物总量减排制度。强化约束性指标管理，健全目标责任分解机制，将全国能耗总量控制和节能目标分解到各地区、主要行业和重点用能单位。各地区要根据国家下达的任务明确年度工作目标并层层分解落实，明确下一级政府、有关部门、重点用能单位责任，逐步建立省、市、县三级用能预算管理体系，编制用能预算管理方案；以改善环境质量为核心，突出重点工程减排，实行分区分类差别化管理，科学确定减排指标，环境质量改善任务重的地区承担更多的减排任务。(牵头单位：国家发展改革委、环境保护部，参加单位：工业和信息化部、住房城乡建设部、交通运输部、国管局、国家能源局等)

(四十一)加强目标责任评价考核。强化节能减排约束性指标考核，坚持总量减排和环境质量考核相结合，建立以环境质量考核为导向的减排考核制度。国务院每年组织开展省级人民政府节能减排目标责任评价考核，将考核结果作为领导班子和领导干部考核的重要内容，继续深入开展领导干部自然资源资产离任审计试点。对未完成能耗强度降低目标的省级人民政府实行问责，对未完成国家下达能耗总量控制目标任务的予以通报批评和约谈，实行高耗能项目缓批限批。对环境质量改善、总量减排目标均未完成的地区，暂停新增排放重点污染物建设项目的环评审批，暂停或减少中央财政资金支持，必要时列入环境保护督查范围。对重点单位节能减排考核结果进行公告并纳入社会信用记录系统，对未完成目标任务的暂停审批或核准新建扩建高耗能项目。落实国有企业节能减排目标责任制，将节能减排指标完成情况作为企业绩效和负责人业绩考核的重要内容。对节能减排贡献突出的地区、单位和个人以适当方式给予表彰奖励。(牵头单位：国家发展改革委、环境保护部、中央组织部，参加单位：工业和信息化部、财政部、住房城乡建设部、交通运输部、国务院国资委、质检总局、国家统计局、国管局、国家海洋局等)

十一、强化节能减排监督检查

(四十二)健全节能环保法律法规标准。加快修订完善节能环保方面的法律制度，推动制修订环境保护税法、水污染防治法、土壤污染防治法、能源法、固体废物污染环境防治法等。制修订建设项目环境保护管理条例、环境监测管理条例、重点用能单位节能管理办法、锅炉节能环保监督管理办法、节能服务机构管理暂行办法、污染地块土壤环境管理暂行办法、环境影响登记表备案管理办法等。健全节能标准体系，提高建筑节能标准，实现重点行业、设备节能标准全覆盖，继续实施百项能效标准推进工程。开展节能标准化和循环经济标准化试点示范建设。制定完善环境保护综合名录。制修订环保产品、环保设施运行效果评估、环境质量、污染物排放、环境监测方法等相关标准。鼓励地方依法制定更加严格的节能环保标准，鼓励制定节能减排团体标准。(牵头单位：国家发展改革委、工业和信息化部、环境保护部、质检总局、国务院法制办，参加单位：住房城乡建设部、交通运输部、商务部、国家统计局、国管局、国家海洋局、国家能源局、中直管理局等)

(四十三)严格节能减排监督检查。组织开展节能减排专项检查，督促各项措施落实。强化节能环保执法监察，加强节能审查，强化事中、事后监管，加大对重点用能单位和重点污染源的执法检查力度，严厉查处各类违法违规用能和环境违法违规行为，依法公布违法单位名单，发布重点企业污染物排放信息，对严重违法违规行为进行公开通报或挂牌督办，确保节能环保法律、法规、规章和强制性标准有效落实。强化执法问责，对行政不作为、执法不严等行为，严肃追究有关主管部门和执法机构负责人的责任。（牵头单位：国家发展改革委、工业和信息化部、环境保护部，参加单位：住房城乡建设部、质检总局、国家海洋局等）

（四十四）提高节能减排管理服务水平。建立健全节能管理、监察、服务"三位一体"的节能管理体系。建立节能服务和监管平台，加强政府管理和服务能力建设。继续推进能源统计能力建设，加强工作力量。加强节能监察能力建设，进一步完善省、市、县三级节能监察体系。健全环保监管体制，开展省以下环保机构监测监察执法垂直管理制度试点，推进环境监察机构标准化建设，全面加强挥发性有机物环境空气质量和污染排放自动在线监测工作。开展污染源排放清单编制工作，出台主要污染物减排核查核算办法（细则）。进一步健全能源计量体系，深入推进城市能源计量建设示范，开展计量检测、能效计量比对等节能服务活动，加强能源计量技术服务和能源计量审查。建立能源消耗数据核查机制，建立健全统一的用能量和节能量审核方法、标准、操作规范和流程，加强核查机构管理，依法严厉打击核查工作中的弄虚作假行为。推动大数据在节能减排领域的应用。创新节能管理和服务模式，开展能效服务网络体系建设试点，促进用能单位经验分享。制定节能减排培训纲要，实施培训计划，依托专业技术人才知识更新工程等国家重大人才工程项目，加强对各级领导干部和政府节能管理部门、节能监察机构、用能单位相关人员的培训。（牵头单位：国家发展改革委、工业和信息化部、财政部、环境保护部，参加单位：人力资源社会保障部、住房城乡建设部、质检总局、国家统计局、国管局、国家海洋局、中直管理局等）

十二、动员全社会参与节能减排

（四十五）推行绿色消费。倡导绿色生活，推动全民在衣、食、住、行等方面更加勤俭节约、绿色低碳、文明健康，坚决抵制和反对各种形式的奢侈浪费。开展旧衣"零抛弃"活动，方便闲置旧物交换。积极引导绿色金融支持绿色消费，积极引导消费者购买节能与新能源汽车、高效家电、节水型器具等节能环保低碳产品，减少一次性用品的使用，限制过度包装，尽可能选用低挥发性水性涂料和环境友好型材料。加快畅通绿色产品流通渠道，鼓励建立绿色批发市场、节能超市等绿色流通主体。大力推广绿色低碳出行，倡导绿色生活和休闲模式。到 2020 年，能效标识 2 级以上的空调、冰箱、热水器等节能家电市场占有率达到 50%以上。（牵头单位：国家发展改革委、环境保护部，参加单位：工业和信息化部、财政部、住房城乡建设部、交通运输部、商务部、中央军委后勤保障部、全国总工会、共青团中央、全国妇联等）

（四十六）倡导全民参与。推动全社会树立节能是第一能源、节约就是增加资源的理念，深入开展全民节约行动和节能"进机关、进单位、进企业、进军营、进商超、进宾馆、进学校、进家庭、进社区、进农村""十进"活动。制播节能减排公益广告，鼓励建设节能减排博物馆、展示馆，创建一批节能减排宣传教育示范基地，形成人人、事事、时时参与节能减排的社会氛围。发展节能减排公益事业，鼓励公众参与节能减排公益活动。加强节能减排、应对气候变化等领域国际合作，推动落实《二十国集团能效引领计划》。（牵头单位：中央宣传部、国家发展改革委、环境保护部，参加单位：外交部、教育部、工业和信息化部、财政部、住房城乡建设部、国务院国资委、质检总局、新闻出版广电总局、国管局、中直管理局、中央军委后勤保障部、全国总工会、共青团中央、全国妇联等）

（四十七）强化社会监督。充分发挥各种媒体作用，报道先进典型、经验和做法，曝光违规用能和各种浪费行为。完善公众参与制度，及时准确披露各类环境信息，扩大公开范围，保障公众知情权，维护公众环境权益。依法实施环境公益诉讼制度，对污染环境、破坏生态的行为可依法提起公益诉讼。（牵头单位：中央宣传部、国家发展改革委、环境保护部，参加单位：全国总工会、共青团中央、全国妇联等）

打赢蓝天保卫战三年行动计划

打赢蓝天保卫战，是党的十九大作出的重大决策部署，事关满足人民日益增长的美好生活需要，事关全面建成小康社会，事关经济高质量发展和美丽中国建设。为加快改善环境空气质量，打赢蓝天保卫战，制订本行动计划。

一、总体要求

（一）指导思想。以总书记新时代中国特色社会主义思想为指导，全面贯彻党的十九大和十九届二中、三中全会精神，认真落实党中央、国务院决策部署和全国生态环境保护大会要求，坚持新发展理念，坚持全民共治、源头防治、标本兼治，以京津冀及周边地区、长三角地区、汾渭平原等区域（以下称重点区域）为重点，持续开展大气污染防治行动，综合运用经济、法律、技术和必要的行政手段，大力调整优化产业结构、能源结构、运输结构和用地结构，强化区域联防联控，狠抓秋冬季污染治理，统筹兼顾、系统谋划、精准施策，坚决打赢蓝天保卫战，实现环境效益、经济效益和社会效益多赢。

（二）目标指标。经过 3 年努力，大幅减少主要大气污染物排放总量，协同减少温室气体排放，进一步明显降低细颗粒物（$PM_{2.5}$）浓度，明显减少重污染天数，明显改善环境空气质量，明显增强人民的蓝天幸福感。

到 2020 年，二氧化硫、氮氧化物排放总量分别比 2015 年下降 15%以上；$PM_{2.5}$ 未达标地级及以上城市浓度比 2015 年下降 18%以上，地级及以上城市空气质量优良天数比率达到 80%，重度及以上污染天数比率比 2015 年下降 25%以上；提前完成"十三五"目标任务的省份，要保持和巩固改善成果；尚未完成的，要确保全面实现"十三五"约束性目标；北京市环境空气质量改善目标应在"十三五"目标基础上进一步提高。

（三）重点区域范围。京津冀及周边地区，包含北京市，天津市，河北省石家庄、唐山、邯郸、邢台、保定、沧州、廊坊、衡水市以及雄安新区，山西省太原、阳泉、长治、晋城市，山东省济南、淄博、济宁、德州、聊城、滨州、菏泽市，河南省郑州、开封、安阳、鹤壁、新乡、焦作、濮阳市等；长三角地区，包含上海市、江苏省、浙江省、安徽省；汾渭平原，包含山西省晋中、运城、临汾、吕梁市，河南省洛阳、三门峡市，陕西省西安、铜川、宝鸡、咸阳、渭南市以及杨凌示范区等。

二、调整优化产业结构，推进产业绿色发展

（四）优化产业布局。各地完成生态保护红线、环境质量底线、资源利用上线、环境准入清单编制工作，明确禁止和限制发展的行业、生产工艺和产业目录。修订完善高耗能、高污染和资源型行业准入条件，环境空气质量未达标城市应制订更严格的产业准入门槛。积极推行区域、规划环境影响评价，新、改、扩建钢铁、石化、化工、焦化、建材、有色等项目的环境影响评价，应满足区域、规划环评要求。（生态环境部牵头，国家发展改革委、工业和信息化部、自然资源部参与，地方各级人民政府负责落实。以下均需地方各级人民政府落实，不再列出）

加大区域产业布局调整力度。加快城市建成区重污染企业搬迁改造或关闭退出，推动实施一批水泥、平板玻璃、焦化、化工等重污染企业搬迁工程；重点区域城市钢铁企业要切实采取彻底关停、转型发展、就地改造、域外搬迁等方式，推动转型升级。重点区域禁止新增化工园区，加大现有化工园区整治力度。各地已明确的退城企业，要明确时间表，逾期不退城的予以停产。（工业和信息化部、国家发展改革委、生态环境部等按职责负责）

（五）严控"两高"行业产能。重点区域严禁新增钢铁、焦化、电解铝、铸造、水泥和平板玻璃等产能；严格执行钢铁、水泥、平板玻璃等行业产能置换实施办法；新、改、扩建涉及大宗物料运输的建设项目，原则上不得采用公路运输。（工业和信息化部、国家发展改革委牵头，生态环境部等参与）

加大落后产能淘汰和过剩产能压减力度。严格执行质量、环保、能耗、安全等法规标准。修订《产业结构调整指导目录》，提高重点区域过剩产能淘汰标准。重点区域加大独立焦化企业淘汰力度，京津冀及周边地区实施"以钢定焦"，力争2020年炼焦产能与钢铁产能比达到0.4左右。严防"地条钢"死灰复燃。2020年，河北省钢铁产能控制在2亿t以内；列入去产能计划的钢铁企业，需一并退出配套的烧结、焦炉、高炉等设备。（发展改革委、工业和信息化部牵头，生态环境部、财政部、市场监管总局等参与）

（六）强化"散乱污"企业综合整治。全面开展"散乱污"企业及集群综合整治行动。根据产业政策、产业布局规划，以及土地、环保、质量、安全、能耗等要求，制定"散乱污"企业及集群整治标准。实行拉网式排查，建立管理台账。按照"先停后治"的原则，实施分类处置。列入关停取缔类的，基本做到"两断三清"（切断工业用水、用电，清除原料、产品、生产设备）；列入整合搬迁类的，要按照产业发展规模化、现代化的原则，搬迁至工业园区并实施升级改造；列入升级改造类的，树立行业标杆，实施清洁生产技术改造，全面提升污染治理水平。建立"散乱污"企业动态管理机制，坚决杜绝"散乱污"企业项目建设和已取缔的"散乱污"企业异地转移、死灰复燃。京津冀及周边地区

2018 年底前全面完成；长三角地区、汾渭平原 2019 年底前基本完成；全国 2020 年底前基本完成。（生态环境部、工业和信息化部牵头，国家发展改革委、市场监管总局、自然资源部等参与）

（七）深化工业污染治理。持续推进工业污染源全面达标排放，将烟气在线监测数据作为执法依据，加大超标处罚和联合惩戒力度，未达标排放的企业一律依法停产整治。建立覆盖所有固定污染源的企业排放许可制度，2020 年底前，完成排污许可管理名录规定的行业许可证核发。（生态环境部负责）

推进重点行业污染治理升级改造。重点区域二氧化硫、氮氧化物、颗粒物、挥发性有机物（VOCs）全面执行大气污染物特别排放限值。推动实施钢铁等行业超低排放改造，重点区域城市建成区内焦炉实施炉体加罩封闭，并对废气进行收集处理。强化工业企业无组织排放管控。开展钢铁、建材、有色、火电、焦化、铸造等重点行业及燃煤锅炉无组织排放排查，建立管理台账，对物料（含废渣）运输、装卸、储存、转移和工艺过程等无组织排放实施深度治理，2018 年底前京津冀及周边地区基本完成治理任务，长三角地区和汾渭平原 2019 年底前完成，全国 2020 年底前基本完成。（生态环境部牵头，国家发展改革委、工业和信息化部参与）

推进各类园区循环化改造、规范发展和提质增效。大力推进企业清洁生产。对开发区、工业园区、高新区等进行集中整治，限期进行达标改造，减少工业集聚区污染。完善园区集中供热设施，积极推广集中供热。有条件的工业集聚区建设集中喷涂工程中心，配备高效治污设施，替代企业独立喷涂工序。（国家发展改革委牵头，工业和信息化部、生态环境部、科技部、商务部等参与）

（八）大力培育绿色环保产业。壮大绿色产业规模，发展节能环保产业、清洁生产产业、清洁能源产业，培育发展新动能。积极支持培育一批具有国际竞争力的大型节能环保龙头企业，支持企业技术创新能力建设，加快掌握重大关键核心技术，促进大气治理重点技术装备等产业化发展和推广应用。积极推行节能环保整体解决方案，加快发展合同能源管理、环境污染第三方治理和社会化监测等新业态，培育一批高水平、专业化节能环保服务公司。（国家发展改革委牵头，工业和信息化部、生态环境部、科技部等参与）

三、加快调整能源结构，构建清洁低碳高效能源体系

（九）有效推进北方地区清洁取暖。坚持从实际出发，宜电则电、宜气则气、宜煤则煤、宜热则热，确保北方地区群众安全取暖过冬。集中资源推进京津冀及周边地区、汾渭平原等区域散煤治理，优先以乡镇或区县为单元整体推进。2020 年采暖季前，在保障能源供应的前提下，京津冀及周边地区、汾渭平原的平原地区基本完成生活和冬季取暖散煤替

代；对暂不具备清洁能源替代条件的山区，积极推广洁净煤，并加强煤质监管，严厉打击销售使用劣质煤行为。燃气壁挂炉能效不得低于 2 级水平。（能源局、国家发展改革委、财政部、生态环境部、住房城乡建设部牵头，市场监管总局等参与）

抓好天然气产供储销体系建设。力争 2020 年天然气占能源消费总量比重达到 10%。新增天然气量优先用于城镇居民和大气污染严重地区的生活和冬季取暖散煤替代，重点支持京津冀及周边地区和汾渭平原，实现"增气减煤"。"煤改气"坚持"以气定改"，确保安全施工、安全使用、安全管理。有序发展天然气调峰电站等可中断用户，原则上不再新建天然气热电联产和天然气化工项目。限时完成天然气管网互联互通，打通"南气北送"输气通道。加快储气设施建设步伐，2020 年采暖季前，地方政府、城镇燃气企业和上游供气企业的储备能力达到量化指标要求。建立完善调峰用户清单，采暖季实行"压非保民"。（国家发展改革委、能源局牵头，生态环境部、财政部、住房城乡建设部等参与）

加快农村"煤改电"电网升级改造。制定实施工作方案。电网企业要统筹推进输变电工程建设，满足居民采暖用电需求。鼓励推进蓄热式等电供暖。地方政府对"煤改电"配套电网工程建设应给予支持，统筹协调"煤改电""煤改气"建设用地。（能源局、国家发展改革委牵头，生态环境部、自然资源部参与）

（十）重点区域继续实施煤炭消费总量控制。到 2020 年，全国煤炭占能源消费总量比重下降到 58% 以下；北京、天津、河北、山东、河南五省（直辖市）煤炭消费总量比 2015 年下降 10%，长三角地区下降 5%，汾渭平原实现负增长；新建耗煤项目实行煤炭减量替代。按照煤炭集中使用、清洁利用的原则，重点削减非电力用煤，提高电力用煤比例，2020 年全国电力用煤占煤炭消费总量比重达到 55% 以上。继续推进电能替代燃煤和燃油，替代规模达到 1 000 亿 kW·h 以上。（国家发展改革委牵头，能源局、生态环境部参与）

制订专项方案，大力淘汰关停环保、能耗、安全等不达标的 30 万 kW 以下燃煤机组。对于关停机组的装机容量、煤炭消费量和污染物排放量指标，允许进行交易或置换，可统筹安排建设等容量超低排放燃煤机组。重点区域严格控制燃煤机组新增装机规模，新增用电量主要依靠区域内非化石能源发电和外送电满足。限时完成重点输电通道建设，在保障电力系统安全稳定运行的前提下，到 2020 年，京津冀、长三角地区接受外送电量比例比 2017 年显著提高。（能源局、国家发展改革委牵头，生态环境部等参与）

（十一）开展燃煤锅炉综合整治。加大燃煤小锅炉淘汰力度。县级及以上城市建成区基本淘汰每小时 10 蒸吨及以下燃煤锅炉及茶水炉、经营性炉灶、储粮烘干设备等燃煤设施，原则上不再新建每小时 35 蒸吨以下的燃煤锅炉，其他地区原则上不再新建每小时 10 蒸吨以下的燃煤锅炉。环境空气质量未达标城市应进一步加大淘汰力度。重点区域基本淘汰每小时 35 蒸吨以下燃煤锅炉，每小时 65 蒸吨及以上燃煤锅炉全部完成节能和超低排放改造；燃气锅炉基本完成低氮改造；城市建成区生物质锅炉实施超低排放改造。

（生态环境部、市场监管总局牵头，国家发展改革委、住房城乡建设部、工业和信息化部、能源局等参与）

加大对纯凝机组和热电联产机组技术改造力度，加快供热管网建设，充分释放和提高供热能力，淘汰管网覆盖范围内的燃煤锅炉和散煤。在不具备热电联产集中供热条件的地区，现有多台燃煤小锅炉的，可按照等容量替代原则建设大容量燃煤锅炉。2020 年底前，重点区域 30 万 kW 及以上热电联产电厂供热半径 15 km 范围内的燃煤锅炉和落后燃煤小热电全部关停整合。（能源局、国家发展改革委牵头，生态环境部、住房城乡建设部等参与）

（十二）提高能源利用效率。继续实施能源消耗总量和强度双控行动。健全节能标准体系，大力开发、推广节能高效技术和产品，实现重点用能行业、设备节能标准全覆盖。重点区域新建高耗能项目单位产品（产值）能耗要达到国际先进水平。因地制宜提高建筑节能标准，加大绿色建筑推广力度，引导有条件地区和城市新建建筑全面执行绿色建筑标准。进一步健全能源计量体系，持续推进供热计量改革，推进既有居住建筑节能改造，重点推动北方采暖地区有改造价值的城镇居住建筑节能改造。鼓励开展农村住房节能改造。（国家发展改革委、住房城乡建设部、市场监管总局牵头，能源局、工业和信息化部等参与）

（十三）加快发展清洁能源和新能源。到 2020 年，非化石能源占能源消费总量比重达到 15%。有序发展水电，安全高效发展核电，优化风能、太阳能开发布局，因地制宜发展生物质能、地热能等。在具备资源条件的地方，鼓励发展县域生物质热电联产、生物质成型燃料锅炉及生物天然气。加大可再生能源消纳力度，基本解决弃水、弃风、弃光问题。（能源局、国家发展改革委、财政部负责）

四、积极调整运输结构，发展绿色交通体系

（十四）优化调整货物运输结构。大幅提升铁路货运比例。到 2020 年，全国铁路货运量比 2017 年增长 30%，京津冀及周边地区增长 40%、长三角地区增长 10%、汾渭平原增长 25%。大力推进海铁联运，全国重点港口集装箱铁水联运量年均增长 10% 以上。制定实施运输结构调整行动计划。（国家发展改革委、交通运输部、铁路局、中国铁路总公司牵头，财政部、生态环境部参与）

推动铁路货运重点项目建设。加大货运铁路建设投入，加快完成蒙华、唐曹、水曹等货运铁路建设。大力提升张唐、瓦日等铁路线煤炭运输量。在环渤海地区、山东省、长三角地区，2018 年底前，沿海主要港口和唐山港、黄骅港的煤炭集港改由铁路或水路运输；2020 年采暖季前，沿海主要港口和唐山港、黄骅港的矿石、焦炭等大宗货物原则上主要改由铁路或水路运输。钢铁、电解铝、电力、焦化等重点企业要加快铁路专用线建设，充分利用已有铁路专用线能力，大幅提高铁路运输比例，2020 年重点区域达到 50% 以上。（国

家发展改革委、交通运输部、铁路局、中国铁路总公司牵头，财政部、生态环境部参与）

大力发展多式联运。依托铁路物流基地、公路港、沿海和内河港口等，推进多式联运型和干支衔接型货运枢纽（物流园区）建设，加快推广集装箱多式联运。建设城市绿色物流体系，支持利用城市现有铁路货场物流货场转型升级为城市配送中心。鼓励发展江海联运、江海直达、滚装运输、甩挂运输等运输组织方式。降低货物运输空载率。（国家发展改革委、交通运输部牵头，财政部、生态环境部、铁路局、中国铁路总公司参与）

（十五）加快车船结构升级。推广使用新能源汽车。2020 年新能源汽车产销量达到 200 万辆左右。加快推进城市建成区新增和更新的公交、环卫、邮政、出租、通勤、轻型物流配送车辆使用新能源或清洁能源汽车，重点区域使用比例达到 80%；重点区域港口、机场、铁路货场等新增或更换作业车辆主要使用新能源或清洁能源汽车。2020 年底前，重点区域的直辖市、省会城市、计划单列市建成区公交车全部更换为新能源汽车。在物流园、产业园、工业园、大型商业购物中心、农贸批发市场等物流集散地建设集中式充电桩和快速充电桩。为承担物流配送的新能源车辆在城市通行提供便利。（工业和信息化部、交通运输部牵头，财政部、住房城乡建设部、生态环境部、能源局、铁路局、民航局、中国铁路总公司等参与）

大力淘汰老旧车辆。重点区域采取经济补偿、限制使用、严格超标排放监管等方式，大力推进国三及以下排放标准营运柴油货车提前淘汰更新，加快淘汰采用稀薄燃烧技术和"油改气"的老旧燃气车辆。各地制定营运柴油货车和燃气车辆提前淘汰更新目标及实施计划。2020 年底前，京津冀及周边地区、汾渭平原淘汰国三及以下排放标准营运中型和重型柴油货车 100 万辆以上。2019 年 7 月 1 日起，重点区域、珠三角地区、成渝地区提前实施国六排放标准。推广使用达到国六排放标准的燃气车辆。（交通运输部、生态环境部牵头，工业和信息化部、公安部、财政部、商务部等参与）

推进船舶更新升级。2018 年 7 月 1 日起，全面实施新生产船舶发动机第一阶段排放标准。推广使用电、天然气等新能源或清洁能源船舶。长三角地区等重点区域内河应采取禁限行等措施，限制高排放船舶使用，鼓励淘汰使用 20 年以上的内河航运船舶。（交通运输部牵头，生态环境部、工业和信息化部参与）

（十六）加快油品质量升级。2019 年 1 月 1 日起，全国全面供应符合国六标准的车用汽柴油，停止销售低于国六标准的汽柴油，实现车用柴油、普通柴油、部分船舶用油"三油并轨"，取消普通柴油标准，重点区域、珠三角地区、成渝地区等提前实施。研究销售前在车用汽柴油中加入符合环保要求的燃油清净增效剂。（能源局、财政部牵头，市场监管总局、商务部、生态环境部等参与）

（十七）强化移动源污染防治。严厉打击新生产销售机动车环保不达标等违法行为。严格新车环保装置检验，在新车销售、检验、登记等场所开展环保装置抽查，保证新车环保装置生产一致性。取消地方环保达标公告和目录审批。构建全国机动车超标排放信息数据库，追溯超标排放机动车生产和进口企业、注册登记地、排放检验机构、维修单位、运输企业等，实现全链条监管。推进老旧柴油车深度治理，具备条件的安装污染控制装置、配备实时排放监控终端，并与生态环境等有关部门联网，协同控制颗粒物和氮氧化物排放，稳定达标的可免于上线排放检验。有条件的城市定期更换出租车三元催化装置。（生态环境部、交通运输部牵头，公安部、工业和信息化部、市场监管总局等参与）

加强非道路移动机械和船舶污染防治。开展非道路移动机械摸底调查，划定非道路移动机械低排放控制区，严格管控高排放非道路移动机械，重点区域 2019 年底前完成。推进排放不达标工程机械、港作机械清洁化改造和淘汰，重点区域港口、机场新增和更换的作业机械主要采用清洁能源或新能源。2019 年底前，调整扩大船舶排放控制区范围，覆盖沿海重点港口。推动内河船舶改造，加强颗粒物排放控制，开展减少氮氧化物排放试点工作。（生态环境部、交通运输部、农业农村部负责）

推动靠港船舶和飞机使用岸电。加快港口码头和机场岸电设施建设，提高港口码头和机场岸电设施使用率。2020 年底前，沿海主要港口 50% 以上专业化泊位（危险货物泊位除外）具备向船舶供应岸电的能力。新建码头同步规划、设计、建设岸电设施。重点区域沿海港口新增、更换拖船优先使用清洁能源。推广地面电源替代飞机辅助动力装置，重点区域民航机场在飞机停靠期间主要使用岸电。（交通运输部、民航局牵头，国家发展改革委、财政部、生态环境部、能源局等参与）

五、优化调整用地结构，推进面源污染治理

（十八）实施防风固沙绿化工程。建设北方防沙带生态安全屏障，重点加强三北防护林体系建设、京津风沙源治理、太行山绿化、草原保护和防风固沙。推广保护性耕作、林间覆盖等方式，抑制季节性裸地农田扬尘。在城市功能疏解、更新和调整中，将腾退空间优先用于留白增绿。建设城市绿道绿廊，实施"退工还林还草"。大力提高城市建成区绿化覆盖率。（自然资源部牵头，住房城乡建设部、农业农村部、林草局参与）

（十九）推进露天矿山综合整治。全面完成露天矿山摸底排查。对违反资源环境法律法规、规划，污染环境、破坏生态、乱采滥挖的露天矿山，依法予以关闭；对污染治理不规范的露天矿山，依法责令停产整治，整治完成并经相关部门组织验收合格后方可恢复生产，对拒不停产或擅自恢复生产的依法强制关闭；对责任主体灭失的露天矿山，要加强修复绿化、减尘抑尘。重点区域原则上禁止新建露天矿山建设项目。加强矸石山治理。（自然资源部牵头，生态环境部等参与）

（二十）加强扬尘综合治理。严格施工扬尘监管。2018 年底前，各地建立施工工地管

理清单。因地制宜稳步发展装配式建筑。将施工工地扬尘污染防治纳入文明施工管理范畴，建立扬尘控制责任制度，扬尘治理费用列入工程造价。重点区域建筑施工工地要做到工地周边围挡、物料堆放覆盖、土方开挖湿法作业、路面硬化、出入车辆清洗、渣土车辆密闭运输"六个百分之百"，安装在线监测和视频监控设备，并与当地有关主管部门联网。将扬尘管理工作不到位的不良信息纳入建筑市场信用管理体系，情节严重的，列入建筑市场主体"黑名单"。加强道路扬尘综合整治。大力推进道路清扫保洁机械化作业，提高道路机械化清扫率，2020 年底前，地级及以上城市建成区达到 70% 以上，县城达到 60% 以上，重点区域要显著提高。严格渣土运输车辆规范化管理，渣土运输车要密闭。（住房城乡建设部牵头，生态环境部参与）

实施重点区域降尘考核。京津冀及周边地区、汾渭平原各市平均降尘量不得高于 9 t/（月·km^2）；长三角地区不得高于 5 t/（月·km^2），其中苏北、皖北不得高于 7 t/（月·km^2）。（生态环境部负责）

（二十一）加强秸秆综合利用和氨排放控制。切实加强秸秆禁烧管控，强化地方各级政府秸秆禁烧主体责任。重点区域建立网格化监管制度，在夏收和秋收阶段开展秸秆禁烧专项巡查。东北地区要针对秋冬季秸秆集中焚烧和采暖季初锅炉集中起炉的问题，制定专项工作方案，加强科学有序疏导。严防因秸秆露天焚烧造成区域性重污染天气。坚持堵疏结合，加大政策支持力度，全面加强秸秆综合利用，到 2020 年，全国秸秆综合利用率达到 85%。（生态环境部、农业农村部、国家发展改革委按职责负责）

控制农业源氨排放。减少化肥农药使用量，增加有机肥使用量，实现化肥农药使用量负增长。提高化肥利用率，到 2020 年，京津冀及周边地区、长三角地区达到 40% 以上。强化畜禽粪污资源化利用，改善养殖场通风环境，提高畜禽粪污综合利用率，减少氨挥发排放。（农业农村部牵头，生态环境部等参与）

六、实施重大专项行动，大幅降低污染物排放

（二十二）开展重点区域秋冬季攻坚行动。制定并实施京津冀及周边地区、长三角地区、汾渭平原秋冬季大气污染综合治理攻坚行动方案，以减少重污染天气为着力点，狠抓秋冬季大气污染防治，聚焦重点领域，将攻坚目标、任务措施分解落实到城市。各市要制定具体实施方案，督促企业制定落实措施。京津冀及周边地区要以北京为重中之重，雄安新区环境空气质量要力争达到北京市南部地区同等水平。统筹调配全国环境执法力量，实行异地交叉执法、驻地督办，确保各项措施落实到位。（生态环境部牵头，国家发展改革委、工业和信息化部、财政部、住房城乡建设部、交通运输部、能源局等参与）

（二十三）打好柴油货车污染治理攻坚战。制定柴油货车污染治理攻坚战行动方案，

统筹油、路、车治理，实施清洁柴油车（机）、清洁运输和清洁油品行动，确保柴油货车污染排放总量明显下降。加强柴油货车生产销售、注册使用、检验维修等环节的监督管理，建立天地车人一体化的全方位监控体系，实施在用汽车排放检测与强制维护制度。各地开展多部门联合执法专项行动。（生态环境部、交通运输部、财政部、市场监管总局牵头，工业和信息化部、公安部、商务部、能源局等参与）

（二十四）开展工业炉窑治理专项行动。各地制定工业炉窑综合整治实施方案。开展拉网式排查，建立各类工业炉窑管理清单。制定行业规范，修订完善涉各类工业炉窑的环保、能耗等标准，提高重点区域排放标准。加大不达标工业炉窑淘汰力度，加快淘汰中小型煤气发生炉。鼓励工业炉窑使用电、天然气等清洁能源或由周边热电厂供热。重点区域取缔燃煤热风炉，基本淘汰热电联产供热管网覆盖范围内的燃煤加热、烘干炉（窑）；淘汰炉膛直径 3 m 以下燃料类煤气发生炉，加大化肥行业固定床间歇式煤气化炉整改力度；集中使用煤气发生炉的工业园区，暂不具备改用天然气条件的，原则上应建设统一的清洁煤制气中心；禁止掺烧高硫石油焦。将工业炉窑治理作为环保强化督查重点任务，凡未列入清单的工业炉窑均纳入秋冬季错峰生产方案。（生态环境部牵头，国家发展改革委、工业和信息化部、市场监管总局等参与）

（二十五）实施 VOCs 专项整治方案。制定石化、化工、工业涂装、包装印刷等 VOCs 排放重点行业和油品储运销综合整治方案，出台泄漏检测与修复标准，编制 VOCs 治理技术指南。重点区域禁止建设生产和使用高 VOCs 含量的溶剂型涂料、油墨、胶黏剂等项目，加大餐饮油烟治理力度。开展 VOCs 整治专项执法行动，严厉打击违法排污行为，对治理效果差、技术服务能力弱、运营管理水平低的治理单位，公布名单，实行联合惩戒，扶持培育 VOCs 治理和服务专业化规模化龙头企业。2020 年，VOCs 排放总量较 2015 年下降10%以上。（生态环境部牵头，国家发展改革委、工业和信息化部、商务部、市场监管总局、能源局等参与）

七、强化区域联防联控，有效应对重污染天气

（二十六）建立完善区域大气污染防治协作机制。将京津冀及周边地区大气污染防治协作小组调整为京津冀及周边地区大气污染防治领导小组；建立汾渭平原大气污染防治协作机制，纳入京津冀及周边地区大气污染防治领导小组统筹领导；继续发挥长三角区域大气污染防治协作小组作用。相关协作机制负责研究审议区域大气污染防治实施方案、年度计划、目标、重大措施，以及区域重点产业发展规划、重大项目建设等事关大气污染防治工作的重要事项，部署区域重污染天气联合应对工作。（生态环境部负责）

（二十七）加强重污染天气应急联动。强化区域环境空气质量预测预报中心能力建设，

2019 年底前实现 7~10 天预报能力，省级预报中心实现以城市为单位的 7 天预报能力。开展环境空气质量中长期趋势预测工作。完善预警分级标准体系，区分不同区域不同季节应急响应标准，同一区域内要统一应急预警标准。当预测到区域将出现大范围重污染天气时，统一发布预警信息，各相关城市按级别启动应急响应措施，实施区域应急联动。（生态环境部牵头，气象局等参与）

（二十八）夯实应急减排措施。制定完善重污染天气应急预案。提高应急预案中污染物减排比例，黄色、橙色、红色级别减排比例原则上分别不低于 10%、20%、30%。细化应急减排措施，落实到企业各工艺环节，实施"一厂一策"清单化管理。在黄色及以上重污染天气预警期间，对钢铁、建材、焦化、有色、化工、矿山等涉及大宗物料运输的重点用车企业，实施应急运输响应。（生态环境部牵头，交通运输部、工业和信息化部参与）

重点区域实施秋冬季重点行业错峰生产。加大秋冬季工业企业生产调控力度，各地针对钢铁、建材、焦化、铸造、有色、化工等高排放行业，制定错峰生产方案，实施差别化管理。要将错峰生产方案细化到企业生产线、工序和设备，载入排污许可证。企业未按期完成治理改造任务的，一并纳入当地错峰生产方案，实施停产。属于《产业结构调整指导目录》限制类的，要提高错峰限产比例或实施停产。（工业和信息化部、生态环境部负责）

八、健全法律法规体系，完善环境经济政策

（二十九）完善法律法规标准体系。研究将 VOCs 纳入环境保护税征收范围。制定排污许可管理条例、京津冀及周边地区大气污染防治条例。2019 年底前，完成涂料、油墨、胶黏剂、清洗剂等产品 VOCs 含量限值强制性国家标准制定工作，2020 年 7 月 1 日起在重点区域率先执行。研究制定石油焦质量标准。修改《环境空气质量标准》中关于监测状态的有关规定，实现与国际接轨。加快制修订制药、农药、日用玻璃、铸造、工业涂装类、餐饮油烟等重点行业污染物排放标准，以及 VOCs 无组织排放控制标准。鼓励各地制定实施更严格的污染物排放标准。研究制定内河大型船舶用燃料油标准和更加严格的汽柴油质量标准，降低烯烃、芳烃和多环芳烃含量。制定更严格的机动车、非道路移动机械和船舶大气污染物排放标准。制定机动车排放检测与强制维修管理办法，修订《报废汽车回收管理办法》。（生态环境部、财政部、工业和信息化部、交通运输部、商务部、市场监管总局牵头，司法部、税务总局等参与）

（三十）拓宽投融资渠道。各级财政支出要向打赢蓝天保卫战倾斜。增加中央大气污染防治专项资金投入，扩大中央财政支持北方地区冬季清洁取暖的试点城市范围，将京津冀及周边地区、汾渭平原全部纳入。环境空气质量未达标地区要加大大气污染防治资金投入。（财政部牵头，生态环境部等参与）

支持依法合规开展大气污染防治领域的政府和社会资本合作（PPP）项目建设。鼓励开展合同环境服务，推广环境污染第三方治理。出台对北方地区清洁取暖的金融支持政策，选择具备条件的地区，开展金融支持清洁取暖试点工作。鼓励政策性、开发性金融机构在业务范围内，对大气污染防治、清洁取暖和产业升级等领域符合条件的项目提供信贷支持，引导社会资本投入。支持符合条件的金融机构、企业发行债券，募集资金用于大气污染治理和节能改造。将"煤改电"超出核价投资的配套电网投资纳入下一轮输配电价核价周期，核算准许成本。（财政部、国家发展改革委、人民银行牵头，生态环境部、银保监会、证监会等参与）

（三十一）加大经济政策支持力度。建立中央大气污染防治专项资金安排与地方环境空气质量改善绩效联动机制，调动地方政府治理大气污染积极性。健全环保信用评价制度，实施跨部门联合奖惩。研究将致密气纳入中央财政开采利用补贴范围，以鼓励企业增加冬季供应量为目标调整完善非常规天然气补贴政策。研究制定推进储气调峰设施建设的扶持政策。推行上网侧峰谷分时电价政策，延长采暖用电谷段时长至 10 个小时以上，支持具备条件的地区建立采暖用电的市场化竞价采购机制，采暖用电参加电力市场化交易谷段输配电价减半执行。农村地区利用地热能向居民供暖（制冷）的项目运行电价参照居民用电价格执行。健全供热价格机制，合理制定清洁取暖价格。完善跨省跨区输电价格形成机制，降低促进清洁能源消纳的跨省跨区专项输电工程增送电量的输配电价，优化电力资源配置。落实好燃煤电厂超低排放环保电价。全面清理取消对高耗能行业的优待类电价以及其他各种不合理价格优惠政策。建立高污染、高耗能、低产出企业执行差别化电价、水价政策的动态调整机制，对限制类、淘汰类企业大幅提高电价，支持各地进一步提高加价幅度。加大对钢铁等行业超低排放改造支持力度。研究制定"散乱污"企业综合治理激励政策。进一步完善货运价格市场化运行机制，科学规范两端费用。大力支持港口和机场岸基供电，降低岸电运营商用电成本。支持车船和作业机械使用清洁能源。研究完善对有机肥生产销售运输等环节的支持政策。利用生物质发电价格政策，支持秸秆等生物质资源消纳处置。（国家发展改革委、财政部牵头，能源局、生态环境部、交通运输部、农业农村部、铁路局、中国铁路总公司等参与）

加大税收政策支持力度。严格执行环境保护税法，落实购置环境保护专用设备企业所得税抵免优惠政策。研究对从事污染防治的第三方企业给予企业所得税优惠政策。对符合条件的新能源汽车免征车辆购置税，继续落实并完善对节能、新能源车船减免车船税的政策。（财政部、税务总局牵头，交通运输部、生态环境部、工业和信息化部、交通运输部等参与）

九、加强基础能力建设，严格环境执法督察

（三十二）完善环境监测监控网络。加强环境空气质量监测，优化调整扩展国控环境空气质量监测站点。加强区县环境空气质量自动监测网络建设，2020 年底前，东部、中部区县和西部大气污染严重城市的区县实现监测站点全覆盖，并与中国环境监测总站实现数据直联。国家级新区、高新区、重点工业园区及港口设置环境空气质量监测站点。加强降尘量监测，2018 年底前，重点区域各区县布设降尘量监测点位。重点区域各城市和其他臭氧污染严重的城市，开展环境空气 VOCs 监测。重点区域建设国家大气颗粒物组分监测网、大气光化学监测网以及大气环境天地空大型立体综合观测网。研究发射大气环境监测专用卫星。（生态环境部牵头，国防科工局等参与）

强化重点污染源自动监控体系建设。排气口高度超过 45 m 的高架源，以及石化、化工、包装印刷、工业涂装等 VOCs 排放重点源，纳入重点排污单位名录，督促企业安装烟气排放自动监控设施，2019 年底前，重点区域基本完成；2020 年底前，全国基本完成。（生态环境部负责）

加强移动源排放监管能力建设。建设完善遥感监测网络、定期排放检验机构国家—省—市三级联网，构建重型柴油车车载诊断系统远程监控系统，强化现场路检路查和停放地监督抽测。2018 年底前，重点区域建成三级联网的遥感监测系统平台，其他区域 2019 年底前建成。推进工程机械安装实时定位和排放监控装置，建设排放监控平台，重点区域 2020 年底前基本完成。研究成立国家机动车污染防治中心，建设区域性国家机动车排放检测实验室。（生态环境部牵头，公安部、交通运输部、科技部等参与）

强化监测数据质量控制。城市和区县各类开发区环境空气质量自动监测站点运维全部上收到省级环境监测部门。加强对环境监测和运维机构的监管，建立质控考核与实验室比对、第三方质控、信誉评级等机制，健全环境监测量值传递溯源体系，加强环境监测相关标准物质研制，建立"谁出数谁负责、谁签字谁负责"的责任追溯制度。开展环境监测数据质量监督检查专项行动，严厉惩处环境监测数据弄虚作假行为。对地方不当干预环境监测行为的，监测机构运行维护不到位及篡改、伪造、干扰监测数据的，排污单位弄虚作假的，依纪依法从严处罚，追究责任。（生态环境部负责）

（三十三）强化科技基础支撑。汇聚跨部门科研资源，组织优秀科研团队，开展重点区域及成渝地区等其他区域大气重污染成因、重污染积累与天气过程双向反馈机制、重点行业与污染物排放管控技术、居民健康防护等科技攻坚。大气污染成因与控制技术研究、大气重污染成因与治理攻关等重点项目，要紧密围绕打赢蓝天保卫战需求，以目标和问题为导向，边研究、边产出、边应用。加强区域性臭氧形成机理与控制路径研究，深化 VOCs

全过程控制及监管技术研发。开展钢铁等行业超低排放改造、污染排放源头控制、货物运输多式联运、内燃机及锅炉清洁燃烧等技术研究。常态化开展重点区域和城市源排放清单编制、源解析等工作，形成污染动态溯源的基础能力。开展氨排放与控制技术研究。（科技部、生态环境部牵头，卫生健康委、气象局、市场监管总局等参与）

（三十四）加大环境执法力度。坚持铁腕治污，综合运用按日连续处罚、查封扣押、限产停产等手段依法从严处罚环境违法行为，强化排污者责任。未依法取得排污许可证、未按证排污的，依法依规从严处罚。加强区县级环境执法能力建设。创新环境监管方式，推广"双随机、一公开"等监管。严格环境执法检查，开展重点区域大气污染热点网格监管，加强工业炉窑排放、工业无组织排放、VOCs污染治理等环境执法，严厉打击"散乱污"企业。加强生态环境执法与刑事司法衔接。（生态环境部牵头，公安部等参与）

严厉打击生产销售排放不合格机动车和违反信息公开要求的行为，撤销相关企业车辆产品公告、油耗公告和强制性产品认证。开展在用车超标排放联合执法，建立完善环境部门检测、公安交管部门处罚、交通运输部门监督维修的联合监管机制。严厉打击机动车排放检验机构尾气检测弄虚作假、屏蔽和修改车辆环保监控参数等违法行为。加强对油品制售企业的质量监督管理，严厉打击生产、销售、使用不合格油品和车用尿素行为，禁止以化工原料名义出售调和油组分，禁止以化工原料勾兑调和油，严禁运输企业储存使用非标油，坚决取缔黑加油站点。（生态环境部、公安部、交通运输部、工业和信息化部牵头，商务部、市场监管总局等参与）

（三十五）深入开展环境保护督察。将大气污染防治作为中央环境保护督察及其"回头看"的重要内容，并针对重点区域统筹安排专项督察，夯实地方政府及有关部门责任。针对大气污染防治工作不力、重污染天气频发、环境质量改善达不到进度要求甚至恶化的城市，开展机动式、点穴式专项督察，强化督察问责。全面开展省级环境保护督察，实现对地市督察全覆盖。建立完善排查、交办、核查、约谈、专项督察"五步法"监管机制。（生态环境部负责）

十、明确落实各方责任，动员全社会广泛参与

（三十六）加强组织领导。有关部门要根据本行动计划要求，按照管发展的管环保、管生产的管环保、管行业的管环保原则，进一步细化分工任务，制定配套政策措施，落实"一岗双责"。有关地方和部门的落实情况，纳入国务院大督查和相关专项督查，对真抓实干成效明显的强化表扬激励，对庸政、懒政、怠政的严肃追责问责。地方各级政府要把打赢蓝天保卫战放在重要位置，主要领导是本行政区域第一责任人，切实加强组织领导，制定实施方案，细化分解目标任务，科学安排指标进度，防止脱离实际层层加码，要确保各

项工作有力有序完成。完善有关部门和地方各级政府的责任清单，健全责任体系。各地建立完善"网格长"制度，压实各方责任，层层抓落实。生态环境部要加强统筹协调，定期调度，及时向国务院报告。（生态环境部牵头，各有关部门参与）

（三十七）严格考核问责。将打赢蓝天保卫战年度和终期目标任务完成情况作为重要内容，纳入污染防治攻坚战成效考核，做好考核结果应用。考核不合格的地区，由上级生态环境部门会同有关部门公开约谈地方政府主要负责人，实行区域环评限批，取消国家授予的有关生态文明荣誉称号。发现篡改、伪造监测数据的，考核结果直接认定为不合格，并依纪依法追究责任。对工作不力、责任不实、污染严重、问题突出的地区，由生态环境部公开约谈当地政府主要负责人。制定量化问责办法，对重点攻坚任务完成不到位或环境质量改善不到位的实施量化问责。对打赢蓝天保卫战工作中涌现出的先进典型予以表彰奖励。（生态环境部牵头，中央组织部等参与）

（三十八）加强环境信息公开。各地要加强环境空气质量信息公开力度。扩大国家城市环境空气质量排名范围，包含重点区域和珠三角、成渝、长江中游等地区的地级及以上城市，以及其他省会城市、计划单列市等，依据重点因素每月公布环境空气质量、改善幅度最差的 20 个城市和最好的 20 个城市名单。各省（自治区、直辖市）要公布本行政区域内地级及以上城市环境空气质量排名，鼓励对区县环境空气质量排名。各地要公开重污染天气应急预案及应急措施清单，及时发布重污染天气预警提示信息。（生态环境部负责）

建立健全环保信息强制性公开制度。重点排污单位应及时公布自行监测和污染排放数据、污染治理措施、重污染天气应对、环保违法处罚及整改等信息。已核发排污许可证的企业应按要求及时公布执行报告。机动车和非道路移动机械生产、进口企业应依法向社会公开排放检验、污染控制技术等环保信息。（生态环境部负责）

（三十九）构建全民行动格局。环境治理，人人有责。倡导全社会"同呼吸共奋斗"，动员社会各方力量，群防群治，打赢蓝天保卫战。鼓励公众通过多种渠道举报环境违法行为。树立绿色消费理念，积极推进绿色采购，倡导绿色低碳生活方式。强化企业治污主体责任，中央企业要起到模范带头作用，引导绿色生产。（生态环境部牵头，各有关部门参与）

积极开展多种形式的宣传教育。普及大气污染防治科学知识，纳入国民教育体系和党政领导干部培训内容。各地建立宣传引导协调机制，发布权威信息，及时回应群众关心的热点、难点问题。新闻媒体要充分发挥监督引导作用，积极宣传大气环境管理法律法规、政策文件、工作动态和经验做法等。（生态环境部牵头，各有关部门参与）

大气污染防治行动计划

大气环境保护事关人民群众根本利益，事关经济持续健康发展，事关全面建成小康社会，事关实现中华民族伟大复兴中国梦。当前，我国大气污染形势严峻，以可吸入颗粒物（PM_{10}）、细颗粒物（$PM_{2.5}$）为特征污染物的区域性大气环境问题日益突出，损害人民群众身体健康，影响社会和谐稳定。随着我国工业化、城镇化的深入推进，能源资源消耗持续增加，大气污染防治压力继续加大。为切实改善空气质量，制定本行动计划。

总体要求：以邓小平理论、"三个代表"重要思想、科学发展观为指导，以保障人民群众身体健康为出发点，大力推进生态文明建设，坚持政府调控与市场调节相结合、全面推进与重点突破相配合、区域协作与属地管理相协调、总量减排与质量改善相同步，形成政府统领、企业施治、市场驱动、公众参与的大气污染防治新机制，实施分区域、分阶段治理，推动产业结构优化、科技创新能力增强、经济增长质量提高，实现环境效益、经济效益与社会效益多赢，为建设美丽中国而奋斗。

奋斗目标：经过五年努力，全国空气质量总体改善，重污染天气较大幅度减少；京津冀、长三角、珠三角等区域空气质量明显好转。力争再用五年或更长时间，逐步消除重污染天气，全国空气质量明显改善。

具体指标：到 2017 年，全国地级及以上城市可吸入颗粒物浓度比 2012 年下降 10%以上，优良天数逐年提高；京津冀、长三角、珠三角等区域细颗粒物浓度分别下降 25%、20%、15%左右，其中北京市细颗粒物年均浓度控制在 60 $\mu g/m^3$ 左右。

一、加大综合治理力度，减少多污染物排放

（一）加强工业企业大气污染综合治理。全面整治燃煤小锅炉。加快推进集中供热、"煤改气""煤改电"工程建设，到 2017 年，除必要保留的以外，地级及以上城市建成区基本淘汰每小时 10 蒸吨及以下的燃煤锅炉，禁止新建每小时 20 蒸吨以下的燃煤锅炉；其他地区原则上不再新建每小时 10 蒸吨以下的燃煤锅炉。在供热供气管网不能覆盖的地区，改用电、新能源或洁净煤，推广应用高效节能环保型锅炉。在化工、造纸、印染、制革、制药等产业集聚区，通过集中建设热电联产机组逐步淘汰分散燃煤锅炉。

加快重点行业脱硫、脱硝、除尘改造工程建设。所有燃煤电厂、钢铁企业的烧结机和球团生产设备、石油炼制企业的催化裂化装置、有色金属冶炼企业都要安装脱硫设施，每小时 20 蒸吨及以上的燃煤锅炉要实施脱硫。除循环流化床锅炉以外的燃煤机组均应安装脱硝设施，新型干法水泥窑要实施低氮燃烧技术改造并安装脱硝设施。燃煤锅炉和工业窑

炉现有除尘设施要实施升级改造。

推进挥发性有机物污染治理。在石化、有机化工、表面涂装、包装印刷等行业实施挥发性有机物综合整治，在石化行业开展"泄漏检测与修复"技术改造。限时完成加油站、储油库、油罐车的油气回收治理，在原油成品油码头积极开展油气回收治理。完善涂料、胶黏剂等产品挥发性有机物限值标准，推广使用水性涂料，鼓励生产、销售和使用低毒、低挥发性有机溶剂。

京津冀、长三角、珠三角等区域要于2015年底前基本完成燃煤电厂、燃煤锅炉和工业窑炉的污染治理设施建设与改造，完成石化企业有机废气综合治理。

（二）深化面源污染治理。综合整治城市扬尘。加强施工扬尘监管，积极推进绿色施工，建设工程施工现场应全封闭设置围挡墙，严禁敞开式作业，施工现场道路应进行地面硬化。渣土运输车辆应采取密闭措施，并逐步安装卫星定位系统。推行道路机械化清扫等低尘作业方式。大型煤堆、料堆要实现封闭储存或建设防风抑尘设施。推进城市及周边绿化和防风防沙林建设，扩大城市建成区绿地规模。

开展餐饮油烟污染治理。城区餐饮服务经营场所应安装高效油烟净化设施，推广使用高效净化型家用吸油烟机。

（三）强化移动源污染防治。加强城市交通管理。优化城市功能和布局规划，推广智能交通管理，缓解城市交通拥堵。实施公交优先战略，提高公共交通出行比例，加强步行、自行车交通系统建设。根据城市发展规划，合理控制机动车保有量，北京、上海、广州等特大城市要严格限制机动车保有量。通过鼓励绿色出行、增加使用成本等措施，降低机动车使用强度。

提升燃油品质。加快石油炼制企业升级改造，力争在2013年底前，全国供应符合国家第四阶段标准的车用汽油，在2014年底前，全国供应符合国家第四阶段标准的车用柴油，在2015年底前，京津冀、长三角、珠三角等区域内重点城市全面供应符合国家第五阶段标准的车用汽、柴油，在2017年底前，全国供应符合国家第五阶段标准的车用汽、柴油。加强油品质量监督检查，严厉打击非法生产、销售不合格油品行为。

加快淘汰黄标车和老旧车辆。采取划定禁行区域、经济补偿等方式，逐步淘汰黄标车和老旧车辆。到2015年，淘汰2005年底前注册营运的黄标车，基本淘汰京津冀、长三角、珠三角等区域内的500万辆黄标车。到2017年，基本淘汰全国范围的黄标车。

加强机动车环保管理。环保、工业和信息化、质检、工商等部门联合加强新生产车辆环保监管，严厉打击生产、销售环保不达标车辆的违法行为；加强在用机动车年度检验，对不达标车辆不得发放环保合格标志，不得上路行驶。加快柴油车车用尿素供应体系建设。研究缩短公交车、出租车强制报废年限。鼓励出租车每年更换高效尾气净化装置。开展工程机械等非道路移动机械和船舶的污染控制。

加快推进低速汽车升级换代。不断提高低速汽车（三轮汽车、低速货车）节能环保要求，减少污染排放，促进相关产业和产品技术升级换代。自 2017 年起，新生产的低速货车执行与轻型载货车同等的节能与排放标准。

大力推广新能源汽车。公交、环卫等行业和政府机关要率先使用新能源汽车，采取直接上牌、财政补贴等措施鼓励个人购买。北京、上海、广州等城市每年新增或更新的公交车中新能源和清洁燃料车的比例达到 60% 以上。

二、调整优化产业结构，推动产业转型升级

（四）严控"两高"行业新增产能。修订高耗能、高污染和资源性行业准入条件，明确资源能源节约和污染物排放等指标。有条件的地区要制定符合当地功能定位、严于国家要求的产业准入目录。严格控制"两高"行业新增产能，新、改、扩建项目要实行产能等量或减量置换。

（五）加快淘汰落后产能。结合产业发展实际和环境质量状况，进一步提高环保、能耗、安全、质量等标准，分区域明确落后产能淘汰任务，倒逼产业转型升级。

按照《部分工业行业淘汰落后生产工艺装备和产品指导目录（2010 年本）》《产业结构调整指导目录（2011 年本）（修正）》的要求，采取经济、技术、法律和必要的行政手段，提前一年完成钢铁、水泥、电解铝、平板玻璃等 21 个重点行业的"十二五"落后产能淘汰任务。2015 年再淘汰炼铁 1 500 万 t、炼钢 1 500 万 t、水泥（熟料及粉磨能力）1 亿 t、平板玻璃 2 000 万重量箱。对未按期完成淘汰任务的地区，严格控制国家安排的投资项目，暂停对该地区重点行业建设项目办理审批、核准和备案手续。2016 年、2017 年，各地区要制定范围更宽、标准更高的落后产能淘汰政策，再淘汰一批落后产能。

对布局分散、装备水平低、环保设施差的小型工业企业进行全面排查，制定综合整改方案，实施分类治理。

（六）压缩过剩产能。加大环保、能耗、安全执法处罚力度，建立以节能环保标准促进"两高"行业过剩产能退出的机制。制定财政、土地、金融等扶持政策，支持产能过剩"两高"行业企业退出、转型发展。发挥优强企业对行业发展的主导作用，通过跨地区、跨所有制企业兼并重组，推动过剩产能压缩。严禁核准产能严重过剩行业新增产能项目。

（七）坚决停建产能严重过剩行业违规在建项目。认真清理产能严重过剩行业违规在建项目，对未批先建、边批边建、越权核准的违规项目，尚未开工建设的，不准开工；正在建设的，要停止建设。地方人民政府要加强组织领导和监督检查，坚决遏制产能严重过剩行业盲目扩张。

三、加快企业技术改造，提高科技创新能力

（八）强化科技研发和推广。加强灰霾、臭氧的形成机理、来源解析、迁移规律和监测预警等研究，为污染治理提供科学支撑。加强大气污染与人群健康关系的研究。支持企业技术中心、国家重点实验室、国家工程实验室建设，推进大型大气光化学模拟仓、大型气溶胶模拟仓等科技基础设施建设。

加强脱硫、脱硝、高效除尘、挥发性有机物控制、柴油机（车）排放净化、环境监测，以及新能源汽车、智能电网等方面的技术研发，推进技术成果转化应用。加强大气污染治理先进技术、管理经验等方面的国际交流与合作。

（九）全面推行清洁生产。对钢铁、水泥、化工、石化、有色金属冶炼等重点行业进行清洁生产审核，针对节能减排关键领域和薄弱环节，采用先进适用的技术、工艺和装备，实施清洁生产技术改造；到 2017 年，重点行业排污强度比 2012 年下降 30%以上。推进非有机溶剂型涂料和农药等产品创新，减少生产和使用过程中挥发性有机物排放。积极开发缓释肥料新品种，减少化肥施用过程中氨的排放。

（十）大力发展循环经济。鼓励产业集聚发展，实施园区循环化改造，推进能源梯级利用、水资源循环利用、废弃物交换利用、土地节约集约利用，促进企业循环式生产、园区循环式发展、产业循环式组合，构建循环型工业体系。推动水泥、钢铁等工业窑炉、高炉实施废弃物协同处置。大力发展机电产品再制造，推进资源再生利用产业发展。到 2017年，单位工业增加值能耗比 2012 年降低 20%左右，在 50%以上的各类国家级园区和 30%以上的各类省级园区实施循环化改造，主要有色金属品种以及钢铁的循环再生比重达到40%左右。

（十一）大力培育节能环保产业。着力把大气污染治理的政策要求有效转化为节能环保产业发展的市场需求，促进重大环保技术装备、产品的创新开发与产业化应用。扩大国内消费市场，积极支持新业态、新模式，培育一批具有国际竞争力的大型节能环保企业，大幅增加大气污染治理装备、产品、服务产业产值，有效推动节能环保、新能源等战略性新兴产业发展。鼓励外商投资节能环保产业。

四、加快调整能源结构，增加清洁能源供应

（十二）控制煤炭消费总量。制定国家煤炭消费总量中长期控制目标，实行目标责任管理。到 2017 年，煤炭占能源消费总量比重降低到 65%以下。京津冀、长三角、珠三角等区域力争实现煤炭消费总量负增长，通过逐步提高接受外输电比例、增加天然气供应、

加大非化石能源利用强度等措施替代燃煤。

京津冀、长三角、珠三角等区域新建项目禁止配套建设自备燃煤电站。耗煤项目要实行煤炭减量替代。除热电联产外，禁止审批新建燃煤发电项目；现有多台燃煤机组装机容量合计达到 30 万 kW 以上的，可按照煤炭等量替代的原则建设为大容量燃煤机组。

（十三）加快清洁能源替代利用。加大天然气、煤制天然气、煤层气供应。到 2015 年，新增天然气干线管输能力 1 500 亿 m³ 以上，覆盖京津冀、长三角、珠三角等区域。优化天然气使用方式，新增天然气应优先保障居民生活或用于替代燃煤；鼓励发展天然气分布式能源等高效利用项目，限制发展天然气化工项目；有序发展天然气调峰电站，原则上不再新建天然气发电项目。

制定煤制天然气发展规划，在满足最严格的环保要求和保障水资源供应的前提下，加快煤制天然气产业化和规模化步伐。

积极有序发展水电，开发利用地热能、风能、太阳能、生物质能，安全高效发展核电。到 2017 年，运行核电机组装机容量达到 5 000 万 kW，非化石能源消费比重提高到 13%。

京津冀区域城市建成区、长三角城市群、珠三角区域要加快现有工业企业燃煤设施天然气替代步伐；到 2017 年，基本完成燃煤锅炉、工业窑炉、自备燃煤电站的天然气替代改造任务。

（十四）推进煤炭清洁利用。提高煤炭洗选比例，新建煤矿应同步建设煤炭洗选设施，现有煤矿要加快建设与改造；到 2017 年，原煤入选率达到 70%以上。禁止进口高灰分、高硫分的劣质煤炭，研究出台煤炭质量管理办法。限制高硫石油焦的进口。

扩大城市高污染燃料禁燃区范围，逐步由城市建成区扩展到近郊。结合城中村、城乡接合部、棚户区改造，通过政策补偿和实施峰谷电价、季节性电价、阶梯电价、调峰电价等措施，逐步推行以天然气或电替代煤炭。鼓励北方农村地区建设洁净煤配送中心，推广使用洁净煤和型煤。

（十五）提高能源使用效率。严格落实节能评估审查制度。新建高耗能项目单位产品（产值）能耗要达到国内先进水平，用能设备达到一级能效标准。京津冀、长三角、珠三角等区域，新建高耗能项目单位产品（产值）能耗要达到国际先进水平。

积极发展绿色建筑，政府投资的公共建筑、保障性住房等要率先执行绿色建筑标准。新建建筑要严格执行强制性节能标准，推广使用太阳能热水系统、地源热泵、空气源热泵、光伏建筑一体化、"热—电—冷"联供等技术和装备。

推进供热计量改革，加快北方采暖地区既有居住建筑供热计量和节能改造；新建建筑和完成供热计量改造的既有建筑逐步实行供热计量收费。加快热力管网建设与改造。

五、严格节能环保准入，优化产业空间布局

（十六）调整产业布局。按照主体功能区规划要求，合理确定重点产业发展布局、结构和规模，重大项目原则上布局在优化开发区和重点开发区。所有新、改、扩建项目，必须全部进行环境影响评价；未通过环境影响评价审批的，一律不准开工建设；违规建设的，要依法进行处罚。加强产业政策在产业转移过程中的引导与约束作用，严格限制在生态脆弱或环境敏感地区建设"两高"行业项目。加强对各类产业发展规划的环境影响评价。

在东部、中部和西部地区实施差别化的产业政策，对京津冀、长三角、珠三角等区域提出更高的节能环保要求。强化环境监管，严禁落后产能转移。

（十七）强化节能环保指标约束。提高节能环保准入门槛，健全重点行业准入条件，公布符合准入条件的企业名单并实施动态管理。严格实施污染物排放总量控制，将二氧化硫、氮氧化物、烟粉尘和挥发性有机物排放是否符合总量控制要求作为建设项目环境影响评价审批的前置条件。

京津冀、长三角、珠三角区域以及辽宁中部、山东、武汉及其周边、长株潭、成渝、海峡西岸、山西中北部、陕西关中、甘宁、乌鲁木齐城市群等"三区十群"中的 47 个城市，新建火电、钢铁、石化、水泥、有色、化工等企业以及燃煤锅炉项目要执行大气污染物特别排放限值。各地区可根据环境质量改善的需要，扩大特别排放限值实施的范围。

对未通过能评、环评审查的项目，有关部门不得审批、核准、备案，不得提供土地，不得批准开工建设，不得发放生产许可证、安全生产许可证、排污许可证，金融机构不得提供任何形式的新增授信支持，有关单位不得供电、供水。

（十八）优化空间格局。科学制定并严格实施城市规划，强化城市空间管制要求和绿地控制要求，规范各类产业园区和城市新城、新区设立和布局，禁止随意调整和修改城市规划，形成有利于大气污染物扩散的城市和区域空间格局。研究开展城市环境总体规划试点工作。

结合化解过剩产能、节能减排和企业兼并重组，有序推进位于城市主城区的钢铁、石化、化工、有色金属冶炼、水泥、平板玻璃等重污染企业环保搬迁、改造，到 2017 年基本完成。

六、发挥市场机制作用，完善环境经济政策

（十九）发挥市场机制调节作用。本着"谁污染、谁负责，多排放、多负担，节能减排得收益、获补偿"的原则，积极推行激励与约束并举的节能减排新机制。

分行业、分地区对水、电等资源类产品制定企业消耗定额。建立企业"领跑者"制度，对能效、排污强度达到更高标准的先进企业给予鼓励。

全面落实"合同能源管理"的财税优惠政策，完善促进环境服务业发展的扶持政策，推行污染治理设施投资、建设、运行一体化特许经营。完善绿色信贷和绿色证券政策，将企业环境信息纳入征信系统。严格限制环境违法企业贷款和上市融资。推进排污权有偿使用和交易试点。

（二十）完善价格税收政策。根据脱硝成本，结合调整销售电价，完善脱硝电价政策。现有火电机组采用新技术进行除尘设施改造的，要给予价格政策支持。实行阶梯式电价。

推进天然气价格形成机制改革，理顺天然气与可替代能源的比价关系。

按照合理补偿成本、优质优价和污染者付费的原则合理确定成品油价格，完善对部分困难群体和公益性行业成品油价格改革补贴政策。

加大排污费征收力度，做到应收尽收。适时提高排污收费标准，将挥发性有机物纳入排污费征收范围。

研究将部分"两高"行业产品纳入消费税征收范围。完善"两高"行业产品出口退税政策和资源综合利用税收政策。积极推进煤炭等资源税从价计征改革。符合税收法律法规规定，使用专用设备或建设环境保护项目的企业以及高新技术企业，可以享受企业所得税优惠。

（二十一）拓宽投融资渠道。深化节能环保投融资体制改革，鼓励民间资本和社会资本进入大气污染防治领域。引导银行业金融机构加大对大气污染防治项目的信贷支持。探索排污权抵押融资模式，拓展节能环保设施融资、租赁业务。

地方人民政府要对涉及民生的"煤改气"项目、黄标车和老旧车辆淘汰、轻型载货车替代低速货车等加大政策支持力度，对重点行业清洁生产示范工程给予引导性资金支持。要将空气质量监测站点建设及其运行和监管经费纳入各级财政预算予以保障。

在环境执法到位、价格机制理顺的基础上，中央财政统筹整合主要污染物减排等专项，设立大气污染防治专项资金，对重点区域按治理成效实施"以奖代补"；中央基本建设投资也要加大对重点区域大气污染防治的支持力度。

七、健全法律法规体系，严格依法监督管理

（二十二）完善法律法规标准。加快大气污染防治法修订步伐，重点健全总量控制、排污许可、应急预警、法律责任等方面的制度，研究增加对恶意排污、造成重大污染危害的企业及其相关负责人追究刑事责任的内容，加大对违法行为的处罚力度。建立健全环境公益诉讼制度。研究起草环境税法草案，加快修改环境保护法，尽快出台机动车污染防治

条例和排污许可证管理条例。各地区可结合实际，出台地方性大气污染防治法规、规章。

加快制（修）订重点行业排放标准以及汽车燃料消耗量标准、油品标准、供热计量标准等，完善行业污染防治技术政策和清洁生产评价指标体系。

（二十三）提高环境监管能力。完善国家监察、地方监管、单位负责的环境监管体制，加强对地方人民政府执行环境法律法规和政策的监督。加大环境监测、信息、应急、监察等能力建设力度，达到标准化建设要求。

建设城市站、背景站、区域站统一布局的国家空气质量监测网络，加强监测数据质量管理，客观反映空气质量状况。加强重点污染源在线监控体系建设，推进环境卫星应用。建设国家、省、市三级机动车排污监管平台。到 2015 年，地级及以上城市全部建成细颗粒物监测点和国家直管的监测点。

（二十四）加大环保执法力度。推进联合执法、区域执法、交叉执法等执法机制创新，明确重点，加大力度，严厉打击环境违法行为。对偷排偷放、屡查屡犯的违法企业，要依法停产关闭。对涉嫌环境犯罪的，要依法追究刑事责任。落实执法责任，对监督缺位、执法不力、徇私枉法等行为，监察机关要依法追究有关部门和人员的责任。

（二十五）实行环境信息公开。国家每月公布空气质量最差的 10 个城市和最好的 10 个城市的名单。各省（区、市）要公布本行政区域内地级及以上城市空气质量排名。地级及以上城市要在当地主要媒体及时发布空气质量监测信息。

各级环保部门和企业要主动公开新建项目环境影响评价、企业污染物排放、治污设施运行情况等环境信息，接受社会监督。涉及群众利益的建设项目，应充分听取公众意见。建立重污染行业企业环境信息强制公开制度。

八、建立区域协作机制，统筹区域环境治理

（二十六）建立区域协作机制。建立京津冀、长三角区域大气污染防治协作机制，由区域内省级人民政府和国务院有关部门参加，协调解决区域突出环境问题，组织实施环评会商、联合执法、信息共享、预警应急等大气污染防治措施，通报区域大气污染防治工作进展，研究确定阶段性工作要求、工作重点和主要任务。

（二十七）分解目标任务。国务院与各省（区、市）人民政府签订大气污染防治目标责任书，将目标任务分解落实到地方人民政府和企业。将重点区域的细颗粒物指标、非重点地区的可吸入颗粒物指标作为经济社会发展的约束性指标，构建以环境质量改善为核心的目标责任考核体系。

国务院制定考核办法，每年初对各省（区、市）上年度治理任务完成情况进行考核；2015 年进行中期评估，并依据评估情况调整治理任务；2017 年对行动计划实施情况进行

终期考核。考核和评估结果经国务院同意后，向社会公布，并交由干部主管部门，按照《关于建立促进科学发展的党政领导班子和领导干部考核评价机制的意见》《地方党政领导班子和领导干部综合考核评价办法（试行）》《关于开展政府绩效管理试点工作的意见》等规定，作为对领导班子和领导干部综合考核评价的重要依据。

（二十八）实行严格责任追究。对未通过年度考核的，由环保部门会同组织部门、监察机关等部门约谈省级人民政府及其相关部门有关负责人，提出整改意见，予以督促。

对因工作不力、履职缺位等导致未能有效应对重污染天气的，以及干预、伪造监测数据和没有完成年度目标任务的，监察机关要依法依纪追究有关单位和人员的责任，环保部门要对有关地区和企业实施建设项目环评限批，取消国家授予的环境保护荣誉称号。

九、建立监测预警应急体系，妥善应对重污染天气

（二十九）建立监测预警体系。环保部门要加强与气象部门的合作，建立重污染天气监测预警体系。到 2014 年，京津冀、长三角、珠三角区域要完成区域、省、市级重污染天气监测预警系统建设；其他省（区、市）、副省级市、省会城市于 2015 年底前完成。要做好重污染天气过程的趋势分析，完善会商研判机制，提高监测预警的准确度，及时发布监测预警信息。

（三十）制定完善应急预案。空气质量未达到规定标准的城市应制定和完善重污染天气应急预案并向社会公布；要落实责任主体，明确应急组织机构及其职责、预警预报及响应程序、应急处置及保障措施等内容，按不同污染等级确定企业限产停产、机动车和扬尘管控、中小学校停课以及可行的气象干预等应对措施。开展重污染天气应急演练。

京津冀、长三角、珠三角等区域要建立健全区域、省、市联动的重污染天气应急响应体系。区域内各省（区、市）的应急预案，应于 2013 年底前报环境保护部备案。

（三十一）及时采取应急措施。将重污染天气应急响应纳入地方人民政府突发事件应急管理体系，实行政府主要负责人负责制。要依据重污染天气的预警等级，迅速启动应急预案，引导公众做好卫生防护。

十、明确政府企业和社会的责任，动员全民参与环境保护

（三十二）明确地方政府统领责任。地方各级人民政府对本行政区域内的大气环境质量负总责，要根据国家的总体部署及控制目标，制定本地区的实施细则，确定工作重点任务和年度控制指标，完善政策措施，并向社会公开；要不断加大监管力度，确保任务明确、项目清晰、资金保障。

（三十三）加强部门协调联动。各有关部门要密切配合、协调力量、统一行动，形成大气污染防治的强大合力。环境保护部要加强指导、协调和监督，有关部门要制定有利于大气污染防治的投资、财政、税收、金融、价格、贸易、科技等政策，依法做好各自领域的相关工作。

（三十四）强化企业施治。企业是大气污染治理的责任主体，要按照环保规范要求，加强内部管理，增加资金投入，采用先进的生产工艺和治理技术，确保达标排放，甚至达到"零排放"；要自觉履行环境保护的社会责任，接受社会监督。

（三十五）广泛动员社会参与。环境治理，人人有责。要积极开展多种形式的宣传教育，普及大气污染防治的科学知识。加强大气环境管理专业人才培养。倡导文明、节约、绿色的消费方式和生活习惯，引导公众从自身做起、从点滴做起、从身边的小事做起，在全社会树立起"同呼吸、共奋斗"的行为准则，共同改善空气质量。

我国仍然处于社会主义初级阶段，大气污染防治任务繁重艰巨，要坚定信心、综合治理，突出重点、逐步推进，重在落实、务求实效。各地区、各有关部门和企业要按照本行动计划的要求，紧密结合实际，狠抓贯彻落实，确保空气质量改善目标如期实现。

水污染防治行动计划

水环境保护事关人民群众切身利益，事关全面建成小康社会，事关实现中华民族伟大复兴中国梦。当前，我国一些地区水环境质量差、水生态受损重、环境隐患多等问题十分突出，影响和损害群众健康，不利于经济社会持续发展。为切实加大水污染防治力度，保障国家水安全，制定本行动计划。

总体要求：全面贯彻党的十八大和十八届二中、三中、四中全会精神，大力推进生态文明建设，以改善水环境质量为核心，按照"节水优先、空间均衡、系统治理、两手发力"原则，贯彻"安全、清洁、健康"方针，强化源头控制，水陆统筹、河海兼顾，对江河湖海实施分流域、分区域、分阶段科学治理，系统推进水污染防治、水生态保护和水资源管理。坚持政府市场协同，注重改革创新；坚持全面依法推进，实行最严格环保制度；坚持落实各方责任，严格考核问责；坚持全民参与，推动节水洁水人人有责，形成"政府统领、企业施治、市场驱动、公众参与"的水污染防治新机制，实现环境效益、经济效益与社会效益多赢，为建设"蓝天常在、青山常在、绿水常在"的美丽中国而奋斗。

工作目标：到 2020 年，全国水环境质量得到阶段性改善，污染严重水体较大幅度减少，饮用水安全保障水平持续提升，地下水超采得到严格控制，地下水污染加剧趋势得到初步遏制，近岸海域环境质量稳中趋好，京津冀、长三角、珠三角等区域水生态环境状况有所好转。到 2030 年，力争全国水环境质量总体改善，水生态系统功能初步恢复。到 21 世纪中叶，生态环境质量全面改善，生态系统实现良性循环。

主要指标：到 2020 年，长江、黄河、珠江、松花江、淮河、海河、辽河七大重点流域水质优良（达到或优于Ⅲ类）比例总体达到 70%以上，地级及以上城市建成区黑臭水体均控制在 10%以内，地级及以上城市集中式饮用水水源水质达到或优于Ⅲ类比例总体高于93%，全国地下水质量极差的比例控制在 15%左右，近岸海域水质优良（一、二类）比例达到 70%左右。京津冀区域丧失使用功能（劣于 Ⅴ 类）的水体断面比例下降 15 个百分点左右，长三角、珠三角区域力争消除丧失使用功能的水体。

到 2030 年，全国七大重点流域水质优良比例总体达到 75%以上，城市建成区黑臭水体总体得到消除，城市集中式饮用水水源水质达到或优于Ⅲ类比例总体为 95%左右。

一、全面控制污染物排放

（一）狠抓工业污染防治。取缔"十小"企业。全面排查装备水平低、环保设施差的小型工业企业。2016 年底前，按照水污染防治法律法规要求，全部取缔不符合国家产业政策的小型造纸、制革、印染、染料、炼焦、炼硫、炼砷、炼油、电镀、农药等严重污染水环境的生产项目。（环境保护部牵头，工业和信息化部、国土资源部、能源局等参与，地方各级人民政府负责落实。以下均需地方各级人民政府落实，不再列出）

专项整治十大重点行业。制定造纸、焦化、氮肥、有色金属、印染、农副食品加工、原料药制造、制革、农药、电镀等行业专项治理方案，实施清洁化改造。新建、改建、扩建上述行业建设项目实行主要污染物排放等量或减量置换。2017 年底前，造纸行业力争完成纸浆无元素氯漂白改造或采取其他低污染制浆技术，钢铁企业焦炉完成干熄焦技术改造，氮肥行业尿素生产完成工艺冷凝液水解解析技术改造，印染行业实施低排水染整工艺改造，制药（抗生素、维生素）行业实施绿色酶法生产技术改造，制革行业实施铬减量化和封闭循环利用技术改造。（环境保护部牵头，工业和信息化部等参与）

集中治理工业集聚区水污染。强化经济技术开发区、高新技术产业开发区、出口加工区等工业集聚区污染治理。集聚区内工业废水必须经预处理达到集中处理要求，方可进入污水集中处理设施。新建、升级工业集聚区应同步规划、建设污水、垃圾集中处理等污染治理设施。2017 年底前，工业集聚区应按规定建成污水集中处理设施，并安装自动在线监控装置，京津冀、长三角、珠三角等区域提前一年完成；逾期未完成的，一律暂停审批和核准其增加水污染物排放的建设项目，并依照有关规定撤销其园区资格。（环境保护部牵头，科技部、工业和信息化部、商务部等参与）

（二）强化城镇生活污染治理。加快城镇污水处理设施建设与改造。现有城镇污水处理设施，要因地制宜进行改造，2020 年底前达到相应排放标准或再生利用要求。敏感区域（重点湖泊、重点水库、近岸海域汇水区域）城镇污水处理设施应于 2017 年底前全面达到一级 A 排放标准。建成区水体水质达不到地表水Ⅳ类标准的城市，新建城镇污水处理设施要执行一级 A 排放标准。按照国家新型城镇化规划要求，到 2020 年，全国所有县城和重点镇具备污水收集处理能力，县城、城市污水处理率分别达到 85%、95%左右。京津冀、长三角、珠三角等区域提前一年完成。（住房城乡建设部牵头，国家发展改革委、环境保护部等参与）

全面加强配套管网建设。强化城中村、老旧城区和城乡接合部污水截流、收集。现有合流制排水系统应加快实施雨污分流改造，难以改造的，应采取截流、调蓄和治理等措施。新建污水处理设施的配套管网应同步设计、同步建设、同步投运。除干旱地区外，城镇新区建设均实行雨污分流，有条件的地区要推进初期雨水收集、处理和资源化利用。到 2017 年，直辖市、省会城市、计划单列市建成区污水基本实现全收集、全处理，其他地级城市建成区于 2020 年底前基本实现。（住房城乡建设部牵头，国家发展改革委、环境保护部等参与）

推进污泥处理处置。污水处理设施产生的污泥应进行稳定化、无害化和资源化处理处置，禁止处理处置不达标的污泥进入耕地。非法污泥堆放点一律予以取缔。现有污泥处理处置设施应于 2017 年底前基本完成达标改造，地级及以上城市污泥无害化处理处置率应于 2020 年底前达到 90% 以上。（住房城乡建设部牵头，国家发展改革委、工业和信息化部、环境保护部、农业部等参与）

（三）推进农业农村污染防治。防治畜禽养殖污染。科学划定畜禽养殖禁养区，2017年底前，依法关闭或搬迁禁养区内的畜禽养殖场（小区）和养殖专业户，京津冀、长三角、珠三角等区域提前一年完成。现有规模化畜禽养殖场（小区）要根据污染防治需要，配套建设粪便污水贮存、处理、利用设施。散养密集区要实行畜禽粪便污水分户收集、集中处理利用。自 2016 年起，新建、改建、扩建规模化畜禽养殖场（小区）要实施雨污分流、粪便污水资源化利用。（农业部牵头，环境保护部参与）

控制农业面源污染。制定实施全国农业面源污染综合防治方案。推广低毒、低残留农药使用补助试点经验，开展农作物病虫害绿色防控和统防统治。实行测土配方施肥，推广精准施肥技术和机具。完善高标准农田建设、土地开发整理等标准规范，明确环保要求，新建高标准农田要达到相关环保要求。敏感区域和大中型灌区，要利用现有沟、塘、窖等，配置水生植物群落、格栅和透水坝，建设生态沟渠、污水净化塘、地表径流集蓄池等设施，净化农田排水及地表径流。到 2020 年，测土配方施肥技术推广覆盖率达到 90% 以上，化肥利用率提高到 40% 以上，农作物病虫害统防统治覆盖率达到 40% 以上；京津冀、长三角、珠三角等区域提前一年完成。（农业部牵头，国家发展改革委、工业和信息化部、国土资源部、环境保护部、水利部、质检总局等参与）

调整种植业结构与布局。在缺水地区试行退地减水。地下水易受污染地区要优先种植需肥、需药量低、环境效益突出的农作物。地表水过度开发和地下水超采问题较严重，且农业用水比重较大的甘肃、新疆（含新疆生产建设兵团）、河北、山东、河南五省（区），要适当减少用水量较大的农作物种植面积，改种耐旱作物和经济林；2018 年底前，对 3 300万亩灌溉面积实施综合治理，退减水量 37 亿 m^3 以上。（农业部、水利部牵头，国家发展改革委、国土资源部等参与）

加快农村环境综合整治。以县级行政区域为单元，实行农村污水处理统一规划、统一建设、统一管理，有条件的地区积极推进城镇污水处理设施和服务向农村延伸。深化"以奖促治"政策，实施农村清洁工程，开展河道清淤疏浚，推进农村环境连片整治。到 2020年，新增完成环境综合整治的建制村 13 万个。（环境保护部牵头，住房城乡建设部、水利部、农业部等参与）

（四）加强船舶港口污染控制。积极治理船舶污染。依法强制报废超过使用年限的船舶。分类分级修订船舶及其设施、设备的相关环保标准。2018 年起投入使用的沿海船舶、2021 年起投入使用的内河船舶执行新的标准；其他船舶于 2020 年底前完成改造，经改造仍不能达到要求的，限期予以淘汰。航行于我国水域的国际航线船舶，要实施压载水交换或安装压载水灭活处理系统。规范拆船行为，禁止冲滩拆解。（交通运输部牵头，工业和信息化部、环境保护部、农业部、质检总局等参与）

增强港口码头污染防治能力。编制实施全国港口、码头、装卸站污染防治方案。加快垃圾接收、转运及处理处置设施建设，提高含油污水、化学品洗舱水等接收处置能力及污染事故应急能力。位于沿海和内河的港口、码头、装卸站及船舶修造厂，分别于 2017 年底前和 2020 年底前达到建设要求。港口、码头、装卸站的经营人应制定防治船舶及其有关活动污染水环境的应急计划。（交通运输部牵头，工业和信息化部、住房城乡建设部、农业部等参与）

二、推动经济结构转型升级

（五）调整产业结构。依法淘汰落后产能。自 2015 年起，各地要依据部分工业行业淘汰落后生产工艺装备和产品指导目录、产业结构调整指导目录及相关行业污染物排放标准，结合水质改善要求及产业发展情况，制定并实施分年度的落后产能淘汰方案，报工业和信息化部、环境保护部备案。未完成淘汰任务的地区，暂停审批和核准其相关行业新建项目。（工业和信息化部牵头，国家发展改革委、环境保护部等参与）

严格环境准入。根据流域水质目标和主体功能区规划要求，明确区域环境准入条件，细化功能分区，实施差别化环境准入政策。建立水资源、水环境承载能力监测评价体系，实行承载能力监测预警，已超过承载能力的地区要实施水污染物削减方案，加快调整发展规划和产业结构。到 2020 年，组织完成市、县域水资源、水环境承载能力现状评价。（环境保护部牵头，住房城乡建设部、水利部、海洋局等参与）

（六）优化空间布局。合理确定发展布局、结构和规模。充分考虑水资源、水环境承载能力，以水定城、以水定地、以水定人、以水定产。重大项目原则上布局在优化开发区和重点开发区，并符合城乡规划和土地利用总体规划。鼓励发展节水高效现代农业、低耗水高新技术产业以及生态保护型旅游业，严格控制缺水地区、水污染严重地区和敏感区域高耗水、高污染行业发展，新建、改建、扩建重点行业建设项目实行主要污染物排放减量置换。七大重点流域干流沿岸，要严格控制石油加工、化学原料和化学制品制造、医药制造、化学纤维制造、有色金属冶炼、纺织印染等项目环境风险，合理布局生产装置及危险化学品仓储等设施。（国家发展改革委、工业和信息化部牵头，国土资源部、环境保护部、住房城乡建设部、水利部等参与）

推动污染企业退出。城市建成区内现有钢铁、有色金属、造纸、印染、原料药制造、化工等污染较重的企业应有序搬迁改造或依法关闭。（工业和信息化部牵头，环境保护部

等参与）

积极保护生态空间。严格城市规划蓝线管理，城市规划区范围内应保留一定比例的水域面积。新建项目一律不得违规占用水域。严格水域岸线用途管制，土地开发利用应按照有关法律法规和技术标准要求，留足河道、湖泊和滨海地带的管理和保护范围，非法挤占的应限期退出。（国土资源部、住房城乡建设部牵头，环境保护部、水利部、海洋局等参与）

（七）推进循环发展。加强工业水循环利用。推进矿井水综合利用，煤炭矿区的补充用水、周边地区生产和生态用水应优先使用矿井水，加强洗煤废水循环利用。鼓励钢铁、纺织印染、造纸、石油石化、化工、制革等高耗水企业废水深度处理回用。（国家发展改革委、工业和信息化部牵头，水利部、能源局等参与）

促进再生水利用。以缺水及水污染严重地区城市为重点，完善再生水利用设施，工业生产、城市绿化、道路清扫、车辆冲洗、建筑施工以及生态景观等用水，要优先使用再生水。推进高速公路服务区污水处理和利用。具备使用再生水条件但未充分利用的钢铁、火电、化工、制浆造纸、印染等项目，不得批准其新增取水许可。自 2018 年起，单体建筑面积超过 2 万平方米的新建公共建筑，北京市 2 万平方米、天津市 5 万平方米、河北省 10 万平方米以上集中新建的保障性住房，应安装建筑中水设施。积极推动其他新建住房安装建筑中水设施。到 2020 年，缺水城市再生水利用率达到 20%以上，京津冀区域达到 30%以上。（住房城乡建设部牵头，国家发展改革委、工业和信息化部、环境保护部、交通运输部、水利部等参与）

推动海水利用。在沿海地区电力、化工、石化等行业，推行直接利用海水作为循环冷却等工业用水。在有条件的城市，加快推进淡化海水作为生活用水补充水源。（国家发展改革委牵头，工业和信息化部、住房城乡建设部、水利部、海洋局等参与）

三、着力节约保护水资源

（八）控制用水总量。实施最严格水资源管理。健全取用水总量控制指标体系。加强相关规划和项目建设布局水资源论证工作，国民经济和社会发展规划以及城市总体规划的编制、重大建设项目的布局，应充分考虑当地水资源条件和防洪要求。对取用水总量已达到或超过控制指标的地区，暂停审批其建设项目新增取水许可。对纳入取水许可管理的单位和其他用水大户实行计划用水管理。新建、改建、扩建项目用水要达到行业先进水平，节水设施应与主体工程同时设计、同时施工、同时投运。建立重点监控用水单位名录。到 2020 年，全国用水总量控制在 6 700 亿 m^3 以内。（水利部牵头，国家发展改革委、工业和信息化部、住房城乡建设部、农业部等参与）

严控地下水超采。在地面沉降、地裂缝、岩溶塌陷等地质灾害易发区开发利用地下水，应进行地质灾害危险性评估。严格控制开采深层承压水，地热水、矿泉水开发应严格实行取水许可和采矿许可。依法规范机井建设管理，排查登记已建机井，未经批准的和公共供水管网覆盖范围内的自备水井，一律予以关闭。编制地面沉降区、海水入侵区等区域地下水压采方案。开展华北地下水超采区综合治理，超采区内禁止工农业生产及服务业新增取用地下水。京津冀区域实施土地整治、农业开发、扶贫等农业基础设施项目，不得以配套打井为条件。2017 年底前，完成地下水禁采区、限采区和地面沉降控制区范围划定工作，京津冀、长三角、珠三角等区域提前一年完成。（水利部、国土资源部牵头，国家发展改革委、工业和信息化部、财政部、住房城乡建设部、农业部等参与）

（九）提高用水效率。建立万元国内生产总值水耗指标等用水效率评估体系，把节水目标任务完成情况纳入地方政府政绩考核。将再生水、雨水和微咸水等非常规水源纳入水资源统一配置。到 2020 年，全国万元国内生产总值用水量、万元工业增加值用水量比 2013 年分别下降 35%、30% 以上。（水利部牵头，国家发展改革委、工业和信息化部、住房城乡建设部等参与）

抓好工业节水。制定国家鼓励和淘汰的用水技术、工艺、产品和设备目录，完善高耗水行业取用水定额标准。开展节水诊断、水平衡测试、用水效率评估，严格用水定额管理。到 2020 年，电力、钢铁、纺织、造纸、石油石化、化工、食品发酵等高耗水行业达到先进定额标准。（工业和信息化部、水利部牵头，国家发展改革委、住房城乡建设部、质检总局等参与）

加强城镇节水。禁止生产、销售不符合节水标准的产品、设备。公共建筑必须采用节水器具，限期淘汰公共建筑中不符合节水标准的水嘴、便器水箱等生活用水器具。鼓励居民家庭选用节水器具。对使用超过 50 年和材质落后的供水管网进行更新改造，到 2017 年，全国公共供水管网漏损率控制在 12% 以内；到 2020 年，控制在 10% 以内。积极推行低影响开发建设模式，建设滞、渗、蓄、用、排相结合的雨水收集利用设施。新建城区硬化地面，可渗透面积要达到 40% 以上。到 2020 年，地级及以上缺水城市全部达到国家节水型城市标准要求，京津冀、长三角、珠三角等区域提前一年完成。（住房城乡建设部牵头，国家发展改革委、工业和信息化部、水利部、质检总局等参与）

发展农业节水。推广渠道防渗、管道输水、喷灌、微灌等节水灌溉技术，完善灌溉用水计量设施。在东北、西北、黄淮海等区域，推进规模化高效节水灌溉，推广农作物节水抗旱技术。到 2020 年，大型灌区、重点中型灌区续建配套和节水改造任务基本完成，全国节水灌溉工程面积达到 7 亿亩左右，农田灌溉水有效利用系数达到 0.55 以上。（水利部、农业部牵头，国家发展改革委、财政部等参与）

（十）科学保护水资源。完善水资源保护考核评价体系。加强水功能区监督管理，从

严核定水域纳污能力。（水利部牵头，国家发展改革委、环境保护部等参与）

加强江河湖库水量调度管理。完善水量调度方案。采取闸坝联合调度、生态补水等措施，合理安排闸坝下泄水量和泄流时段，维持河湖基本生态用水需求，重点保障枯水期生态基流。加大水利工程建设力度，发挥好控制性水利工程在改善水质中的作用。（水利部牵头，环境保护部参与）

科学确定生态流量。在黄河、淮河等流域进行试点，分期分批确定生态流量（水位），作为流域水量调度的重要参考。（水利部牵头，环境保护部参与）

四、强化科技支撑

（十一）推广示范适用技术。加快技术成果推广应用，重点推广饮用水净化、节水、水污染治理及循环利用、城市雨水收集利用、再生水安全回用、水生态修复、畜禽养殖污染防治等适用技术。完善环保技术评价体系，加强国家环保科技成果共享平台建设，推动技术成果共享与转化。发挥企业的技术创新主体作用，推动水处理重点企业与科研院所、高等学校组建产学研技术创新战略联盟，示范推广控源减排和清洁生产先进技术。（科技部牵头，国家发展改革委、工业和信息化部、环境保护部、住房城乡建设部、水利部、农业部、海洋局等参与）

（十二）攻关研发前瞻技术。整合科技资源，通过相关国家科技计划（专项、基金）等，加快研发重点行业废水深度处理、生活污水低成本高标准处理、海水淡化和工业高盐废水脱盐、饮用水微量有毒污染物处理、地下水污染修复、危险化学品事故和水上溢油应急处置等技术。开展有机物和重金属等水环境基准、水污染对人体健康影响、新型污染物风险评价、水环境损害评估、高品质再生水补充饮用水水源等研究。加强水生态保护、农业面源污染防治、水环境监控预警、水处理工艺技术装备等领域的国际交流合作。（科技部牵头，国家发展改革委、工业和信息化部、国土资源部、环境保护部、住房城乡建设部、水利部、农业部、卫生计生委等参与）

（十三）大力发展环保产业。规范环保产业市场。对涉及环保市场准入、经营行为规范的法规、规章和规定进行全面梳理，废止妨碍形成全国统一环保市场和公平竞争的规定和做法。健全环保工程设计、建设、运营等领域招投标管理办法和技术标准。推进先进适用的节水、治污、修复技术和装备产业化发展。（国家发展改革委牵头，科技部、工业和信息化部、财政部、环境保护部、住房城乡建设部、水利部、海洋局等参与）

加快发展环保服务业。明确监管部门、排污企业和环保服务公司的责任和义务，完善风险分担、履约保障等机制。鼓励发展包括系统设计、设备成套、工程施工、调试运行、维护管理的环保服务总承包模式、政府和社会资本合作模式等。以污水、垃圾处理和工业园区为重点，推行环境污染第三方治理。(国家发展改革委、财政部牵头，科技部、工业和信息化部、环境保护部、住房城乡建设部等参与)

五、充分发挥市场机制作用

(十四)理顺价格税费。加快水价改革。县级及以上城市应于2015年底前全面实行居民阶梯水价制度，具备条件的建制镇也要积极推进。2020年底前，全面实行非居民用水超定额、超计划累进加价制度。深入推进农业水价综合改革。(国家发展改革委牵头，财政部、住房城乡建设部、水利部、农业部等参与)

完善收费政策。修订城镇污水处理费、排污费、水资源费征收管理办法，合理提高征收标准，做到应收尽收。城镇污水处理收费标准不应低于污水处理和污泥处理处置成本。地下水水资源费征收标准应高于地表水，超采地区地下水水资源费征收标准应高于非超采地区。(国家发展改革委、财政部牵头，环境保护部、住房城乡建设部、水利部等参与)

健全税收政策。依法落实环境保护、节能节水、资源综合利用等方面税收优惠政策。对国内企业为生产国家支持发展的大型环保设备，必须进口的关键零部件及原材料，免征关税。加快推进环境保护税立法、资源税税费改革等工作。研究将部分高耗能、高污染产品纳入消费税征收范围。(财政部、税务总局牵头，国家发展改革委、工业和信息化部、商务部、海关总署、质检总局等参与)

(十五)促进多元融资。引导社会资本投入。积极推动设立融资担保基金，推进环保设备融资租赁业务发展。推广股权、项目收益权、特许经营权、排污权等质押融资担保。采取环境绩效合同服务、授予开发经营权益等方式，鼓励社会资本加大水环境保护投入。(人民银行、国家发展改革委、财政部牵头，环境保护部、住房城乡建设部、银监会、证监会、保监会等参与)

增加政府资金投入。中央财政加大对属于中央事权的水环境保护项目支持力度，合理承担部分属于中央和地方共同事权的水环境保护项目，向欠发达地区和重点地区倾斜；研究采取专项转移支付等方式，实施"以奖代补"。地方各级人民政府要重点支持污水处理、污泥处理处置、河道整治、饮用水水源保护、畜禽养殖污染防治、水生态修复、应急清污等项目和工作。对环境监管能力建设及运行费用分级予以必要保障。(财政部牵头，国家发展改革委、环境保护部等参与)

(十六)建立激励机制。健全节水环保"领跑者"制度。鼓励节能减排先进企业、工业集聚区用水效率、排污强度等达到更高标准，支持开展清洁生产、节约用水和污染治理等示范。(国家发展改革委牵头，工业和信息化部、财政部、环境保护部、住房城乡建设部、水利部等参与)

推行绿色信贷。积极发挥政策性银行等金融机构在水环境保护中的作用，重点支持循环经济、污水处理、水资源节约、水生态环境保护、清洁及可再生能源利用等领域。严格限制环境违法企业贷款。加强环境信用体系建设，构建守信激励与失信惩戒机制，环保、银行、证券、保险等方面要加强协作联动，于2017年底前分级建立企业环境信用评价体系。鼓励涉重金属、石油化工、危险化学品运输等高环境风险行业投保环境污染责任保险。（人民银行牵头，工业和信息化部、环境保护部、水利部、银监会、证监会、保监会等参与）

实施跨界水环境补偿。探索采取横向资金补助、对口援助、产业转移等方式，建立跨界水环境补偿机制，开展补偿试点。深化排污权有偿使用和交易试点。（财政部牵头，国家发展改革委、环境保护部、水利部等参与）

六、严格环境执法监管

（十七）完善法规标准。健全法律法规。加快水污染防治、海洋环境保护、排污许可、化学品环境管理等法律法规制修订步伐，研究制定环境质量目标管理、环境功能区划、节水及循环利用、饮用水水源保护、污染责任保险、水功能区监督管理、地下水管理、环境监测、生态流量保障、船舶和陆源污染防治等法律法规。各地可结合实际，研究起草地方性水污染防治法规。（法制办牵头，国家发展改革委、工业和信息化部、国土资源部、环境保护部、住房城乡建设部、交通运输部、水利部、农业部、卫生计生委、保监会、海洋局等参与）

完善标准体系。制修订地下水、地表水和海洋等环境质量标准，城镇污水处理、污泥处理处置、农田退水等污染物排放标准。健全重点行业水污染物特别排放限值、污染防治技术政策和清洁生产评价指标体系。各地可制定严于国家标准的地方水污染物排放标准。（环境保护部牵头，国家发展改革委、工业和信息化部、国土资源部、住房城乡建设部、水利部、农业部、质检总局等参与）

（十八）加大执法力度。所有排污单位必须依法实现全面达标排放。逐一排查工业企业排污情况，达标企业应采取措施确保稳定达标；对超标和超总量的企业予以"黄牌"警示，一律限制生产或停产整治；对整治仍不能达到要求且情节严重的企业予以"红牌"处罚，一律停业、关闭。自2016年起，定期公布环保"黄牌""红牌"企业名单。定期抽查排污单位达标排放情况，结果向社会公布。（环境保护部负责）

完善国家督查、省级巡查、地市检查的环境监督执法机制，强化环保、公安、监察等部门和单位协作，健全行政执法与刑事司法衔接配合机制，完善案件移送、受理、立案、通报等规定。加强对地方人民政府和有关部门环保工作的监督，研究建立国家环境监察专

员制度。（环境保护部牵头，工业和信息化部、公安部、中央编办等参与）

严厉打击环境违法行为。重点打击私设暗管或利用渗井、渗坑、溶洞排放、倾倒含有毒、有害污染物废水、含病原体污水，监测数据弄虚作假，不正常使用水污染物处理设施，或者未经批准拆除、闲置水污染物处理设施等环境违法行为。对造成生态损害的责任者严格落实赔偿制度。严肃查处建设项目环境影响评价领域越权审批、未批先建、边批边建、久试不验等违法违规行为。对构成犯罪的，要依法追究刑事责任。（环境保护部牵头，公安部、住房城乡建设部等参与）

（十九）提升监管水平。完善流域协作机制。健全跨部门、区域、流域、海域水环境保护议事协调机制，发挥环境保护区域督查派出机构和流域水资源保护机构作用，探索建立陆海统筹的生态系统保护修复机制。流域上下游各级政府、各部门之间要加强协调配合、定期会商，实施联合监测、联合执法、应急联动、信息共享。京津冀、长三角、珠三角等区域要于2015年底前建立水污染防治联动协作机制。建立严格监管所有污染物排放的水环境保护管理制度。（环境保护部牵头，交通运输部、水利部、农业部、海洋局等参与）

完善水环境监测网络。统一规划设置监测断面（点位）。提升饮用水水源水质全指标监测、水生生物监测、地下水环境监测、化学物质监测及环境风险防控技术支撑能力。2017年底前，京津冀、长三角、珠三角等区域、海域建成统一的水环境监测网。（环境保护部牵头，国家发展改革委、国土资源部、住房城乡建设部、交通运输部、水利部、农业部、海洋局等参与）

提高环境监管能力。加强环境监测、环境监察、环境应急等专业技术培训，严格落实执法、监测等人员持证上岗制度，加强基层环保执法力量，具备条件的乡镇（街道）及工业园区要配备必要的环境监管力量。各市、县应自2016年起实行环境监管网格化管理。（环境保护部负责）

七、切实加强水环境管理

（二十）强化环境质量目标管理。明确各类水体水质保护目标，逐一排查达标状况。未达到水质目标要求的地区要制定达标方案，将治污任务逐一落实到汇水范围内的排污单位，明确防治措施及达标时限，方案报上一级人民政府备案，自2016年起，定期向社会公布。对水质不达标的区域实施挂牌督办，必要时采取区域限批等措施。（环境保护部牵头，水利部参与）

（二十一）深化污染物排放总量控制。完善污染物统计监测体系，将工业、城镇生活、农业、移动源等各类污染源纳入调查范围。选择对水环境质量有突出影响的总氮、总磷、重金属等污染物，研究纳入流域、区域污染物排放总量控制约束性指标体系。（环境保护部牵头，国家发展改革委、工业和信息化部、住房城乡建设部、水利部、农业部等参与）

（二十二）严格环境风险控制。防范环境风险。定期评估沿江河湖库工业企业、工业集聚区环境和健康风险，落实防控措施。评估现有化学物质环境和健康风险，2017年底前公布优先控制化学品名录，对高风险化学品生产、使用进行严格限制，并逐步淘汰替代。（环境保护部牵头，工业和信息化部、卫生计生委、安全监管总局等参与）

稳妥处置突发水环境污染事件。地方各级人民政府要制定和完善水污染事故处置应急预案，落实责任主体，明确预警预报与响应程序、应急处置及保障措施等内容，依法及时公布预警信息。（环境保护部牵头，住房城乡建设部、水利部、农业部、卫生计生委等参与）

（二十三）全面推行排污许可。依法核发排污许可证。2015年底前，完成国控重点污染源及排污权有偿使用和交易试点地区污染源排污许可证的核发工作，其他污染源于2017年底前完成。（环境保护部负责）

加强许可证管理。以改善水质、防范环境风险为目标，将污染物排放种类、浓度、总量、排放去向等纳入许可证管理范围。禁止无证排污或不按许可证规定排污。强化海上排污监管，研究建立海上污染排放许可制度。2017年底前，完成全国排污许可证管理信息平台建设。（环境保护部牵头，海洋局参与）

八、全力保障水生态环境安全

（二十四）保障饮用水水源安全。从水源到水龙头全过程监管饮用水安全。地方各级人民政府及供水单位应定期监测、检测和评估本行政区域内饮用水水源、供水厂出水和用户水龙头水质等饮水安全状况，地级及以上城市自2016年起每季度向社会公开。自2018年起，所有县级及以上城市饮水安全状况信息都要向社会公开。（环境保护部牵头，国家发展改革委、财政部、住房城乡建设部、水利部、卫生计生委等参与）

强化饮用水水源环境保护。开展饮用水水源规范化建设，依法清理饮用水水源保护区内违法建筑和排污口。单一水源供水的地级及以上城市应于2020年底前基本完成备用水源或应急水源建设，有条件的地方可以适当提前。加强农村饮用水水源保护和水质检测。（环境保护部牵头，国家发展改革委、财政部、住房城乡建设部、水利部、卫生计生委等参与）

防治地下水污染。定期调查评估集中式地下水型饮用水水源补给区等区域环境状况。石化生产存贮销售企业和工业园区、矿山开采区、垃圾填埋场等区域应进行必要的防渗处理。加油站地下油罐应于2017年底前全部更新为双层罐或完成防渗池设置。报废矿井、钻井、取水井应实施封井回填。公布京津冀等区域内环境风险大、严重影响公众健康的地下水污染场地清单，开展修复试点。（环境保护部牵头，财政部、国土资源部、住房城乡建设部、水利部、商务部等参与）

（二十五）深化重点流域污染防治。编制实施七大重点流域水污染防治规划。研究建立流域水生态环境功能分区管理体系。对化学需氧量、氨氮、总磷、重金属及其他影响人体健康的污染物采取针对性措施，加大整治力度。汇入富营养化湖库的河流应实施总氮排放控制。到 2020 年，长江、珠江总体水质达到优良，松花江、黄河、淮河、辽河在轻度污染基础上进一步改善，海河污染程度得到缓解。三峡库区水质保持良好，南水北调、引滦入津等调水工程确保水质安全。太湖、巢湖、滇池富营养化水平有所好转。白洋淀、乌梁素海、呼伦湖、艾比湖等湖泊污染程度减轻。环境容量较小、生态环境脆弱，环境风险高的地区，应执行水污染物特别排放限值。各地可根据水环境质量改善需要，扩大特别排放限值实施范围。（环境保护部牵头，国家发展改革委、工业和信息化部、财政部、住房城乡建设部、水利部等参与）

加强良好水体保护。对江河源头及现状水质达到或优于Ⅲ类的江河湖库开展生态环境安全评估，制定实施生态环境保护方案。东江、滦河、千岛湖、南四湖等流域于 2017 年底前完成。浙闽片河流、西南诸河、西北诸河及跨界水体水质保持稳定。（环境保护部牵头，外交部、国家发展改革委、财政部、水利部、林业局等参与）

（二十六）加强近岸海域环境保护。实施近岸海域污染防治方案。重点整治黄河口、长江口、闽江口、珠江口、辽东湾、渤海湾、胶州湾、杭州湾、北部湾等河口海湾污染。沿海地级及以上城市实施总氮排放总量控制。研究建立重点海域排污总量控制制度。规范入海排污口设置，2017 年底前全面清理非法或设置不合理的入海排污口。到 2020 年，沿海省（区、市）入海河流基本消除劣于Ⅴ类的水体。提高涉海项目准入门槛。（环境保护部、海洋局牵头，国家发展改革委、工业和信息化部、财政部、住房城乡建设部、交通运输部、农业部等参与）

推进生态健康养殖。在重点河湖及近岸海域划定限制养殖区。实施水产养殖池塘、近海养殖网箱标准化改造，鼓励有条件的渔业企业开展海洋离岸养殖和集约化养殖。积极推广人工配合饲料，逐步减少冰鲜杂鱼饲料使用。加强养殖投入品管理，依法规范、限制使用抗生素等化学药品，开展专项整治。到 2015 年，海水养殖面积控制在 220 万公顷左右。（农业部负责）

严格控制环境激素类化学品污染。2017 年底前完成环境激素类化学品生产使用情况调查，监控评估水源地、农产品种植区及水产品集中养殖区风险，实施环境激素类化学品淘汰、限制、替代等措施。（环境保护部牵头，工业和信息化部、农业部等参与）

（二十七）整治城市黑臭水体。采取控源截污、垃圾清理、清淤疏浚、生态修复等措施,加大黑臭水体治理力度,每半年向社会公布治理情况。地级及以上城市建成区应于2015年底前完成水体排查, 公布黑臭水体名称、责任人及达标期限;于 2017 年底前实现河面无大面积漂浮物, 河岸无垃圾, 无违法排污口;于 2020 年底前完成黑臭水体治理目标。直辖市、省会城市、计划单列市建成区要于2017年底前基本消除黑臭水体。(住房城乡建设部牵头, 环境保护部、水利部、农业部等参与)

(二十八)保护水和湿地生态系统。加强河湖水生态保护,科学划定生态保护红线。禁止侵占自然湿地等水源涵养空间, 已侵占的要限期予以恢复。强化水源涵养林建设与保护, 开展湿地保护与修复,加大退耕还林、还草、还湿力度。加强滨河(湖)带生态建设, 在河道两侧建设植被缓冲带和隔离带。加大水生野生动植物类自然保护区和水产种质资源保护区保护力度, 开展珍稀濒危水生生物和重要水产种质资源的就地和迁地保护,提高水生生物多样性。2017 年底前, 制定实施七大重点流域水生生物多样性保护方案。(环境保护部、林业局牵头, 财政部、国土资源部、住房城乡建设部、水利部、农业部等参与)

保护海洋生态。加大红树林、珊瑚礁、海草床等滨海湿地、河口和海湾典型生态系统, 以及产卵场、索饵场、越冬场、洄游通道等重要渔业水域的保护力度, 实施增殖放流, 建设人工鱼礁。开展海洋生态补偿及赔偿等研究, 实施海洋生态修复。认真执行围填海管制计划, 严格围填海管理和监督,重点海湾、海洋自然保护区的核心区及缓冲区、海洋特别保护区的重点保护区及预留区、重点河口区域、重要滨海湿地区域、重要砂质岸线及沙源保护海域、特殊保护海岛及重要渔业海域禁止实施围填海, 生态脆弱敏感区、自净能力差的海域严格限制围填海。严肃查处违法围填海行为, 追究相关人员责任。将自然海岸线保护纳入沿海地方政府政绩考核。到 2020 年, 全国自然岸线保有率不低于35%(不包括海岛岸线)。(环境保护部、海洋局牵头, 国家发展改革委、财政部、农业部、林业局等参与)

九、明确和落实各方责任

(二十九)强化地方政府水环境保护责任。各级地方人民政府是实施本行动计划的主体, 要于 2015 年底前分别制定并公布水污染防治工作方案, 逐年确定分流域、分区域、分行业的重点任务和年度目标。要不断完善政策措施, 加大资金投入, 统筹城乡水污染治理, 强化监管,确保各项任务全面完成。各省(区、市)工作方案报国务院备案。(环境保护部牵头, 国家发展改革委、财政部、住房城乡建设部、水利部等参与)

(三十)加强部门协调联动。建立全国水污染防治工作协作机制, 定期研究解决重大问题。各有关部门要认真按照职责分工, 切实做好水污染防治相关工作。环境保护部要加强统一指导、协调和监督，工作进展及时向国务院报告。（环境保护部牵头，国家发展改革委、科技部、工业和信息化部、财政部、住房城乡建设部、水利部、农业部、海洋局等参与）

（三十一）落实排污单位主体责任。各类排污单位要严格执行环保法律法规和制度，加强污染治理设施建设和运行管理，开展自行监测，落实治污减排、环境风险防范等责任。中央企业和国有企业要带头落实，工业集聚区内的企业要探索建立环保自律机制。（环境保护部牵头，国资委参与）

（三十二）严格目标任务考核。国务院与各省（区、市）人民政府签订水污染防治目标责任书，分解落实目标任务，切实落实"一岗双责"。每年分流域、分区域、分海域对行动计划实施情况进行考核，考核结果向社会公布，并作为对领导班子和领导干部综合考核评价的重要依据。（环境保护部牵头，中央组织部参与）

将考核结果作为水污染防治相关资金分配的参考依据。（财政部、国家发展改革委牵头，环境保护部参与）

对未通过年度考核的，要约谈省级人民政府及其相关部门有关负责人，提出整改意见，予以督促；对有关地区和企业实施建设项目环评限批。对因工作不力、履职缺位等导致未能有效应对水环境污染事件的，以及干预、伪造数据和没有完成年度目标任务的，要依法依纪追究有关单位和人员责任。对不顾生态环境盲目决策，导致水环境质量恶化，造成严重后果的领导干部，要记录在案，视情节轻重，给予组织处理或党纪政纪处分，已经离任的也要终身追究责任。（环境保护部牵头，监察部参与）

十、强化公众参与和社会监督

（三十三）依法公开环境信息。综合考虑水环境质量及达标情况等因素，国家每年公布最差、最好的10个城市名单和各省（区、市）水环境状况。对水环境状况差的城市，经整改后仍达不到要求的，取消其环境保护模范城市、生态文明建设示范区、节水型城市、园林城市、卫生城市等荣誉称号，并向社会公告。（环境保护部牵头，国家发展改革委、住房城乡建设部、水利部、卫生计生委、海洋局等参与）

各省（区、市）人民政府要定期公布本行政区域内各地级市（州、盟）水环境质量状况。国家确定的重点排污单位应依法向社会公开其产生的主要污染物名称、排放方式、排放浓度和总量、超标排放情况，以及污染防治设施的建设和运行情况，主动接受监督。研究发布工业集聚区环境友好指数、重点行业污染物排放强度、城市环境友好指数等信息。（环境保护部牵头，国家发展改革委、工业和信息化部等参与）

（三十四）加强社会监督。为公众、社会组织提供水污染防治法规培训和咨询，邀请其全程参与重要环保执法行动和重大水污染事件调查。公开曝光环境违法典型案件。健全举报制度，充分发挥"12369"环保举报热线和网络平台作用。限期办理群众举报投诉的环境问题，一经查实，可给予举报人奖励。通过公开听证、网络征集等形式，充分听取公众对重大决策和建设项目的意见。积极推行环境公益诉讼。（环境保护部负责）

（三十五）构建全民行动格局。树立"节水洁水，人人有责"的行为准则。加强宣传教育，把水资源、水环境保护和水情知识纳入国民教育体系，提高公众对经济社会发展和环境保护客观规律的认识。依托全国中小学节水教育、水土保持教育、环境教育等社会实践基地，开展环保社会实践活动。支持民间环保机构、志愿者开展工作。倡导绿色消费新风尚，开展环保社区、学校、家庭等群众性创建活动，推动节约用水，鼓励购买使用节水产品和环境标志产品。（环境保护部牵头，教育部、住房城乡建设部、水利部等参与）

我国正处于新型工业化、信息化、城镇化和农业现代化快速发展阶段，水污染防治任务繁重艰巨。各地区、各有关部门要切实处理好经济社会发展和生态文明建设的关系，按照"地方履行属地责任、部门强化行业管理"的要求，明确执法主体和责任主体，做到各司其职，恪尽职守，突出重点，综合整治，务求实效，以抓铁有痕、踏石留印的精神，依法依规狠抓贯彻落实，确保全国水环境治理与保护目标如期实现，为实现"两个一百年"奋斗目标和中华民族伟大复兴中国梦做出贡献。

第三节　国家先进污染防治技术目录

国家涉重金属重点行业清洁生产先进适用技术推荐目录

序号	行业	技术名称	适用范围	技术主要内容	解决的主要问题	技术来源
1	铬盐	气动流化塔铬盐清洁生产工艺	铬盐行业重铬酸钠生产	通过气动流化塔设备及技术生产铬酸钠，然后经过离子膜连续电解制取重铬酸钠，实现了重铬酸钠清洁生产工艺，与焙烧法技术相比，具有节能降耗减排、操作环节友好、产品质量高等优势	解决焙烧法反应温度高、铬渣量大、铬渣为危险废物、含铬芒硝等问题	自主研发
2	铬盐	高效自循环湿法连续制备红矾钠技术	铬盐行业红矾钠的生产	通过高效自循环湿法连续制备，实现红矾钠的清洁、高质、高效生产，与无钙焙烧加硫酸酸化等现有技术相比，具资源利用率高、能耗低、成本低、质量优异、无铬渣及含铬芒硝产生等优势	解决传统红矾钠生产过程中环境污染严重、资源利用率低、能耗高、自动化程度低、生产粗放等系列问题，单位产品重金属污染物削减量明显，同时还可减排二氧化碳和二氧化硫	自主研发
3	铬盐	电解法制备晶体铬酸酐技术	铬盐行业铬酸酐生产	通过电解法氧化技术，实现铬酸酐的清洁化高效生产，与硫酸酸化法等现有技术相比，具有无含铬废物产生，产品质量优异等优势	解决铬酸酐生产工艺落后，生产环境恶劣，产品质量低，且副产大量的含铬硫酸氢钠及毒性氯化铬酰等问题，单位产品重金属铬污染消减量为 45 kg	自主研发
4	聚氯乙烯	PVC 含汞废水处理技术	电石法 PVC 生产过程中产生的含汞废水处理	通过形态转化气固液分离，处理高浓度含汞废水，与膜法、树脂法相比，具有投资费用少、运行稳定的优势	解决了电石法 PVC 含汞废水深度处理的问题，水中的汞得到大幅度削减	自主研发
5	聚氯乙烯	固汞催化剂	电石法 PVC 行业乙炔氢氯化合成氯乙烯反应	通过添加增加活性与稳定性的催化组成，选用适宜孔径的载体，采用特殊的载体预处理方式，有效地延缓了催化组分的升华流失，抑制反应过程中形成积碳，保证了固汞催化剂产品在反应过程中的高活性与稳定性。产品具有活性高、稳定性好、寿命长、挥发损失少、填装量少的特点	能有效降低我国电石法聚氯乙烯行业的汞污染，并大幅度降低汞资源消耗，实现行业源头减排的目标，同时降低行业汞污染风险防控的难度	自主研发

序号	行业	技术名称	适用范围	技术主要内容	解决的主要问题	技术来源
6	电池	真空和膏技术	铅蓄电池生产	该技术将氧化度约为75%的巴顿铅粉进行短时间的干混合，然后迅速加入稀硫酸溶液，使膏成为"半乳化"状态，接着进行湿混合，在此过程中铅粉和硫酸发生反应，在4BS晶种的引诱下生成的硫酸盐（3BS、4BS等）不断改变水化程度和结晶状态；接着进行真空处理，除去过量的水使铅膏达到规定的视密度，同时降低铅膏温度至出膏温度（45℃以下）。真空和膏处于全密封状态，和膏过程中减少了酸雾的产生量	由于真空和膏在密闭环境中操作，酸雾产生量微乎其微，接近于零，同时节约了用水和用电	协同研发
7	电池	铅蓄电池极板清洁生产及电池绿色化成（成套）技术	铅蓄电池生产	该技术集中熔铅供铅、铅带连铸连轧、板栅连续成形、铅冷切制粒、鼓面双面涂板、分板、表面干化、自动收板，管式极板挤膏、自动收板，续固化干燥，极板连续内化成等技术和设备，并形成了生产系统	从原理上改变了铅蓄电池板栅生产工艺，主要效果：1.铅烟削减95%以上，经处理后铅烟≤0.1 mg/m³。低于国家大气排放标准。2.产品质量显著提高，普遍提高1~2个级别。3.生产效率提高150%~200%	自主研发
8	电池	环保电池用（无铅、无镉）锌合金材料及其制造技术	锌锰干电池负极材料	该技术关键在于合金组分的选定，通过添加适量铝、钛、镁等配置锌合金材料，取代传统锌铅镉合金，生产工艺采取"精密合金+精密制造"模式，并配备先进适用的自动化工艺装备	主要解决了锌锰电池锌负极材料中含镉、含铅问题，为实现锌锰电池无镉无铅化提供原材料。与现有技术相比，将有害重金属铅的含量由0.35%~0.80%降至0.004%以下，将镉的含量由0.03%~0.06%降至0.002%以下,产品各项性能指标优于欧盟RoHS标准	自主研发
9	电池	铅蓄电池化成酸雾集中收集技术	铅蓄电池生产	电池化成酸雾集中净化系统包括酸雾集中容器、集气管和环保管道，酸雾集中容器开设有顶部开口和底部开口，环保管道上开设有接口，集气管分别连通接口与顶部开口，底部开口与铅酸蓄电池注酸口连通	通过应用本技术装备，铅蓄电池生产过程中酸雾排放得到有效控制，酸雾往大气排放较少，作业区域空气中硫酸含量低至0.34 mg/m³，有利于员工职业健康和环境保护	自主研发

序号	行业	技术名称	适用范围	技术主要内容	解决的主要问题	技术来源
10	电池	铅蓄电池板栅连铸连冲技术	铅蓄电池生产	铅蓄电池板栅连铸连冲装置包括有熔铅炉、铅带成型装置、冷却喷淋头、铅带连轧装置、裁边器、铅带缓冲架、板栅连冲装置，其中铅带成型装置设在熔铅炉的出料口的下方，冷却喷淋头设在铅带成型装置和铅带连轧装置之间，冷却喷淋头的下方还设有铅带缓冲架，用于缓冲由铅带成型装置初步轧制成型的铅带，使其进入铅带连轧装置，铅带连轧装置另一侧依次设有裁边器、铅带缓冲架和板栅连冲装置	相比传统的铅蓄电池板栅冲制装置，连轧连冲装置集铅带轧制及板栅冲制于一体，便于进行板栅自动化、连续化生产，大大提高了生产效率，减少了板栅的损耗和铅的使用，降低了生产能耗及物耗，节约了生产成本，减少了对于环境的污染	自主研发
11	皮革	基于白湿皮的铬复鞣"逆转工艺"技术	制革厂	开发两性无铬鞣剂和两性复鞣染整助剂使无铬鞣制生产的白湿皮具有适当的等电点，对现有阴离子型复鞣染整材料具有良好的吸收和固定作用。白湿皮在复鞣染色加脂后再进行铬复鞣，仅使制革湿工序的最后一步产生含铬废水	该技术主要用于家具革、车用革的生产，采用此种工艺可大幅减少制革行业铬污染，包括减少含铬废水量70%～80%，减少废水总铬产生量60%以上	自主研发
12	皮革	铬鞣废水处理与资源化利用技术	制革厂	将单独收集的铬鞣废水采用碱沉淀法处理，回收的铬泥经酸化、氧化处理、调整碱度，回用于皮革鞣制或复鞣，上清液用于浸酸、铬鞣	目前，制革厂所产生的含铬废水主要被强制性分流，所采取处理措施多为碱沉淀法，由此产生的铬泥成为危险固废，本技术采用调整碱度，再生回用的工艺，可解决铬泥作为危废处置问题，实现废物的资源化利用具体效果：降低含铬废水排放量；减少铬用量约20%；节约盐用量约50%；减少铬危废处置费用；降低综合污水中氯离子含量1 000～1 500 mg/L	自主研发
13	皮革	制革准备与鞣制工段废液分段循环技术	制革厂	分别独立收集制革过程中产生的浸水、浸灰、复灰、脱灰软化、浸酸鞣制废液，针对各废液中可有效再使用物质（如石灰、硫化物、酶类、铬等）的含量和特点，减少新鲜水生产时的化料使用比例，加入相应的制剂，直接代替新鲜水反复用于生产，不但解决了废液直接循环生产时皮革质量差、废液增稠的难题，而且提高了皮革质量，同时也避免了处理制革废水的复杂程序和昂贵代价	使制革业的主要污染工序，如浸灰、鞣制工序等不再产生废水，节省制革废水治理的高昂投资，同时也解决了制革废液直接循环生产时烂面坏皮现象，克服了废液循环次数难持久的困难，大幅削减制革废水排放	自主研发

序号	行业	技术名称	适用范围	技术主要内容	解决的主要问题	技术来源
14	铅锌冶炼	密闭富氧负压高效熔炼炉定向熔炼工艺技术	处理低硫复杂二次废渣	通过炉料配比、熔炼渣型、温度和反应气氛的优化控制，在密闭富氧高效熔炼炉中实现"烟气—炉渣—冰铜—合金"多相平衡机制调控该技术具有原料适应性广、有价金属综合回收率高等优点	高效处理并综合回收有色金属冶炼产生的低品位复杂渣料，有效解决传统鼓风炉熔炼系统所存在的烟尘和废气散排严重、机械化和自动化水平低、劳动强度大等问题	自主研发
15	铅锌冶炼	高铁氧化锌含铟物料高效利用技术	氧化锌综合利用	通过采用中酸浸、低酸浸、高酸浸的三段浸出，两步还原，一次中和的工艺流程，与现有技术项目，锌的回收率由 92%提高至 96%、铟的浸出率由 61%提高至 85%、铅渣中铅品位由 30%提高至 40%	采用中酸浸、低酸浸、高酸浸的三段浸出，两步还原，一次中和的工艺流程，实现锌铅铟铁高效回收利用	自主研发
16	铅锌冶炼	回转窑尾气综合治理技术	回转窑尾气综合治理	通过采用动力波洗涤，动力波吸收的形式进行烟气治理，利用纯碱作为吸收剂，同时对副产亚硫酸钠溶液进行回收，并将其进行中和、离心脱水、气流干燥后自动包装生产93%的无水亚硫酸钠产品，排出的烟气符合国家的环保标准	采用动力波洗涤，动力波吸收的形式进行烟气治理，解决了回转窑烟气达标排放问题	技术引进
17	铅锌冶炼	铅高效冶金及资源循环利用技术	铅冶金和资源再生循环利用	通过液态高铅渣直接还原炼铅技术及卧式底吹还原炉以及废铅酸蓄电池物理分选的专门生产系统，实现了废蓄电池铅膏、湿法炼锌产铅泥、铅阳极泥等二次资源循环利用及有价金属综合回收	解决了铅冶炼及二次资源循环利用过程关键技术难题及工程实践问题，形成了高效、清洁、短流程直接炼铅新工艺	自主研发
18	铜冶炼	低品位铜矿生物提铜技术	低品位次生硫化铜矿、低品位原生硫化铜矿废石、低品位氧硫混合铜矿及难处理低品位铜镍钴多金属矿	采用低品位铜矿绿色循环生物提铜关键技术，实现了低品位硫化铜的高效浸出与回收和矿区废水的资源化循环利用	采用生物堆浸-萃取-电积提铜工艺，解决了采用传统浮选-火法冶炼处理低品位铜矿存在的污染大、成本高，以及暴雨地区酸、铁、水平衡的技术难题	自主研发

序号	行业	技术名称	适用范围	技术主要内容	解决的主要问题	技术来源
19	铜冶炼	"双底吹"连续炼铜技术	铜冶炼	利用"双底吹"连续炼铜技术实现了产业化，与传统PS转炉吹炼技术相比，具有工艺流程短、作业率高、热利用率高、漏风率低、无低空污染、能耗低、环保好等优势	解决传统PS转炉吹炼存在的低空污染问题；与PS转炉相比，降低工艺烟气量约60%、环保烟气量约30%，节能减排效果显著	自主研发
20	铜冶炼、铅锌冶炼、锡锑冶炼	金属矿采选废水生物制剂协同氧化深度处理与回用技术	采矿废水、选矿废水的治理和回用	通过生物制剂与氧化剂协同作用产生羟基自由基和高价铁，对废水中残留选矿药剂高效氧化，实现重金属离子和选矿药剂的同时深度脱除	解决了采选矿废水长期COD、BOD不达标排放和不能大规模回用的难题	技术引进
21	铜冶炼、铅锌冶炼、锡锑冶炼	重金属废水生物制剂深度处理与回用技术	有色重金属冶炼、压延加工、矿山、电镀、化工等行业的重金属废水处理	利用细菌代谢产物，制备了深度净化多金属离子的复合配位体水处理剂（生物制剂），开发了"生物制剂配合—水解—脱钙—絮凝分离"一体化工艺和相应设备	解决了传统技术难以同时深度脱除多种重金属的技术"瓶颈"，及出水重金属离子难以稳定达到国家排放标准、易产生二次污染等难题	技术引进
22	铜冶炼	NGL炉冶炼废杂铜成套工艺及装备	废杂铜冶炼	利用"再生铜冶炼熔体氮气微搅动技术"和氧气卷吸燃烧供热技术，实现了再生铜原料高效、清洁、安全冶炼	工厂主要性能指标达到或超越了国外同类先进技术，提升热效率，降低能耗和烟气排放量	自主研发
23	铜冶炼、铅锌冶炼	永久阴极铜电解高效节能减排技术	有色金属（铜及再生铜、铅、锌、锰等）的电解生产	采用多组可调节喷头喷射铜板表面和冲洗水的多级循环利用技术，实现了动态喷淋功能，喷淋水循环使用	有效降低了水的消耗，达到了节能减排，并使铜板表面清洗达到高纯阴极铜国家标准	自主研发
24	铅锌冶炼	稀贵金属二次物料密闭富氧侧吹强化熔炼技术	二次资源综合回收	通过富氧强化熔炼技术，实现高效、经济、环保处理含重金属二次物料。与基夫赛特闪速炼铅法、QSL、鼓风炉及熔池熔炼等技术相比，具有单独处理稀贵金属二次资源、金属回收率高、处理能力大、能耗低、污染物排放少等优势	解决了单独处理二次资源、综合回收有价金属、处理能力小高、能耗高、污染大等问题	自主研发

国家先进污染防治技术目录（固体废物处理处置领域）（2017）

序号	技术名称	工艺路线及参数	主要技术指标	技术特点	适用范围	技术类别
1	大型多级液压往复翻动式炉排生活垃圾焚烧技术	垃圾经推料器到达炉排干燥段，通过滑动炉排和翻动炉排翻动垃圾实现垃圾干燥、燃烧分解、燃烬，达到充分燃烧。烟气经上部炉膛在850℃以上停留2 s以上后采用"SNCR炉内脱硝+半干法脱酸+干粉喷射+活性炭吸附+袋除尘"工艺净化达标排放，渗滤液处理达标后回用或排放，炉渣综合利用。垃圾热值4 180～9 200 kJ/kg，设计垃圾热值7 536 kJ/kg；设计年累计运行时间大于8 000 h；炉排热负荷515 kW/m^2；炉排机械负荷251 kg/m^2；炉排更换率每年不大于5%	单台焚烧炉处理能力750 t/d，焚烧炉渣热灼减率<3%	设多列给料小车，保证垃圾布料的均匀性；采用翻动加滑动炉排，可实现垃圾料层良好的透气性；采用多台一次风机，可实现不同燃烧段的一次风单独调节；上部炉膛和二次风口布置采用优化设计，有利于实现挥发性气体的充分燃烧分解	城市生活垃圾焚烧	推广
2	生物预处理和水泥窑协同处置技术生活垃圾机械	原生垃圾破碎后进入储坑进行静态好氧发酵，然后送入挤压脱水机脱水，脱水垃圾打散后进入储坑短期储存，最后经带式计量给料机及管状带式输送机送入热盘炉焚烧，焚烧产生的烟气和细颗粒物进入分解炉高温分解，焚烧炉渣进入回转窑煅烧成水泥熟料。除尘后的窑尾废气和脱氯后的旁路放风烟气从烟囱达标排放，臭气、渗滤液处理达标排放，渗滤液处理产生的浓缩液和污泥送入窑内焚烧。 原生垃圾破碎后进入垃圾缓冲池进行生物干化，然后二次破碎送入两级风选系统，风选后重物料进入惰性物料仓，轻物料进入60 mm滚筒筛，筛上物送入破碎机循环破碎，筛下物进入垃圾衍生燃料（RDF）储仓。RDF经水泥窑头烟气烘干后送至分解炉燃烧。烘干产生的湿热气送入蓖式冷却机，然后以二次风和三次风的形式送入回转窑和分解炉。惰性物料送入水泥窑作为生料进行煅烧，臭气、渗滤液处理达标排放。垃圾生物干化时间15～20 d，干化后垃圾含水率10%～30%；一次破碎粒径250 mm，二次破碎粒径75 mm；RDF热值2 100～3 500 kcal/kg	单条线垃圾总处理规模300 t/d，热盘炉单台处理能力300 t/d。水泥熟料性能满足《硅酸盐水泥熟料》（GB/T 21372）要求	利用热盘炉作为焚烧设备，炉内温度高，燃烧充分；采用破碎＋好氧生物发酵＋机械挤压脱水预处理工艺，降低了入炉垃圾水分，提高了垃圾热值 对于高含水、复杂形态、大尺寸的RDF处置技术优势突出，节煤效果突出；处置系统稳定，对水泥产品质量影响小	水泥窑协同处置生活垃圾（掺加生活垃圾质量不超过入窑物料总质量的30%），配套单线熟料生产规模≥3 000 t/d的新型干法水泥窑	推广

序号	技术名称	工艺路线及参数	主要技术指标	技术特点	适用范围	技术类别
3	餐厨垃圾高效单相厌氧资源化处理技术	将餐厨垃圾经自动分选出的有机物浆化后进行加热和搅拌，分离回收废油脂并去除砂砾和浮渣等惰性物，剩余的混合物厌氧消化产沼。产生的沼气经收集、净化、储存可进入沼气锅炉或沼气发电系统，产生的沼液进入后续污水处理系统	每吨餐厨垃圾产沼气达 70 m³，沼气中 CH₄含量>60%，油脂提取率达 90%	大物质分选采用正反转自感应识别控制技术，解决了粗大物堵卡和纤维缠绕等问题；采用外部强制循环、内部同心相错封闭环形布水的厌氧反应器，消除了传统厌氧反应器物料短路的缺陷	餐厨垃圾处理及资源化利用	推广
4	餐厨垃圾两相厌氧消化处理技术	将餐厨垃圾经破碎、去除轻物质和重物质、油脂提取等预处理后，进入水解酸化、中温厌氧产沼两个独立系统组成的湿式两相连续厌氧消化系统，产生的沼气通过预处理净化后进行发电、供热或制取压缩天然气等。沼渣无害化处理利用，沼液并入垃圾渗滤液处理系统处理达标后排放	有机物降解率达到85%，吨原料产气约 100 m³	水解酸化和厌氧产沼两相分离，避免了餐厨垃圾产酸过快、系统不稳定问题；采用特殊的搅拌器和罐体设计，防止罐内浮渣和积砂堆积，确保 10 年不清罐	餐厨垃圾等有机废弃物处理	推广
5	高固体浓度有机废物厌氧消化技术	将餐厨垃圾经沥水、除杂和提油等预处理后，通过混合调配、均质打浆，制成含固率 15%左右的高固体浓度有机废物浆料，进入具有自动排砂装置的全密闭双层不锈钢厌氧反应罐厌氧产沼，采用全方位立体液流搅拌，浆料保持高度均质化，提高沼气产生量。产生的沼气送至沼气净化及利用设备（沼气发电机、锅炉），发电机余热和锅炉产热经二次换热后供给厌氧物料增温保温和消化污泥的干化。消化液经固液分离，沼渣干化至含水率 60%以下后外运作为营养土，沼液处理达标后排放	每吨含水率 80%的餐厨垃圾可产 80～120 m³沼气，同时可获取工业油脂 35 kg、固态有机肥 80 kg；每吨含水 80%的市政污泥可产 50～60 m³ 沼气，污泥减量率可达 50%	可大幅缩小厌氧罐容积，节约成本和占地；全方位立体液流搅拌避免反应死角，提高沼气产生量；高效节能的全自动热交换和温控系统，解决大型厌氧消化装置的全方位恒温问题，保证系统四季运行稳定	高固体浓度有机废物资源化、无害化处理	推广

序号	技术名称	工艺路线及参数	主要技术指标	技术特点	适用范围	技术类别
6	城镇有机废弃物生物强化腐殖化技术	利用微生物分解有机物放热及外源加热方式使有机废弃物物料达到 70℃以上并维持 12 h。其中，物料温度为35～45℃时接种抗酸化复合微生物菌剂（乳酸菌、芽孢杆菌等），达到高温期（>55℃）时接种康氏木霉、白腐菌等，高温后期接种纤维素降解菌。处理过程中动态返混富含有益微生物的发酵物料，实现接种菌剂与土著微生物协同共生，同时醌基物质不断富集，加速小分子物质的定向腐殖化，产品可用于土壤改良	有机废弃物中有机质资源化率可达 95%以上	定向腐殖化，养分利用率高，转化速度快，有机质利用率高	餐厨垃圾等有机废弃物处理及利用	推广
7	污泥除湿热泵低温干化设备	采用螺杆泵将含水率 80%～85%的污泥送入网带干燥机，干燥产生的湿热气体进入除湿热泵，除湿加热后再返回网带干燥机作为污泥干燥热源，干化温度 40～75℃，产生的冷凝水可直接排放	干化后污泥含水率可按要求调整为 10%～50%，脱水能耗低于250 kW·h/t 水。	采用除湿热泵对干化产生的湿热空气进行余热回收，比普通热泵节能 10%～30%。采用低温干化，有害气体挥发少	污泥干化	推广
8	密闭式畜禽粪便高效发酵技术	通过在畜禽粪便中添加一定量农业废弃物，调整物料水分至 65%以下、碳氮比为（25～30）∶1。发酵周期为7 d，其中 65℃以上发酵保持 72 h 以上。设备全程密闭，发酵完成后物料从设备下部排出，同时由设备上部添加预混好的粪污物料，往复循环，保持设备满载运转。发酵产物可加工为有机肥产品	有机肥产品满足《有机肥料》（NY 525）要求	设备充分利用立体空间，密闭性好，无臭味溢出	规模化畜禽养殖场畜禽粪便处理	推广
9	畜禽粪污动态发酵生物干化技术	将复合微生物发酵菌剂加入畜禽粪污和秸秆的混合物料中，采用管式通风技术在卧旋式连续发酵设备内发酵产热，达到物料高温灭菌及水分蒸发的效果，产物可作为有机肥原料和垫床料。畜禽粪污在好氧发酵中除臭、灭菌，产生的水分及原有的游离水蒸发去除，其余物料作为有机肥原料使用，实现粪污无害化处理。生物干化周期2～6 d，生物干化温度 50～70℃	物料含水率可由 60%～70%降至 50%	卧旋式连续生物发酵设备采用玻璃钢材质，质量轻、强度高、保温好、耐腐蚀性强；通过添加复合微生物发酵菌剂，缩短了发酵时间	周边有大量秸秆的规模化养牛场粪污处理及资源化利用	推广

序号	技术名称	工艺路线及参数	主要技术指标	技术特点	适用范围	技术类别
10	医疗废物高温干热灭菌处理技术	采用双齿辊破碎机将医疗废物破碎成10～40 mm大小的颗粒，输送到由导热油加热的蒸煮锅内进行高温消毒杀菌，蒸煮过程中喷入消毒液，保证医疗废物杀菌效果。处理后医疗废物送往填埋场填埋。高温灭菌装置产生的气体经水喷淋除尘、紫外光解净化除臭与灭菌，以及活性炭吸附进一步除臭后达标排放。蒸煮温度180～200℃、时间20 min左右，灭菌器真空度500Pa，消毒液控制温度为60℃	繁殖体细菌、真菌、亲脂性/亲水性病毒、寄生虫和分枝杆菌的灭菌率大于99.999 9%，枯草杆菌黑色变种芽孢的灭菌率大于99.99%	蒸煮锅的夹层内设拢流导流片使导热油作紊流运动；灭菌仓内温度梯度较小，提高了热传导效率和灭菌效率；医疗废物经破碎再进入蒸煮锅，能充分吸收导热油的高温热量，灭菌效果好	5～10 t/d处理能力的医疗废物灭菌处理	推广
11	医疗废物高温蒸汽处理技术	将装入灭菌小车的医疗废物在高温蒸汽处理锅进行灭菌处理，处理锅内的废气经冷却、除臭、过滤后达标排放，处理锅内的废液经污水处理单元处理后用于工艺循环冷却水或用于运输车辆、装载容器清洗，灭菌后废物送入破碎单元毁形。也可先将医疗废物破碎毁形，再高温蒸汽灭菌。处理后医疗废物送往填埋场填埋。灭菌温度不低于134℃，压力不小于0.22MPa，灭菌时间不少于45 min。废气净化装置过滤器的过滤尺寸不大于0.2μm，耐温不低于140℃，过滤效率大于99.999%	以嗜热性脂肪杆菌芽孢（ATCC7953或SSI K31）作为生物指示菌种衡量，微生物灭活效率不小于99.99%	采用容器钢渗合涂层技术的高温蒸汽处理设备可解决内壁腐蚀问题，延长设备使用寿命	感染性废物、损伤性废物及一部分病理性废物，病害动物尸体的无害化处理	推广
12	水煤浆气化炉协同处置固体废物技术	固体废物按一定比例与原料煤、添加剂水溶液共磨制成低位热值≥11 000 kJ/kg的浆料，将其从顶部喷入气化炉；高热值的废液可通过废液专用通道喷入气化炉。在气化炉内，固体废物中有机物彻底分解为以CO、H_2、CO_2为主的粗合成气，重金属固化于玻璃态炉渣中。粗合成气经洗涤、变换、脱硫、除杂制得高纯度产品H_2和CO_2，粗合成气中HCl以氯化物形态转移至废水和炉渣中，H_2S转化为硫黄回收利用。气化炉黑水经压滤后滤饼和大部分滤液回用，少部分滤液处理后达标排放。炉渣可作为原料制备建材，废气经净化后达标排放	固体废物中有机物高效利用，碳转化率≥80%，重金属固化于炉渣中	将含水率高的固体废物作为原料配置水煤浆，利用德士古气化炉协同处置，有机成分及所含水分最终转变为气化产品H_2和CO_2，可实现固体废物的资源化利用	医药、化工等行业产生的有机固体废物处置，尤其适用于液态废物及含水率高的固态、半固态废物处置	推广

序号	技术名称	工艺路线及参数	主要技术指标	技术特点	适用范围	技术类别
13	利用工业副产石膏水热法生产高强石膏技术	将工业副产石膏进行预处理后与水和转晶剂均匀混合输送至密封的反应装置,在一定温度压力条件下使 $CaSO_4 \cdot 2H_2O$ 逐渐转化为α型半水石膏,转晶完成后石膏浆液进入离心液固分离系统,分离后半水石膏湿料经闪蒸干燥、气固分离、收集后最终获得α型高强石膏成品。废气治理达标排放。工艺温度 120～150℃,工作压力 0.2～0.4MPa	α型高强石膏产品 2 h 抗折强度大于 6MPa,烘干抗压强度大于50MPa	工业副产石膏利用率高;专用离心机固液分离效率高,转晶剂高效无毒副作用	氯碱工业副产石膏、脱硫石膏、磷石膏、钛石膏等	推广
14	工业副产石膏和废硫酸协同处理技术	按石膏制硫酸和水泥的配料要求配制生料,然后将生料和燃料加入煅烧窑煅烧,煅烧同时利用 0.35～0.95MPa 压缩空气将废硫酸按一定比例通过酸枪雾化喷入煅烧窑内。煅烧分解生成的 SO_2 窑气经窑尾换热回收余热降温至不低于 400℃后进入硫酸生产系统制取硫酸,熟料由窑头经冷却机冷却后进入熟料库磨制水泥,烟气治理达标排放。窑内烧成温度 1 200～1 450℃,生料配制 C/SO_2 摩尔比 0.57～0.72,1 t 生料配 0.4～0.5 t 废硫酸	废硫酸分解率≥99.95%,工业副产石膏分解率≥98.5%。硫酸产品符合《工业硫酸》(GB/T 534)、水泥产品符合《通用硅酸盐水泥》(GB 175)标准	工业副产石膏(磷石膏、脱硫石膏、钛石膏、盐石膏等)和废硫酸	工业副产石膏和废硫酸	推广
15	报废汽车车身整体破碎及综合回收处理技术	报废汽车初步拆解后,车壳依次进入双轴破碎机、立式破碎机进行两级破碎后,通过磁选、涡电流及风选设备将铁、铜、铝、泡沫、塑料等依次分离,破碎时产生的废气经过布袋除尘器和活性炭处理后达标排放	废车壳破碎料堆密度 1.0～1.2 t/m³,在达到同等效果情况下,整套设备功率为同类型设备的 60%	集成双轴撕碎和立式辊轮破碎技术,产物附加值高	报废汽车处理	推广
16	基于亚临界水解的餐厨垃圾厌氧消化技术	将餐厨垃圾脱水后的固形物进行破碎分选去除杂质后送入亚临界装置,在 160～180℃、0.9MPa(表压)条件下进行液化水解,生成的高浓度有机废液进行固液分离和油水分离,固液分离所得固体部分与脱脂液混合进入厌氧消化系统生产沼气、部分用于生产饲料,沼液进入污水处理系统处理达标排放	含水率 85%～90%的餐厨垃圾可产沼气约 70 m³/t	将亚临界技术应用于餐厨垃圾预处理,油脂回收效率和厌氧产沼率提高	餐厨垃圾、食品废弃物处理及资源化利用	示范

序号	技术名称	工艺路线及参数	主要技术指标	技术特点	适用范围	技术类别
17	市政污泥超高温好氧发酵技术	将新鲜污泥与含特殊超高温菌的返混腐熟污泥在混合槽内搅拌均匀后，送至好氧发酵槽进行强制供风发酵。发酵周期45 d，每7 d翻堆一次，发酵温度65～80℃，堆体局部温度最高可达100℃。发酵期结束后，腐熟污泥按1∶1～1.6∶1比例与80%含水率新鲜污泥返混，剩余部分进行下一步的资源化利用	若发酵前污泥含水率为55%左右，发酵后低于30%	采用特定超高温菌，好氧发酵温度高	市政污泥等有机固体废物好氧堆肥处理	示范
18	电镀污泥火法熔融处置技术	将高含水率电镀污泥经回转烘干窑预干燥后，在逆流焙烧炉中高温焙烧去除物料结晶水，再将焙烧块加入熔融炉进行高温熔融还原。利用密度差分离得到的Cu、Ni等金属单质与FeO、SiO₂及CaO等组成的熔渣，回收铜，熔渣作为水泥生产原料资源化利用。各环节产生的烟气净化后达标排放	电镀污泥中Cu、Ni回收率达到95%	有价金属回收率高；解决了电镀污泥还原熔炼时熔渣粘稠、易结瘤、炉料难下行、炉龄短且频繁死炉等问题	电镀污泥处理	示范
19	水泥窑协同处置生活垃圾焚烧飞灰技术	飞灰经逆流漂洗、固液分离后，利用篦冷机废气余热烘干，经气力输送到水泥窑尾烟室作为水泥原料煅烧。洗灰水经物化法沉淀去除重金属离子和钙镁离子，沉淀污泥烘干后与处理后飞灰一并进入水泥窑煅烧；沉淀池上部澄清液经多级过滤、蒸发结晶脱盐后全部回用于飞灰水洗。窑尾烟气经净化后达标排放。处理1 t飞灰综合用水量0.7～1.0 t	飞灰经水洗处理可去除95%以上氯离子和70%以上钾钠离子，处理后飞灰中氯含量小于0.5%	集成飞灰逆流漂洗、气流烘干、水泥窑高温煅烧以及洗灰水多级过滤、蒸发结晶等关键技术，实现焚烧飞灰的无害化、减量化和资源化	单线熟料生产规模2 000 t/d及以上的水泥窑协同处置生活垃圾焚烧飞灰	示范
20	含砷重金属冶炼废渣治理与资源化利用技术	含砷物料经干燥和球磨车间配料后，采用脱砷剂在高压富氧条件下选择性脱砷，料浆经冷却、过滤后，滤液中砷经亚铁盐空气氧化转化为稳定的臭葱石，经热压熔融形成稳定的高密度固砷体；脱砷渣经控电位浸出实现铋、铜与铅、锑等的分离，铋、铜利用水解pH差异分步回收，含铅、锑物料中的铅、银、锑则通过低温富氧熔池熔炼进行回收利用	含砷冶炼废渣经处理后，砷浸出浓度降低至0.16 mg/L，固砷体含砷量达27.1%；铋回收率达90%左右，铋回收率96%以上	高砷废液中砷通过形成稳定臭葱石晶体实现脱除；采用电位调控法实现了锑、铋提取	含砷废物脱砷、综合利用和处理处置	示范

序号	技术名称	工艺路线及参数	主要技术指标	技术特点	适用范围	技术类别
21	黄金冶炼氰化	氰化渣浮选脱泥预处理后,加入活化剂进行化学活化并除去氰化物,然后用磨矿进行物理活化,采用一次粗选-四次扫选-三次精选流程,通过浮选柱和浮选机联用高效回收氰化渣中的金,实现氰化渣无害化	治理前总氰化物含量约400 mg/L,治理后总氰化物含量低于0.006 mg/L	含金矿物浮选效率高;活化剂选择性强,清洁高效	黄金行业金品位≥2 g/t、处理规模≥200 t/d氰化渣的资源化和无害化	示范
	渣除氰和金属回收技术	采用蒸压的方法水解氰化渣中的氰化物。将氰化渣装进特制蒸压釜,在温度170~190℃、压力0.8~1MPa条件下保温反应12 h,用吸收水塔吸收蒸汽中的氨,采用磷酸铵镁沉淀法沉淀吸收液中的氨氮,处理后的氰化渣浮选得到高品质硫精矿,无废水排放	处理后氰化渣浸出液中氰化物浓度<1 mg/L,一次性除氰率达99.5%以上;浮选渣含硫量>48%	实现了氰化渣解毒和资源化利用	黄金冶炼氰化渣处理	
22	含铜锡等多元素冶炼废渣金属回收技术	采用富氧侧吹炉处理冶炼废渣,回收其中的铜、锡、锌、铅等有价金属。在高温和还原气氛中,熔渣中锌、铅、锡的氧化物被还原成金属蒸汽,与烟尘一并进入收尘系统被收集,铜呈冰铜从炉渣中析出,镍、金、银富集在冰铜中。高温烟气先经余热锅炉降温,再经脱硫处理后达标排放。烟尘送锌精炼厂,采用"浸出-萃取-电积"工艺提取电解锌,浸出渣送电炉还原熔炼提取锡铅合金,熔炼渣用于制建材	铜回收率约95.5%,锡回收率约96%,镍回收率约94.5%,锌回收率约96.5%。熔炼渣含铜量低于0.2%、含锡量低于0.13%、含铅量低于0.08%、含锌量低于0.4%,总脱硫效率达99%。产品阴极铜铜含量约99.95%,符合《阴极铜》(GB/T 467)要求;精锡锡含量约99.95%,符合《锡锭》(GB/T 728)要求;电解锌锌含量约99.95%,符合《锌锭》(GB/T 470)要求	解决了复杂多金属物料的提取、高效分离与高值化利用及其污染控制问题	含铜锡等多金属冶炼废渣	示范
23	振频磁能加热废润滑油循环利用再生技术	采用组合式振频磁能加热器,以可控的恒温分布加热方式在管道和蒸馏釜中将废润滑油进行循环加热,再通过短程分子蒸馏脱除废油中的燃料油组分;剩余废油进行循环分子负压蒸馏,按照馏出温度的不同,得到不同组分的再生基础油产品	得到的三种再生基础油产品 MVI150、MVI250 和 MVI350 达到国家一类基础油标准	将振频磁能加热技术运用到废润滑油再生工艺中,可以更有效地控制裂解温度,同时提高加热效率	废润滑油再生	示范

序号	技术名称	工艺路线及参数	主要技术指标	技术特点	适用范围	技术类别
24	油基泥浆钻井废物资源回收技术	利用油基泥浆钻井废物中不同物质的密度差，采用多级多效变频耦合离心技术有效降低油基泥浆含水量，分离的泥浆可直接回用；其他分离物进行深度脱附处理，辅以高效处理剂，实现基油、主辅乳等化学添加剂、加重剂等的分离和回收利用	油基泥浆钻井废物处理后固相含油率＜0.6%，回收油基泥浆满足钻井工程回用要求；基油、主辅乳等化学添加剂、加重剂等的回收率超过99%	采用离心—脱附的集成技术，有效分离并回收泥浆，同时实现泥浆中有效成分的回收利用	油基泥浆钻井废物处理	示范
25	利用粉煤灰提取氧化铝及废渣综合利用技术	将粉煤灰与石灰石磨细配比混匀，在1 320～1 400℃下焙烧，形成以铝酸钙和硅酸二钙为主要成分的氧化铝熟料。在熟料冷却过程中通过温度控制使熟料产生自粉化，采用碱溶法在自粉化后的氧化铝熟料中提取氧化铝后，废渣（主要成分为活性硅酸钙）用于生产水泥。各环节烟气经净化后达标排放。产1 t氧化铝约消耗3.3 t粉煤灰	产品执行《氧化铝》（YS/T 274）中冶金级砂状氧化铝一级标准	从粉煤灰中提取氧化铝资源综合利用效益突出；在熟料生产阶段采用无碱煅烧、熟料自粉化工艺，节能增效	氧化铝含量在40%以上的粉煤灰	示范
26	废电路板电子元器件自动拆解与资源化技术	采用半自动翻转倒料系统将物料送入四轴破碎机破碎，破碎后的物料经选择输送机分为含电子元器件料（含件料）和不含电子元器件料（不含件料）。含件料分别经磁选机、涡电流分选机分选出铁金属、非铁金属和非金属。不含件料经两级破碎、双层振动筛选机、重力分选机实现铜粉和树脂粉的分离。工艺中加设两个暂存槽防止堵料，全过程统一集尘避免粉尘二次污染，并通过PLC控制实现系统的自动化操作	金属与非金属（废塑料等）解离率为95%以上、分选效率90%以上	半自动化加料，多级破碎分选实现金属与非金属分离	电路板电子元器件、半导体类存储介质破碎、分选、销毁	示范
27	废液晶屏智能分离及铟富集技术	运用自动控制技术将液晶面板分离为两个半屏，采用物理磨刮方法将液晶、取向膜、氧化铟锡与玻璃板分开；对磨刮后的液晶屏进行高压冲洗，分离的物料冲至循环水槽进行固液分离，得到含液晶铟富集物；采用海绵吸附、热风吹扫等手段去除液晶屏表面的水分，得到玻璃片材；工艺中使用的冲洗水等均可循环使用	液晶、铟与玻璃面板分离率达90%，铟富集比达200倍以上	实现了废液晶屏中不同材料的自动分离及铟的有效富集	废液晶屏处理利用	示范

序号	技术名称	工艺路线及参数	主要技术指标	技术特点	适用范围	技术类别
28	废荧光粉中稀土富集及综合利用技术	将废荧光粉过筛分离玻璃碎屑及颗粒较大的铝箔后，通过涡轮气流分级装置两级分离及布袋过滤，将废弃荧光粉分离成含铅玻璃渣、稀土富集料、铝箔和石墨等	稀土富集料稀土含量可达45%	实现了废荧光粉中的含铅玻璃、铝箔、石墨及稀土材料的有效分离和富集	废荧光粉处理利用	示范
29	矿山采空区尾砂膏体充填技术	采用深锥膏体浓密机将尾矿浆浓缩至65%～75%，浓缩过程中添加絮凝剂，以提高尾矿浆的沉降速度、降低溢流水含固量。尾矿浆浓密沉降后排出的溢流水回选矿厂使用，浓密后的膏体料浆与水泥和水在搅拌桶中充分搅拌制备成膏体充填料浆，通过充填工业泵加压经管道输送至待充采空区	经深锥浓密机浓密后的尾矿浆溢流水含固率＜300 ppm，充填体终凝强度≥1.5 MPa	提高尾砂利用率，最大限度地减少矿山固体废物排放量	金属矿山采空区回填	示范

注：1. 本目录以最新版本为准，自本领域下一版目录发布之日起，本目录内容废止；

2. 示范技术具有创新性，技术指标先进、治理效果好，基本达到实际工程应用水平，具有工程示范价值；推广技术是经工程实践证明了的成熟技术，治理效果稳定、经济合理可行，鼓励推广应用；

3. 所列技术详细信息和典型应用案例见中国环境保护产业协会网站（http://www.caepi.org.cn）"技术目录"栏目。

国家先进污染防治技术目录（水污染治理领域）（2015）

序号	技术名称	工艺路线及参数	主要技术指标	适用范围	技术特点	应用案例
1	空气提升交替循环流滤床技术	采用交替供气的方式获得循环流，通过空气提升在并列的四个填充复合滤料的滤床中形成交替循环流，通过曝气生物滤池实现同步除碳和脱氮。水力停留时间为4~8 h，容积负荷 3~5 kgCOD/（m³·d）。滤池内气水比为5:1，吨水电耗0.5 kW·h	处理生活污水,出水BOD、COD和氨氮满足《城镇污水处理厂污染物排放标准》（GB 18918—2002）一级A标准	农村及城镇生活污水、医院废水的处理,中水回用处理	由四个淹没式生物滤池形成一个整体,既提供氧气来源,又提供循环流动的驱动力,降低了能耗;在不同滤池实现交替A/O,满足脱氮要求,不需回流	马鞍山南部沿江承接转移集中区居民小区600 t/d生活污水处理工程
2	电磁切变场强化臭氧氧化污水深度处理技术	在电磁切变场发生器中投加臭氧，污水中产生瞬间极高幅值的电流脉冲，生成羟基自由基，同时增加臭氧的溶解度；然后进入臭氧催化氧化反应器，污染物得到高效催化氧化；最后通过曝气生物滤池进行生化处理	进水CODCr<150 mg/L，SS<10 mg/L；出水CODCr<50 mg/L，SS<10 mg/L	制药、化工等行业污水中溶解性难降解有机物的深度处理	利用电磁切变场技术增强了臭氧氧化效果,提高了难生物降解有机物的降解和去除	河北省安装工程公司第一分公司600 000 t/d石家庄桥东污水处理厂高级催化氧化污水深度处理工程
3	臭氧催化氧化法制药废水深度处理技术	来自生化单元的出水经提升后进入装有双功能催化剂的臭氧氧化反应器进行臭氧催化氧化处理，然后经生物处理（微氧水解+好氧MBBR组合工艺），出水经絮凝沉淀后排放。其中臭氧投加量30~50 mg/L，臭氧反应器停留时间15 min，电耗0.5~1.0 kW·h	进水COD<400 mg/L,色度<300倍，氰化物<0.042 mg/L；出水COD<80 mg/L（若后续结合Fenton氧化工艺，COD可低于50 mg/L），色度<5倍，氰化物<0.01 mg/L	β-内酰胺类抗生素生物制药废水深度处理	高效催化臭氧氧化+微氧水解工艺有效提高了废水可生化性	吉林榆树帝斯曼药业3 000 t/d抗生素废水催化法深度处理工程
4	高氨氮有机废水短程—厌氧氨氧化脱氮处理技术	该技术分为三个处理单元，污水经第一单元将氨氮部分转化为亚硝态氮后进入第二单元，其中的氨氮和亚硝态氮在厌氧氨氧化菌的作用下转变成氮气，最后进入第三单元，部分硝化，实现生物脱氮	进水NH₃-N≤500 mg/L，CODCr≤1 200 mg/L，BOD₅≤500 mg/L；出水NH₃-N≤20 mg/L，CODCr≤100 mg/L，BOD₅≤20 mg/L	蛋白、食品添加剂、药品制造等生物发酵行业高浓度高氨氮有机废水处理	通过厌氧氨氧化细菌的氧化作用,大幅降低外部鼓风的动力消耗,在不添加外部碳源的情况下,有效去除水中的氨氮和有机物	宁夏伊品生物工程股份有限公司10 000 t/d玉米深加工生产废水处理工程

序号	技术名称	工艺路线及参数	主要技术指标	适用范围	技术特点	应用案例
5	离子交换纤维印制电路板重金属废水处理及资源化技术	废水（含铜、镍）经匀质匀量调节并经过滤去除固体颗粒杂质后流进离子交换纤维吸附系统，出水重金属离子浓度满足《电镀污染物排放标准》（GB 21900—2008）标准要求，可回用于生产工艺或进入综合废水处理工艺。离子交换纤维吸附饱和后可再生，再生浓缩液投加药剂，经沉淀压滤的滤饼资源化利用，滤液返回前端处理	含铜废水：进水总铜142 mg/L，处理后总铜0.256 mg/L，铜回收率可达98%以上。含镍废水：进水总镍84.4 mg/L，处理后总镍0.010 mg/L，镍回收率可达99%以上	印制电路板重金属废水（非络合废水）处理及资源化	采用纤维状离子交换材料，具有表面积大、吸附—脱附速度快的特点	江苏扬泰电子有限公司1 260 t/d PCB 重金属废水处理工程
6	焦化废水电渗析+反渗透集成膜脱盐回用处理技术	该技术对生化处理后的焦化废水采用芬顿氧化工艺氧化有机物后，再用电渗析预脱盐，产水再经过"超滤—反渗透"进一步脱盐回用，反渗透浓水和电渗析预脱盐浓水通过浓缩型电渗析进一步产水并浓缩。脱盐产水回用于循环冷却水补充水，电渗析浓水需单独处置	进水 CODCr≤300 mg/L，钙硬度（以 CaCO₃ 计）≤250 mg/L，Cl⁻≤750 mg/L，TDS≤3 500 mg/L，NH₃-N≤20 mg/L；处理后产水 CODCr≤20 mg/L，钙硬度≤150 mg/L，Cl⁻≤30 mg/L，TDS≤200 mg/L，NH₃-N≤2 mg/L。系统总体产水率可达到85%	焦化废水深度处理与回用	利用芬顿工艺氧化有机物，降低后续膜污染；以"电渗析+反渗透"组合工艺作为深度脱盐工艺，经过电渗析预脱盐处理降低钙镁，减缓后续膜污染；通过电渗析浓缩反渗透浓水进一步提高产水率	迁安中化煤化工有限责任公司16 560 t/d 难降解含盐有机废水深度处理回用工程
7	中和+膜过滤处理钢铁行业酸洗废水技术	酸洗废水经石灰石预中和调节 pH 为 5～6 之后再投加石灰进一步中和至 8～9，废水中的铁离子与碱溶液反应，形成氢氧化铁、氢氧化锌等沉淀混合物，之后通过管式膜完成固液分离，出水达标排放	进水 CODCr 200 mg/L，TP 35 mg/L，总铁 350 mg/L，pH 为 2，SS300 mg/L；出水 CODCr15.2 mg/L，TP 0.45 mg/L，总铁 0.05 mg/L，pH 为 6～9，SS 未检出	钢铁行业酸洗废水处理	石灰+石灰乳两步中和投加准确、处理成本低、管理简便；采用管式膜固液分离设备，提高分离效率	天津冶金集团中兴盛达钢业有限公司7 200 m³/d 钢铁行业酸洗废水处理与回用工程

序号	技术名称	工艺路线及参数	主要技术指标	适用范围	技术特点	应用案例
8	冶炼烟气污酸中重金属处理及铼酸铵富集技术	在冶炼烟气制酸产生的含酸5%～10%污酸中添加专用络合剂，使重金属离子及砷与药剂在反应器内快速反应后进入板框压滤机固液分离。滤液可返回动力波洗涤系统循环使用，也可用于稀酸补充液。滤饼可回收利用提取有价金属（铼酸铵）或外运处置	进水砷1 000 mg/L，铜42.75～156.15 mg/L；出水砷<0.5 mg/L，铜<0.1 mg/L。铅、镉的去除率也达到90%以上	冶炼烟气制酸产生的含酸5%～10%污酸及有色冶炼（采掘、冶炼）酸性废水的处理	采用专用络合剂及快速反应器，在强酸条件下实现快速反应生成沉淀物，药剂不会和污酸中的钙等碱土金属发生络合反应，产泥量减少。实现了污酸零排放	金川集团股份有限公司30 m³/h冶炼烟气制酸废水除铜除砷工业化改造工程
9	循环冷却水电化学处理技术	通过电化学反应，在反应室（阴极）内壁附近水发生还原反应，水中的结垢物质析出并附着在内壁上，定期去除沉积的水垢，维持循环水水质平衡；在电极（阳极）附近水中的氯离子发生氧化反应产生游离氯（≥0.8 mg/L）、OH⁻等物质，持续控制系统中细菌和藻类的滋生	循环水控制指标：浊度≤20 mg/L，pH为8.0～8.5，电导率≤5 000 μs/cm，Cl⁻≤1 000 mg/L，钙硬度（以CaCO₃计）≤850 mg/L，总碱度（以CaCO₃计）≤300 mg/L，总铁≤1.0 mg/L，铜离子≤100 μg/L	淡水循环冷却水处理。	不需要添加化学阻垢、缓蚀、杀菌药剂；减轻了传统循环水系统排污水造成的二次污染	蓝星化工新材料股份有限公司芮城分公司3 000 m³/h PPE系统循环冷却水电化学处理项目
10	物化预处理+生物脱氮组合工艺处理煤头合成氨废水技术	该技术采用"预处理+生物组合处理"集成工艺处理煤头合成氨工业废水。物化预处理包括铜催化铁内电解+苏打软化+硫酸亚铁脱硫+次氯酸钠氧化破氰+絮凝沉降+空气吹脱除氨组合工艺。生物脱氮采用"EGSB+A/O"组合工艺，出水采用活性炭吸附进一步深度处理。EGSB停留时间12 h；A池停留时间8 h，O池污泥负荷0.12 kg BOD₅/（kgMLSS·d），0.04 kg NH₃-N/（kgMLSS·d），污泥浓度4 gMLSS/L	进水COD 3 000～4 000 mg/L，总氮3 000 mg/L，氨氮2 500 mg/L；出水COD 50 mg/L，总氮25 mg/L，氨氮15 mg/L	煤头合成氨废水处理	使用铜催化的零价铁内电解提高可生化性；使用硫酸亚铁沉淀硫离子，次氯酸钠氧化破氰，降低硫化物和氰化物对后续生化处理冲击	华强化工集团股份有限公司8 000 m³/d高氨氮合成氨生产废水处理工程

序号	技术名称	工艺路线及参数	主要技术指标	适用范围	技术特点	应用案例
11	高浓度有机废水水煤浆气化处理技术	利用水煤浆气化技术处理高浓度有机废水，废水与不可磨性固体、水溶性固体经搅拌、pH调质成悬浊液，加入助剂生成制浆液，然后与原料煤、炭黑等按一定比例混合研磨制备水煤浆（浓度50%～60%），与压缩后的纯氧一起喷入气化炉气化、熔融、裂解，分离出的炭黑水部分返回制浆，部分进入污水处理系统处理达标排放，水煤气经过净化和变换进入合成氨系统	进水COD 20万mg/L，氨氮5 000 mg/L；出水COD≤50 mg/L，氨氮≤20 mg/L	药品生产、精细化工、人造革等行业的蒸馏及反应残液、母液及反应基或培养基、精馏残液、废有机溶剂等危险废物处理；进水指标要求：Cl⁻≤5 000 mg/L，基本不含重金属	采用水煤浆气化技术处理高浓度有机废液；针对不同废液种类可选用相应的水煤浆助剂；降低合成氨生产成本	浙江丰登化工股份有限公司利用水煤浆技术处置高浓度废水联产合成氨项目
12	催化还原法有机氯化物工业废水预处理工艺与装置	采用集混合、还原反应、固液分离、澄清等功能于一体的设备，以铁二元金属为还原剂、可溶性无机盐阴离子为催化剂，在酸性条件下，将废水中有机氯化物催化还原脱氯。出水进入后续生化处理工艺处理。根据脱氯要求，可设置1～3级。系统水力停留时间12～36 h，还原剂铁合金粉末用量1～3 kg/m³	进水三氯乙烯28 mg/L，四氯乙烷239.3 mg/L；出水三氯乙烯0.26 mg/L，四氯乙烷未检出	含有机氯化物工业废水的预处理	采用廉价易得铁合金废料为还原剂；塔式反应设备，结构紧凑、占地面积小	浙江巨化股份有限公司电化厂120 m³/d三氯乙烯废水脱氯处理工程
13	机械雾化蒸发器处理高盐废水技术	该机械雾化蒸发器包括蒸发喷嘴、水路供应系统和电器控制系统。废水经加压后高速喷射，经特殊叶轮破碎成100～400 μm的水滴后抛掷至空中实现蒸发；同时，通过控制合理的水滴漂移范围避免对蒸发塘周边环境的影响。单台蒸发器蒸发量6～10 t废水/h	年平均蒸发率可达50%，电耗4 kW·h/t水，使用寿命10年。项目运行时周边大气环境中TSP浓度满足《大气污染物综合排放标准》（GB 16297—1996）中无组织排放监控浓度限值要求	北方、西北干燥地区蒸发塘蒸盐水（含挥发性污染物浓度低）的强化蒸发	采用机械式破碎叶轮，实现水滴的多次破碎与扩散，强化了蒸发效果	内蒙古达拉特经济开发区管理委员会190 m³/d工业园区高盐废水机械雾化蒸发项目

序号	技术名称	工艺路线及参数	主要技术指标	适用范围	技术特点	应用案例
14	金属间化合物膜过滤泥磷提质技术	该工艺是以金属间化合物膜为核心的膜过滤技术，将过滤净化系统、反冲清洗系统、防结垢堵塞系统、残渣处理系统、控制系统等五大系统组合，泥磷通过高精度过滤膜进入液相，再经液相结晶实现黄磷回收。过滤温度控制在 70℃以上，过滤压力不超过 0.35MPa，黄磷平均过滤通量大于 100 kg/（m²·h）	泥磷中黄磷回收率＞99%，系统排渣含磷＜1%，回收黄磷质量达到《工业黄磷》（GB 7816—1998）一级品质量要求	黄磷生产过程中泥磷提质	关键过滤单元采用 Ti 基金属间化合物膜过滤材料，能适应高粘度、高浓度泥磷液体过滤，磷回收率高；回收技术采用循环洗涤微终端及微错流过滤技术，解决了泥磷的可滤性问题；工艺过程具有在线高效反冲清洗和无污染排渣等功能，生产设备能够实现全密闭、安全、环保运行	四川省川投化学工业集团有限公司泥磷提质回收工程
15	生物沥浸法污泥深度脱水及重金属去除技术	浓缩污泥进入生物沥浸池，通过加入专用微生物菌进行污泥改性反应，再进行板框压滤，脱水污泥资源化利用。当污泥中重金属超标时，可调整工艺参数使重金属进入液相，通过添加药剂（如石灰乳或硫化物）沉淀回收。生物沥浸池停留时间：市政污水污泥 48 h，工业废水污泥 24～48 h；表面负荷一般为 8 m³/（m²·h）	1）进泥含水率78.3%，经生物沥浸后污泥含水率57.9%；2）进泥 pH 为6.88，生物沥浸后为 5.14；3）进泥有机质48.3%，生物沥浸后46.3%；4）进泥粪大肠菌群菌值＜0.01，生物沥浸后＞0.01；5）生物沥浸后蠕虫卵死亡率＞95%，去除率＞95%；6）进泥重金属 Cu、Zn、Pb、Cd、Cr、Hg、As 分别为 213 mg/kg、736 mg/kg、67 mg/kg、2.2 mg/kg、567 mg/kg、9.0 mg/kg、27 mg/kg，生物沥浸后分别为 139 mg/kg、229 mg/kg、55 mg/kg、1.2 mg/kg、234 mg/kg、4.8 mg/kg、11.7 mg/kg	市政污水处理厂污泥处理，制革、印染行业污泥处理，制药、造纸、化工行业污泥处理	生物沥浸专用微生物形成的优势菌群释放一定酸性物质，使污泥中原有的异养菌及病原菌大幅灭活，污泥中的有机物基本无变化；该微生物分泌的胞外聚合物（EPS）亲水性很强，是常规活性污泥中的 1/10，同时在酸性环境下污泥颗粒 Zeta 电位趋近于 0，大大改善污泥沉降性能和脱水性能	哈尔滨龙江环保集团股份有限公司 1 000 t/d 污泥生物沥浸深度脱水工程

序号	技术名称	工艺路线及参数	主要技术指标	适用范围	技术特点	应用案例
16	城市有机固废和污泥混合生物质处理处置技术	采用"高温热水解+高浓度厌氧消化+高干度脱水+余热干化+沼气综合利用+生物炭土土地利用"工艺路线。1）高温热水解技术：170℃、0.7MPa蒸汽为热源，采用旋转式热水解反应器，反应时间30 min，再进入闪蒸罐。2）高浓度厌氧消化技术：热水解处理后的含固率（9%～12%）物料经热交换进入 40℃厌氧反应器中进行消化，停留时间11～14 d，容积负荷5.6 kg/（m³·d），有机质降解率大于 60%，产气率2 m³/（m³·d）以上，沼气中硫化氢 200 ppm 以下。3）高干度脱水技术：消化液投加镁盐生成鸟粪石，再离心脱水，可回收其中氮磷，药耗 5‰、脱水后沼渣含固率 35%以上。4）余热干化技术：采用全系统余热利用和太阳能辐射热为热源，进行低温干燥。全厂热能回收并梯度利用，降低总能耗。5）生物炭土应用：干化沼渣是一种缓释肥应用于园林绿化和花卉培育。6）沼气综合利用：沼气经提纯压缩，用于城市交通加气站或沼气发电	有机物降解率可达 60%以上，污泥减量 80%以上，灭菌率 100%。与传统厌氧消化相比，工程总投资降低 10%～20%，运行成本降低 12%～30%，沼气产量提高至 2 倍	城市污泥、餐厨垃圾等有机固废综合处理处置。	采用高温热水解预处理提高后续厌氧消化沼气产率、改善污泥脱水性能；低速旋转式反应罐可防止污泥中泥沙对设备的磨损；采用高干离心脱水，含固率达 35%以上；余热利用辅加太阳能干化，降低系统能耗	湖北国新天汇能源有限公司 300 t/d 污水处理厂污泥综合处理处置工程

序号	技术名称	工艺路线及参数	主要技术指标	适用范围	技术特点	应用案例
17	微生物蛋白提取方式的污泥处理及资源化利用技术	脱水污泥经调配预热后进行水解反应，水解后污泥通过闪蒸装置释放压力和换热，然后进入板框机固液分离，含蛋白上清液进行浓缩提纯，获得蛋白浓缩产品，制作蛋白类发泡剂、灭火剂等；污泥残渣可用作绿化土、有机肥、建筑材料等。调配预热罐中污泥含水率86%～90%；水解停留时间4～6 h；固液分离污泥残渣含水率降至40%以下	进泥含水率80%，处理后35%～40%，病原菌全部灭活，有机质消减40%以上	城镇污水处理厂污泥处理，污泥与餐厨、畜禽粪便等有机固废混合处理，生物发酵制药菌丝残渣等处理	该技术可提取蛋白并制成蛋白副产品，投资相对较少，总体运行成本低、占地少、工艺安全可靠	天津市裕川微生物制品有限公司300 t/d蛋白提取方式的污泥处理及资源化利用项目
18	污泥制备降解塑料的物理改性技术	该技术首先对污泥进行堆肥干化后，以无害化的污泥为主要原料（质量分数≥51%），辅以添加剂及填充料，按照不同的规格要求，进行合理配比混合搅拌，然后进入改性熔融机、制粒机，使分子改性并熔融、消毒、共聚、塑化，并挤出制粒成为污泥塑料粒子。污泥塑料粒子经加工可生产出各种污泥塑料制品	干化污泥含水率≤20%，塑料制品中污泥含量为51%～80%	印染废水污泥、农业固体废物污泥制备污泥塑料	在高温高压下实现污泥和添加剂的熔融、改性、消毒，解决了污泥和其他材料的相容性	浙江绿天环境工程有限公司100 t/d污泥塑性粒子和制品生产加工工程

注：1. 本目录以最新版本为准，自本领域下一版目录发布之日起，本目录内容废止；

　　2. 应用案例详情可查看中国环境保护产业协会网站（http://www.caepi.org.cn）。

国家先进污染防治技术目录（大气污染防治领域）（2018）

序号	技术细分领域	技术名称	工艺路线	主要技术指标	技术特点	适用范围	技术类别
1	工业烟气污染防治	钢铁窑炉烟气颗粒物预荷电袋式除尘技术	钢铁窑炉高温烟气先经冷却器降温至60～200℃后，经粉尘预荷电装置荷电，再经气流分布装置进入袋滤器，细颗粒物被超细面层精细滤料截留去除	颗粒物排放浓度可<10 mg/m³。运行阻力700～1 000 Pa	采用复合式预荷电+袋滤器结构，可显著降低设备运行阻力	钢铁及有色等行业窑炉除尘	推广技术
2		静电滤槽电除尘技术	在电除尘器收尘板末端设置采用冷拔锰镍合金丝织成的微孔网状结构静电滤槽收尘装置，可有效捕集振打清灰产生的二次扬尘	颗粒物排放浓度可<5 mg/m³	增加电除尘器有效收尘面积，有效控制振打清灰产生的二次扬尘	钢铁及有色等行业窑炉除尘	推广技术
3		转炉煤气干法电除尘及煤气回收成套技术	转炉出炉煤气经冷却降温并调质后，采用圆筒形防爆电除尘器除尘。煤气符合回收条件时，经冷却器直接喷淋冷却至70℃以下进入气柜；不符合回收条件时，通过烟囱点火放散。蒸发冷却器内约30%的粗粉尘沉降到底部，粗灰返回转炉循环利用	转炉炉口处烟气含尘量约200 g/m³，经除尘后颗粒物排放浓度可<10 mg/m³。氧气（O₂）浓度<1%时，煤气完全回收利用	实现了转炉煤气的干法深度净化、粉尘循环利用、煤气高效回收，及全系统的自动化、智能化，保证了系统的运行安全	钢铁行业40～350 t/h转炉一次除尘	推广技术
4		转炉煤气湿法洗涤与湿式电除尘复合除尘技术	转炉一次烟气经湿法洗涤除尘后进入湿式电除尘器除尘，形成湿法除尘与双电场湿式电除尘器串联形式的复合除尘系统。湿式电除尘极板上收集的粉尘经水冲洗后送至水处理厂处理	出口颗粒物浓度可<20 mg/m³	湿法洗涤结合湿式电除尘，大幅提高转炉烟气除尘效率	钢铁行业转炉一次烟气除尘	示范技术
5		炭基催化剂多污染物协同脱除及资源化利用技术	利用炭基催化剂的选择性催化还原性能，喷入氨将氮氧化物（NOₓ）还原为氮气（N₂）；利用炭基催化剂的吸附性能，吸附烟气中二氧化硫（SO₂），吸附饱和后催化剂可再生循环使用。解吸出富含SO₂的气体用于生产浓硫酸、硫酸铵、液体SO₂等产品	入口SO₂浓度500～3 000 mg/m³、NOₓ浓度200～650 mg/m³时，出口SO₂浓度≤10 mg/m³、NOₓ浓度≤50 mg/m³。反应器入口温度120～150℃	采用两级移动床工艺，实现多污染物协同脱除	燃煤工业锅炉、钢铁行业烟气净化	推广技术

序号	技术细分领域	技术名称	工艺路线	主要技术指标	技术特点	适用范围	技术类别
6	工业烟气污染防治	多孔碳低温催化氧化烟气脱硫技术	烟气经预处理系统除尘、调质,当温度、颗粒物浓度、水分、氧浓度等指标满足要求后进入装填有多孔碳催化剂的脱硫塔。烟气经过催化剂床层时,SO_2、O_2、水(H_2O)被催化剂捕捉并催化氧化生成硫酸,脱硫塔出口烟气达标排放。饱和催化剂可水洗再生,再生淋洗液可用于制备硫酸铵	入口烟气中 SO_2 浓度≤8 000 mg/m³ 时,出口 SO_2 浓度≤50 mg/m³,出口硫酸雾浓度≤5 mg/m³。脱硫塔内反应温度 50~200℃,空塔气速≤0.5 m/s	脱硫效率高,可适应烟气量及 SO_2 浓度波动大的情况	硫酸、焦化、钢铁、有色等行业烟气脱硫	示范技术
7		电解铝烟气氧化铝脱氟除尘技术	采用氧化铝作为吸收剂净化电解铝烟气中氟化物。利用离心力作用,通过旋转方式将氧化铝从烟道中心甩入四周烟气中,氧化铝和烟气混合后迅速吸附烟气中氟化物,烟气进入袋式除尘器净化达标排放	出口颗粒物浓度可<5 mg/m³,细颗粒物($PM_{2.5}$)净化效率可达98%以上,氟化物浓度可<0.5 mg/m³。系统运行阻力<600Pa	无动力自离散旋转加料反应器加料混合均匀,同步做到除氟、除尘	电解铝行业烟气净化	推广技术
8		电炉烟气多重捕集除尘与余热回收技术	电炉炉内排烟经余热锅炉回收余热降温后经袋式除尘器除尘达标排放;采用"半密闭导流烟罩+屋顶贮留集尘罩+铁水溜槽排烟罩"相结合的方式全过程捕集电炉在加废钢、兑铁水、熔炼、出钢等过程中产生的排烟,烟气在半密闭导流烟罩及铁水溜槽排烟罩导流作用下流经屋顶贮留集尘罩,再经袋式除尘器除尘达标排放;采用炉内一次排烟和炉外移动半密闭罩二次排烟相结合的方式捕集钢包电弧炉烟气,经袋式除尘器除尘达标排放	电炉炉内排烟除尘系统入口颗粒物平均浓度为 10~13 g/m³、钢包电弧炉除尘系统入口颗粒物平均浓度 16 g/m³;除尘后出口颗粒物平均浓度可<10 mg/m³	余热锅炉回收电炉炉内排烟余热;采用组合式集气装置有效捕集烟气,除尘效率高	电炉冶炼过程中产生的高温含尘烟气治理	推广技术

序号	技术细分领域	技术名称	工艺路线	主要技术指标	技术特点	适用范围	技术类别
9		焦炉烟气中低温选择性催化还原（SCR）脱硝技术	脱硫后烟气与喷氨段喷入的氨初步混合后通过烟气均布段进行充分混合，然后经管道送入低温SCR脱硝催化剂段，将烟气中NO_x还原为N_2和H_2O	运行烟气温度 $200\sim280℃$，入口NO_x浓度$\leq1\,200\ mg/m^3$，出口NO_x浓度$\leq130\ mg/m^3$；系统氨逃逸$\leq3\times10^{-6}$，阻力$\leq1\,500\ Pa$	实现低温SCR脱硝，催化剂活性可原位恢复，反应器可模块化组装	焦炉烟气脱硝	推广技术
10		焦化烟气旋转喷雾法脱硫+SCR脱硝技术	采用高速旋转雾化器将碱性浆液雾化成细小雾滴与烟气接触反应脱硫，雾滴被烟气热量干燥为固体颗粒物后经袋式除尘器去除；脱硫除尘后烟气经热风炉升温后进入SCR脱硝系统与喷入的氨气混合，在导流板作用下均匀流向催化剂床层，将其中NO_x还原脱除后达标排放	出口烟气中颗粒物浓度可$<10\ mg/m^3$，SO_2浓度可$<30\ mg/m^3$，NO_x浓度可$<130\ mg/m^3$	排除了SO_2对脱硝的影响，有利于减少脱硝催化剂填装量、延长催化剂寿命	焦炉烟气净化	示范技术
11	工业烟气污染防治	陶瓷触媒管式多污染物协同控制技术	烟气经换热降温至$400℃$以下，与烟道喷入的氢氧化钙粉充分混合脱除烟气中酸性气体，再与喷入烟道的氨水雾化氨气、吸附剂粉混合，然后进入陶瓷一体化反应釜，通过陶瓷触媒滤管实现SCR脱硝及高效除尘，净化烟气经余热锅炉回收余热后达标排放	出口NO_x浓度可$<100\ mg/m^3$，硫氧化物（SO_x）浓度可$<20\ mg/m^3$，颗粒物浓度可$<5\ mg/m^3$，氟化氢（HF）浓度可$<5\ mg/m^3$，氨逃逸可$<5\times10^{-6}$	协同脱除烟气中颗粒物、SO_x、NO_x、HF等污染物	玻璃窑炉烟气净化	示范技术
12		催化裂化再生烟气除尘脱硫技术	催化裂化再生烟气先经换热器降温后进入袋式除尘器除尘，然后采用氢氧化钠溶液喷淋与烟气中SO_2逆向接触进行湿法烟气脱硫，脱硫后烟气经换热器升温后排放	出口颗粒物浓度可$<10\ mg/m^3$，除尘效率和脱硫效率均可达99%以上	实现催化裂化再生烟气高效除尘，提高后续脱硫效率	催化裂化、催化裂解装置再生烟气净化	推广技术
13		湿法电石渣烟气脱硫技术	采用电石渣制成的浆液作为脱硫吸收剂，在吸收塔内自上而下与烟气逆流接触，烟气中SO_2与浆液中氢氧化钙反应脱除，脱硫浆液在吸收塔底部浆池强制氧化生成石膏	出口SO_2浓度可$<35\ mg/m^3$	采用电石渣作为吸收剂脱硫，实现以废治废、资源综合利用	燃煤工业锅炉、非电行业烟气脱硫	推广技术

序号	技术细分领域	技术名称	工艺路线	主要技术指标	技术特点	适用范围	技术类别
14	工业烟气污染防治	电除尘器用脉冲高压电源	将脉冲宽度 100 μS 及以下的窄脉冲电压波形叠加到基础直流高压上，在电场电极上施加快速上升的脉冲电压，使电晕线上产生均匀的电晕分布和强烈的电晕放电，显著提高电场内部击穿电压，使粉尘更多荷电。同时，在不降低或提高峰值电压的情况下，通过改变脉冲重复频率调节电晕电流，实现在较低的电流密度下收尘	粉尘排放浓度和运行能耗可分别降低 30% 以上	改善粉尘尤其是细微粉尘的荷电效率，可大幅提高除尘效率、降低运行能耗	电除尘器	推广技术
15		燃煤电厂烟气低低温电除尘余热利用技术	用热回收器吸收除尘器进口烟气余热后，进入电除尘器的烟气温度由低温状态（120～170℃）下降到低低温状态（85～110℃），提高电除尘效率。热回收器吸收的烟气余热通过再加热器加热脱硫后湿烟气，使脱硫后烟温由 45～50℃ 提升到 70℃ 以上。热回收器与再加热器间通过管路系统实现闭式循环	电除尘器出口颗粒物浓度可 ≤20 mg/m³。热回收器出口烟温（除尘器入口）85～110℃，再加热器出口烟温 ≥70℃	提高电除尘效率，实现余热利用	燃煤电站及燃煤工业锅炉烟气治理	推广技术
16		燃煤电厂 SCR 系统智能喷氨技术	采用预测控制技术提前预测入口 NO_x 浓度等关键参数，耦合运行数据智能预测矫正等控制策略实现 SCR 系统喷氨总量优化控制；根据运行数据解析喷氨格栅前烟气流动、NO_x 浓度分布时空变化实现喷氨自动调控，使喷氨格栅前烟道截面内氨与 NO_x 实现更优匹配	出口 NO_x 浓度平均波动偏差降低 30%，氨消耗量降低 10% 左右	实现精准喷氨，减少了氨逃逸	燃煤电厂 SCR 脱硝系统	推广技术

序号	技术细分领域	技术名称	工艺路线	主要技术指标	技术特点	适用范围	技术类别
17		静电增强除雾技术	在传统除雾器基础上增设电晕极，当湿冷烟气以一定流速通过除雾器各电场通道时，烟气中液滴及颗粒等荷电，并在电场力、气流流经阳极板时产生的离心力和惯性力的多重作用下撞击到阳极板上汇集形成水膜落至收集器内，实现除尘除雾	出口颗粒物浓度可≤10 mg/m³。系统运行阻力<150 Pa	除尘除雾效率高	燃煤电站及燃煤工业锅炉烟气深度净化	推广技术
18		湿式相变凝聚除尘及余热回收集成装置	将湿法脱硫后烟气通入众多氟塑料、小直径冷凝管组成的管束换热器回收余热，适度降低烟气温度，使饱和烟气中水蒸气在微细颗粒物表面冷凝，促进颗粒物凝聚，提高细颗粒物捕集效率	颗粒物排放浓度可≤5 mg/m³	同时净化湿法脱硫后烟气中的细颗粒物和三氧化硫（SO_3），并可实现烟气余热利用	燃煤电站、燃煤工业锅炉除尘	示范技术
19	工业烟气污染防治	湿法白泥燃煤烟气脱硫技术	采用工业废弃物白泥作为脱硫剂对燃煤烟气进行两级湿法喷淋脱硫，一级脱硫采用吸收塔底部浆液循环喷淋，二级脱硫采用吸收塔外浆液池（AFT）浆液循环喷淋	脱硫效率可达99%以上	利用工业废弃物白泥作为脱硫剂脱硫，实现以废治废、资源综合利用	造纸企业周边燃煤锅炉、窑炉脱硫	示范技术
20		烟道喷射碱性吸附剂脱除 SO_3 协同除 Hg 技术	在 SCR 脱硝系统后烟道内喷射碱性吸附剂与烟气中 SO_3 和汞（Hg）反应生成固体颗粒物，再经除尘实现对烟气中 SO_3 和 Hg 的有效脱除	空预器入口 SO_3 浓度可达 5×10^{-6} 以下，净烟气中汞浓度可达 1 μg/m³ 以下	实现 SO_3 高效控制的同时协同控制 Hg	电力行业燃煤机组烟气净化	示范技术
21		含硫化氢尾气制硫酸技术	先燃烧含硫化氢尾气生成 SO_2，SO_2 再经催化氧化生成 SO_3，SO_3 与水蒸气结合生成硫酸蒸汽，硫酸蒸汽再经冷凝成为硫酸	硫回收率≥99.8%，排放尾气中 SO_2 浓度可≤100 mg/m³	将有害气体硫化氢（H_2S）转变成工业原料	合成氨工业含 H_2S 废气治理	推广技术

序号	技术细分领域	技术名称	工艺路线	主要技术指标	技术特点	适用范围	技术类别
22	工业烟气污染防治	面源扬尘的集约化治理技术	以环境空气质量监测数据为依据、水性聚合物抑尘剂为主体、智慧化喷洒作业为实施方式，提高堆场和城区扬尘治理的有效性。根据$PM_{2.5}$、可吸入颗粒物（PM_{10}）实时监测结果及其变化趋势，确定水性聚合物抑尘剂的用量和喷洒频次，根据尘源属性确定抑尘剂的品种，根据实时气象参数、尘源状态以及周边环境状况制定并实施喷洒作业方案	露天煤炭堆场治理期间和建筑工地的PM_{10}浓度可降低 30%～50%	集监测、抑尘剂和喷洒作业技术于一体，污染治理的针对性和有效性明显提升	城区及煤炭堆场、建筑工地回填土堆场扬尘治理	示范技术
23		平版印刷零醇润版洗版技术	采用亲水性材料制作计量辊、串水辊、着水辊及水斗辊，仅用水即可完成平版印刷的润版和洗版过程，无须添加酒精、异丙醇及其他醇类、醚类物质。印品质量和生产效率不低于传统技术	挥发性工业有机废气（VOCs）排放削减量可＞98%，润洗版废液排放削减量可＞87%	无醇润版洗版，从头部减排 VOCs	包装印刷行业平版印刷系统 VOCs 减排	推广技术
24	挥发性有机工业废气污染防治	包装印刷行业节能优化及废气收集处理一体化技术	将印刷车间进行区域划分，使车间内无组织废气流入节能型热风输出及废气预处理设备（ESO）；ESO采用平衡式送排风方式，使各个干燥烘箱的排风可以多级利用，减风增浓；经 ESO 浓缩后的废气送入 VOCs 氧化设备净化处理	排风量减少 70%以上，VOCs 浓度可提高 3 倍以上，减风增浓后可直接进入氧化设备净化	提高包装印刷行业 VOCs 废气浓度，有利于后续氧化燃烧及余热回收	包装印刷等行业 VOCs 治理	推广技术
25		人造板低温粉末涂装技术	粉末涂料通过静电喷涂于人造板表面，然后通过中红外波辐射固化形成漆膜。喷涂前对板件表面采用紫外光及热双固化的水性紫外光（UV）固化涂料体系进行喷涂封闭处理，喷涂后采用特殊打磨抛光工艺形成镜面效果，通过热转印生成纹理装饰效果	漆膜固化温度 90～115℃，一次性喷涂漆膜厚度可达 50～80 μm。VOCs 接近零排放	封边采用水性紫外光（UV）固化涂料，边部光滑不开裂，粉末涂料固化温度低，VOCs 源头减排	人造板涂装	推广技术

序号	技术细分领域	技术名称	工艺路线	主要技术指标	技术特点	适用范围	技术类别
26	挥发性有机工业废气污染防治	木质家具水性涂料LED光固化技术	将水性涂料的环保性和发光二极管（LED）光固化的漆膜性能结合，实现在395 nmLED光源下的水性漆固化干燥，从源头减少VOCs和臭氧排放	水性涂料VOCs含量低，排气中臭氧浓度<0.1×10⁻⁶。LED光源寿命长达2万～3万h，能耗仅为UV光源的10%～20%	采用长波紫外LED灯光固化水性涂料，臭氧产生量少，VOCs排放量小	木质家具制造业	示范技术
27		定形机废气余热回收及处理技术	废气先经具有自动清理功能的多级过滤装置去除毛絮，然后经气水换热装置回用热量；再经多级除蜡除杂装置除去蜡质、树脂等粘附物，喷淋降温除去部分颗粒物并使油烟冷凝后，经机械和静电装置去除油烟和颗粒物，并利用回收的热量对烟气加热升温后排放。废水经油水分离并净化后达标排放，废油委托有资质的单位处理处置	出口染整油烟排放浓度和颗粒物排放浓度均可<10 mg/m³	集成多种污染治理技术和余热回收技术，实现节能减排	印染、化纤行业定形机废气治理	推广技术
28	挥发性有机工业废气污染防治	旋转式蓄热燃烧VOCs净化技术	含VOCs气体经旋转阀分配至蓄热室，经蓄热材料预热后进入燃烧室，通过燃烧器将气体加热至800℃以上氧化分解VOCs，燃烧后气体通过旋转阀引导至入口的相反侧蓄热室，将热量释放至蓄热材料中，冷却后从出口排出	VOCs净化效率可达98%以上，热回收效率可达95%以上	采用旋转阀，阀门数减少，占地面积小、能耗较低	包装印刷、涂装、化工、电子等行业的中高浓度VOCs治理	推广技术
29		分子筛吸附移动脱附VOCs净化技术	废气收集后经多级过滤装置去除漆雾、颗粒物，再经分子筛吸附床吸附后达标排放。分子筛吸附床吸附饱和后由移动式解吸装置原位脱附，脱附出的VOCs经催化燃烧装置净化处理	净化效率可达90%以上	分子筛吸附剂安全性高，移动脱附再生方式经济性好	分散小规模的喷涂作业VOCs治理	示范技术

序号	技术细分领域	技术名称	工艺路线	主要技术指标	技术特点	适用范围	技术类别
30	挥发性有机工业废气污染防治	基于冷凝—吸附联合工艺的油气回收技术	冷凝模块采用压缩机机械制冷,将油气温度分级降低使不同组分分级冷凝为液态,经充分冷凝后低浓度尾气经预冷器换热后输送至吸附模块。吸附模块中两个吸附罐交替进行吸附—脱附—吹扫过程,经吸附处理的尾气达标排放,脱附油气送回冷凝模块处理。冷凝液进入回收储罐	处理油气流量<1 000 m³/h,油气回收率可达99%以上。油气回收冷凝系统进气温度<40℃	将冷凝法和吸附法两种油气回收工艺有机结合,降低设备成本,减少现场占地面积	油气VOCs回收	推广技术
31		臭氧协同常温催化恶臭净化技术	废气先经喷淋增湿去除粉尘及可溶性物质并初步降温,经平衡器再次降温并脱除水雾后进入催化氧化塔,利用复合催化剂活化臭氧分子,将废气中可氧化成分氧化分解,实现低浓度恶臭净化并达标排放	恶臭净化效率可达90%以上	采用复合高效催化剂,实现恶臭常温净化	化工、制药、农药、纺织印染、碳纤维生产、污水处理等行业废气治理	推广技术
32		低浓度恶臭气体生物净化技术	低浓度恶臭气体经预洗池喷淋去除颗粒物和水溶性组分、调节温湿度后,进入生物滤池,通过湿润、多孔和充满活性微生物的滤层,实现对废气中恶臭物质的吸附、吸收和降解净化	典型VOCs物质去除率可达60%以上,臭气净化效率可达85%以上	采用具有高效吸附能力的生物填料及适合不同废气的高效优势菌种,净化效率高	低浓度恶臭气体净化	推广技术
33	柴油机尾气污染防治	以固体氨为还原剂的SCR技术	利用氯化锶(SrCl₂)吸附氨(NH₃)形成配位化合物以固态形式存储在储氨装置中。非工作状态下,储氨装置内处于常压状态,安全稳定。车辆启动后,加热控制器开启,NH₃传输到计量及喷射模块,实现精准喷射,提高NOₓ净化效率,控制NH₃逃逸	用于国Ⅲ柴油机减排,NOₓ排放可达国Ⅴ标准	NH₃释放温度低、速度快、控制精度高,系统故障率低	柴油机NOₓ减排	推广技术

序号	技术细分领域	技术名称	工艺路线	主要技术指标	技术特点	适用范围	技术类别
34	柴油机尾气污染防治	基于柴油机颗粒物过滤器和SCR的柴油机减排改造技术	尾气经柴油机氧化催化器将一氧化碳（CO）、一氧化氮（NO）、未完全燃烧的碳氢化合物和碳颗粒部分氧化为二氧化碳（CO_2）、H_2O 和二氧化氮（NO_2），同时提高尾气温度，经催化型柴油机颗粒过滤器去除颗粒物并连续被动再生，经闭环控制 SCR 去除 NO_x，实现尾气中颗粒物和 NO_x 减排	用于国III柴油车升级改造，NO_x 排放可满足国IV新车排放标准；颗粒物排放可满足国V排放标准	对在用柴油车进行改造治理，可实现 NO_x 和颗粒物同时减排	柴油机排放治理	示范技术
35		船舶尾气脱硫脱硝后处理技术	以尿素为还原剂，采用 SCR 技术脱除尾气中 NO_x，以碱液为吸收剂，采用湿法烟气洗涤技术脱除尾气中 SO_2	NO_x 净化率≥80%，NH_3 逃逸≤$10×10^{-6}$。含硫量3.5%的高硫油 SO_2 净化效率＞95%	SCR 脱硝结合烟气洗涤脱硫，船用环境适应性好，和柴油机匹配性能好	船用柴油机、锅炉 NO_x、SO_2 净化	示范技术

注：1. 示范技术具有创新性，技术指标先进、治理效果好，基本达到实际工程应用水平，具有工程示范价值；推广技术是经工程实践证明了的成熟技术，治理效果稳定、经济合理可行，鼓励推广应用。

2. 本目录基于 2018 年公开征集所得技术编制；本目录所列技术的典型应用案例见中国环境保护产业协会网站（http://www.caepi.net.cn）"服务中心→先进技术目录及案例"栏目。

国家先进污染防治技术目录（环境噪声与振动控制领域）（2017）

序号	技术名称	工艺路线	主要技术指标	技术特点	适用范围	技术类别
1	阵列式消声技术	根据项目通风量、声源的频谱特性以及控制点的控制标准，考虑允许阻力损失、允许气流再生噪声等因素，在传播途径上设置规格一致的柱状吸声体并排阵列式分布，吸声体在宽度和高度方向上灵活调整，通过反复优化调整，选取最适合的阵列式消声器性能，达到噪声控制目标	通流面积为50%、刚性外壳、有效长度1 m时，消声量≥20 dB（A），比同规格的传统片式消声器提高消声量10 dB（A）以上	有效提升低频、高频段降噪效果。通风阻力小，节省运行成本；对于同样降噪效果、同样压力损失要求的前提下，阵列式消声器体积较小；配合灵活性能提高、安装难度降低	适用于大风量、低压头的通风消声，如地铁隧道通风空调和大型建筑风道等通风噪声控制	推广
2	阻尼弹簧浮置道床隔振系统	通过专业设计形成不同尺寸、不同载荷和不同固有频率的浮置道床，外套筒事先预埋于混凝土道床之中、然后放置阻尼弹簧组件（由特殊钢制螺旋压缩弹簧、粘滞阻尼结构和上下壳体组成）并完成顶升的工艺，下限频率低、隔振效果好，可大幅度降低振动和二次结构噪声	正常轨道结构高度条件下，阻尼弹簧浮置道床 Z 振级隔振效果可达17 dB以上，系统阻尼比≥0.08，车辆通过时轨面动态下沉量≤4 mm，组件抗疲劳寿命≥500万次	可在获得较低系统固有频率的同时保持较高的轨道精度；满足各项安全和运营平顺性要求，同时具有失效指示、应急限位等	适用于减振效果要求较高的特殊地铁路段（涉及居住、文教、文物古迹、医院等的路段），电厂、建筑物、桥梁等需要特殊减振、降噪的部位	推广
3	噪声地图绘制技术	通过道路交通数据、地理信息数据的收集与处理，结合实际调研和校正工作，根据计算要求将多类数据进行整合处理，通过模型选择、声源转换和参数设定，得出高精度的噪声地图，计算并呈现城市范围内由规划、设计和固定噪声源及交通状况改变等引起的噪声污染问题，应用于城市区域尺度的噪声控制与管理	计算方法符合《户外声传播的衰减的计算方法》（ISO 9613—2:1996）和《环境影响评价技术导则　声环境》（HJ2.4—2009）要求，考虑声绕射、反射以及折射算法；直达声区域噪声预测精度不低于3 dB（A）；噪声地图绘制网格分辨率不低于10 m×10 m	综合计算机仿真、数据库技术、物联网、云计算等，凭借科学的声学预测模型，实现噪声地图绘制三维可视化，准确预测区域内环境噪声变化趋势，控制声环境质量，为环境噪声管理提供有力支撑	城市区域噪声预测，城市区域噪声水平的计算和展示	推广

序号	技术名称	工艺路线	主要技术指标	技术特点	适用范围	技术类别
4	集中式冷却塔通风降噪技术	统一设置顶部整体式隔声吸声棚,在冷却塔上部平台与顶棚安装结构之间设置可拆卸式密闭隔声吸声结构,形成膨胀式消声结构,在膨胀式消声结构上的顶棚设置大风量复合消声器及防雨消声风帽,同时根据工程需求在进风段设置吸声结构	进、出风通道分设;出风消声通道消声量≥25 dB	集中式通风降噪系统,景观性能良好,成本较低。进出气通道的分设,有利于改善冷却塔的热工性能	适用于多台冷却塔、热泵集中设置情况下的噪声控制	推广
5	全采光隔声通风节能窗	双层窗设计,根据室外风速选择自然通风或开启机械辅助通风满足通风需求,采用抗性和多层薄空腔共振宽频消声技术,设置抗性消声——双层薄空腔共振宽频消声——抗性消声——双层薄空腔共振宽频消声的四级消声	在隔声通风通道开启状态下,新风进入室内的同时降低环境噪声≥23 dB(A)。在隔声通风通道关闭状态下,有效降低环境噪声≥30 dB(A)	在满足通风需求同时,吸收环境噪声,采用隔热断桥铝型材和塑料型材两大类型材,选用中空玻璃,保温隔热效果良好	适用于大多数建筑物墙体	推广
6	电抗器隔声技术	采用隔声、消声、吸声等综合降噪措施,在保证设备正常运行的前提下,综合设计声学系统、通风系统、消防系统及维护系统等,形成模块化的罩壳及其辅助系统用于降低电抗器等设备的噪声辐射对外界环境影响	隔声间整体隔声量≥25 dB	模块化设计,有利于快速拆装与维护,通风降噪效果好,能够实现自动控制	适用于较高通风要求和消防要求的高噪声设备的噪声控制	推广
7	预制短板浮置减振道床	由阻尼弹簧隔振器(螺旋压缩弹簧、阻尼结构、上下壳体)、混凝土道床、套管、剪力板及限位器组成。根据需求进行前期模块化设计,在工厂内按照设计预埋好套管等辅助零件,然后经模具化制造完成产品预制	正常轨道结构条件下,直线段 Z 振级减振效果可达 16 dB 以上,曲线段 Z 振级减振效果可达 15 dB 以上,阻尼比 0.08~0.12;预制板动态下沉量≤4 mm;批量化生产,预制板强度达到 C50 及以上,弹簧隔振元件使用寿命≥50 年,疲劳实验前后平均静刚度变化<±5%	基于快速施工的拼装技术的应用,预制短板连接采用刚性连接和柔性连接,提高连接后形成的道床系统的综合受力能力,结构简单、安装运输方便,后期维护方便	主要应用于新建或改建的减振要求高的地铁路段	示范

序号	技术名称	工艺路线	主要技术指标	技术特点	适用范围	技术类别
8	橡胶基高阻尼隔声技术	根据不同工程需要，设计材料配方和调整结构参数，通过配料、混炼、涂层、硫化，生产高阻尼橡胶，通过壁板结构吸收声能量	面密度 10 kg/m^2 以上，按《建筑隔声评价标准》（GB/T 50121—2005），3.8 mm 高阻尼板隔声量 $R_W \geq 42$ dB	通过阻尼材料配方及其与金属板的组合工艺的改进，提高结构的隔声性能，形成兼有减振、隔声双重性能的新型材料	适用于传播途径的隔声	示范
9	水泵复合隔振技术	根据最佳荷载，选定复合隔振台座型号及技术参数，按照复合隔振台座进行结构设计，选取碳钢钢板裁切、折板、焊接上、下隔振台，打磨及涂装防腐层，形成在一次隔振结构的基础发展的双自由度隔振体系	系统综合隔振效率 $\eta \geq 90\%$	采用二次隔振技术，有效提高隔振效率	水泵机组的隔振	示范
10	应用微型声锁结构技术的隔声门	通过在门页和门框间采用密封圈，同时在密封圈之间设置多孔材料，形成"微型声锁结构"，克服密封不良导致的隔声效果不足，提高整体结构隔声量	隔声门隔声量 ≥ 45 dB	应用便利，门窗开启方便，有效提升整体结构的隔声效果	有较高需求的门窗产品隔声	示范
11	尖劈错列阻抗复合消声器	综合考虑压力损失及气流再生噪声等因素，根据消声要求布置多层尖劈状吸声体，各层间留有一定间隙，尖劈迎风布置，各层正交错开排列，使气流与尖劈状吸声体有更多的接触	4 层尖劈吸声体布置情况下，消声量 ≥ 50 dB（A）	与同规格的传统阻性片式消声器相比较，有效气流通道面积较大，风速较低，有利于减少气流压力损失和气流再生噪声	通风换气系统的消声	示范
12	页岩陶粒吸声板降噪技术	轮轨源头降噪，主材页岩陶粒内部具有大量细微孔隙，当声波传入后，引起孔隙内部空气振动，利用孔壁的摩擦作用和粘滞阻力，将声能（空气振动）变为热能，从而达到吸声并减小噪声向外传播的目的	吸声系数 ≥ 0.8（混响室法）；CRH 列车速度 250～300 km/h 情况下，距轨道中心线 8 m 以内的近测点位置，降低环境噪声 ≥ 4 dB（A）。抗压强度（28 d）≥ 5.0MPa；干表观密度 ≥ 800 kg/m^3；透水系数（15℃）$\geq 1.0 \times 10^{-2}$ cm/s	以页岩陶粒为主材，配以胶凝材料制成吸声构件，采用固定限位方式，铺设在铁路无砟轨道顶面，在源头吸收降低铁路轮轨区域噪声	适用于轨道交通的轮轨噪声控制	示范

注：1. 本目录以最新版本为准，自本领域下一版目录发布之日起，本目录内容废止；

　　2. 示范技术具有创新性，技术指标先进、治理效果好，基本达到实际工程应用水平，具有工程示范价值；推广技术是经工程实践证明了的成熟技术，治理效果稳定、经济合理可行，鼓励推广应用；

　　3. 所列技术详细信息和典型应用案例见中国环境保护产业协会网站（http://www.caepi.org.cn）"技术目录"栏目。

参考文献

[1] 环境保护部清洁生产中心.清洁生产审核手册. [M]. 北京：中国环境出版集团，2015.

[2] 中华人民共和国国家质量监督检验检疫总局，中国国家校准化管理委员会. 工业企业清洁生产审核技术导则（GB/T 25973—2010）[EB/OL].(2011-01-10) [2019-05-28]. http://openstd.samr.gov.cn/bzgk/gb/newGbInfo?hcno=E2955E7C384A62059B06E81088A6CB67.

[3] 国家发改委. 中华人民共和国国民经济和社会发展第十三个五年规划纲要（2016—2020 年）[EB/OL].(2016-03-18) [2019-05-28].https://www.ndrc.gov.cn/xxgk/zcfb/ghwb/201603/P020190905497807636210.pdf.

[4] 国家发改委. 工业绿色发展规划（2016—2020 年） [EB/OL]. (2017-06-21)[2019-05-28].https://www.ndrc.gov.cn/fggz/fzzlgh/gjjzxgh/201706/t20170621_1196817.html.

[5] 工业和信息化部，发展改革委，科技部，财政部，环境保护部. 关于加强长江经济带工业绿色发展的指导意见（工信部联节〔2017〕178 号）[EB/OL]. (2017-06-30)[2019-05-28].http://www.miit.gov.cn/n1146285/n1146352/n3054355/n3057542/n3057544/c5746169/content.html.

[6] 国务院. 国务院关于印发"十三五"节能减排综合工作方案的通知（国发〔2016〕74 号）[EB/OL]. (2017-01-05)[2019-05-28].http://www.gov.cn/zhengce/content/2017-01/05/content_5156789.html.

[7] 国家能源局. 生物质能发展"十三五"规划. [EB/OL]. (2016-10-28) [2019-05-28]. http://zfxxgk.nea.gov.cn/auto87/201612/t20161205_2328.htm?keywords=

[8] 孙晓峰，李键，李晓鹏. 中国清洁生产现状及发展趋势探析[J]. 环境科学与管理，2010，35（11）：185-188.

[9] 毕俊生，慕颖，刘志鹏. 我国工业清洁生产发展现状与对策研究[J]. 节能与环保，2009（3）：13-15.

[10] 罗吉. 我国清洁生产法律制度的发展和完善. 中国人口·资源与环境，2001，11（3）：27-30.

[11] 董江庆，高盐生. 清洁生产与绿色企业[J]. 环境与可持续发展，2010（1）：38-40.

[12] 赵伟. 产业解析：造纸工业"十三五"发展指导意见[J]. 造纸信息，2017（12）：17-19.

[13] 王海刚，王永强，周一瑄，等. 新常态下对造纸工业发展的认识和思考[J]. 中国造纸学报，2015（3）：57-62.

[14] 王双飞. 造纸废水资源化和超低排放关键技术及应用[J]. 中国造纸，2017，36（8）：51-59.

[15] 陈范才. 现代电镀技术[M]. 北京：中国纺织出版社，2008.

[16] 刘小琦. 电镀行业集中园区的优劣分析[J]. 民营科技，2018（4）：20.

[17] 张时佳，等. 火电行业清洁生产实践[J]. 环境工程，2014（3）：139-142.

[18] 杨静翎，陈颖，陆强. 清洁生产技术在火电厂的应用实例[J]. 科技传播，2013，7（上）：166-167.

[19] 贾海娟，黄显昌，谢永平. 火电行业清洁生产水平分析与评价——以 M 火电企业为例[J]. 能源环境保护，2010，24（2）：54-57.

[20] 王鹏飞，陈亢利. 热电行业清洁生产水平调查与分析——以江苏省昆山市典型热电企业为例[J]. 中国资源综合利用，2009，27（2）：42-44.

[21] 贾荣畅，舒永，张强，等. 石油化工业清洁生产审核分析[J]. 资源节约与环保，2013（7）：106-109.